科学出版社"十三五"普通高等教育本科规划教材

高等数学(下册)

(第二版)

唐月红　曹荣美　王正盛　主编

刘　萍　王东红　曹喜望　赵一鹗　副主编

U0210647

科学出版社

北京

内 容 简 介

本书是按照新形势下教材改革的精神,结合国家工科类本科数学课程教学基本要求,以及国家重点大学的教学层次要求,汲取国内外教材的长处编写而成,本书分上、下两册. 下册内容包括多元函数微分学及其应用、重积分、曲线积分与曲面积分、无穷级数、微分方程. 内容与中学数学相衔接,满足"高等数学课程教学基本要求",还考虑到了研究生入学考试的需求. 书中各章配制了二维码,读者可通过扫码看授课视频来学习和巩固对应知识,同时,视频有助于教师的翻转课堂教学.

本书注重教学内容与体系整体优化,重视数学思想与方法,适当淡化运算技巧,充分重视培养学生应用数学知识解决实际问题的意识与能力,安排数学实验,使数学教学与计算机应用相结合.

本书可作为高等院校非数学专业本科生的"高等数学"课程教材,还可供从事高等数学教学的教师和科研工作者参考.

图书在版编目(CIP)数据

高等数学. 下册 / 唐月红,曹荣美,王正盛主编. —2 版. —北京:科学出版社,2019.1

科学出版社"十三五"普通高等教育本科规划教材

ISBN 978-7-03-054890-0

Ⅰ. ①高… Ⅱ. ①唐… ②曹… ③王… Ⅲ. ①高等数学-高等学校-教材 Ⅳ. ①O13

中国版本图书馆 CIP 数据核字(2017)第 254751 号

责任编辑:张中兴 梁 清 孙翠勤 / 责任校对:王晓茜
责任印制:霍 兵 / 封面设计:迷底书装

科学出版社 出版
北京东黄城根北街 16 号
邮政编码:100717
http://www.sciencep.com

石家庄继文印刷有限公司印刷

科学出版社发行 各地新华书店经销

*
2008 年 12 月第 一 版 开本:720×1000 1/16
2019 年 1 月第 二 版 印张:18 1/2
2024 年 7 月第二十次印刷 字数:373 000

定价:42.00 元
(如有印装质量问题,我社负责调换)

第二版前言

本书自 2008 年第一版与读者见面以来已印刷 11 次，使用了约 3 万册．我们通过使用该教材开展教学已取得了良好的教学效果．

本书第二版按新的工科类本科数学基础课程教学基本要求，组织长期从事高等数学教学和研究的骨干教师对第一版进行多次讨论，收集第一版的使用意见，确定了修订内容，在保持第一版的优点和特色基础上，主要对高等数学内容作了进一步锤炼、整合和必要增减，对定积分及其应用中的一些内容进行了必要的补充和调整，对空间解析几何中内容作适当精简与合并；修改数学实验案例；降低曲线曲面积分中习题的难度，增加微分方程中习题量，增加微积分方面的应用题；加强了场论和广义积分知识，满足有关专业需要，授课时可侧重讲解，因材施教，以满足不同层次、不同潜质和不同兴趣的学生的要求．在第二版中，编者尝试录制了短的教学视频，在各章加入了对应二维码，方便学生学习与复习，也有助于教师翻转课堂的教学．

本书修订工作的第 1、11 章由曹喜望完成，第 2、8 章由王东红完成，第 3、12 章由曹荣美完成，第 4、9 章和附录 4 由刘萍完成，第 5、6、7、10 章和附录 1、2、3 由唐月红完成，数学软件和实验部分由王正盛编写．全体高等数学教学组老师参与完成视频录制，刘萍在审阅方面做了大量工作．全书由唐月红组织协调编写工作．

在本书第二版即将出版之际，特向关心本书出版和对第一版提出宝贵意见和建议的领导、教师和读者表示衷心的感谢，欢迎广大读者对第二版中存在的问题继续给予批评指正．

编　者
2017 年 8 月

第一版前言

　　本教材根据教育部颁发的工科类本科数学基础课程教学基本要求编写而成，兼顾了"研究生入学数学的考试大纲"的内容，分上、下两册．上册内容为一元函数微分学、一元函数积分学、空间解析几何学；下册内容包括多元函数微分学、多元函数积分学、无穷级数、常微分方程，极限理论贯穿整个高等数学始终．每章除了配有一定数量的练习题外，还配备了作为内容归纳、总结的总复习题和作为检查的自测题，书末对这些题目给出了答案和提示，在教材的最后给出了四个附录，绝大部分内容是一些中学未学过，但又是高等数学不可缺少的预备知识．编写这部分的目的是方便读者随时查阅．部分加"*"的内容可供读者选学，不必讲授．各章还安排了相应内容的数学实验，学生通过学习掌握数学软件的使用完成数学实验课题，可进一步生动直观地深入理解高等数学的基本概念与基本理论，了解相关的数值计算方法，循序渐进地培养数学建模的能力，以培养解决实际问题的意识和能力．本书重点放在基本概念、基本方法和数学知识的应用上，授课以 160～176 学时为宜．

　　本教材的第 1、11 章由曹喜望编写，第 2、8 章由王东红编写，第 3、12 章由曹荣美编写，第 4、9 章和附录 4 由刘萍编写，第 5、6 章由赵一鹗编写，第 7、10 章和附录 1、2、3 由唐月红编写，数学软件和实验部分由王正盛编写．刘萍和王东红在初稿的排版和审阅方面做了大量工作．全书由唐月红组织协调编写工作，由安玉坤教授统稿．陈芳启教授对本教材的编写给予了直接指导和关心，并提出了很多宝贵的建议．

　　由于时间仓促及编者水平有限，错误缺点在所难免，欢迎大家批评指正．

编 者
2007 年 12 月

目　　录

第8章　多元函数微分学及其应用

上册所讨论的函数都是只依赖于一个自变量的函数，即一元函数. 但是，在实际问题中常常会遇到一个变量依赖于多个自变量的情况，于是需要讨论多元函数. 本章将一元函数微分学推广到多元函数上. 因为从一元函数到二元函数将会产生一些本质上的差别，但从二元函数到三元函数或更多元函数，则没有原则上的不同，所以在本章讨论中以二元函数为主.

8.1　多　元　函　数

讨论一元函数时，曾用到邻域、区间等概念，它是实数集 $\mathbf{R}$ 的两类特殊子集. 为了将一元函数的理论和方法推广到多元的情形，本节先引入 n 维空间以及 $\mathbf{R}^2$ 中的一些基本概念，将有关概念从 $\mathbf{R}$ 推广到 $\mathbf{R}^2$ 中，进而推广到一般的 $\mathbf{R}^n$ 中.

8.1.1　n 维空间

实数的全体常用 $\mathbf{R}$ 表示，有序二元实数组 (x, y) 的全体用 $\mathbf{R}^2$ 表示，有序三元实数组 (x, y, z) 的全体用 $\mathbf{R}^3$ 表示，它们分别与数轴上、直角坐标系下的平面(坐标平面)及空间上的点建立了一一对应. 一般地，设 n 为取定的一个自然数，有序 n 元实数组 $(x_1, x_2, \cdots, x_n)$ 的全体所构成的集合用 $\mathbf{R}^n$ 表示，即

$$\mathbf{R}^n = \left\{ (x_1, x_2, \cdots, x_n) \middle| x_i \in \mathbf{R}, i = 1, 2, \cdots, n \right\},$$

称 $\boldsymbol{x} = (x_1, x_2, \cdots, x_n)$ 为 $\mathbf{R}^n$ 中的一个**点**或一个 n **维向量**，并称数 x_i 为点 $\boldsymbol{x}$ 的第 i 个坐标. 特别地，当点 $\boldsymbol{x}$ 的所有坐标都为 0 时，称 $\boldsymbol{x}$ 为 $\mathbf{R}^n$ 中的零元，记为 $\mathbf{0}$，也称为 $\mathbf{R}^n$ 中的**坐标原点**或 n **维零向量**.

设 $\boldsymbol{x} = (x_1, x_2, \cdots, x_n)$，$\boldsymbol{y} = (y_1, y_2, \cdots, y_n)$ 为 $\mathbf{R}^n$ 中任意两个点，$\lambda \in \mathbf{R}$，规定

$$\boldsymbol{x} + \boldsymbol{y} = (x_1 + y_1, x_2 + y_2, \cdots, x_n + y_n),$$
$$\lambda \boldsymbol{x} = (\lambda x_1, \lambda x_2, \cdots, \lambda x_n).$$

定义了如上线性运算的集合 $\mathbf{R}^n$ 称为 n **维空间**.

$\mathbf{R}^n$ 中点 $\boldsymbol{x} = (x_1, x_2, \cdots, x_n)$ 和 $\boldsymbol{y} = (y_1, y_2, \cdots, y_n)$ 的距离，记作 $\rho(\boldsymbol{x}, \boldsymbol{y})$，规定

$$\rho(\boldsymbol{x},\boldsymbol{y})=\sqrt{(x_1-y_1)^2+(x_2-y_2)^2+\cdots+(x_n-y_n)^2}\ . \tag{1}$$

当 $n=1,2,3$ 时,(1)式便分别是数轴上、坐标平面及空间上两点间的距离公式.

8.1.2　$\mathbf{R}^2$ 中的一些概念

$\mathbf{R}^2$ 上具有某种性质 P 的点的集合,称为**平面点集**,记作

$$E=\{(x,y)\,|\,(x,y)\text{ 具有性质 }P\}\ .$$

在平面 $\mathbf{R}^2$ 上,设任意一点 $P(a,b)\in\mathbf{R}^2$,任意一个平面点集 $E\subset\mathbf{R}^2$,有如下的一些概念.

(1) **邻域**　与点 P 距离小于正实数 δ 的点的全体称为**点 P 的 δ 邻域**,记为 $U(P,\delta)$,即

$$U(P,\delta)=\{(x,y)\,|\,(x-a)^2+(y-b)^2<\delta^2\}\ .$$

点集 $\{(x,y)\,|\,0<\sqrt{(x-a)^2+(y-b)^2}<\delta\}$ 称为**点 P 的去心 δ 邻域**,记为 $\mathring{U}(P,\delta)$. 如果不需要强调半径 δ,则 $U(P,\delta)$ 和 $\mathring{U}(P,\delta)$ 可分别简记为 $U(P)$ 和 $\mathring{U}(P)$.

(2) **内点**　若存在点 P 的某个邻域 $U(P)$,使 $U(P)\subset E$,则称 P 为 E 的**内点**.

(3) **外点**　如果存在点 P 的某个邻域 $U(P)$,使得 $U(P)\bigcap E=\varnothing$,则称 P 为 E 的**外点**.

(4) **边界点**　对任意给定的 $\delta>0$,$U(P,\delta)$ 内既含有属于 E 的点,又含有不属于 E 的点,则称 P 为 E 的**边界点**.

(5) **聚点**　对任意给定的 $\delta>0$,有 $\mathring{U}(P,\delta)\bigcap E\neq\varnothing$,则称 P 为 E 的**聚点**.

(6) **边界**　E 的边界点的全体,称为 E 的**边界**.

(7) **开集**　若 E 中的每一点都是内点,则称 E 为**开集**. 如点集 $\{(x,y)\,|\,1<x^2+y^2<3\}$.

(8) **闭集**　若 E 包含它的边界,则称 E 为**闭集**. 如点集 $\{(x,y)\,|\,1\leqslant x^2+y^2\leqslant 3\}$.

(9) **连通集**　如果 E 内任何两点,都可以用一条完全位于 E 中的折线连接起来,则称 E 为**连通集**.

(10) **区域(或开区域)**　若 E 是连通的开集,则称 E 为**区域**. 如点集 $\{(x,y)\,|\,x+y\neq 0\}$ 不是区域,但点集 $\{(x,y)\,|\,x+y>0\}$ 和 $\{(x,y)\,|\,x+y<0\}$ 是区域.

(11) **闭区域**　开区域连同它的边界一起构成**闭区域**. 如点集

$$\{(x,y)\,|\,1\leqslant x^2+y^2\leqslant 3\}\ .$$

(12) **有界集**　设 O 为原点,对于区域 E,若存在某一常数 $M>0$,使得 P 到 O 的距离 $|PO|\leqslant M$ 对一切 $P\in E$ 都成立,则称 E 为**有界集**,否则称为**无界集**.

例如，点集 $\{(x,y)\,|\,1 \leqslant x^2 + y^2 \leqslant 3\}$ 是有界集，点集 $\{(x,y)\,|\,y > 0\}$ 为无界集.

以上 $\mathbf{R}^2$ 中的概念，可以推广到 $n(n \geqslant 3)$ 维空间中来. 例如，与点 $\boldsymbol{a} = (a_1, a_2, \cdots, a_n) \in \mathbf{R}^n$ 距离小于正实数 δ 的点的全体称为点 $\boldsymbol{a}$ 的 δ 邻域，即

$$U(\boldsymbol{a}, \delta) = \left\{ x \,|\, x \in \mathbf{R}^n, \rho(\boldsymbol{x}, \boldsymbol{a}) < \delta \right\}.$$

8.1.3　多元函数的概念

多元函数的概念

1. 定义

函数是一种对应关系，例如，对一个底半径为 r 的圆，其面积 $A = \pi r^2$ 是自变量 r 的一元函数，该函数的定义域为 $(0, +\infty)$. 在许多实际问题中，经常会遇到多个变量之间的依赖关系，例如对一个底半径为 r，高为 h 的圆柱体，其体积为 $V = \pi r^2 h$，表面积为 $S = 2\pi rh + 2\pi r^2$，其中 $r \in (0, +\infty)$，$h \in (0, +\infty)$.

定义 1　设 D 是 $\mathbf{R}^2$ 的一个非空子集，若对 D 中的每一点 $P(x,y)$，按照某一对应法则 f，都有唯一的实数 z 与之对应，则称 f 为定义在 D 上的**二元函数**，记作

$$z = f(x,y), \quad (x,y) \in D,$$

或

$$z = f(P), \quad P \in D,$$

其中点集 D 称为该二元函数的**定义域**，x, y 称为**自变量**，z 称为**因变量**，数集 $\{z \,|\, z = f(x,y), (x,y) \in D\}$ 称为函数 f 的**值域**，记作 $f(D)$.

将定义 1 中的 D 换成 n 维空间 $\mathbf{R}^n$ 的点集，就可以类似地定义 n 元函数. 当 $n \geqslant 2$ 时，n 元函数统称为**多元函数**. 记作

$$u = f(\boldsymbol{x}) = f(x_1, x_2, \cdots, x_n), \quad \boldsymbol{x} = (x_1, x_2, \cdots, x_n) \in D,$$

或

$$u = f(P), \quad P(x_1, x_2, \cdots, x_n) \in D.$$

和一元函数的情况一样，求多元函数定义域的一般办法是：当自变量具有实际意义时，其实际变化的范围就是多元函数的定义域；当自变量没有具体的意义，但多元函数有明显的表达式 $u = f(\boldsymbol{x})$ 时，使得表达式中的运算都有意义的变元 $\boldsymbol{x}$ 的值所组成的点集就是多元函数的定义域，这个定义域也称为多元函数的**自然定义域**.

例如，函数 $z = \sqrt{1 - x^2 - y^2}$ 的定义域为 $\{(x,y)\,|\,x^2 + y^2 \leqslant 1\}$（图 8.1），又如函数 $z = \arccos(x+y)$ 的定义域为 $\{(x,y)\,|\,|x+y| \leqslant 1\}$（图 8.2）.

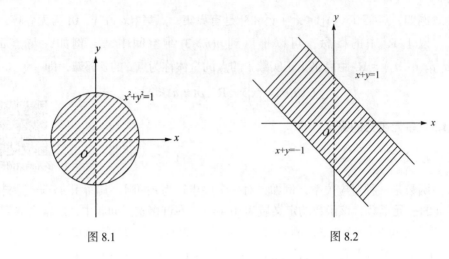

图 8.1　　　　　　　　　　图 8.2

2. 二元函数的图形

与一元函数类似，二元函数除了可以用解析法、表格法表示外，还可以用图形法表示.

设函数 $z=f(x,y)$ 的定义域为 D，对于 D 中的每一点 $P(x,y)$，依函数关系 $z=f(x,y)$，就有空间中一点 $M(x,y,f(x,y))$ 与之对应，当 (x,y) 取遍 D 上的一切点时，得到一个空间点集，这个点集称为**二元函数的图形**. 事实上，这个点集中的点的坐标均满足三元方程

$$z-f(x,y)=0,$$

所以二元函数的图形通常是一张曲面(图 8.3).

例如，函数 $z=\sqrt{1-\dfrac{x^2}{3}-\dfrac{y^2}{2}}$ 的图形为 xOy 面上方的半椭球面，而函数 $z=2x$ 的图形为过 y 轴的平面.

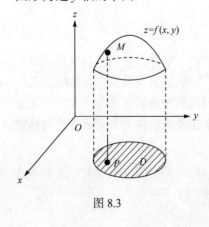

图 8.3

8.1.4　多元函数的极限

定义 2　设二元函数 $z=f(x,y)$ 的定义域为 D，$P_0(x_0,y_0)$ 是 D 的聚点，如果存在常数 A，对于任意给定的正数 ε，总存在正数 δ，使得对于适合不等式 $0<\sqrt{(x-x_0)^2+(y-y_0)^2}<\delta$ 的一切点 $P(x,y)\in D$，都有 $|f(P)-A|=|f(x,y)-A|<\varepsilon$ 成立，则称常数 A 为函数 $f(x,y)$ 当 $(x,y)\to(x_0,y_0)$ 时的**极限**，记作

$$\lim_{(x,y)\to(x_0,y_0)} f(x,y) = A ,$$

或

$$f(x,y) \to A \quad ((x,y)\to(x_0,y_0)) .$$

也记作

$$\lim_{P\to P_0} f(P) = A ,$$

或

$$f(P) \to A \quad (P\to P_0) .$$

通常称这样定义的二元函数的极限为**二重极限**，并且当 x 与 y 有一个或两个趋于无限时，也可以写出相应的极限定义.

例 1　设 $f(x,y) = \begin{cases} \dfrac{x^2 y^2}{x^2+y^2}, & x^2+y^2 \neq 0, \\ 0, & x^2+y^2 = 0, \end{cases}$ 求证 $\lim\limits_{(x,y)\to(0,0)} f(x,y) = 0$.

证　对任意 $\varepsilon > 0$ ，由于

$$\left| f(x,y) - 0 \right| = \frac{x^2 y^2}{x^2+y^2} \leqslant \frac{\dfrac{1}{2}(x^4+y^4)}{x^2+y^2} \leqslant \frac{\dfrac{1}{2}(x^2+y^2)^2}{x^2+y^2} = \frac{1}{2}(x^2+y^2) ,$$

取 $\delta = \sqrt{2\varepsilon}$ ，当 $0 < \sqrt{(x-0)^2+(y-0)^2} < \delta$ 时，都有

$$\left| f(x,y) - 0 \right| < \varepsilon,$$

所以

$$\lim_{(x,y)\to(0,0)} f(x,y) = 0 .$$

特别注意，二重极限 $\lim\limits_{(x,y)\to(x_0,y_0)} f(x,y) = A$ 是指点 $P(x,y)$ 以任意方式趋于 $P_0(x_0,y_0)$ 时，$f(x,y)$ 都趋向于 A . 因此，如果 $P(x,y)$ 以某一特殊方式趋于 $P_0(x_0,y_0)$ 时，$f(x,y)$ 趋向于 A ，并不能判定函数的极限存在.

通常可以用下面的两种方法来判断二元函数当 P 趋于 P_0 时极限不存在：

(1) 找一条特殊路径，使得 P 沿此路径趋于 P_0 时，$f(x,y)$ 的极限不存在.

(2) 找两条不同的路径，使得 P 沿这两条路径趋于 P_0 时，$f(x,y)$ 的极限都存在，但不相等.

例 2　考察函数 $f(x,y) = \begin{cases} \dfrac{xy}{x^2+y^2}, & x^2+y^2 \neq 0, \\ 0, & x^2+y^2 = 0 \end{cases}$ 当 $(x,y)\to(0,0)$ 时极限是否

存在.

解　当 $P(x,y)$ 沿 x 轴趋于 $(0,0)$ 时,

$$\lim_{\substack{(x,y)\to(0,0)\\y=0}} f(x,y) = \lim_{x\to 0} f(x,0) = \lim_{x\to 0} 0 = 0 ;$$

又当 $P(x,y)$ 沿 y 轴趋于 $(0,0)$ 时,

$$\lim_{\substack{(x,y)\to(0,0)\\x=0}} f(x,y) = \lim_{y\to 0} f(0,y) = \lim_{y\to 0} 0 = 0 .$$

虽然沿两坐标轴趋于原点时得到了相同的极限, 但并不能说明 $\lim\limits_{(x,y)\to(0,0)} f(x,y)$ 存在. 因为当 (x,y) 沿直线 $y=kx$ 趋于点 $(0,0)$ 时, 有

$$\lim_{\substack{(x,y)\to(0,0)\\y=kx}} \frac{xy}{x^2+y^2} = \lim_{x\to 0} \frac{kx^2}{x^2+k^2x^2} = \frac{k}{1+k^2} ,$$

该极限与 k 的值有关, 因此 $\lim\limits_{(x,y)\to(0,0)} f(x,y)$ 不存在.

以上关于二元函数的极限概念, 可相应地推广到 n 元函数上去. 与一元函数类似, 多元函数的极限也具有四则运算法则、夹逼准则等, 有时也将二重极限化成一元函数极限来计算.

例3　求极限 $\lim\limits_{(x,y)\to(0,0)} \dfrac{xy}{\sqrt{xy+1}-1}$.

解　令 $z=xy$, 原式 $= \lim\limits_{z\to 0} \dfrac{z}{\sqrt{z+1}-1} = \lim\limits_{z\to 0}(\sqrt{z+1}+1) = 2$.

例4　求极限 $\lim\limits_{(x,y)\to(0,0)} \dfrac{x^2 y}{x^2+y^2}$.

解　$0 \leqslant \left| \dfrac{x^2 y}{x^2+y^2} \right| = \dfrac{x^2}{x^2+y^2}|y| \leqslant |y| \to 0 \ \big((x,y)\to(0,0)\big)$, 从而由夹逼准则得到

$$\lim_{(x,y)\to(0,0)} \frac{x^2 y}{x^2+y^2} = 0 .$$

8.1.5　多元函数的连续性

二元函数的极限

定义3　设二元函数 $z=f(x,y)$ 的定义域为 D , $P_0(x_0,y_0)$ 是 D 的聚点, 且 $P_0 \in D$, 若

$$\lim_{(x,y)\to(x_0,y_0)} f(x,y) = f(x_0,y_0) ,$$

则称函数 $z=f(x,y)$ 在点 $P_0(x_0,y_0)$ 处**连续**. 若函数在点 $P_0(x_0,y_0)$ 处不连续, 则称点 $P_0(x_0,y_0)$ 为函数 $f(x,y)$ 的**间断点**或**不连续点**.

如果函数 $f(x,y)$ 在区域 D 内各点均连续, 则称函数 $f(x,y)$ 在区域 D 内连续,

或者称函数 $f(x,y)$ 是 D 内的**连续函数**.

以上关于二元函数连续性的概念,可以相应地推广到 n 元函数上去.

与一元初等函数类似,可以定义多元初等函数,**多元初等函数**是指由常数及具有不同自变量的一元基本初等函数经过有限次的四则运算和复合运算得到的,并可用一个解析式表示的多元函数.

与一元函数相类似,多元连续函数也具有如下性质:

(1) 多元连续函数的和、差、积、商(在分母不为零处)仍是连续函数;

(2) 多元连续函数的复合函数也是连续函数;

(3) 多元初等函数在其定义区域内是连续的. 所谓**定义区域**是指包含在定义域内的区域或闭区域.

例 5　求 $\lim\limits_{(x,y)\to(1,0)}\dfrac{\ln(xy+1)+3}{x^2+y^3}$.

解　函数 $f(x,y)=\dfrac{\ln(xy+1)+3}{x^2+y^3}$ 是初等函数,由初等函数在定义区域内的连续性知

$$\lim\limits_{(x,y)\to(1,0)}\dfrac{\ln(xy+1)+3}{x^2+y^3}=f(1,0)=3 .$$

与闭区间上一元连续函数的性质类似,在有界闭区域上连续的多元函数具有如下性质.

性质 1(有界性与最大值最小值定理)　在有界闭区域 D 上连续的多元函数,必定在 D 上有界,且能取得它在 D 上的最大值与最小值.

性质 2(介值定理)　在有界闭区域 D 上的连续函数 $f(P)$,必在 D 上取得介于最大值 M 与最小值 m 之间的任何值,即对满足不等式 $m<\mu<M$ 的一切实数 μ ,总存在 $P\in D$,使 $f(P)=\mu$.

习　题　8.1

1. 判定下列平面点集是否是区域,是开区域还是闭区域.

(1) $D=\left\{(x,y)\,\middle|\,y>0,x>y,x<1\right\}$;　　(2) $D=\left\{(x,y)\,\middle|\,x^2+y^2\neq1\right\}$;

(3) $D=\left\{(x,y)\,\middle|\,1\leqslant x^2+y^2<4\right\}$;　　(4) $D=\left\{(x,y)\,\middle|\,(x,y)\neq(0,0)\right\}$.

2. 设 $f(x,y)=xy+\dfrac{x}{y}$,求 $f\left(\dfrac{1}{x},\dfrac{1}{y}\right),f\left(xy,\dfrac{x}{y}\right)$.

3. 求下列函数的定义域.

(1) $z=\sqrt{1-x^2}+\sqrt{y^2-1}$;　　(2) $z=\arcsin\left(\dfrac{y}{x}-1\right)$;

(3) $z = \sqrt{x^2 - \sqrt{y}}$;　　　　　　　　(4) $z = \ln(x^2 + y^2 - 1)$;

(5) $u = \dfrac{\sqrt{x} + \sqrt{y} + \sqrt{z}}{\sqrt{1 - x^2 - y^2 - z^2}}$;　　　　　　　(6) $u = \arccos\dfrac{z}{\sqrt{x^2 + y^2}}$.

4. 求下列函数的极限.

(1) $\lim\limits_{(x,y)\to(1,0)} \dfrac{\ln(e^x + y)}{\sqrt{x^2 + y^2}}$;　　　　　(2) $\lim\limits_{(x,y)\to(0,0)} \dfrac{\arctan(xy)}{\ln(1 + xy)}$;

(3) $\lim\limits_{(x,y)\to(0,0)} (x^2 + y^2)\sin\dfrac{1}{xy}$;　　　　(4) $\lim\limits_{(x,y)\to(0,2)} \dfrac{\sin xy}{x}$;

(5) $\lim\limits_{(x,y)\to(0,0)} (1 + x^2 y^2)^{\frac{1}{x^2 y^2}}$;　　　　(6) $\lim\limits_{(x,y)\to(0,0)} \dfrac{\ln(1 + x^2 + y^2)}{e^{x^2 y^2}\sin(x^2 + y^2)}$.

5. 证明下列极限不存在.

(1) $\lim\limits_{(x,y)\to(0,0)} \dfrac{y}{x - y}$;　　　　　　　(2) $\lim\limits_{(x,y)\to(0,0)} \dfrac{x^2 y^2}{x^2 y^2 + (x - y)^2}$.

6. 求下列函数的间断点.

(1) $z = \dfrac{y - x}{y + x}$;　　　　　　　　(2) $z = \dfrac{x^2 y^2}{y^2 - 2x}$;

(3) $z = \dfrac{\tan xy}{y}$;　　　　　　　(4) $z = \begin{cases} \dfrac{x}{3x + y}, & (x,y) \neq (0,0), \\ 0, & (x,y) = (0,0). \end{cases}$

8.2 多元函数的偏导数

8.2.1 偏导数的定义及几何意义

对一元函数来说,函数 $y = f(x)$ 在点 $x = x_0$ 处的导数表示函数在该点对自变量的变化率,在几何上表示曲线 $y = f(x)$ 在该点 (x_0, y_0) 处切线的斜率. 下面引入多元函数关于其中一个自变量的变化率,即偏导数的概念.

定义 1　设函数 $z = f(x, y)$ 在点 $P_0(x_0, y_0)$ 的某一邻域内有定义,当 y 固定在 y_0 ,而 x 在 x_0 处有增量 Δx 时,相应地,函数有增量(即 z 对 x 的偏增量)

$$\Delta_x z = f(x_0 + \Delta x, y_0) - f(x_0, y_0) ,$$

若

$$\lim_{\Delta x \to 0} \frac{\Delta_x z}{\Delta x} = \lim_{\Delta x \to 0} \frac{f(x_0 + \Delta x, y_0) - f(x_0, y_0)}{\Delta x}$$

存在,则称此极限为函数 $z = f(x, y)$ 在点 $P_0(x_0, y_0)$ 处对 x **的偏导数**,记作

$$\frac{\partial z}{\partial x}\bigg|_{\substack{x=x_0 \\ y=y_0}}, \quad \frac{\partial f}{\partial x}\bigg|_{\substack{x=x_0 \\ y=y_0}}, \quad z_x\bigg|_{\substack{x=x_0 \\ y=y_0}} \quad \text{或} \quad f_x(x_0, y_0),$$

即

$$f_x(x_0, y_0) = \lim_{\Delta x \to 0} \frac{f(x_0 + \Delta x, y_0) - f(x_0, y_0)}{\Delta x}.$$

类似地，可以给出函数 $z = f(x, y)$ 在点 $P_0(x_0, y_0)$ 处对 y 的偏导数的定义，并记作

$$\frac{\partial z}{\partial y}\bigg|_{\substack{x=x_0 \\ y=y_0}}, \quad \frac{\partial f}{\partial y}\bigg|_{\substack{x=x_0 \\ y=y_0}}, \quad z_y\bigg|_{\substack{x=x_0 \\ y=y_0}} \quad \text{或} \quad f_y(x_0, y_0),$$

即

$$f_y(x_0, y_0) = \lim_{\Delta y \to 0} \frac{f(x_0, y_0 + \Delta y) - f(x_0, y_0)}{\Delta y}.$$

若函数 $z = f(x, y)$ 在平面区域 D 内每一点 $P(x, y)$ 处对 x 的偏导数都存在，则该偏导数仍是 x, y 的函数，并称它为 $z = f(x, y)$ **对自变量 x 的偏导函数**，记作

$$\frac{\partial z}{\partial x}, \quad \frac{\partial f}{\partial x}, \quad z_x \quad \text{或} \quad f_x(x, y).$$

类似地，可以定义函数 $z = f(x, y)$ **对自变量 y 的偏导函数**，记作

$$\frac{\partial z}{\partial y}, \quad \frac{\partial f}{\partial y}, \quad z_y \quad \text{或} \quad f_y(x, y).$$

偏导函数也简称为**偏导数**. 由偏导数的定义知

$$f_x(x, y)\bigg|_{\substack{x=x_0 \\ y=y_0}} = f_x(x_0, y_0), \tag{1}$$

$$\frac{\mathrm{d}f(x, y_0)}{\mathrm{d}x}\bigg|_{x=x_0} = f_x(x_0, y_0), \tag{2}$$

$$\frac{\mathrm{d}f(x_0, y)}{\mathrm{d}y}\bigg|_{y=y_0} = f_y(x_0, y_0). \tag{3}$$

类似地可以得到二元以上函数的偏导数概念.

注意 偏导数的记号是一个整体的记号,这与一元函数的导数 $\dfrac{\mathrm{d}y}{\mathrm{d}x}$ 可以看成微分 $\mathrm{d}y$ 与 $\mathrm{d}x$ 之商是不同的.

二元函数的偏导数具有以下几何意义:

设 $M_0(x_0, y_0, f(x_0, y_0))$ 是曲面 $z = f(x, y)$ 上的一点, 用平面 $y = y_0$ 去截曲面得

一曲线 $C_1 : \begin{cases} z = f(x,y), \\ y = y_0, \end{cases}$ 由(2)式及导数的几何意义知 $f_x(x_0, y_0)$ 就是曲线 C_1 在 M_0

处的切线 M_0T 对 x 轴的斜率. 同样, 偏导数 $f_y(x_0, y_0)$ 就是曲线 $C_2 : \begin{cases} z = f(x,y), \\ x = x_0 \end{cases}$ 在

M_0 处的切线 M_0N 对 y 轴的斜率(图 8.4). 即

$$f_x(x_0, y_0) = \tan\alpha , \qquad f_y(x_0, y_0) = \tan\beta .$$

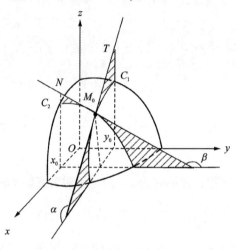

偏导数的定义

图 8.4

偏导数的计算

8.2.2　偏导数的计算

求多元函数对某个自变量的偏导数时, 只需将这个自变量视为变量, 其余的自变量均视为常量, 转化为一元函数求导数问题.

例 1　求函数 $z = x^2 y + xy^2$ 在点 $(2,1)$ 处的偏导数.

解　把 y 看作常数, 对 x 求导数, 得 $\dfrac{\partial z}{\partial x} = 2xy + y^2$;

把 x 看作常数, 对 y 求导数, 得 $\dfrac{\partial z}{\partial y} = x^2 + 2xy$.

由(1)式, 将点 $(2,1)$ 代入上面的结果得 $\dfrac{\partial z}{\partial x}\bigg|_{(2,1)} = 5$, $\dfrac{\partial z}{\partial y}\bigg|_{(2,1)} = 8$.

另外, 也可以由(2)式, 得 $\dfrac{\partial z}{\partial x}\bigg|_{(2,1)} = \dfrac{\mathrm{d}f(x,1)}{\mathrm{d}x}\bigg|_{x=2} = \dfrac{\mathrm{d}}{\mathrm{d}x}(x^2 + x)\bigg|_{x=2} = (2x+1)\big|_{x=2} = 5$;

由(3)式, 得 $\dfrac{\partial z}{\partial y}\bigg|_{(2,1)} = \dfrac{\mathrm{d}f(2,y)}{\mathrm{d}y}\bigg|_{y=1} = \dfrac{\mathrm{d}}{\mathrm{d}y}(4y + 2y^2)\big|_{y=1} = (4+4y)\big|_{y=1} = 8$.

例 2　设函数 $f(x,y) = (x-1)y^2 + \dfrac{x\sin(y-1)}{x^2+y^2}$，求 $f_x(0,1)$，$f_y(0,1)$.

解　$f_x(0,1) = \dfrac{\mathrm{d}f(x,1)}{\mathrm{d}x}\bigg|_{x=0} = \dfrac{\mathrm{d}}{\mathrm{d}x}(x-1)\bigg|_{x=0} = 1$；

$$f_y(0,1) = \frac{\mathrm{d}f(0,y)}{\mathrm{d}y}\bigg|_{y=1} = \frac{\mathrm{d}}{\mathrm{d}y}(-y^2)\bigg|_{y=1} = (-2y)\big|_{y=1} = -2.$$

从上例看出，求某点处的偏导数时，有时用(2)式和(3)式可以大大简化计算.

例 3　求函数 $z = x^y + \sin\dfrac{y}{x}(x>0)$ 的偏导数.

解　$\dfrac{\partial z}{\partial x} = yx^{y-1} - \dfrac{y}{x^2}\cos\dfrac{y}{x}$；　$\dfrac{\partial z}{\partial y} = x^y\ln x + \dfrac{1}{x}\cos\dfrac{y}{x}$.

例 4　求函数 $u = \mathrm{e}^{xy}\ln(yz)$ 的偏导数.

解　$\dfrac{\partial u}{\partial x} = y\mathrm{e}^{xy}\ln(yz)$；　　$\dfrac{\partial u}{\partial y} = x\mathrm{e}^{xy}\ln(yz) + \dfrac{\mathrm{e}^{xy}}{y}$；　　$\dfrac{\partial u}{\partial z} = \mathrm{e}^{xy}\cdot\dfrac{1}{yz}\cdot y = \dfrac{1}{z}\mathrm{e}^{xy}$.

例 5　求函数 $f(x,y) = \begin{cases} \dfrac{x^2y}{x^4+y^2}, & x^2+y^2 \neq 0, \\ 0, & x^2+y^2 = 0 \end{cases}$ 在 $(0,0)$ 处的偏导数.

解　由偏导数的定义，得

$$f_x(0,0) = \lim_{\Delta x\to 0}\frac{f(\Delta x,0)-f(0,0)}{\Delta x} = \lim_{\Delta x\to 0}\frac{0}{\Delta x} = 0；$$

$$f_y(0,0) = \lim_{\Delta y\to 0}\frac{f(0,\Delta y)-f(0,0)}{\Delta y} = \lim_{\Delta x\to 0}\frac{0}{\Delta y} = 0.$$

8.2.3　函数偏导数存在与函数连续的关系

一元函数在某点可导，则在该点必连续，但对于多元函数来说，其在某点偏导数存在并不能保证这个函数在该点处连续，如例 5，二元函数 $f(x,y)$ 在点 $(0,0)$ 处偏导数存在，但在点 $(0,0)$ 处有

$$\lim_{\substack{(x,y)\to(0,0)\\y=x^2}} f(x,y) = \lim_{x\to 0}\frac{x^4}{x^4+x^4} = \frac{1}{2},$$

$$\lim_{\substack{(x,y)\to(0,0)\\y=x}} f(x,y) = \lim_{x\to 0}\frac{x^3}{x^4+x^2} = 0.$$

以上两式说明，(x,y) 沿着不同的路径趋于 $(0,0)$ 时，极限不相等，所以函数在点 $(0,0)$ 处不连续.

另外, 函数 $f(x,y)$ 在某点连续, 也不能保证这个函数在该点处的偏导数存在, 例如函数 $f(x,y)=\sqrt{x^2+y^2}$ 在点 $(0,0)$ 处连续, 但

$$\lim_{\Delta x\to 0}\frac{f(\Delta x,0)-f(0,0)}{\Delta x}=\lim_{\Delta x\to 0}\frac{|\Delta x|}{\Delta x}$$

不存在, 所以函数 $f(x,y)=\sqrt{x^2+y^2}$ 在点 $(0,0)$ 处的偏导数不存在.

8.2.4　高阶偏导数

设函数 $z=f(x,y)$ 在区域 D 内具有偏导数 $f_x(x,y)$, $f_y(x,y)$, 一般来说, 这两个偏导数仍然是 x,y 的函数, 若这两个函数的偏导数存在, 则称它们是 $z=f(x,y)$ 的**二阶偏导数**. 函数 $z=f(x,y)$ 的二阶偏导数总共有四个, 分别记作

$$\frac{\partial}{\partial x}\left(\frac{\partial z}{\partial x}\right)=\frac{\partial^2 z}{\partial x^2}=z_{xx}=f_{xx}(x,y);$$

$$\frac{\partial}{\partial y}\left(\frac{\partial z}{\partial x}\right)=\frac{\partial^2 z}{\partial x\partial y}=z_{xy}=f_{xy}(x,y);$$

$$\frac{\partial}{\partial y}\left(\frac{\partial z}{\partial y}\right)=\frac{\partial^2 z}{\partial y^2}=z_{yy}=f_{yy}(x,y);$$

$$\frac{\partial}{\partial x}\left(\frac{\partial z}{\partial y}\right)=\frac{\partial^2 z}{\partial y\partial x}=z_{yx}=f_{yx}(x,y).$$

类似可以定义三阶、四阶以及更高阶的偏导数. 二阶以及二阶以上的偏导数统称为**高阶偏导数**. 函数对不同自变量的高阶偏导数称为**混合偏导数**, 如 $\dfrac{\partial^2 z}{\partial x\partial y}$, $\dfrac{\partial^2 z}{\partial y\partial x}$ 是二阶混合偏导数.

例 6　求函数 $z=\ln\sqrt{x^2+y^2}$ 的二阶偏导数.

解　因为 $z=\ln\sqrt{x^2+y^2}=\dfrac{1}{2}\ln(x^2+y^2)$, 得

$$\frac{\partial z}{\partial x}=\frac{x}{x^2+y^2},\quad \frac{\partial z}{\partial y}=\frac{y}{x^2+y^2}.$$

再求二阶偏导数,

$$\frac{\partial^2 z}{\partial x^2}=\frac{y^2-x^2}{(x^2+y^2)^2},\quad \frac{\partial^2 z}{\partial y^2}=\frac{x^2-y^2}{(x^2+y^2)^2},$$

$$\frac{\partial^2 z}{\partial x \partial y} = \frac{-2xy}{(x^2 + y^2)^2}, \quad \frac{\partial^2 z}{\partial y \partial x} = \frac{-2xy}{(x^2 + y^2)^2}.$$

例 6 中两个混合偏导数相等，但并非是一般规律，对此有如下定理.

定理 1　若二元函数 $z = f(x, y)$ 的两个混合偏导数 $\dfrac{\partial^2 z}{\partial y \partial x}$ 及 $\dfrac{\partial^2 z}{\partial x \partial y}$ 在区域 D 内连续，则在该区域内，这两个二阶混合偏导数必相等.

也就是说，二阶混合偏导数在连续的条件下与求偏导的次序无关. 对更高阶混合偏导数也具有同样的结论.

$$习　题　8.2$$

1. 求下列函数的偏导数.

(1) $z = \arctan \dfrac{x+y}{x-y}$;

(2) $z = \ln(x + \ln y)$;

(3) $z = \mathrm{e}^{xy}(\sin x + \cos y)$;

(4) $z = \dfrac{x^2 + y^2}{xy}$;

(5) $z = \sqrt{\ln(xy)}$;

(6) $z = \ln(x + \sqrt{x^2 - y^2})$;

(7) $u = x \tan(yz)$;

(8) $u = (xy)^2 \cdot 2^{xz}$.

2. 求下列函数在给定点处的偏导数.

(1) $z = x\mathrm{e}^{x+y^2}$ ，求 $z_x(0,1)$，$z_y(1,0)$;

(2) $z = \dfrac{x \cos y - y \cos x}{1 + \sin x + \sin y}$ ，求 $z_x(0,0)$，$z_y(0,0)$;

(3) $u = (1 + xy)^z$ ，求 $u_x(1,2,3)$，$u_y(1,2,3)$，$u_z(1,2,3)$.

3. 设 $z = \dfrac{x-y}{x+y} \ln \dfrac{y}{x}$ ，求 $x \dfrac{\partial z}{\partial x} + y \dfrac{\partial z}{\partial y}$.

4. 求下列函数的二阶偏导数.

(1) $z = x + y + \dfrac{1}{xy}$;

(2) $z = x^{\ln y}$;

(3) $z = \dfrac{x}{x^2 + y^2}$;

(4) $z = \mathrm{e}^{x^2 + xy + y^2}$.

5. 设 $z = x^3 y^2 - 3xy^3 - xy$ ，求 $\dfrac{\partial^2 z}{\partial x^2}$，$\dfrac{\partial^3 z}{\partial x^3}$，$\dfrac{\partial^3 z}{\partial x^2 \partial y}$，$\dfrac{\partial^3 z}{\partial y \partial x^2}$.

6. 求曲线 $\begin{cases} z = \dfrac{1}{4}(x^2 + y^2), \\ y = 4 \end{cases}$ 在点 $(2,4,5)$ 处的切线对于 x 轴的倾角.

7. 验证函数 $u = \dfrac{1}{\sqrt{x^2 + y^2 + z^2}}$ 满足拉普拉斯方程 $\dfrac{\partial^2 u}{\partial x^2} + \dfrac{\partial^2 u}{\partial y^2} + \dfrac{\partial^2 u}{\partial z^2} = 0$.

8.3　全　微　分

8.3.1　全微分的概念

对一元函数 $y = f(x)$，设函数在点 x 可导，当自变量的增量为 Δx 时，函数相应的增量为 $\Delta y = f(x + \Delta x) - f(x) = A\Delta x + o(\Delta x)$，其中 A 仅与 x 有关，而与 Δx 无关，当 $\Delta x \to 0$ 时，$o(\Delta x)$ 是 Δx 的高阶无穷小量，则称 $y = f(x)$ 在点 x 处可微．$A\Delta x$ 为 $y = f(x)$ 在 x 处的微分，记 $\mathrm{d}y = A\Delta x = f'(x)\mathrm{d}x$．当 $\Delta x \to 0$ 时，增量 Δy 可以用 $\mathrm{d}y$ 近似代替．下面将一元函数微分的概念推广到多元函数．

例 1　设一长方形的长为 x，宽为 y，受热后，长增加了 Δx，宽增加了 Δy，问面积增加了多少?

解　面积的增量为

$$\Delta s = (x + \Delta x)(y + \Delta y) - xy = y\Delta x + x\Delta y + \Delta x\Delta y . \tag{1}$$

(1)式的前两项分别是 Δx，Δy 的线性函数，当 $(\Delta x, \Delta y) \to (0,0)$ 时，第三项 $\Delta x\Delta y$ 是 $\sqrt{(\Delta x)^2 + (\Delta y)^2}$ 的高阶无穷小量，所以面积的增量 $\Delta s \approx y\Delta x + x\Delta y$．

为区别于偏增量，多元函数中各个自变量都取得增量时，因变量相应的增量称为**全增量**．

例 1 中全增量的局部线性近似引出了二元函数全微分的概念．

定义 1　若函数 $z = f(x, y)$ 在点 (x, y) 的某邻域内有定义，且在点 (x, y) 的全增量

$$\Delta z = f(x + \Delta x, y + \Delta y) - f(x, y)$$

可表示为

$$\Delta z = A\Delta x + B\Delta y + o(\rho) , \tag{2}$$

其中 A, B 仅依赖于 x, y，而与 $\Delta x, \Delta y$ 无关，$o(\rho)$ 是当 $\rho = \sqrt{(\Delta x)^2 + (\Delta y)^2} \to 0$ 时比 ρ 高阶的无穷小量，则称函数 $z = f(x, y)$ 在点 (x, y) 处**可微(分)**．称 $A\Delta x + B\Delta y$ 为函数 $z = f(x, y)$ 在点 (x, y) 处的**全微分**，记作 $\mathrm{d}z$ 或 $\mathrm{d}f(x, y)$，即

$$\mathrm{d}z = \mathrm{d}f(x, y) = A\Delta x + B\Delta y . \tag{3}$$

若将自变量的增量 $\Delta x, \Delta y$ 分别记作 $\mathrm{d}x, \mathrm{d}y$，则有

$$\mathrm{d}z = \mathrm{d}f(x, y) = A\mathrm{d}x + B\mathrm{d}y . \tag{4}$$

定义 2　函数 $z = f(x, y)$ 在区域 D 内各点处都可微分，则称函数**在 D 内可微分**．

8.3.2　函数可微分的条件

定理 1(可微分的必要条件 1)　若函数 $z = f(x,y)$ 在点 (x,y) 可微分,则函数在该点必连续.

证　函数 $f(x,y)$ 在点 (x,y) 可微分,所以(2)式成立,于是

$$\lim_{(\Delta x,\Delta y)\to(0,0)} \Delta z = \lim_{(\Delta x,\Delta y)\to(0,0)} [A\Delta x + B\Delta y + o(\rho)] = 0 ,$$

即函数 $f(x,y)$ 在点 (x,y) 连续.

定理 2(可微分的必要条件 2)　若函数 $z = f(x,y)$ 在点 (x,y) 可微分,则函数在该点的两个偏导数存在,且 $\dfrac{\partial z}{\partial x} = A$,$\dfrac{\partial z}{\partial y} = B$.函数 $z = f(x,y)$ 在点 (x,y) 的全微分为

$$dz = \frac{\partial z}{\partial x}dx + \frac{\partial z}{\partial y}dy . \tag{5}$$

证　设函数 $z = f(x,y)$ 在点 (x,y) 可微分,则对于该点的某个邻域内的任一点 $(x + \Delta x, y + \Delta y)$,总有(2)式成立.

特别地,当 $\Delta y = 0$ 时,$\rho = |\Delta x|$,这时(2)式变为

$$\Delta_x z = f(x + \Delta x, y) - f(x, y) = A\Delta x + o(|\Delta x|) ,$$

上式两边同除以 Δx,令 $\Delta x \to 0$ 取极限,得

$$\lim_{\Delta x \to 0} \frac{\Delta_x z}{\Delta x} = A ,$$

即偏导数 $\dfrac{\partial z}{\partial x}$ 存在,且 $\dfrac{\partial z}{\partial x} = A$,同理可证 $\dfrac{\partial z}{\partial y} = B$.同时(4)式可以写成(5)式.

例 2　设函数 $f(x,y) = \begin{cases} \dfrac{xy}{\sqrt{x^2 + y^2}}, & x^2 + y^2 \neq 0, \\ 0, & x^2 + y^2 = 0. \end{cases}$ 问函数在点 $(0,0)$ 的偏导数是否存在,是否可微分?

解　由偏导数的定义得 $f_x(0,0) = \lim\limits_{\Delta x \to 0} \dfrac{f(\Delta x, 0) - f(0,0)}{\Delta x} = \lim\limits_{\Delta x \to 0} \dfrac{0}{\Delta x} = 0$,同理 $f_y(0,0) = 0$.所以 $f(x,y)$ 在点 $(0,0)$ 的偏导数存在.

因为

$$\Delta z = f(0 + \Delta x, 0 + \Delta y) - f(0,0) = \frac{\Delta x \Delta y}{\sqrt{(\Delta x)^2 + (\Delta y)^2}} ,$$

$$\lim_{\rho \to 0} \frac{\Delta z - (f_x(0,0)\Delta x + f_y(0,0)\Delta y)}{\rho} = \lim_{\rho \to 0} \frac{\Delta z}{\rho} = \lim_{(\Delta x, \Delta y) \to (0,0)} \frac{\Delta x \Delta y}{(\Delta x)^2 + (\Delta y)^2},$$

由 8.1 节例 2 知，上述极限不存在，说明 $\Delta z - (f_x(0,0)\Delta x + f_y(0,0)\Delta y)$ 不是比 ρ 高阶的无穷小量，所以函数在点 $(0,0)$ 是不可微分的.

对一元函数来讲，我们知道可导是可微的充分必要条件. 由定理 2 和例 2 可知，二元函数偏导数存在只是可微分的必要条件，而非充分条件.

定理 3(可微分的充分条件)　若函数 $z = f(x,y)$ 的偏导数 $\dfrac{\partial z}{\partial x}, \dfrac{\partial z}{\partial y}$ 在点 (x,y) 连续，则函数在该点可微分.

证　偏导数在点 (x,y) 连续，意味着偏导数在该点的某邻域内存在. 设点 $(x + \Delta x, y + \Delta y)$ 为该邻域内任一点，则函数的全增量

$$\Delta z = f(x + \Delta x, y + \Delta y) - f(x,y)$$
$$= [f(x + \Delta x, y + \Delta y) - f(x, y + \Delta y)] + [f(x, y + \Delta y) - f(x,y)], \tag{6}$$

将 $f(x, y + \Delta y)$ 看作 x 的一元函数，在 x 和 $x + \Delta x$ 界定的区间内应用拉格朗日中值定理，得

$$f(x + \Delta x, y + \Delta y) - f(x, y + \Delta y) = f_x(x + \theta_1 \Delta x, y + \Delta y)\Delta x \quad (0 < \theta_1 < 1).$$

又因为偏导数连续，所以

$$\lim_{(\Delta x, \Delta y) \to (0,0)} f_x(x + \theta_1 \Delta x, y + \Delta y) = f_x(x,y).$$

由具有极限的量与无穷小的关系，有

$$f_x(x + \theta_1 \Delta x, y + \Delta y) = f_x(x,y) + \varepsilon_1 \quad (\varepsilon_1 \text{ 是 } (\Delta x, \Delta y) \to (0,0) \text{ 时的无穷小量}),$$

所以

$$f(x + \Delta x, y + \Delta y) - f(x, y + \Delta y) = f_x(x,y)\Delta x + \varepsilon_1 \Delta x. \tag{7}$$

同理可得

$$f(x, y + \Delta y) - f(x,y) = f_y(x,y)\Delta y + \varepsilon_2 \Delta y \quad (\varepsilon_2 \text{ 是 } \Delta y \to 0 \text{ 时的无穷小量}), \tag{8}$$

将(7)和(8)式代入(6)式，得

$$\Delta z = f_x(x,y)\Delta x + f_y(x,y)\Delta y + \varepsilon_1 \Delta x + \varepsilon_2 \Delta y.$$

因为 $\left|\dfrac{\Delta x}{\rho}\right| = \dfrac{|\Delta x|}{\sqrt{(\Delta x)^2 + (\Delta y)^2}} \leqslant 1$ 且 $\lim\limits_{(\Delta x, \Delta y) \to (0,0)} \varepsilon_1 = 0$，所以 $\lim\limits_{(\Delta x, \Delta y) \to (0,0)} \dfrac{\varepsilon_1 \Delta x}{\rho} = 0$. 同理 $\lim\limits_{(\Delta x, \Delta y) \to (0,0)} \dfrac{\varepsilon_2 \Delta y}{\rho} = 0$. 从而 $\lim\limits_{(\Delta x, \Delta y) \to (0,0)} \dfrac{\varepsilon_1 \Delta x + \varepsilon_2 \Delta y}{\rho} = 0$，即 $\varepsilon_1 \Delta x + \varepsilon_2 \Delta y = o(\rho)$.

由可微的定义，可知 $z = f(x,y)$ 在点 (x,y) 可微分.

由 8.2 节函数偏导数存在与函数连续的关系知道，多元函数在某点的各偏导数存在，并不能保证函数在该点连续. 再结合函数可微分的条件，可以得到二元

函数的可微性、偏导数的存在性和函数连续性的关系：

　　　函数偏导数存在且连续 $\Rightarrow$ 函数可微分 $\Rightarrow$ 函数连续

$$\Downarrow$$

函数的偏导数存在

全微分

上述关于二元函数全微分的定义以及可微分的必要条件、充分条件可以类似地推广到二元以上的多元函数. 如可微分的三元函数 $u = f(x, y, z)$ ，其全微分可写为

$$du = f_x(x, y)dx + f_y(x, y)dy + f_z(x, y)dz .$$

例 3　计算函数 $z = (x - 2y)^2 + 1$ 的全微分.

解　因为 $\dfrac{\partial z}{\partial x} = 2(x - 2y)$ ，$\dfrac{\partial z}{\partial y} = -4(x - 2y)$ ，所以

$$dz = 2(x - 2y)dx - 4(x - 2y)dy .$$

例 4　设 $z = e^{xy}$ ，求(1)全微分 dz ；(2)在点 $(1,1)$ 的全微分 $dz\big|_{(1,1)}$ ；(3)在点 $(1,1)$ 处当 $\Delta x = 0.15$ ，$\Delta y = 0.1$ 时的全微分.

解　(1)　$dz = e^{xy}(ydx + xdy)$ ；

(2)　$dz\big|_{(1,1)} = e(dx + dy)$ ；

(3)　在点 $(1,1)$ 处当 $\Delta x = 0.15$ ，$\Delta y = 0.1$ 时的全微分为

$$dz = e \cdot (0.15 + 0.1) = 0.25e .$$

例 5　计算函数 $u = e^{xz} + xy + \tan x$ 的全微分.

解　$\dfrac{\partial u}{\partial x} = ze^{xz} + y + \sec^2 x$ ，$\dfrac{\partial u}{\partial y} = x$ ，$\dfrac{\partial u}{\partial z} = xe^{xz}$ ，

$$du = (ze^{xz} + y + \sec^2 x)dx + xdy + xe^{xz}dz .$$

例 6　设函数 $f(x, y) = \begin{cases} \sqrt{x^2 + y^2}\sin\dfrac{1}{\sqrt{x^2 + y^2}}, & x^2 + y^2 \neq 0, \\ 0, & x^2 + y^2 = 0, \end{cases}$ 试讨论函数在点

$(0,0)$ 的可微性.

解　$\lim\limits_{\Delta x \to 0}\dfrac{f(0 + \Delta x, 0) - f(0,0)}{\Delta x} = \lim\limits_{\Delta x \to 0}\dfrac{|\Delta x|}{\Delta x}\sin\dfrac{1}{|\Delta x|}$ ，上述极限不存在，所以偏导数不存在，故函数在点 $(0,0)$ 不可微.

<h2 style="text-align:center">习　题　8.3</h2>

1. 求下列函数的全微分.

(1)　$z = \arcsin(xy)$ ；　　　　　　　　(2)　$z = \ln(x^2 + y^2)$ ；

(3)　$u = \sqrt{x^2 + y^2 + z^2}$ ；　　　　　　(4)　$u = \left(\dfrac{x}{y}\right)^z$.

2. 求下列函数在指定点的全微分.

(1)　$z = \arctan(x + y)$ 在点 $(2,0)$ 处；　　(2)　$u = z \cdot \sqrt{\dfrac{x}{y}}$ 在点 $(1,1,1)$ 处；

(3)　$z = \mathrm{e}^{\frac{x}{y} \cdot \frac{y}{x}}$ 在点 $(1,-1)$ 处.

3. 设函数 $z = \dfrac{y}{\sqrt{x^2 + y^2}}$ ，求(1) 函数的全微分；(2) 当 $x = 1, y = 0$ 时，函数的全微分；

(3) 当 $x = 1, y = 0, \Delta x = 0.2, \Delta y = 0.1$ 时，函数的全微分.

4. 设 $f(x,y) = \begin{cases} xy\sin\dfrac{1}{x^2 + y^2}, & x^2 + y^2 \neq 0, \\ 0, & x^2 + y^2 = 0, \end{cases}$ 证明：(1) $f(x,y)$ 在点 $(0,0)$ 连续；(2)偏导数在点 $(0,0)$ 存在；(3) 偏导数在点 $(0,0)$ 不连续；(4) $f(x,y)$ 在点 $(0,0)$ 可微分.

8.4　多元复合函数的求导法则

8.4.1　链式求导法则

链式求导法则是一元函数微分法中重要的求导法则之一. 本节将一元函数的链式求导法则推广到多元函数情形. 由于多元复合函数有各种各样的复合关系，下面分几种情况讨论.

1. 多个中间变量，一个自变量的情况

定理 1(链式法则 1)　设函数 $u = \varphi(x)$ 及 $v = \psi(x)$ 均在点 x 可微，函数 $z = f(u,v)$ 在对应点 (u,v) 可微，则复合函数 $z = f[\varphi(x), \psi(x)]$ 在点 x 可微，且有

$$\frac{\mathrm{d}z}{\mathrm{d}x} = \frac{\partial z}{\partial u}\frac{\mathrm{d}u}{\mathrm{d}x} + \frac{\partial z}{\partial v}\frac{\mathrm{d}v}{\mathrm{d}x} , \tag{1}$$

(1) 式中的导数 $\dfrac{\mathrm{d}z}{\mathrm{d}x}$ 称为**全导数**.

证　设给 x 以增量 Δx，相应地 u 和 v 就有增量 Δu 和 Δv，从而 z 有增量 Δz. 由于函数 $z = f(u,v)$ 在对应点 (u,v) 可微，由可微分的定义知

$$\Delta z = \frac{\partial z}{\partial u}\Delta u + \frac{\partial z}{\partial v}\Delta v + o(\rho) \quad (\rho = \sqrt{(\Delta u)^2 + (\Delta v)^2}) ,$$

上式两端同除以 Δx，得

$$\frac{\Delta z}{\Delta x} = \frac{\partial z}{\partial u}\frac{\Delta u}{\Delta x} + \frac{\partial z}{\partial v}\frac{\Delta v}{\Delta x} + \frac{o(\rho)}{\Delta x} \ . \tag{2}$$

由于函数 $u = \varphi(x)$ 及 $v = \psi(x)$ 均在点 x 可微, 因而连续, 从而有 $\lim\limits_{\Delta x \to 0}\dfrac{\Delta u}{\Delta x} = \dfrac{\mathrm{d}u}{\mathrm{d}x}$,

$\lim\limits_{\Delta x \to 0}\dfrac{\Delta v}{\Delta x} = \dfrac{\mathrm{d}v}{\mathrm{d}x}$, 且 $\lim\limits_{\Delta x \to 0}\Delta u = 0$, $\lim\limits_{\Delta x \to 0}\Delta v = 0$. 令 $\Delta x \to 0$, 在(2)式两端取极限, 得

$$\lim\limits_{\Delta x \to 0}\frac{\Delta z}{\Delta x} = \frac{\partial z}{\partial u}\frac{\mathrm{d}u}{\mathrm{d}x} + \frac{\partial z}{\partial v}\frac{\mathrm{d}v}{\mathrm{d}x} + \lim\limits_{\Delta x \to 0}\frac{o(\rho)}{\Delta x} \ . \tag{3}$$

当 $\rho = 0$ 时, 有 $o(\rho) = 0$, $\lim\limits_{\Delta x \to 0}\dfrac{o(\rho)}{\Delta x} = 0$;

当 $\rho \neq 0$ 时, 有 $\lim\limits_{\Delta x \to 0}\dfrac{o(\rho)}{\Delta x} = \lim\limits_{\Delta x \to 0}\dfrac{o(\rho)}{\rho}\dfrac{\rho}{\Delta x} = \lim\limits_{\Delta x \to 0}\dfrac{o(\rho)}{\rho}\sqrt{\left(\dfrac{\Delta u}{\Delta x}\right)^2 + \left(\dfrac{\Delta v}{\Delta x}\right)^2} = 0$.

所以(3)式极限存在, 即复合函数 $z = f[\varphi(x), \psi(x)]$ 在点 x 可微, 全导数公式(1)式成立.

类似地, 设函数 $u = \varphi(x)$, $v = \psi(x)$ 及 $w = w(x)$ 均在点 x 可微, 函数 $z = f(u, v, w)$ 在对应点 (u, v, w) 可微, 则复合函数 $z = f[\varphi(x), \psi(x), w(x)]$ 在点 x 可微, 且全导数公式为

$$\frac{\mathrm{d}z}{\mathrm{d}x} = \frac{\partial z}{\partial u}\frac{\mathrm{d}u}{\mathrm{d}x} + \frac{\partial z}{\partial v}\frac{\mathrm{d}v}{\mathrm{d}x} + \frac{\partial z}{\partial w}\frac{\mathrm{d}w}{\mathrm{d}x} \ .$$

例 1　设 $z = \sin(u - 2v)$, 而 $u = \mathrm{e}^x$, $v = x^2$, 求 $\dfrac{\mathrm{d}z}{\mathrm{d}x}$.

解　由公式(1), 有

$$\frac{\mathrm{d}z}{\mathrm{d}x} = \frac{\partial z}{\partial u}\frac{\mathrm{d}u}{\mathrm{d}x} + \frac{\partial z}{\partial v}\frac{\mathrm{d}v}{\mathrm{d}x} = \cos(u - 2v)\cdot\mathrm{e}^x - 2\cos(u - 2v)\cdot 2x$$

$$= (\mathrm{e}^x - 4x)\cos(\mathrm{e}^x - 2x^2).$$

2. 多个中间变量, 多个自变量的情况

定理 2(链式法则 2)　设函数 $u = \varphi(x, y)$, $v = \psi(x, y)$ 在点 (x, y) 的偏导数均存在, 又 $z = f(u, v)$ 在对应点 (u, v) 可微, 则复合函数 $z = f[\varphi(x, y), \psi(x, y)]$ 在点 (x, y) 的偏导数存在, 且有

$$\frac{\partial z}{\partial x} = \frac{\partial z}{\partial u}\frac{\partial u}{\partial x} + \frac{\partial z}{\partial v}\frac{\partial v}{\partial x} \ , \tag{4}$$

$$\frac{\partial z}{\partial y} = \frac{\partial z}{\partial u}\frac{\partial u}{\partial y} + \frac{\partial z}{\partial v}\frac{\partial v}{\partial y} \ . \tag{5}$$

实际上, 根据偏导数的计算方法, 求 $\dfrac{\partial z}{\partial x}$ 时, 是将 y 看作常量, 可以应用链式

法则 1 计算 $\dfrac{\partial z}{\partial x}$,但由于 u , v 是 x , y 的二元函数,所以将公式(1)中的 $\dfrac{\mathrm{d}u}{\mathrm{d}x}$ 改成 $\dfrac{\partial u}{\partial x}$,$\dfrac{\mathrm{d}v}{\mathrm{d}x}$ 改成 $\dfrac{\partial v}{\partial x}$,得公式(4). 类似可以得到公式(5).

例 2 设 $z = u^2 v$,而 $u = \mathrm{e}^{xy}$, $v = x + 2y$,求 $\dfrac{\partial z}{\partial x}$ 和 $\dfrac{\partial z}{\partial y}$.

解
$$\frac{\partial z}{\partial x} = \frac{\partial z}{\partial u}\frac{\partial u}{\partial x} + \frac{\partial z}{\partial v}\frac{\partial v}{\partial x} = 2uv \cdot y\mathrm{e}^{xy} + u^2 \cdot 1$$
$$= \mathrm{e}^{2xy}[2y(x + 2y) + 1];$$
$$\frac{\partial z}{\partial y} = \frac{\partial z}{\partial u}\frac{\partial u}{\partial y} + \frac{\partial z}{\partial v}\frac{\partial v}{\partial y} = 2uv \cdot x\mathrm{e}^{xy} + u^2 \cdot 2$$
$$= 2\mathrm{e}^{2xy}[x(x + 2y) + 1].$$

3. 一个中间变量,多个自变量的情况

定理 3(链式法则 3) 设函数 $u = \varphi(x, y)$ 在点 (x, y) 的偏导数存在,又 $z = f(u)$ 在对应点 u 可微,则复合函数 $z = f[\varphi(x, y)]$ 在点 (x, y) 偏导数存在,且有
$$\frac{\partial z}{\partial x} = \frac{\mathrm{d}z}{\mathrm{d}u}\frac{\partial u}{\partial x}, \quad \frac{\partial z}{\partial y} = \frac{\mathrm{d}z}{\mathrm{d}u}\frac{\partial u}{\partial y}.$$

例 3 设 $z = \arctan u$,而 $u = x^2 \sin y$,求 $\dfrac{\partial z}{\partial x}$ 和 $\dfrac{\partial z}{\partial y}$.

解
$$\frac{\partial z}{\partial x} = \frac{\mathrm{d}z}{\mathrm{d}u}\frac{\partial u}{\partial x} = \frac{1}{1 + u^2} \cdot 2x\sin y = \frac{2x\sin y}{1 + x^4 \sin^2 y};$$
$$\frac{\partial z}{\partial y} = \frac{\mathrm{d}z}{\mathrm{d}u}\frac{\partial u}{\partial y} = \frac{1}{1 + u^2} \cdot x^2 \cos y = \frac{x^2 \cos y}{1 + x^4 \sin^2 y}.$$

在例 1、例 2 和例 3 中,各函数的关系均具体给出,于是也可以将中间变量与自变量函数的关系式代入因变量与中间变量的函数关系式中,再去求导数或偏导数. 如例 1,
$$z = \sin(u - 2v) = \sin(\mathrm{e}^x - 2x^2),$$
利用一元函数的链式求导法则,可得
$$\frac{\mathrm{d}z}{\mathrm{d}x} = (\mathrm{e}^x - 4x^2)\cos(\mathrm{e}^x - 2x^2).$$
但当函数关系比较复杂,或者函数关系以抽象的形式给出时,需要用前面的公式计算.

为了理清各变量之间的关系,通常可以画树状图,定理 1、定理 2 和定理 3 中的各变量之间的关系如图 8.5、图 8.6 和图 8.7 所示.

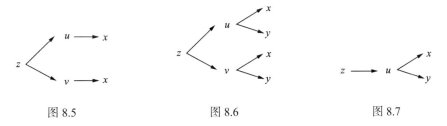

图 8.5   图 8.6   图 8.7

由以上所得的求偏导数公式及树状图可知

(1) 有几个自变量就存在几个偏导数(一个自变量时为求全导数);

(2) 每个偏导数公式中有几个通向自变量的路径，便应该有几项相加;

(3) 每一项的结构均为 $\dfrac{\partial (\mathrm{d}) 因变量}{\partial (\mathrm{d}) 中间变量} \cdot \dfrac{\partial (\mathrm{d}) 中间变量}{\partial (\mathrm{d}) 自变量}$.

这样无论何种复杂的函数复合关系，都可以将偏导数公式写出来.

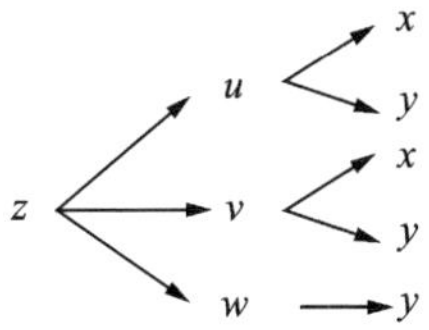

图 8.8

例 4 设函数 $z = f(u,v,y)$ 具有连续的偏导数, $u = \varphi(x,y)$ 及 $v = \psi(x,y)$ 具有偏导数, 求 $\dfrac{\partial z}{\partial x}$ 和 $\dfrac{\partial z}{\partial y}$.

解 设第三个中间变量为 w, 且 $w = y$. 此题属于情况 2, 有三个中间变量, 两个自变量, 树状图如图 8.8.

$$\frac{\partial z}{\partial x} = \frac{\partial f}{\partial u}\frac{\partial u}{\partial x} + \frac{\partial f}{\partial v}\frac{\partial v}{\partial x} + \frac{\partial f}{\partial w}\frac{\partial w}{\partial x} = \frac{\partial f}{\partial u}\frac{\partial u}{\partial x} + \frac{\partial f}{\partial v}\frac{\partial v}{\partial x},$$

$$\frac{\partial z}{\partial y} = \frac{\partial f}{\partial u}\frac{\partial u}{\partial y} + \frac{\partial f}{\partial v}\frac{\partial v}{\partial y} + \frac{\partial f}{\partial w}\frac{\partial w}{\partial y} = \frac{\partial f}{\partial u}\frac{\partial u}{\partial y} + \frac{\partial f}{\partial v}\frac{\partial v}{\partial y} + \frac{\partial f}{\partial y}.$$

注意 这里 $\dfrac{\partial z}{\partial y}$ 与 $\dfrac{\partial f}{\partial y}$ 的意义是不一样, $\dfrac{\partial z}{\partial y}$ 表示复合函数 $z = f[\varphi(x,y), \psi(x,y), y]$ 中的 x 不变, 对 y 的偏导数; 而 $\dfrac{\partial f}{\partial y}$ 表示 $f(u,v,y)$ 中的 u 及 v 不变, 对 y 的偏导数.

例 5 设 $z = f(x^2 y, x - y)$, f 具有二阶连续的偏导数, 求 $\dfrac{\partial z}{\partial x}, \dfrac{\partial^2 z}{\partial x \partial y}$.

解 令 $u = x^2 y$, $v = x - y$, 则 $z = f(u,v)$. 为表达简洁, 引入以下记号:

$$f_1' = \frac{\partial f}{\partial u}, \quad f_2' = \frac{\partial f}{\partial v}, \quad f_{11}'' = \frac{\partial^2 f}{\partial u^2}, \quad f_{12}'' = \frac{\partial^2 f}{\partial u \partial v}, \quad f_{22}'' = \frac{\partial^2 f}{\partial v^2}.$$

由链式法则 2, 有

$$\frac{\partial z}{\partial x} = \frac{\partial f}{\partial u} \cdot \frac{\partial u}{\partial x} + \frac{\partial f}{\partial v} \cdot \frac{\partial v}{\partial x} = 2xy f_1' + f_2';$$

$$\frac{\partial^2 z}{\partial x \partial y} = \frac{\partial}{\partial y}(2xyf_1' + f_2') = 2xf_1' + 2xy\frac{\partial f_1'}{\partial y} + \frac{\partial f_2'}{\partial y}.$$

应注意 f_1' 和 f_2' 仍是复合函数，复合关系与 f 一样，树状图如图 8.9(a)、(b)、(c)所示.

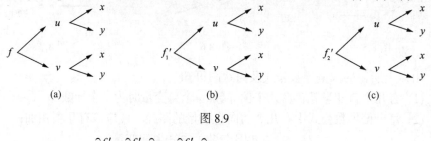

(a)　　　　　　　　　　(b)　　　　　　　　　　(c)

图 8.9

$$\frac{\partial f_1'}{\partial y} = \frac{\partial f_1'}{\partial u} \cdot \frac{\partial u}{\partial y} + \frac{\partial f_1'}{\partial v} \cdot \frac{\partial v}{\partial y} = f_{11}'' \cdot x^2 + f_{12}'' \cdot (-1);$$

$$\frac{\partial f_2'}{\partial y} = \frac{\partial f_2'}{\partial u} \cdot \frac{\partial u}{\partial y} + \frac{\partial f_2'}{\partial v} \cdot \frac{\partial v}{\partial y} = f_{21}'' \cdot x^2 + f_{22}'' \cdot (-1).$$

所以

$$\frac{\partial^2 z}{\partial x \partial y} = 2xf_1' + 2x^3 y f_{11}'' - 2xy f_{12}'' + x^2 f_{21}'' - f_{22}''$$

$$= 2xf_1' + 2x^3 y f_{11}'' + x(x-2y)f_{12}'' - f_{22}''.$$

例 6　设 $u = f(yz, zx, xy)$，f 具有二阶连续偏导数，求 $\dfrac{\partial u}{\partial x}, \dfrac{\partial u}{\partial y}, \dfrac{\partial^2 u}{\partial x \partial z}, \dfrac{\partial^2 u}{\partial y \partial z}$.

解　$\dfrac{\partial u}{\partial x} = f_2' \cdot z + f_3' \cdot y$；

$\dfrac{\partial u}{\partial y} = f_1' \cdot z + f_3' \cdot x$；

$\dfrac{\partial^2 u}{\partial x \partial z} = f_2' + z \cdot (f_{21}'' \cdot y + f_{22}'' \cdot x) + y \cdot (f_{31}'' \cdot y + f_{32}'' \cdot x)$；

$\dfrac{\partial^2 u}{\partial y \partial z} = f_1' + z \cdot (f_{11}'' \cdot y + f_{12}'' \cdot x) + x \cdot (f_{31}'' \cdot y + f_{32}'' \cdot x)$.

多元复合
函数微分法

8.4.2　全微分形式不变性

对于可微函数 $z = f(u, v)$，不管 u, v 是中间变量，还是自变量，总有

$$\mathrm{d}z = \frac{\partial z}{\partial u}\mathrm{d}u + \frac{\partial z}{\partial v}\mathrm{d}v, \tag{6}$$

这个性质称为**全微分形式不变性**.

事实上，当 u, v 是自变量时，(6)式显然成立. 现假设 $u = \varphi(x, y)$，$v = \psi(x, y)$，

且 u,v 具有连续的偏导数，则函数 $z = f[\varphi(x,y),\psi(x,y)]$ 的全微分为

$$\mathrm{d}z = \frac{\partial z}{\partial x}\mathrm{d}x + \frac{\partial z}{\partial y}\mathrm{d}y ,$$

其中 $\dfrac{\partial z}{\partial x}$ 及 $\dfrac{\partial z}{\partial y}$ 分别由公式(4)和(5)给出，代入上式得

$$\mathrm{d}z = \left(\frac{\partial z}{\partial u}\cdot\frac{\partial u}{\partial x} + \frac{\partial z}{\partial v}\cdot\frac{\partial v}{\partial x}\right)\mathrm{d}x + \left(\frac{\partial z}{\partial u}\cdot\frac{\partial u}{\partial y} + \frac{\partial z}{\partial v}\cdot\frac{\partial v}{\partial y}\right)\mathrm{d}y$$

$$= \frac{\partial z}{\partial u}\cdot\left(\frac{\partial u}{\partial x}\mathrm{d}x + \frac{\partial u}{\partial y}\mathrm{d}y\right) + \frac{\partial z}{\partial v}\cdot\left(\frac{\partial v}{\partial x}\mathrm{d}x + \frac{\partial v}{\partial y}\mathrm{d}y\right)$$

$$= \frac{\partial z}{\partial u}\mathrm{d}u + \frac{\partial z}{\partial v}\mathrm{d}v ,$$

即当 u,v 是中间变量时，(6)式仍然成立.

利用全微分形式不变性，易得多元函数全微分四则运算公式(u,v 为多元函数)：

(1)　$\mathrm{d}(u \pm v) = \mathrm{d}u \pm \mathrm{d}v$ ；　(2)　$\mathrm{d}(cu) = c\mathrm{d}u$ 　（c 为常数）；

(3)　$\mathrm{d}(uv) = v\mathrm{d}u + u\mathrm{d}v$ ；　(4)　$\mathrm{d}\left(\dfrac{u}{v}\right) = \dfrac{v\mathrm{d}u - u\mathrm{d}v}{v^2}$ 　$(v \neq 0)$.

例 7　设函数 $z = x^3 f\left(\dfrac{y}{x^2}\right)$，求全微分 $\mathrm{d}z$ 及两个偏导数.

解　由全微分形式不变性及四则运算法则有

$$\mathrm{d}z = \mathrm{d}(x^3)\cdot f\left(\frac{y}{x^2}\right) + x^3 \cdot \mathrm{d}\left[f\left(\frac{y}{x^2}\right)\right]$$

$$= 3x^2 \cdot f\left(\frac{y}{x^2}\right)\cdot \mathrm{d}x + x^3 f'\left(\frac{y}{x^2}\right)\cdot\frac{x^2\mathrm{d}y - y\,\mathrm{d}(x^2)}{x^4}$$

$$= \left[3x^2 f\left(\frac{y}{x^2}\right) - 2yf'\left(\frac{y}{x^2}\right)\right]\mathrm{d}x + xf'\left(\frac{y}{x^2}\right)\mathrm{d}y ,$$

同时可得偏导数

$$\frac{\partial z}{\partial x} = 3x^2 f\left(\frac{y}{x^2}\right) - 2yf'\left(\frac{y}{x^2}\right);\quad \frac{\partial z}{\partial y} = xf'\left(\frac{y}{x^2}\right).$$

本题也可以用复合函数求导法则先计算偏导数，再由 $\mathrm{d}z = \dfrac{\partial z}{\partial x}\mathrm{d}x + \dfrac{\partial z}{\partial y}\mathrm{d}y$ 可求得全微分.

习　题　8.4

1. 求下列复合函数的全导数.

(1)　$z = \mathrm{e}^{x-2y}$, $x = \sin t$, $y = t^3$ ；

(2) $z = \ln(x^2 + y^2),\ x = t + \dfrac{1}{t},\ y = t(t-1)$;

(3) $u = e^{2x}(y+z),\ x = 2t,\ y = \sin t,\ z = 2\cos t$;

(4) $u = \sqrt{xyz},\ y = \sqrt{x},\ z = \cos x$.

2. 求下列复合函数的偏导数 $\dfrac{\partial z}{\partial x}, \dfrac{\partial z}{\partial y}$.

(1) $z = \dfrac{u}{v},\ u = x\cos y,\ v = y\cos x$;

(2) $z = \arctan\dfrac{u}{v},\ u = x+y,\ v = x-y$;

(3) $z = ue^v + ve^{-u},\ u = e^x,\ v = yx^2$.

3. 求下列函数的一阶偏导数(其中 f 具有一阶连续偏导数).

(1) $u = f\left(xy, \dfrac{y}{x}\right)$;　　　　　　　(2) $u = f(xe^y, x, y)$;

(3) $u = f(x^2 + y^2, xy, z^3)$.

4. 设函数 $z = f(x,y)$ 在点 $(1,1)$ 处可微，$f(1,1) = 1$ ，$\left.\dfrac{\partial f}{\partial x}\right|_{(1,1)} = 2$ ，$\left.\dfrac{\partial f}{\partial y}\right|_{(1,1)} = 3$ ，$\varphi(x) = f[x, f(x,x)]$ ，求 $\varphi'(x)$ 及 $\varphi'(x)\big|_{x=1}$.

5. 设 $u = yf\left(\dfrac{x}{y}\right) + xg\left(\dfrac{y}{x}\right)$ ，其中 f, g 具有二阶连续导数，求 $x\dfrac{\partial^2 u}{\partial x^2} + y\dfrac{\partial^2 u}{\partial x \partial y}$.

6. 求下列函数的 $\dfrac{\partial^2 z}{\partial x^2}, \dfrac{\partial^2 z}{\partial x \partial y}$ (其中 f 具有二阶连续偏导数).

(1) $z = f(x\ln x, 2x - y)$;　　　　　　　(2) $z = f(x, \sin x, \cos y)$.

7. 若 $f(u,v)$ 具有二阶连续偏导数，且满足 $\dfrac{\partial^2 f}{\partial u^2} + \dfrac{\partial^2 f}{\partial v^2} = 1$ ，证明：函数 $z = f\left[xy, \dfrac{1}{2}(x^2 - y^2)\right]$ 满足 $\dfrac{\partial^2 f}{\partial x^2} + \dfrac{\partial^2 f}{\partial y^2} = x^2 + y^2$.

8.5　隐函数的求导公式

在第 2 章我们曾引入隐函数的概念，并介绍了由方程 $F(x,y) = 0$ 所确定的隐函数 $y = f(x)$ 的求导方法. 但是，一个方程 $F(x,y) = 0$ 能否确定一个隐函数，这个隐函数是否可导? 针对这个问题，下面将介绍隐函数存在定理及隐函数的求导公式，并将其推广到多元隐函数和由方程组确定的隐函数中去.

8.5.1　由一个方程确定的隐函数的求导法则

定理 1(隐函数存在定理 1)　设函数 $F(x,y)$ 满足

(1) 在点 $P_0(x_0, y_0)$ 的某一邻域内具有连续的偏导数；

(2) $F(x_0, y_0) = 0$ ；

(3) $F_y(x_0, y_0) \neq 0$ ，

则方程 $F(x, y) = 0$ 在点 $P_0(x_0, y_0)$ 的某一邻域内能唯一确定一个具有连续导数的函数 $y = f(x)$ ，使 $y_0 = f(x_0)$ ，并有

$$\frac{dy}{dx} = -\frac{F_x}{F_y} . \tag{1}$$

定理证明略，仅推导公式(1). 实际上只需在方程 $F(x, y) = 0$ 两边求全微分，得

$$F_x dx + F_y dy = 0 . \tag{2}$$

由于 F_y 连续，且 $F_y(x_0, y_0) \neq 0$ ，所以存在点 $P_0(x_0, y_0)$ 的某一邻域，在该领域内 $F_y(x, y) \neq 0$ ，于是由(2)式可得 $\dfrac{dy}{dx} = -\dfrac{F_x}{F_y}$.

例 1　设函数 $y = f(x)$ 是由方程 $e^x - x - y + \sin y = 0$ 确定的隐函数，求 $\dfrac{dy}{dx}$ 及 $\dfrac{d^2 y}{dx^2}$.

解　设 $F(x, y) = e^x - x - y + \sin y$ ，则 $F_x(x, y) = e^x - 1$ ，$F_y(x, y) = \cos y - 1$ ，应用公式(1)得

$$\frac{dy}{dx} = \frac{e^x - 1}{1 - \cos y} ,$$

$$\frac{d^2 y}{dx^2} = \frac{d}{dx}\left(\frac{e^x - 1}{1 - \cos y} \right) = \frac{e^x(1 - \cos y) - (e^x - 1)\sin y \cdot \dfrac{dy}{dx}}{(1 - \cos y)^2}$$

$$= \frac{e^x(1 - \cos y)^2 - (e^x - 1)^2 \sin y}{(1 - \cos y)^3} .$$

注意　例 1 在计算 $\dfrac{d^2 y}{dx^2}$ 时，y 是 x 的函数. 计算 $\dfrac{dy}{dx}$ 时也可以用第 2 章介绍的方法，在方程的两边对 x 求导(y 是 x 的函数)，请读者完成，并弄清两种方法的区别.

定理 2(隐函数存在定理 2)　设函数 $F(x, y, z)$ 满足

(1) 在点 $P_0(x_0, y_0, z_0)$ 的某一邻域内具有连续的偏导数；

(2) $F(x_0, y_0, z_0) = 0$ ；

(3) $F_z(x_0, y_0, z_0) \neq 0$ ，

则方程 $F(x, y, z) = 0$ 在点 $P_0(x_0, y_0, z_0)$ 的某一邻域内能唯一确定一个具有连续

偏导数的函数 $z = f(x, y)$，使 $z_0 = f(x_0, y_0)$，并有

$$\frac{\partial z}{\partial x} = -\frac{F_x}{F_z}, \quad \frac{\partial z}{\partial y} = -\frac{F_y}{F_z}. \tag{3}$$

定理 2 证明略，仅推导公式(3). 在方程 $F(x, y, z) = 0$ 两边求全微分，得

$$F_x \mathrm{d}x + F_y \mathrm{d}y + F_z \mathrm{d}z = 0. \tag{4}$$

由于 F_z 连续，且 $F_z(x_0, y_0, z_0) \neq 0$，所以存在点 $P_0(x_0, y_0, z_0)$ 的某一邻域，在该邻域内 $F_z(x, y, z) \neq 0$，于是由(4)式可得

$$\mathrm{d}z = -\frac{F_x}{F_z}\mathrm{d}x - \frac{F_y}{F_z}\mathrm{d}y.$$

而 $\mathrm{d}z = \dfrac{\partial z}{\partial x}\mathrm{d}x + \dfrac{\partial z}{\partial y}\mathrm{d}y$，所以有(3)式成立.

类似地，可以将以上的定理推广到二元以上的隐函数.

例 2　设 $z = f(x + y + z, xyz)$，其中 f 具有一阶连续的偏导数，求 $\dfrac{\partial z}{\partial x}$.

解　方法一　设 $F(x, y, z) = z - f(x + y + z, xyz)$，则

$$F_x = -f_1' - yzf_2', \quad F_z = 1 - f_1' - xyf_2',$$

应用公式(3)得

$$\frac{\partial z}{\partial x} = \frac{f_1' + yzf_2'}{1 - f_1' - xyf_2'}.$$

方法二　把 z 看作 x, y 的函数，在方程 $z = f(x + y + z, xyz)$ 的两边对 x 求偏导数，得

$$\frac{\partial z}{\partial x} = f_1' \cdot \left(1 + \frac{\partial z}{\partial x}\right) + f_2' \cdot \left(yz + xy\frac{\partial z}{\partial x}\right),$$

所以

$$\frac{\partial z}{\partial x} = \frac{f_1' + yzf_2'}{1 - f_1' - xyf_2'}.$$

方法三　对方程 $z = f(x + y + z, xyz)$ 两边求全微分，得

$$\mathrm{d}z = f_1' \cdot \mathrm{d}(x + y + z) + f_2' \cdot \mathrm{d}(xyz),$$

即

$$\mathrm{d}z = f_1' \cdot (\mathrm{d}x + \mathrm{d}y + \mathrm{d}z) + f_2' \cdot (yz\mathrm{d}x + xz\mathrm{d}y + xy\mathrm{d}z),$$

$$\mathrm{d}z = \frac{f_1' + yzf_2'}{1 - f_1' - xyf_2'}\mathrm{d}x + \frac{f_1' + xzf_2'}{1 - f_1' - xyf_2'}\mathrm{d}y,$$

所以

$$\frac{\partial z}{\partial x} = \frac{f_1' + yzf_2'}{1 - f_1' - xyf_2'}.$$

实际上，方法三还可以同时求得 $\dfrac{\partial z}{\partial y} = \dfrac{f_1' + xzf_2'}{1 - f_1' - xyf_2'}$.

8.5.2　由方程组确定的隐函数的求导法则

对方程组情况，如

$$\begin{cases} F(x,y,u,v) = 0, \\ G(x,y,u,v) = 0 \end{cases} \tag{5}$$

有两个方程，四个变量，可能确定两个二元函数，比如 $u = u(x,y)$ 和 $v = v(x,y)$．但是，这样的二元函数是否存在，性质如何？针对这个问题有下面的定理．

定理 3(隐函数存在定理 3)　设函数 $F(x,y,u,v)$ 和 $G(x,y,u,v)$ 满足

(1) 在点 $P_0(x_0,y_0,u_0,v_0)$ 的某一邻域内具有连续的偏导数；

(2) $F(x_0,y_0,u_0,v_0) = 0$，$G(x_0,y_0,u_0,v_0) = 0$；

(3) 偏导数所组成的行列式(或称**雅可比**[①]**(Jacobi)行列式**) $J = \dfrac{\partial(F,G)}{\partial(u,v)} = \begin{vmatrix} F_u & F_v \\ G_u & G_v \end{vmatrix}$ 在点 $P_0(x_0,y_0,u_0,v_0)$ 不等于零，

则方程组(5)在点 P_0 的某一邻域内能唯一确定一对具有连续偏导数的函数 $u = u(x,y)$ 和 $v = v(x,y)$，使 $u_0 = u(x_0,y_0)$，$v_0 = v(x_0,y_0)$，且有

$$\frac{\partial u}{\partial x} = -\frac{1}{J}\frac{\partial(F,G)}{\partial(x,v)} = -\frac{1}{J}\begin{vmatrix} F_x & F_v \\ G_x & G_v \end{vmatrix}; \quad \frac{\partial v}{\partial x} = -\frac{1}{J}\frac{\partial(F,G)}{\partial(u,x)} = -\frac{1}{J}\begin{vmatrix} F_u & F_x \\ G_u & G_x \end{vmatrix};$$

$$\frac{\partial u}{\partial y} = -\frac{1}{J}\frac{\partial(F,G)}{\partial(y,v)} = -\frac{1}{J}\begin{vmatrix} F_y & F_v \\ G_y & G_v \end{vmatrix}; \quad \frac{\partial v}{\partial y} = -\frac{1}{J}\frac{\partial(F,G)}{\partial(u,y)} = -\frac{1}{J}\begin{vmatrix} F_u & F_y \\ G_u & G_y \end{vmatrix}. \tag{6}$$

定理 3 证明略，仅推导公式(6)．对方程组(5)两边求全微分，得

$$\begin{cases} F_x\mathrm{d}x + F_y\mathrm{d}y + F_u\mathrm{d}u + F_v\mathrm{d}v = 0, \\ G_x\mathrm{d}x + G_y\mathrm{d}y + G_u\mathrm{d}u + G_v\mathrm{d}v = 0. \end{cases} \tag{7}$$

方程组(7)是关于 $\mathrm{d}u, \mathrm{d}v$ 的线性方程组，由定理的条件知，在点 P_0 的某一邻域内方程组(7)的系数行列式 $J = \begin{vmatrix} F_u & F_v \\ G_u & G_v \end{vmatrix} \neq 0$，从而解得

$$\mathrm{d}u = -\frac{1}{J}\begin{vmatrix} F_x & F_v \\ G_x & G_v \end{vmatrix}\mathrm{d}x - \frac{1}{J}\begin{vmatrix} F_y & F_v \\ G_y & G_v \end{vmatrix}\mathrm{d}y;$$

---

①雅可比(C.G.J.Jacobi, 1804～1851)德国数学家．他在偏微分方程的研究中引进了"雅可比行列式"，并应用在微积分中．

$$dv = -\frac{1}{J}\begin{vmatrix} F_u & F_x \\ G_u & G_x \end{vmatrix} dx - \frac{1}{J}\begin{vmatrix} F_u & F_y \\ G_u & G_y \end{vmatrix} dy .$$

于是可得公式(6).

例 3 设函数 $u = u(x,y)$ 和 $v = v(x,y)$ 由方程组 $\begin{cases} u^2 - v + x = 0, \\ u + v^2 - y = 0 \end{cases}$ 确定，求 $\dfrac{\partial u}{\partial x}$,

$\dfrac{\partial u}{\partial y}$, $\dfrac{\partial v}{\partial x}$ 和 $\dfrac{\partial v}{\partial y}$.

解 方法一 直接利用公式(6)计算.

方法二 利用推导公式(6)的方法来求解. 在方程组两边求全微分，得

$$\begin{cases} 2u\,du - dv + dx = 0, \\ du + 2v\,dv - dy = 0, \end{cases}$$

这是关于 du, dv 的线性方程组，在 $J = \begin{vmatrix} 2u & -1 \\ 1 & 2v \end{vmatrix} = 4uv + 1 \neq 0$ 时，

$$du = \frac{-2v\,dx + dy}{4uv + 1} ;$$

$$dv = \frac{dx + 2u\,dy}{4uv + 1} ,$$

所以 $\dfrac{\partial u}{\partial x} = \dfrac{-2v}{4uv + 1}$, $\dfrac{\partial u}{\partial y} = \dfrac{1}{4uv + 1}$, $\dfrac{\partial v}{\partial x} = \dfrac{1}{4uv + 1}$, $\dfrac{\partial v}{\partial y} = \dfrac{2u}{4uv + 1}$.

方法三 在方程组两边对 x 求偏导数，得

$$\begin{cases} 2u\dfrac{\partial u}{\partial x} - \dfrac{\partial v}{\partial x} + 1 = 0, \\ \dfrac{\partial u}{\partial x} + 2v\dfrac{\partial v}{\partial x} = 0, \end{cases}$$

在 $J = \begin{vmatrix} 2u & -1 \\ 1 & 2v \end{vmatrix} = 4uv + 1 \neq 0$ 时， $\dfrac{\partial u}{\partial x} = \dfrac{-2v}{4uv + 1}$, $\dfrac{\partial v}{\partial x} = \dfrac{1}{4uv + 1}$.

同理，在方程组两边对 y 求偏导数，得

$$\begin{cases} 2u\dfrac{\partial u}{\partial y} - \dfrac{\partial v}{\partial y} = 0, \\ \dfrac{\partial u}{\partial y} + 2v\dfrac{\partial v}{\partial y} - 1 = 0, \end{cases}$$

在 $J = \begin{vmatrix} 2u & -1 \\ 1 & 2v \end{vmatrix} = 4uv + 1 \neq 0$ 时， $\dfrac{\partial u}{\partial y} = \dfrac{1}{4uv + 1}$, $\dfrac{\partial v}{\partial y} = \dfrac{2u}{4uv + 1}$.

从以上各例看出，在求隐函数的偏导数或导数时，可以不利用隐函数存在定理中给出的公式，只需在方程(或方程组)的两边求偏导数或导数，或者两边求全微分，特别是对方程组所确定的隐函数情况，这样做，通常更简便一些.

例 4　设 $\begin{cases} x + y + z = 0, \\ x^2 + y^2 + z^2 = 1, \end{cases}$ 求 $\dfrac{dy}{dx}$，$\dfrac{dz}{dx}$.

解　将方程两边对 x 求导，整理得

$$\begin{cases} \dfrac{dy}{dx} + \dfrac{dz}{dx} = -1, \\ y\dfrac{dy}{dx} + z\dfrac{dz}{dx} = -x, \end{cases}$$

在 $J = \begin{vmatrix} 1 & 1 \\ y & z \end{vmatrix} = z - y \neq 0$ 时，得 $\dfrac{dy}{dx} = \dfrac{x-z}{z-y}$，$\dfrac{dz}{dx} = \dfrac{y-x}{z-y}$.

习　题　8.5

1. 求下列方程所确定的隐函数的导数 $\dfrac{dy}{dx}$.

(1) $\ln\sqrt{x^2 + y^2} = \arctan\dfrac{y}{x}$；　　　　(2) $x^y = y^x$.

2. 求下列方程所确定的隐函数 $z = z(x, y)$ 的一阶偏导数.

(1) $x + 2y + z - 2\sqrt{xyz} = 0$；　　　　(2) $e^{-xy} - 2z + e^z = 0$.

3. 设函数 $z = z(x, y)$ 由方程 $F(x - y, y - z) = 0$ 所确定，F 为可微函数，证明：$\dfrac{\partial z}{\partial x} + \dfrac{\partial z}{\partial y} = 1$.

4. 设 $e^z = xyz$，求 $\dfrac{\partial^2 z}{\partial x^2}$ 及 $\dfrac{\partial^2 z}{\partial x \partial y}$.

5. 设 $x^2 + z^2 = y\varphi\left(\dfrac{z}{y}\right)$，其中 φ 为可微函数，求 $\dfrac{\partial z}{\partial y}$.

6. 求下列方程组所确定的函数的导数或偏导数：

(1) $\begin{cases} x^2 + y^2 - z^2 = 0, \\ x^2 + 2y^2 + 3z^2 = 1, \end{cases}$ 求 $\dfrac{dz}{dx}, \dfrac{dy}{dx}$；

(2) $\begin{cases} xu - yv = 0, \\ yu + xv = 1, \end{cases}$ 求 $\dfrac{\partial u}{\partial x}, \dfrac{\partial u}{\partial y}, \dfrac{\partial v}{\partial x}, \dfrac{\partial v}{\partial y}$；

(3) $\begin{cases} x = (u+1)\cos v, \\ y = u\sin v, \end{cases}$ 求 $\dfrac{\partial v}{\partial x}, \dfrac{\partial u}{\partial x}$.

7. 函数 $z = h(x)$ 由方程 $z = f(x, y)$ 和 $g(x, y) = 0$ 确定，求 $\dfrac{dz}{dx}$.

8. 设 $u = f(x, y, z)$ 有连续偏导数，而 $z = z(x, y)$ 由方程 $xe^x - ye^y = ze^z$ 所确定，求 du.

8.6　方向导数与梯度

在许多实际问题中，常常需要考虑函数在一点沿某一方向的变化率问题，这就是方向导数的问题. 同时，还需要研究函数在某点沿哪个方向

增加最快以及最大增长率的问题，从而要引入梯度的概念.

方向导数

8.6.1　方向导数

定义 1　设函数 $z = f(x, y)$ 在点 $P_0(x_0, y_0)$ 的某邻域 $U(P_0)$ 内有定义，从点 P_0 引射线 l，并设 $P(x_0 + \Delta x, y_0 + \Delta y)$ 为 l 上另一点(图 8.10)，且 $P \in U(P_0)$. 曲面上与点

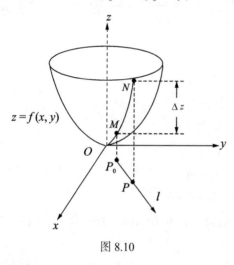

图 8.10

P_0 和 P 对应的点为 M 和 N，点 M 到 N 竖坐标的增量为

$$\Delta z = f(x_0 + \Delta x, y_0 + \Delta y) - f(x_0, y_0),$$

点 P_0 到 P 的距离为 $\rho = \sqrt{(\Delta x)^2 + (\Delta y)^2}$，称 $\dfrac{\Delta z}{\rho}$ 为函数 $f(x, y)$ 沿方向 l 的**平均变化率**. 当 P 沿 l 趋于 P_0 时，若 $\lim\limits_{\rho \to 0^+} \dfrac{\Delta z}{\rho}$ 存在，则称该极限为 $f(x, y)$ 在点 P_0 处沿方向 l 的**方向导数**，也就是函数 $f(x, y)$ 在点 P_0 处沿方向 l 的变化率，记作 $\left.\dfrac{\partial f}{\partial l}\right|_{P_0}$，即

$$\left.\frac{\partial f}{\partial l}\right|_{P_0} = \lim_{\rho \to 0^+} \frac{f(x_0 + \Delta x, y_0 + \Delta y) - f(x_0, y_0)}{\rho}.$$

由方向导数及偏导数的定义可知：当函数 $f(x, y)$ 在点 $P_0(x_0, y_0)$ 的偏导数存在时，它在该点处沿 x 轴和 y 轴正方向的方向导数分别是 $f_x(x_0, y_0)$，$f_y(x_0, y_0)$，而沿 x 轴和 y 轴负方向的方向导数分别是 $-f_x(x_0, y_0)$，$-f_y(x_0, y_0)$. 但是当函数 $f(x, y)$ 在点 $P_0(x_0, y_0)$ 沿任意方向的方向导数都存在时，函数在该点的偏导数未必存在，如函数 $z = \sqrt{x^2 + y^2}$ 在点 $(0,0)$ 处沿任意方向 l 的方向导数 $\left.\dfrac{\partial f}{\partial l}\right|_{(0,0)} = 1$，而在该点的偏导数不存在.

定理 1　若函数 $f(x, y)$ 在点 $P_0(x_0, y_0)$ 是可微分的，则函数在该点沿任一方向

l 的方向导数都存在，且有

$$\frac{\partial f}{\partial l}\bigg|_{(x_0,y_0)} = f_x(x_0,y_0)\cos\alpha + f_y(x_0,y_0)\cos\beta , \tag{1}$$

其中 $\cos\alpha$，$\cos\beta$ 是方向 l 的方向余弦.

证　设 $P(x_0+\Delta x, y_0+\Delta y)$ 为 l 上另一点，由函数 $f(x,y)$ 在点 $P_0(x_0,y_0)$ 可微，得全增量

$$f(x_0+\Delta x, y_0+\Delta y) - f(x_0,y_0) = f_x(x_0,y_0)\Delta x + f_y(x_0,y_0)\Delta y + o(\rho) ,$$

上式两边同除以 ρ，令 $\rho \to 0$，取极限得

$$\lim_{\rho \to 0^+}\frac{f(x_0+\Delta x, y_0+\Delta y) - f(x_0,y_0)}{\rho} = \lim_{\rho \to 0^+}\left[f_x(x_0,y_0)\frac{\Delta x}{\rho} + f_y(x_0,y_0)\frac{\Delta y}{\rho} + \frac{o(\rho)}{\rho} \right],$$

由于 $\dfrac{\Delta x}{\rho} = \cos\alpha$，$\dfrac{\Delta y}{\rho} = \cos\beta$ 以及 $\lim\limits_{\rho \to 0}\dfrac{o(\rho)}{\rho} = 0$，所以

$$\lim_{\rho \to 0^+}\frac{f(x_0+\Delta x, y_0+\Delta y) - f(x_0,y_0)}{\rho} = f_x(x_0,y_0)\cos\alpha + f_y(x_0,y_0)\cos\beta ,$$

即函数在点 $P_0(x_0,y_0)$ 的方向导数存在，且

$$\frac{\partial f}{\partial l}\bigg|_{(x_0,y_0)} = f_x(x_0,y_0)\cos\alpha + f_y(x_0,y_0)\cos\beta .$$

例 1　求函数 $f(x,y) = \sin(2x+y)$ 在点 $(0,0)$ 沿方向 $l = (2,1)$ 的方向导数.

解　与 l 同向的单位向量 $\boldsymbol{l}^0 = \left(\dfrac{2}{\sqrt{5}}, \dfrac{1}{\sqrt{5}} \right)$，由于函数可微分，且

$$f_x(0,0) = 2\cos(2x+y)\big|_{(0,0)} = 2 ,$$

$$f_y(0,0) = \cos(2x+y)\big|_{(0,0)} = 1 .$$

由公式(1)得

$$\frac{\partial f}{\partial l}\bigg|_{(0,0)} = f_x(0,0)\cos\alpha + f_y(0,0)\cos\beta = 2 \cdot \frac{2}{\sqrt{5}} + 1 \cdot \frac{1}{\sqrt{5}} = \sqrt{5} .$$

上述关于方向导数的定义及计算方法可以推广到二元以上的函数. 如三元函数 $u = f(x,y,z)$，设方向 l 的方向角为 α, β, γ，则函数 $u = f(x,y,z)$ 在空间一点 $P_0(x_0,y_0,z_0)$ 沿方向 l 的方向导数可定义为

$$\frac{\partial f}{\partial l}\bigg|_{P_0} = \lim_{\rho \to 0^+}\frac{f(x_0+\Delta x, y_0+\Delta y, z_0+\Delta z) - f(x_0,y_0,z_0)}{\rho} ,$$

其中 $\rho = \sqrt{(\Delta x)^2 + (\Delta y)^2 + (\Delta z)^2}$，$\Delta x = \rho\cos\alpha$，$\Delta y = \rho\cos\beta$，$\Delta z = \rho\cos\gamma$. 并且

当 $u = f(x, y, z)$ 在 $P(x_0, y_0, z_0)$ 可微分时，函数在该点处沿方向 l 的方向导数存在，且有

$$\left.\frac{\partial f}{\partial l}\right|_{P_0} = f_x(x_0, y_0, z_0)\cos\alpha + f_y(x_0, y_0, z_0)\cos\beta + f_z(x_0, y_0, z_0)\cos\gamma \,. \tag{2}$$

例 2　求函数 $f(x, y, z) = \dfrac{1}{z}\sqrt{3x^2 + 4y^2}$ 在点 $P(1,1,1)$ 处沿着从点 $P(1,1,1)$ 到点 $B(3,4,2)$ 的方向的方向导数.

解　向量 $\overrightarrow{PB} = (2, 3, 1)$，这里方向 l 就是向量 $\overrightarrow{PB}$ 的方向，与 l 同向的单位向量 $l^0 = \left(\dfrac{2}{\sqrt{14}}, \dfrac{3}{\sqrt{14}}, \dfrac{1}{\sqrt{14}}\right)$，由于函数可微分，且

$$f_x(1,1,1) = \left.\frac{3x}{z\sqrt{3x^2 + 4y^2}}\right|_{(1,1,1)} = \frac{3}{\sqrt{7}} \,,$$

$$f_y(1,1,1) = \left.\frac{4y}{z\sqrt{3x^2 + 4y^2}}\right|_{(1,1,1)} = \frac{4}{\sqrt{7}} \,,$$

$$f_z(1,1,1) = \left.-\frac{\sqrt{3x^2 + 4y^2}}{z^2}\right|_{(1,1,1)} = -\sqrt{7} \,,$$

所以

$$\left.\frac{\partial f}{\partial l}\right|_{P_0} = f_x(1,1,1)\cos\alpha + f_y(1,1,1)\cos\beta + f_z(1,1,1)\cos\gamma$$

$$= \frac{3}{\sqrt{7}} \cdot \frac{2}{\sqrt{14}} + \frac{4}{\sqrt{7}} \cdot \frac{3}{\sqrt{14}} - \sqrt{7} \cdot \frac{1}{\sqrt{14}} = \frac{11}{7\sqrt{2}} \,.$$

8.6.2　梯度

梯度

定义 2　设函数 $f(x, y)$ 在点 $P_0(x_0, y_0)$ 具有一阶连续的偏导数，则称向量

$$f_x(x_0, y_0)\, \boldsymbol{i} + f_y(x_0, y_0)\, \boldsymbol{j}$$

为函数 $f(x, y)$ 在点 $P_0(x_0, y_0)$ 的**梯度**，记作 $\mathbf{grad}f(x_0, y_0)$.

若设 $l^0 = (\cos\alpha, \cos\beta)$ 是与方向 l 同方向的单位向量，则二元函数方向导数的计算式(1)可写为

$$\left.\frac{\partial f}{\partial l}\right|_{P_0} = (f_x(x_0, y_0), f_y(x_0, y_0)) \cdot (\cos\alpha, \cos\beta)$$

$$= \mathbf{grad}f(x_0, y_0) \cdot l^0 = \left|\mathbf{grad}f(x_0, y_0)\right|\cos\theta \,, \tag{3}$$

其中 θ 是梯度 $\mathbf{grad}f(x_0, y_0)$ 与方向 l 的夹角. (3)式表明函数 $f(x, y)$ 在点 P_0 处沿方

向 l 的方向导数就是梯度 $\mathbf{grad}f(x_0, y_0)$ 在方向 l 的投影.

由(3)式可知,当 $\theta = 0$ 时,$\left.\dfrac{\partial f}{\partial l}\right|_{P_0} = \left|\mathbf{grad}f(x_0, y_0)\right|$,即方向 l 与梯度方向一致时,方向导数有最大值,从而可知函数在某点的梯度是这样一个向量:

(1) 梯度方向是函数在该点增长最快的方向,或者说是方向导数达到最大值的方向.

(2) 梯度的模为方向导数的最大值.

例 3　设 $f(x, y) = xy^2 + x$,求(1) $\mathbf{grad}f(x, y)$;(2)函数 $f(x, y)$ 在点 $(2, -1)$ 沿方向 l 的方向导数,x 轴到方向 l 的转角为 $30°$;(3)函数 $f(x, y)$ 在点 $(2, -1)$ 沿方向 l 的方向导数的最大值.

解　(1) $\mathbf{grad}f(x, y) = (f_x, f_y) = (y^2 + 1, 2xy)$;

(2) 与 l 同向的单位向量
$$l^0 = (\cos 30°, \cos 60°) = \left(\frac{\sqrt{3}}{2}, \frac{1}{2}\right),$$
$$\mathbf{grad}f(2, -1) = \left.(y^2 + 1, 2xy)\right|_{(2, -1)} = (2, -4),$$

方向导数 $\left.\dfrac{\partial f}{\partial l}\right|_{(2, -1)} = \mathbf{grad}f(2, -1) \cdot \left(\dfrac{\sqrt{3}}{2}, \dfrac{1}{2}\right) = (2, -4) \cdot \left(\dfrac{\sqrt{3}}{2}, \dfrac{1}{2}\right) = \sqrt{3} - 2$;

(3) 函数 $f(x, y)$ 在点 $(2, -1)$ 沿方向 l 的方向导数的最大值为
$$\left|\mathbf{grad}f(2, -1)\right| = \sqrt{4 + 16} = \sqrt{20}.$$

下面简单介绍梯度与等高线的关系. 所谓**等高线(等值线)**是指 xOy 平面中方程为 $f(x, y) = C$ 的曲线,其中 C 是函数 $z = f(x, y)$ 值域内的常数.

实际上,等高线 $f(x, y) = C$ 是曲面 $z = f(x, y)$ 被平面 $z = C$(C 为常数)所截得的曲线 L:$\begin{cases} z = f(x, y), \\ z = C \end{cases}$ 在 xOy 面上的投影(图 8.11).

由于等值线 $f(x, y) = C$ 上的任一点 $P(x, y)$ 处的切线方程为
$$Y - y = \frac{\mathrm{d}y}{\mathrm{d}x}(X - x),$$

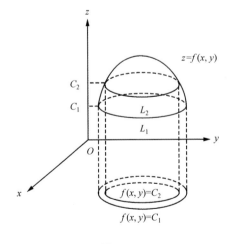

图 8.11

将其改写为点向式方程 $\dfrac{X-x}{\mathrm{d}x}=\dfrac{Y-y}{\mathrm{d}y}$，知此切线的方向向量为 $(\mathrm{d}x,\mathrm{d}y)$．

另外对方程 $f(x,y)=C$ 两边求全微分，得

$$f_x\mathrm{d}x+f_y\mathrm{d}y=0，$$

即

$$\mathbf{grad}f(x,y)\cdot(\mathrm{d}x,\mathrm{d}y)=0．\tag{4}$$

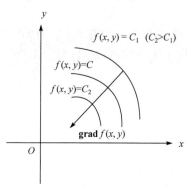

图 8.12

于是函数 $z=f(x,y)$ 在点 $P(x,y)$ 的梯度垂直于等高线 $f(x,y)=C$ 在该点处的切线．

梯度与等高线具有如下的关系：函数 $z=f(x,y)$ 在点 $P(x,y)$ 的梯度的方向与过点 P 的等高线 $f(x,y)=C$ 在该点的法线的一个方向相同，且从数值较低的等高线指向数值较高的等高线(图 8.12)，而梯度的模等于 $z=f(x,y)$ 沿这个法线方向的方向导数，这个法线方向就是方向导数取得最大值的方向．

上述关于梯度的概念可推广到二元以上的函数，如三元函数 $u=f(x,y,z)$，设其在点 $P_0(x_0,y_0,z_0)$ 具有一阶连续的偏导数，则称向量

$$f_x(x_0,y_0,z_0)\,\boldsymbol{i}+f_y(x_0,y_0,z_0)\,\boldsymbol{j}+f_z(x_0,y_0,z_0)\,\boldsymbol{k}$$

为函数 $f(x,y,z)$ 在点 $P_0(x_0,y_0,z_0)$ 的**梯度**，记作 $\mathbf{grad}f(x_0,y_0,z_0)$．

也可将(2)式写成

$$\left.\dfrac{\partial f}{\partial l}\right|_{P_0}=\mathbf{grad}f(x_0,y_0,z_0)\cdot\boldsymbol{l}^0，$$

其中 $\boldsymbol{l}^0$ 是与 l 同方向的单位向量．

与二元函数一样，三元函数的梯度也是这样一个向量：其方向与取得最大方向导数的方向一致，其模为方向导数的最大值．

例 4　设 $f(x,y,z)=\ln(x^2+2y^2+3z^2)$，求 $\mathbf{grad}f(-1,-1,1)$．

解　$\mathbf{grad}f=\dfrac{1}{x^2+2y^2+3z^2}(2x\boldsymbol{i}+4y\boldsymbol{j}+6z\boldsymbol{k})$，

$$\mathbf{grad}f(-1,-1,1)=\left(-\dfrac{1}{3}\right)\boldsymbol{i}+\left(-\dfrac{2}{3}\right)\boldsymbol{j}+\boldsymbol{k}．$$

习　题　8.6

1. 已知 x 轴正向到 l 方向的转角 $\varphi=\dfrac{\pi}{4}$，求函数 $f(x,y)=y^x$ 在点 $(1,2)$ 沿方向 l 的方向导数．

2. 设函数 $f(x,y,z)=xy+yz+zx$ ，求它在点 $P(-1,1,7)$ 沿方向 $l=(3,4,-12)$ 的方向导数.

3. 求函数 $u=xy^2+z^3-xyz$ 在点 $(1,1,2)$ 处沿方向角为 $\alpha=\dfrac{\pi}{3},\beta=\dfrac{\pi}{4},\gamma=\dfrac{\pi}{3}$ 的方向的方向导数.

4. 求下列函数在指定点的梯度及沿梯度方向的方向导数.

(1)　$f(x,y)=\sqrt{4-x^2-y^2}$ 在点 $P(\sqrt 2,0)$ ；

(2)　$f(x,y)=xe^{xy}$ 在点 $P(1,2)$ ；

(3)　$f(x,y,z)=\dfrac{x}{y}+\dfrac{y}{z}$ 在点 $P(4,2,1)$.

5. 求函数 $u=\ln(x+\sqrt{y^2+z^2})$ 在点 $A(1,0,1)$ 沿着 A 指向点 $B(3,-2,2)$ 的方向的方向导数.

6. 求 $z=x^2-xy+y^2$ 在点 $P_0(1,1)$ 处沿与 x 轴正向成 α 角的方向导数，并问，当 α 等于多少时，此方向导数(1)取最大值，(2)最小值，(3)等于 0.

7. 设一金属球体内任一点处的温度 T 与该点到球心的距离成反比，

(1) 证明：球体内任意一点(异于球心)处温度升高最快的方向总是指向球心的方向.

(2) 假设球心为坐标原点，其在点 $(1,2,2)$ 的温度为 $120℃$，求 T 在点 $(1,2,2)$ 沿着指向点 $(2,1,3)$ 方向的方向导数.

8.7　多元函数微分学的应用

8.7.1　几何应用

1. 空间曲线的切线及法平面

1) 空间曲线为参数方程的情形

设空间曲线 C 的参数方程为

$$\begin{cases} x=\varphi(t), \\ y=\psi(t), & t\in[\alpha,\beta], \\ z=\omega(t), \end{cases} \qquad (1)$$

且 φ,ψ,ω 在 $[\alpha,\beta]$ 上可导. $M(x_0,y_0,z_0)$ 为曲线 C 上对应于 $t=t_0$ 的一点， $N(x_0+\Delta x,y_0+\Delta y,z_0+\Delta z)$ 为曲线 C 上对应于 $t=t_0+\Delta t$,且邻近 M 的一点.作割线 MN ,当点 N 沿着曲线 C 趋于点 M 时，割线 MN 的极限位置 MT 就是曲线 C 在点 M 处的切线(图 8.13).

割线 MN 的方程为

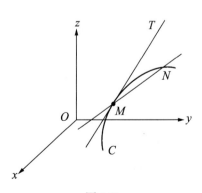

图 8.13

$$\frac{x - x_0}{\Delta x} = \frac{y - y_0}{\Delta y} = \frac{z - z_0}{\Delta z},$$

上式同乘以 Δt 得

$$\frac{x - x_0}{\dfrac{\Delta x}{\Delta t}} = \frac{y - y_0}{\dfrac{\Delta y}{\Delta t}} = \frac{z - z_0}{\dfrac{\Delta z}{\Delta t}},$$

令 $\Delta t \to 0$(即 $N \to M$),并取极限得

$$\frac{x - x_0}{\varphi'(t_0)} = \frac{y - y_0}{\psi'(t_0)} = \frac{z - z_0}{\omega'(t_0)}, \tag{2}$$

则方程(2)便是曲线 C 在点 M 处的切线方程,这里假定 $\varphi'(t_0), \psi'(t_0), \omega'(t_0)$ 不全为零.

向量 $\boldsymbol{T} = (\varphi'(t_0), \psi'(t_0), \omega'(t_0))$ 为切线 MT 的一个方向向量(又称为**曲线的切向量**),它的指向与参数 t 增大时曲线上点的移动方向一致.

过点 M 与切线 MT 垂直的平面称为曲线 C 在点 M 处的**法平面**,法平面方程为

$$\varphi'(t_0)(x - x_0) + \psi'(t_0)(y - y_0) + \omega'(t_0)(z - z_0) = 0.$$

例 1　求螺旋线 $\begin{cases} x = \cos t, \\ y = \sin t, \\ z = at \end{cases}$ 在 $t = 0$ 即点 $(1, 0, 0)$ 处的切线方程和法平面方程.

解　曲线在点 $(1, 0, 0)$ 处的切向量 $\boldsymbol{T} = (-\sin t, \cos t, a)\big|_{t=0} = (0, 1, a)$,切线方程为

$$\frac{x - 1}{0} = \frac{y}{1} = \frac{z}{a},$$

法平面方程为

$$y + az = 0.$$

2) 空间曲线为一般式方程的情形

设空间曲线 C 的一般式方程为

$$\begin{cases} F(x, y, z) = 0, \\ G(x, y, z) = 0, \end{cases} \tag{3}$$

$M(x_0, y_0, z_0)$ 为曲线 C 上一点,设函数 F 和 G 具有连续的偏导数,且 $J = \dfrac{\partial(F, G)}{\partial(y, z)}\bigg|_M \neq 0$,则由隐函数存在定理,方程组(3)在点 M 的某邻域内可以唯一确定一对有连续导数的函数 $y = y(x)$,$z = z(x)$. 所以曲线 C 又可以表示为

$$\begin{cases} y = y(x), \\ z = z(x), \end{cases}$$

取 x 为参数，得到参数方程

$$\begin{cases} x = x, \\ y = y(x), \\ z = z(x), \end{cases}$$

于是曲线 C 在点 M 处的切线方程为

$$\frac{x - x_0}{1} = \frac{y - y_0}{y'(x_0)} = \frac{z - z_0}{z'(x_0)},$$

在点 M 处的法平面方程为

$$(x - x_0) + y'(x_0)(y - y_0) + z'(x_0)(z - z_0) = 0,$$

以上两式中的 $y'(x_0)$ 和 $z'(x_0)$ 可以用 8.5 节介绍的由方程组所确定的隐函数求导方法求得.

例 2　求曲线 $\begin{cases} x^2 + y^2 = 1, \\ x^2 + z^2 = 1 \end{cases}$ 在点 $\left(\dfrac{1}{\sqrt{2}}, \dfrac{1}{\sqrt{2}}, \dfrac{1}{\sqrt{2}} \right)$ 处的切线方程和法平面方程.

解　选 x 为参数，由方程组可确定 $y = y(x)$，$z = z(x)$. 将方程组中的每一个方程两边对 x 求导，得

$$\begin{cases} 2x + 2y \cdot y'(x) = 0, \\ 2x + 2z \cdot z'(x) = 0, \end{cases}$$

将点 $\left(\dfrac{1}{\sqrt{2}}, \dfrac{1}{\sqrt{2}}, \dfrac{1}{\sqrt{2}} \right)$ 代入上式，得

$$\begin{cases} \dfrac{2}{\sqrt{2}} + \dfrac{2}{\sqrt{2}} \cdot y'\left(\dfrac{1}{\sqrt{2}} \right) = 0, \\[2mm] \dfrac{2}{\sqrt{2}} + \dfrac{2}{\sqrt{2}} \cdot z'\left(\dfrac{1}{\sqrt{2}} \right) = 0, \end{cases}$$

解得

$$y'\left(\frac{1}{\sqrt{2}} \right) = -1, \quad z'\left(\frac{1}{\sqrt{2}} \right) = -1.$$

于是曲线在点 $\left(\dfrac{1}{\sqrt{2}}, \dfrac{1}{\sqrt{2}}, \dfrac{1}{\sqrt{2}} \right)$ 的切向量为

$$\boldsymbol{T} = (1, -1, -1),$$

切线方程为

$$\frac{x - \dfrac{1}{\sqrt{2}}}{1} = \frac{y - \dfrac{1}{\sqrt{2}}}{-1} = \frac{z - \dfrac{1}{\sqrt{2}}}{-1},$$

法平面方程为

$$\left(x - \frac{1}{\sqrt{2}}\right) - \left(y - \frac{1}{\sqrt{2}}\right) - \left(z - \frac{1}{\sqrt{2}}\right) = 0,$$

即

$$x - y - z + \frac{1}{\sqrt{2}} = 0.$$

曲面的切平面

2. 曲面的切平面及法线

如图 8.14 所示，在曲面 Σ 上过点 $M(x_0, y_0, z_0)$ 任意作一条曲线，假设曲线在该点的切线存在，如果曲面上过点 M 的一切曲线在该点的切线都在同一个平面上，那么这个平面就称为曲面 Σ 在点 M 处的**切平面**. 过点 M 且与切平面垂直的直线称为曲面 Σ 在点 M 处的**法线**. 垂直于曲面切平面的向量称为**曲面的法向量**.

1) 曲面 Σ 方程为 $F(x, y, z) = 0$ 的情形

设 $M(x_0, y_0, z_0)$ 为曲面 Σ 上的一点，假设 $F(x, y, z)$ 在点 M 处有连续的偏导数，且偏导数不同时为 0. L 为曲面 Σ 上过 M 点的任意一条曲线(图 8.14)，设其方程为

$$x = \varphi(t), \quad y = \psi(t), \quad z = \omega(t) \quad (\alpha \leqslant t \leqslant \beta),$$

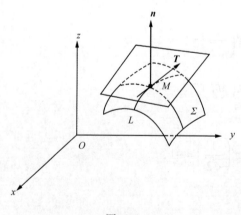

图 8.14

函数 φ, ψ, ω 在 $[\alpha, \beta]$ 上可微. 并设 $t = t_0$ 对应于点 M，即

$$x_0 = \varphi(t_0), \quad y_0 = \psi(t_0), \quad z_0 = \omega(t_0),$$

且 $\varphi'(t_0), \psi'(t_0), \omega'(t_0)$ 不全为零. 曲线 L 在点 M 处的切向量为 $\boldsymbol{T} = (\varphi'(t_0), \psi'(t_0), \omega'(t_0))$.

下求曲面 Σ 在点 M 处切平面的法向量.

由于曲线 L 在曲面 Σ 上，所以必满足

$$F[\varphi(t), \psi(t), \omega(t)] \equiv 0,$$

上式两边在 t_0 处对 t 求导得

$$F_x(x_0, y_0, z_0) \cdot \varphi'(t_0) + F_y(x_0, y_0, z_0) \cdot \psi'(t_0) + F_z(x_0, y_0, z_0) \cdot \omega'(t_0) = 0,$$

上式表明，向量

$$\boldsymbol{n} = (F_x(x_0, y_0, z_0), F_y(x_0, y_0, z_0), F_z(x_0, y_0, z_0))$$

与曲线 L 在点 M 的切向量垂直，因此向量 $\boldsymbol{n}$ 是切平面的法向量.

曲面 Σ 在点 M 处的切平面方程为

$$F_x(x_0, y_0, z_0)(x - x_0) + F_y(x_0, y_0, z_0)(y - y_0) + F_z(x_0, y_0, z_0)(z - z_0) = 0 .$$

法线方程为

$$\frac{x - x_0}{F_x(x_0, y_0, z_0)} = \frac{y - y_0}{F_y(x_0, y_0, z_0)} = \frac{z - z_0}{F_z(x_0, y_0, z_0)} .$$

例 3　求椭球面在 $x^2 + 4y^2 + z^2 = 1$ 在点 $P\left(\dfrac{1}{2}, \dfrac{1}{4}, \dfrac{1}{\sqrt{2}}\right)$ 处的切平面和法线方程.

解　令 $F(x,y,z) = x^2 + 4y^2 + z^2 - 1$，切平面在点 P 处的法向量为

$$\boldsymbol{n} = (F_x, F_y, F_z)\big|_P = (2x, 8y, 2z)\big|_P = (1, 2, \sqrt{2}) ,$$

切平面方程为

$$\left(x - \frac{1}{2}\right) + 2\left(y - \frac{1}{4}\right) + \sqrt{2}\left(z - \frac{1}{\sqrt{2}}\right) = 0 ,$$

即

$$x + 2y + \sqrt{2}z = 2 ;$$

法线方程为

$$\frac{x - \dfrac{1}{2}}{1} = \frac{y - \dfrac{1}{4}}{2} = \frac{z - \dfrac{1}{\sqrt{2}}}{\sqrt{2}} .$$

2) 曲面 Σ 方程为 $z = f(x,y)$ 的情形

这种情况下，可令 $F(x,y,z) = f(x,y) - z$ 或 $F(x,y,z) = z - f(x,y)$，$M(x_0, y_0, z_0)$ 为曲面 Σ 上的一点，当函数 $f(x,y)$ 在点 (x_0, y_0) 有连续偏导数时，曲面 Σ 在点 M_0 处的法向量为

$$\boldsymbol{n} = (f_x(x_0, y_0), f_y(x_0, y_0), -1) \quad 或 \quad \boldsymbol{n} = (-f_x(x_0, y_0), -f_y(x_0, y_0), 1) .$$

切平面方程为

$$f_x(x_0, y_0)(x - x_0) + f_y(x_0, y_0)(y - y_0) - (z - z_0) = 0 ; \tag{4}$$

法线方程为

$$\frac{x - x_0}{f_x(x_0, y_0)} = \frac{y - y_0}{f_y(x_0, y_0)} = \frac{z - z_0}{-1}.\tag{5}$$

例 4　在曲面 $z = 2x^2 + y^2$ 上求一点，使这点处的法线平行于直线 L：$\dfrac{x-1}{4} = \dfrac{y}{6} = \dfrac{z+2}{1}$，并写出该法线方程.

解　设 $f(x,y) = 2x^2 + y^2$，法向量为

$$\boldsymbol{n} = (f_x, f_y, -1) = (4x, 2y, -1),$$

直线 L 的方向向量

$$\boldsymbol{T} = (4, 6, 1),$$

因为法线与直线 L 平行，所以有 $\boldsymbol{n} /\!/ \boldsymbol{T}$，即

$$\frac{4x}{4} = \frac{2y}{6} = \frac{-1}{1},$$

由上式可得 $x = -1, y = -3$，代入曲面方程得 $z = 11$，故所求点为 $(-1, -3, 11)$. 曲面在该点处的法线方程为

$$\frac{x+1}{4} = \frac{y+3}{6} = \frac{z-11}{1}.$$

下面指出两个问题.

(1) 若曲线由一般式方程(3)表示，则此曲线在点 M 处的切向量为

$$\boldsymbol{T} = \boldsymbol{n}_1 \times \boldsymbol{n}_2 = \begin{vmatrix} \boldsymbol{i} & \boldsymbol{j} & \boldsymbol{k} \\ F_x & F_y & F_z \\ G_x & G_y & G_z \end{vmatrix},$$

其中 $\boldsymbol{n}_1 = (F_x, F_y, F_z)\big|_M$，$\boldsymbol{n}_2 = (G_x, G_y, G_z)\big|_M$ 分别是曲面 $F(x,y,z) = 0$，$G(x,y,z) = 0$ 在点 M 处的法向量.

(2) 曲面的切平面方程(4)可写成

$$z - z_0 = f_x(x_0, y_0)(x - x_0) + f_y(x_0, y_0)(y - y_0),\tag{6}$$

(6)式表示函数 $z = f(x, y)$ 在点 (x_0, y_0) 的全微分，在几何上表示曲面 $z = f(x, y)$ 在点 (x_0, y_0, z_0) 处的切平面上点的竖坐标的增量.

*8.7.2　全微分在近似计算中的应用

与一元函数类似，二元函数也有近似计算式. 若二元函数 $z = f(x, y)$ 在点 (x_0, y_0) 可微分，则

$$\Delta z = f_x(x_0, y_0)\Delta x + f_y(x_0, y_0)\Delta y + o(\rho) \quad (\rho = \sqrt{(\Delta x)^2 + (\Delta y)^2} \to 0),$$

所以有近似式
$$\Delta z \approx \mathrm{d}z = f_x(x_0, y_0)\Delta x + f_y(x_0, y_0)\Delta y$$
或
$$f(x_0 + \Delta x, y_0 + \Delta x) \approx f(x_0, y_0) + f_x(x_0, y_0)\Delta x + f_y(x_0, y_0)\Delta y . \tag{7}$$
记 $x = x_0 + \Delta x, y = y_0 + \Delta y$ ，(7)式可改写为
$$f(x, y) \approx f(x_0, y_0) + f_x(x_0, y_0)(x - x_0) + f_y(x_0, y_0)(y - y_0) . \tag{8}$$
由(6)式知函数 $z = f(x, y)$ 在 $(x_0, y_0, f(x_0, y_0))$ 的切平面方程为
$$z = f(x_0, y_0) + f_x(x_0, y_0)(x - x_0) + f_y(x_0, y_0)(y - y_0) . \tag{9}$$
(8)式和(9)式表明，当 $\Delta x \to 0, \Delta y \to 0$ 时，可以用 $z = f(x, y)$ 在点 $(x_0, y_0, f(x_0, y_0))$ 处的切平面近似代替曲面.

1. 函数的近似计算

例 5　计算 $\sqrt{3.01^2 + 3.99^2}$ 的近似值.

解　设函数 $f(x, y) = \sqrt{x^2 + y^2}$ ，有
$$f_x(x, y) = \frac{x}{\sqrt{x^2 + y^2}}, \quad f_y(x, y) = \frac{y}{\sqrt{x^2 + y^2}} .$$
取 $x_0 = 3, y_0 = 4, \Delta x = 0.01, \Delta y = -0.01$ ，则
$$f(3,4) = 5, \quad f_x(3,4) = \frac{3}{5}, \quad f_y(3,4) = \frac{4}{5} .$$
由近似计算公式(8)得
$$\sqrt{3.01^2 + 3.99^2} \approx f(3,4) + f_x(3,4)\Delta x + f_y(3,4)\Delta y$$
$$= 5 + \frac{3}{5} \cdot 0.01 + \frac{4}{5} \cdot (-0.01) = 4.998 .$$

例 6　有一直角三角形金属薄片，受热后它的一条直角边由 10cm 增加到 10.05cm，另一条直角边由 5cm 增加到 5.03cm，求此三角形面积变化的近似值.

解　设三角形的两直角边分别为 $x\,\mathrm{cm}$，$y\,\mathrm{cm}$，则面积 $S = \dfrac{1}{2}xy$，记 x, y 的改变量分别为 $\Delta x, \Delta y$，则由近似公式(7)得
$$\Delta S \approx \mathrm{d}S = S_x \Delta x + S_y \Delta y = \frac{1}{2}(y\Delta x + x\Delta y) ,$$
将 $x = 10, y = 5, \Delta x = 0.05, \Delta y = 0.03$ 代入得
$$\Delta S \approx \frac{1}{2} \cdot (5 \cdot 0.05 + 10 \cdot 0.03) = 0.275(\mathrm{cm}^2) .$$
即三角形的面积大约增加了 $0.275\mathrm{cm}^2$.

2. 误差计算

在上册 2.6 节我们曾就一元函数给出绝对误差、相对误差、绝对误差限和相对误差限的概念，与一元函数类似，可以定义二元函数的上述概念.

设有二元函数 $z = f(x, y)$，设测量 x, y 时有误差 $\Delta x, \Delta y$，则根据直接测量的 x, y 值按公式计算 $z = f(x, y)$ 时，绝对误差的近似公式为

$$|\Delta z| \approx |\mathrm{d}z| = |f_x(x, y)\Delta x + f_y(x, y)\Delta y| ;$$

相对误差的近似公式为

$$\frac{|\Delta z|}{|f(x, y)|} \approx \frac{|\mathrm{d}z|}{|f(x, y)|} = \frac{|f_x(x, y)\Delta x + f_y(x, y)\Delta y|}{|f(x, y)|} .$$

若已知 $|\Delta x| \leqslant \delta_x, |\Delta y| \leqslant \delta_y$，其中 δ_x，δ_y 分别是 x, y 的最大绝对误差，则

$$|\Delta z| \leqslant |f_x(x, y)|\delta_x + |f_y(x, y)|\delta_y = \delta_z , \tag{10}$$

$$\frac{|\Delta z|}{|f(x, y)|} \leqslant \frac{\delta_z}{|f(x, y)|} , \tag{11}$$

其中 $\delta_z, \dfrac{\delta_z}{|f(x, y)|}$ 分别称为近似值 $f(x, y)$ 的**绝对误差限(最大绝对误差)**和**相对误差限(最大相对误差)**.

例 7　利用单摆测定重加速度 g 的公式是 $g = \dfrac{4\pi^2 l}{T^2}$，现测得摆长 l 和振动周期分别为 $l = 100\mathrm{cm} \pm 0.1\mathrm{cm}$，$T = 2\mathrm{s} \pm 0.004\mathrm{s}$，问由于测定 l 与 T 的误差而引起的 g 的最大绝对误差和最大相对误差各为多少？

解　根据题意 $l = 100, T = 2, \delta_l = 0.1, \delta_T = 0.004$，由公式(10)和(11)知，$g$ 的最大绝对误差为

$$\delta_g = \left|\frac{\partial g}{\partial l}\right|\delta_l + \left|\frac{\partial g}{\partial T}\right|\delta_T = 4\pi^2\left(\frac{1}{T^2}\delta_l + \frac{2l}{T^3}\delta_T\right)$$

$$= 4\pi^2\left(\frac{1}{2^2} \cdot 0.1 + \frac{2 \cdot 100}{2^3} \cdot 0.004\right) = 0.5\pi^2 \approx 4.93(\mathrm{cm}/\mathrm{s}^2) ;$$

g 的最大相对误差为

$$\frac{\delta_g}{|g|} = \frac{0.5\pi^2}{\dfrac{4\pi^2 \cdot 100}{2^2}} = 0.5\% .$$

*8.7.3　二元函数的泰勒公式

8.7.2 节中已经知道，当 $|x-x_0|$ 以及 $|y-y_0|$ 都很小时，函数 $f(x,y)$ 可以用(8)式作近似计算，其误差是 $o(\sqrt{(x-x_0)^2+(y-y_0)^2})$ ，当精度要求较高时，就需用高次多项式来表达函数.

对一元函数，利用泰勒公式，我们可用 n 次多项式来表达函数 $f(x)$ ，且误差是当 $x \to x_0$ 时比 $(x-x_0)^n$ 高阶的无穷小.

下面把一元函数的泰勒中值定理推广到二元函数.

二元函数的泰勒中值定理　设 $z=f(x,y)$ 在点 (x_0,y_0) 的某一邻域内连续且有直到 $n+1$ 阶的连续偏导数，(x_0+h,y_0+k) 为此邻域内任一点，则有

$$f(x_0+h,y_0+k)$$

$$=f(x_0,y_0)+\left(h\frac{\partial}{\partial x}+k\frac{\partial}{\partial y}\right)f(x_0,y_0)$$

$$+\frac{1}{2!}\left(h\frac{\partial}{\partial x}+k\frac{\partial}{\partial y}\right)^2 f(x_0,y_0)+\cdots+\frac{1}{n!}\left(h\frac{\partial}{\partial x}+k\frac{\partial}{\partial y}\right)^n f(x_0,y_0)+R_n, \qquad (12)$$

其中

$$R_n=\frac{1}{(n+1)!}\left(h\frac{\partial}{\partial x}+k\frac{\partial}{\partial y}\right)^{n+1} f(x_0+\theta h,y_0+\theta k) \quad (0<\theta<1). \qquad (13)$$

记号 $\left(h\dfrac{\partial}{\partial x}+k\dfrac{\partial}{\partial y}\right)^m f(x_0,y_0)$ 表示 $\displaystyle\sum_{p=0}^{m}C_m^p h^p k^{m-p}\frac{\partial^m f(x,y)}{\partial x^p \partial y^{m-p}}\bigg|_{(x_0,y_0)}$.

公式(12)称为二元函数 $f(x,y)$ 在点 (x_0,y_0) 的 n 阶**泰勒公式**，而 R_n 的表达式(13)称为**拉格朗日型余项**.

证　设 $\varPhi(t)=f(x_0+ht,y_0+kt)\ (0\leqslant t\leqslant 1)$.

显然 $\varPhi(0)=f(x_0,y_0)$ ，$\varPhi(1)=f(x_0+h,y_0+k)$. 对 $\varPhi(t)$ 求直到 $n+1$ 阶导数，即

$$\varPhi'(t)=hf_x(x_0+ht,y_0+kt)+kf_y(x_0+ht,y_0+kt)$$

$$=\left(h\frac{\partial}{\partial x}+k\frac{\partial}{\partial y}\right)f(x_0+ht,y_0+kt),$$

$$\varPhi''(t)=h^2 f_{xx}(x_0+ht,y_0+kt)+2hkf_{xy}(x_0+ht,y_0+kt)+k^2 f_{yy}(x_0+ht,y_0+kt)$$

$$=\left(h\frac{\partial}{\partial x}+k\frac{\partial}{\partial y}\right)^2 f(x_0+ht,y_0+kt),$$

......

$$\Phi^{(n+1)}(t) = \sum_{p=0}^{n+1} C_{n+1}^p h^p k^{n+1-p} \frac{\partial^{n+1} f(x_0 + ht, y_0 + kt)}{\partial x^p \partial y^{n+1-p}}$$

$$= \left(h \frac{\partial}{\partial x} + k \frac{\partial}{\partial y} \right)^{n+1} f(x_0 + ht, y_0 + kt).$$

利用一元函数的麦克劳林公式，得

$$\Phi(1) = \Phi(0) + \Phi'(0) + \frac{1}{2}\Phi''(0) + \cdots + \frac{1}{n!}\Phi^{(n)}(0) + \frac{1}{(n+1)!}\Phi^{(n+1)}(\theta) \quad (0 < \theta < 1). \quad (14)$$

将 $\Phi(1)$，$\Phi(0)$，$\Phi'(0)$，$\cdots$，$\Phi^{(n)}(0)$ 以及 $\Phi^{(n+1)}(\theta)$ 的值代入(14)式，即得(12)式和(13)式.

若不需要余项的精确表达式时，n 阶泰勒公式也可写成

$$f(x_0 + h, y_0 + k) = f(x_0, y_0) + \left(h \frac{\partial}{\partial x} + k \frac{\partial}{\partial y} \right) f(x_0, y_0) + \cdots$$

$$+ \frac{1}{n!} \left(h \frac{\partial}{\partial x} + k \frac{\partial}{\partial y} \right)^n f(x_0, y_0) + o((\sqrt{h^2 + k^2})^n),$$

余项 $o((\sqrt{h^2 + k^2})^n)$ 称为**佩亚诺型余项**.

由 n 阶泰勒公式知，用 h 及 k 的 n 次多项式近似表达 $f(x_0 + h, y_0 + k)$ 时，其误差为 $|R_n|$，由假设，函数在 (x_0, y_0) 的某邻域的各 $n+1$ 阶偏导数都连续，故它们的绝对值在点 (x_0, y_0) 的该邻域内都不超过某一正常数，于是有下面的误差估计式：

$$|R_n| \leqslant \frac{M}{(n+1)!}(|h| + |k|)^{n+1} = \frac{M}{(n+1)!} \rho^{n+1}(|\cos\alpha| + |\sin\alpha|)^{n+1}$$

$$\leqslant \frac{(\sqrt{2})^{n+1}}{(n+1)!} M \rho^{n+1},$$

其中 $\rho = \sqrt{h^2 + k^2}$.

显然 $|R_n|$ 是当 $\rho \to 0$ 时比 ρ^n 高阶的无穷小.

在公式(12)中，如果取 $x_0 = 0$，$y_0 = 0$，则可以得到 $f(x, y)$ 的 n 阶**麦克劳林公式**，即

$$f(x, y) = f(0,0) + \left(x \frac{\partial}{\partial x} + y \frac{\partial}{\partial y} \right) f(0,0) + \frac{1}{2!} \left(x \frac{\partial}{\partial x} + y \frac{\partial}{\partial y} \right)^2 f(0,0) + \cdots$$

$$+ \frac{1}{n!} \left(x \frac{\partial}{\partial x} + y \frac{\partial}{\partial y} \right)^n f(0,0) + \frac{1}{(n+1)!} \left(x \frac{\partial}{\partial x} + y \frac{\partial}{\partial y} \right)^{n+1} f(\theta x, \theta y) \quad (0 < \theta < 1).$$

例 8　求函数 $f(x, y) = \sin(x + y)$ 的三阶麦克劳林公式.

解　因为

$$f_x(x,y) = f_y(x,y) = \cos(x+y) = \sin\left(x+y+\frac{\pi}{2}\right),$$

$$f_{xx}(x,y) = f_{xy}(x,y) = f_{yx}(x,y) = f_{yy}(x,y)$$

$$= \cos\left(x+y+\frac{\pi}{2}\right) = \sin(x+y+\pi),$$

$$\frac{\partial^3 f}{\partial x^p \partial y^{3-p}} = \sin\left(x+y+\frac{3\pi}{2}\right) \quad (p = 0,1,2,3),$$

$$\frac{\partial^4 f}{\partial x^p \partial y^{4-p}} = \sin(x+y+2\pi) = \sin(x+y) \quad (p=0,1,2,3,4),$$

所以

$$\left(x\frac{\partial}{\partial x} + y\frac{\partial}{\partial y}\right) f(0,0) = x f_x(0,0) + y f_y(0,0) = x+y,$$

$$\left(x\frac{\partial}{\partial x} + y\frac{\partial}{\partial y}\right)^2 f(0,0) = x^2 f_{xx}(0,0) + 2xy f_{xy}(0,0) + y^2 f_{yy}(0,0) = 0,$$

$$\left(x\frac{\partial}{\partial x} + y\frac{\partial}{\partial y}\right)^3 f(0,0) = x^3 f_{xxx}(0,0) + 3x^2 y f_{xxy}(0,0) + 3xy^2 f_{xyy}(0,0)$$

$$+ y^3 f_{yyy}(0,0) = -(x+y)^3.$$

又 $f(0,0) = 0$，所以

$$\sin(x+y) = x+y - \frac{1}{3!}(x+y)^3 + R_3,$$

其中

$$R_3 = \frac{1}{4!}\left[\left(x\frac{\partial}{\partial x} + y\frac{\partial}{\partial y}\right)^4 f(\theta x, \theta y)\right]$$

$$= \frac{1}{4!}\sin(\theta x + \theta y)(x+y)^4 \quad (0 < \theta < 1).$$

习　题　8.7

1. 求下列曲线在给定点的切线和法平面方程.

(1) $x = \dfrac{t}{1+t}, y = \dfrac{1+t}{t}, z = t^2$ 在点 $\left(\dfrac{1}{2}, 2, 1\right)$ 处；

(2) $x = \sin^2 t, y = 2\sin t \cos t, z = 3\cos^2 t$ 在 $t = \dfrac{\pi}{4}$ 处；

(3) $\begin{cases} x^2 + y^2 + z^2 = 9, \\ xy - z = 0 \end{cases}$ 在点 $(1,2,2)$ 处.

2. 求下列曲面在给定点的切平面方程和法线方程.

(1) $z - e^z + 2xy = 3$ 在点 $(1,2,0)$ 处;　　　　　(2) $z = \sqrt{x} + \sqrt{y}$ 在点 $(4,9,5)$ 处.

3. 求椭球面 $\dfrac{x^2}{2} + y^2 + \dfrac{z^2}{4} = 1$ 的平行于平面 $2x + 2y + z + 5 = 0$ 的切平面.

4. 证明: 在球面 $x^2 + y^2 + z^2 = a^2$ 上的点 (x_0, y_0, z_0) 与 $(-x_0, -y_0, -z_0)$ 处的切平面互相平行.

5. 求旋转抛物面 $z = x^2 + y^2 - 1$ 在 $(2,1,4)$ 处的方向朝下的法向量(即与 z 轴正向所成的角是一钝角)的方向余弦.

6. 证明曲面 $F(nx - lz, ny - mz) = 0$ 上任何一点处的切平面都平行于直线 $\dfrac{x-1}{l} = \dfrac{y-2}{m} = \dfrac{z-3}{n}$, 其中 $F(u,v)$ 为可微函数.

*7. 利用全微分求下述各数的近似值.

(1) $\sqrt{82 \cdot 37}$;　　　　(2) $(1.04)^{2.02}$;　　　　(3) $\sin 31° \tan 44°$.

*8. 有一圆锥体, 受压后发生形变, 其底面半径由 30cm 增加到 30.1cm, 高由 60cm 减少到 59.5cm, 试求圆锥体积变化的近似值.

*9. 设有直角三角形, 测得其一直角边为 $x = 9\text{cm} \pm 0.005\text{cm}$, 此直角边与斜边的夹角 $\theta = 45° \pm 1°$, 求由于测得 x 与 θ 的误差而引起的另一直角边的长度的最大绝对误差限和相对误差限.

*10. 求 $f(x,y) = 2x^2 - xy - y^2 - 6x - 3y + 5$ 在点 $(1,-2)$ 的泰勒公式.

*11. 求函数 $f(x,y) = \sqrt{1 + y^2} \cos x$ 在点 $(0,1)$ 带佩亚诺型余项的二阶泰勒公式.

*12. 求函数 $f(x,y) = e^{x+y}$ 的 n 阶麦克劳林公式.

8.8　多元函数的极值、最值和条件极值

8.8.1　多元函数的极值及其判别法

定义 1　设函数 $z = f(x,y)$ 在点 $P_0(x_0, y_0)$ 的某邻域内有定义, 对于该邻域内异于 (x_0, y_0) 的点 (x,y), 如果都满足不等式 $f(x_0, y_0) > f(x,y)$ (或 $f(x_0, y_0) < f(x,y)$), 则称函数在点 (x_0, y_0) 有**极大值(极小值)** $f(x_0, y_0)$, 并称 (x_0, y_0) 是 $f(x,y)$ 的**极大值点(极小值点)**, 极大值和极小值统称为**极值**.

例如椭圆抛物面 $z = 3x^2 + y^2$, 在 $(0,0)$ 处取得极小值 0, $(0,0)$ 为函数的极小值点. 又如锥面 $z = -2\sqrt{x^2 + y^2}$, 在 $(0,0)$ 处取得极大值 0, $(0,0)$ 为函数的极大值点.

以上关于二元函数极值的概念, 可推广到二元以上的函数.

对于可导的一元函数 $y = f(x)$, 在点 x_0 处取得极值的必要条件是 $f'(x_0) = 0$, 多元函数也有类似的结论, 即有

定理 1(函数取得极值的必要条件)　设函数 $z = f(x,y)$ 在点 (x_0, y_0) 处具有偏

导数，若 (x_0, y_0) 是 $f(x,y)$ 的极值点，则必有

$$f_x(x_0, y_0) = 0, \quad f_y(x_0, y_0) = 0.$$

证　设 $z = f(x,y)$ 在点 (x_0, y_0) 取得极大值，若固定 $y = y_0$ 而 $x \neq x_0$，则得到一元函数 $f(x, y_0)$ 在点 x_0 取得极大值，因而 $\left.\dfrac{\mathrm{d}f(x,y_0)}{\mathrm{d}x}\right|_{x=x_0} = 0$，即

$$f_x(x_0, y_0) = 0.$$

类似可证得 $f_y(x_0, y_0) = 0$.

如果函数 $z = f(x,y)$ 在点 (x_0, y_0) 取得极值，且曲面 $z = f(x,y)$ 在点 (x_0, y_0, z_0) 有切平面，则其切平面方程为 $z = z_0$，即在 (x_0, y_0, z_0) 处切平面平行于 xOy 坐标面.

与一元函数相仿，称能使 $f_x(x_0, y_0) = 0$，$f_y(x_0, y_0) = 0$ 成立的点 (x_0, y_0) 为函数 $z = f(x,y)$ 的**驻点**.

由定理 1 知，具有偏导数的函数的极值点必为驻点. 驻点不一定是极值点，如双曲抛物面 $x^2 - y^2 + 2z = 0$，$(0,0)$ 点是其驻点，但不是极值点. 另一方面，函数在某点处的偏导数不存在，这些点就不是驻点，但仍可能是极值点，如锥面 $z = \sqrt{x^2 + y^2}$ 在 $(0,0)$ 处的偏导数不存在，但函数在 $(0,0)$ 处有极小值. 因此，函数 $z = f(x,y)$ 的极值点需要在驻点和偏导数不存在的点中选取.

驻点和偏导数不存在的点统称为**临界点**.

下面仅给出判定驻点为极值点的充分条件.

定理 2（函数取得极值的充分条件）　设函数 $z = f(x,y)$ 在点 (x_0, y_0) 的某邻域内连续，且有一阶及二阶连续偏导数，又 $f_x(x_0, y_0) = 0$，$f_y(x_0, y_0) = 0$，记

$$f_{xx}(x_0, y_0) = A, \quad f_{xy}(x_0, y_0) = B, \quad f_{yy}(x_0, y_0) = C, \quad 且 D = AC - B^2,$$

则

(1) 当 $D > 0$ 时，$f(x,y)$ 在点 (x_0, y_0) 取得极值，且当 $A > 0$ 时，$f(x_0, y_0)$ 是极小值，当 $A < 0$ 时，$f(x_0, y_0)$ 是极大值；

(2) 当 $D < 0$ 时，$f(x_0, y_0)$ 不是极值；

(3) 当 $D = 0$ 时，$f(x_0, y_0)$ 是否为极值需另作讨论.

证　设函数 $z = f(x,y)$ 在点 $P_0(x_0, y_0)$ 的某邻域 $U_1(P_0)$ 内连续，且有一阶及二阶连续偏导数，又 $f_x(x_0, y_0) = 0$，$f_y(x_0, y_0) = 0$.

对任一 $(x_0 + h, y_0 + k) \in U_1(P_0)$，由二元函数的泰勒公式有

$$\Delta z = f(x_0 + h, y_0 + k) - f(x_0, y_0)$$

二元函数的极值

$$= \frac{1}{2}[h^2 f_{xx}(x_0 + \theta h, y_0 + \theta k) + 2hk f_{xy}(x_0 + \theta h, y_0 + \theta k)$$

$$+ k^2 f_{yy}(x_0 + \theta h, y_0 + \theta k)] \quad (0 < \theta < 1). \tag{1}$$

为书写简单起见，把 $f_{xx}(x,y)$，$f_{xy}(x,y)$，$f_{yy}(x,y)$ 在点 $(x_0+\theta h,y_0+\theta k)$ 处的值依次记为 f_{xx}，f_{xy}，f_{yy}.

(1) 设 $D>0$. 因 $f(x,y)$ 在 $U_1(P_0)$ 内有二阶连续偏导数，所以存在点 P_0 的邻域 $U_2(P_0)\subset U_1(P_0)$，使得对任一 $(x_0+h,y_0+k)\in U_2(P_0)$ 有

$$f_{xx}f_{yy}-f_{xy}^2>0 . \tag{2}$$

由(2)式可知，f_{xx} 及 f_{yy} 都不等于零且两者同号. 于是(1)式可写成

$$\Delta z=\frac{1}{2f_{xx}}[(hf_{xx}+kf_{xy})^2+k^2(f_{xx}f_{yy}-f_{xy}^2)] .$$

当 h 和 k 不同时为零且 $(x_0+h,y_0+k)\in U_2(P_0)$ 时，上式右端方括号内的值为正，所以 Δz 异于零且与 f_{xx} 同号. 又由 $f(x,y)$ 的二阶偏导数的连续性知 f_{xx} 与 A 同号，因此 Δz 与 A 同号. 所以，当 $A>0$ 时，$f(x_0,y_0)$ 是极小值，当 $A<0$ 时，$f(x_0,y_0)$ 是极大值.

(2) 设 $D<0$. 先假定 $f_{xx}(x_0,y_0)=f_{yy}(x_0,y_0)=0$，于是由 $D<0$ 知 $f_{xy}(x_0,y_0)\neq0$. 现分别令 $k=h$ 及 $k=-h$，则由(1)式分别得

$$\Delta z=\frac{h^2}{2}[f_{xx}(x_0+\theta_1h,y_0+\theta_1h)+2f_{xy}(x_0+\theta_1h,y_0+\theta_1h)$$
$$+f_{yy}(x_0+\theta_1h,y_0+\theta_1h)] \quad (0<\theta_1<1)$$

及

$$\Delta z=\frac{h^2}{2}[f_{xx}(x_0+\theta_2h,y_0-\theta_2h)+2f_{xy}(x_0+\theta_2h,y_0-\theta_2h)$$
$$+f_{yy}(x_0+\theta_2h,y_0-\theta_2h)] \quad (0<\theta_2<1) .$$

当 $h\to0$ 时，以上两式中方括号内的式子分别趋于极限

$$2f_{xy}(x_0,y_0) \quad 及 \quad -2f_{xy}(x_0,y_0),$$

从而当 h 充分接近零时，两式中方括号内的值有相反的符号，因此 Δz 可取不同符号的值，所以 $f(x_0,y_0)$ 不是极值.

再假定 $f_{xx}(x_0,y_0)$ 和 $f_{yy}(x_0,y_0)$ 不同时为零，不妨设 $f_{yy}(x_0,y_0)\neq0$.

先取 $k=0$，于是由(1)式得

$$\Delta z=\frac{h^2}{2}f_{xx}(x_0+\theta h,y_0) ,$$

因此，当 h 充分接近零时，Δz 与 A 同号.

再取 $h=-Bs$，$k=As$，其中 s 是异于零但充分靠近零的数，由(1)式得

$$\Delta z = \frac{s^2}{2}[B^2 f_{xx}(x_0 + \theta h, y_0 + \theta k) - 2AB f_{xy}(x_0 + \theta h, y_0 + \theta k)$$
$$+ A^2 f_{yy}(x_0 + \theta h, y_0 + \theta k)]. \tag{3}$$

观察上式右端方括号内的式子，当 $s \to 0$ 时趋于极限 $A(AC - B^2)$，由 $D = AC - B^2 < 0$ 知，当 s 充分接近零时，Δz 与 A 异号.

以上证得：当 $D < 0$ 时，在点 (x_0, y_0) 的任意邻近，Δz 可取不同符号的值，因此，$f(x_0, y_0)$ 不是极值.

(3) 设 $D = 0$.

考察函数 $f(x, y) = x^2 + y^4$ 及 $g(x, y) = x^2 + y^3$，这两个函数都以 $(0, 0)$ 为驻点，且在点 $(0, 0)$ 处都满足 $D = 0$. 但 $f(x, y)$ 在点 $(0, 0)$ 处有极小值，而 $g(x, y)$ 在点 $(0, 0)$ 处却没有极值.

例 1　求函数 $f(x, y) = (x^2 + y^2) - 2(x^3 + y^3)$ 的极值.

解　解方程组 $\begin{cases} f_x(x, y) = 2x - 6x^2 = 0, \\ f_y(x, y) = 2y - 6y^2 = 0, \end{cases}$ 求得四个驻点

$$(0, 0), \quad \left(0, \frac{1}{3}\right), \quad \left(\frac{1}{3}, 0\right), \quad \left(\frac{1}{3}, \frac{1}{3}\right).$$

又 $f_{xx}(x, y) = 2 - 12x$，$f_{xy}(x, y) = 0$，$f_{yy}(x, y) = 2 - 12y$. 由定理 2，得

在点 $(0, 0)$ 处，$A = 2, B = 0, C = 2$，由 $D = AC - B^2 = 4 > 0$ 及 $A = 2 > 0$ 知，$f(0, 0) = 0$ 是极小值；

在点 $\left(0, \frac{1}{3}\right)$ 处，$A = 2, B = 0, C = -2$，由 $D = AC - B^2 = -4 < 0$ 知，$f\left(0, \frac{1}{3}\right) = 0$ 不是极值；

在点 $\left(\frac{1}{3}, 0\right)$ 处，$A = -2, B = 0, C = 2$，由 $D = AC - B^2 = -4 < 0$ 知，$f\left(\frac{1}{3}, 0\right) = 0$ 不是极值；

在点 $\left(\frac{1}{3}, \frac{1}{3}\right)$ 处，$A = -2$，$B = 0$，$C = -2$，由 $D = AC - B^2 = 4 > 0$ 及 $A = -2 < 0$ 知，$f\left(\frac{1}{3}, \frac{1}{3}\right) = \frac{2}{27}$ 是极大值.

8.8.2　多元函数的最值

与一元函数类似，可以根据函数的极值来求多元函数的最值. 通常有如下的两种情形.

(1) 有界闭区域 D 上的二元连续函数一定能取到最大值和最小值. 函数的最值可能在 D 的内部取得, 也可能在 D 的边界上取得, 所以在有界闭区域 D 上求函数的最值的一般方法是: 将函数在 D 内部的临界点的函数值与函数在 D 的边界上的最大值和最小值计算出来, 并比较它们的大小, 其中最大的就是最大值, 最小的就是最小值.

(2) 在实际问题中, 若根据具体情况, 可以判断函数的最大值或最小值在 D 的内部取得, 而函数在 D 的内部只有一个驻点, 则该驻点必是函数的最大值点或最小值点.

例 2　求函数 $f(x,y) = x^2 y(4-x-y)$ 在区域 $D = \left\{(x,y) \middle| x \geqslant 0, y \geqslant 0, x+y \leqslant 6\right\}$ 上的最大值和最小值.

解　(1) 求 $f(x,y)$ 在区域 D 内部的可能极值:

由 $\begin{cases} f_x(x,y) = xy(8-3x-2y) = 0, \\ f_y(x,y) = x^2(4-x-2y) = 0 \end{cases}$ 得到唯一驻点 $(2,1)$, $f(x,y)$ 在区域 D 内各点的偏导数都存在, 所以 $f(x,y)$ 在 D 内可能的极值只有 $f(2,1) = 4$.

(2) 求 $f(x,y)$ 在区域 D 边界上的最值:

在边界 $x=0$ $(0 \leqslant y \leqslant 6)$ 和 $y=0$ $(0 \leqslant x \leqslant 6)$ 上, $f(x,y) = 0$;

在边界 $x+y=6$ 上,

$$f(x,y) = f(x, 6-x) = -2x^2(6-x) \quad (0 \leqslant x \leqslant 6).$$

对一元函数 $g(x) = -2x^2(6-x)$, 有

$$g'(x) = 4x(x-6) + 2x^2 = 0,$$

可得驻点 $x = 4$.

所以边界上的最小值是 $f(4,2) = -64$, 最大值是 0.

比较(1)和(2), 可知, $f(2,1) = 4$ 为最大值, $f(4,2) = -64$ 为最小值.

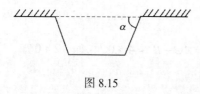

图 8.15

例 3　设有一条直的引水渠道, 横截面为一等腰梯形, 当横截面的面积为一定值 C 时, 问腰与上底的夹角 α 以及等腰梯形各边的长度如何选取, 才能使渠道表面所铺水泥的用量最省(图 8.15)?

解　设梯形的下底为 x, 腰为 y, 则梯形的面积为

$$\frac{1}{2}(2x + 2y\cos\alpha)y\sin\alpha = xy\sin\alpha + y^2\sin\alpha\cos\alpha = C. \tag{4}$$

要求水泥用料最省, 即求梯形三边总长度

$$L = x + 2y \qquad (5)$$

的最小值.

由(4)式得

$$x = \frac{C}{y \sin \alpha} - y \cos \alpha , \qquad (6)$$

将(6)式代入(5)式得

$$L = \frac{C}{y \sin \alpha} - y \cos \alpha + 2y ,$$

L 是 y 和 α 的二元函数，这就是目标函数.

解方程组

$$\begin{cases} \dfrac{\partial L}{\partial y} = -\dfrac{C}{y^2 \sin \alpha} - \cos \alpha + 2 = 0 , \\ \dfrac{\partial L}{\partial \alpha} = -\dfrac{C \cos \alpha}{y \sin^2 \alpha} + y \sin \alpha = 0 , \end{cases}$$

整理得

$$\begin{cases} y^2 (2\sin \alpha - \sin \alpha \cdot \cos \alpha) = C, & (7) \\ y^2 \sin^3 \alpha = C \cos \alpha, & (8) \end{cases}$$

消去 y^2 得

$$\frac{C}{2\sin \alpha - \sin \alpha \cos \alpha} = \frac{C \cos \alpha}{\sin^3 \alpha} ,$$

解得 $\cos \alpha = \dfrac{1}{2}$ ，所以 $\alpha = \dfrac{\pi}{3}$. 将 α 的值代入(8)式得

$$y = \frac{2}{3} \cdot \sqrt{C} \cdot \sqrt[4]{3} .$$

再将 α 和 y 的值代入(6)式得

$$x = \frac{2}{3} \sqrt{C} \cdot \sqrt[4]{3} .$$

从而 $x = y$.

根据题意，最小值存在，因此在截面面积一定的情况下，当等腰梯形的腰与下底相等且夹角 $\alpha = \dfrac{\pi}{3}$ 时，水泥用料最省.

8.8.3 多元函数的条件极值

前面讨论的极值问题, 目标函数的自变量在其定义区域内不受限制可以任意取值, 通常称此类极值为**无条件极值**. 但在实际问题中常常会遇到这样的问题: 对目标函数的自变量有附加条件的极值问题, 称此类极值为**条件极值**, 附加条件又称为**约束条件**. 实际上, 例 2 中求函数 $f(x,y)$ 在边界 $x+y=6$ 上的极值问题是条件极值问题; 又如例 3 中求函数 $L=x+2y$ 在满足约束条件(4)式的最小值问题也是条件极值问题. 前面的处理方法是将约束条件代入目标函数, 从而转化为无条件极值. 但在很多情况下, 由约束条件难以解出隐函数时, 无法将条件极值化为无条件极值, 因此需要寻求一种直接求解条件极值的方法. 下面介绍**拉格朗日乘数法**.

为简便起见, 现讨论二元函数

$$z = f(x,y) \tag{9}$$

满足约束条件

$$\varphi(x,y) = 0 \tag{10}$$

的条件极值问题.

设函数 $f(x,y)$ 与 $\varphi(x,y)$ 都具有连续的一阶偏导数, 且 $\varphi_y(x,y) \neq 0$, 则由方程 $\varphi(x,y)=0$ 就确定了一个连续且有连续导数的函数 $y=\psi(x)$, 且

$$\frac{\mathrm{d}y}{\mathrm{d}x} = -\frac{\varphi_x}{\varphi_y} . \tag{11}$$

将 $y=\psi(x)$ 代入(9)式中, 得到一元函数 $z=f[x,\psi(x)]$, 这样二元函数的条件极值化为一元函数的无条件极值问题, 由一元函数极值存在的必要条件知

$$\frac{\mathrm{d}z}{\mathrm{d}x} = f_x + f_y \cdot \frac{\mathrm{d}y}{\mathrm{d}x} = 0 .$$

将(11)式代入上式得

$$f_x - \frac{f_y \cdot \varphi_x}{\varphi_y} = 0 .$$

令 $\dfrac{f_y}{\varphi_y} = -\lambda$, 则有方程组

$$\begin{cases} f_x + \lambda\varphi_x = 0, \\ f_y + \lambda\varphi_y = 0, \\ \varphi(x,y) = 0, \end{cases} \tag{12}$$

若解出 x,y,λ , 则 (x,y) 为驻点.

有趣的是(12)式中的三个方程正好是三元函数

$$L(x,y,\lambda) = f(x,y) + \lambda\varphi(x,y)$$

的三个偏导数都为零的方程.

拉格朗日乘数法

于是用拉格朗日乘数法求函数 $z = f(x,y)$ 在约束条件 $\varphi(x,y) = 0$ 下的极值的方法如下：

(1) 构造辅助函数 $F(x,y,\lambda) = f(x,y) + \lambda\varphi(x,y)$，函数 $F(x,y,\lambda)$ 称为**拉格朗日函数**，参数 λ 称为**拉格朗日乘数**.

(2) 将辅助函数对 x,y,λ 分别求偏导数得方程组(12).

(3) 解方程组(12)，得条件极值的驻点 (x,y) (需根据问题本身的性质来判定驻点是否是极值点).

一般地，如果要求 n 元函数 $f(x_1,x_2,\cdots,x_n)$ 在 $k(k \leqslant n-1)$ 个约束条件

$$\varphi_1(x_1,x_2,\cdots,x_n) = 0, \quad \varphi_2(x_1,x_2,\cdots,x_n) = 0, \quad \cdots, \quad \varphi_k(x_1,x_2,\cdots,x_n) = 0$$

下的可能极值点，用拉格朗日乘数法如下：

(1) 构造辅助函数

$$F(x_1,x_2,\cdots,x_n,\lambda_1,\lambda_2,\cdots,\lambda_k) = f(x_1,x_2,\cdots,x_n) + \lambda_1\varphi_1 + \lambda_2\varphi_2 + \cdots + \lambda_k\varphi_k.$$

(2) 求出 F 对所有变量的一阶偏导数，并令其为零，得到一方程组.

(3) 解出方程组，求出驻点 $(x_1,x_2,\cdots,x_n)$.

例 4　求函数 $f(x,y) = y^2 - x^2$ 满足条件 $\dfrac{x^2}{4} + y^2 = 1$ 的最大值和最小值.

解　作拉格朗日函数

$$F(x,y,\lambda) = y^2 - x^2 + \lambda\left(\frac{x^2}{4} + y^2 - 1\right),$$

令

$$\begin{cases} F_x = -2x + \dfrac{1}{2}\lambda x = 0, \\ F_y = 2y + 2\lambda y = 0, \\ F_\lambda = \dfrac{x^2}{4} + y^2 - 1 = 0, \end{cases}$$

由上述第一个方程知 $x = 0$ 或 $\lambda = 4$；由第二个方程知 $y = 0$ 或 $\lambda = -1$；由第三个方程知 x,y 不能同时为 0. 当 $x \neq 0$ 时，解得

$$\begin{cases} x = 2, \\ y = 0 \end{cases} \quad \text{或} \quad \begin{cases} x = -2, \\ y = 0, \end{cases}$$

当 $y \neq 0$ 时，解得

$$\begin{cases} x = 0, \\ y = 1 \end{cases} \text{ 或 } \begin{cases} x = 0, \\ y = -1, \end{cases}$$

由于 $f(2,0) = f(-2,0) = -4$ ，$f(0,1) = f(0,-1) = 1$ ，所以最大值为 1，最小值为-4.

例 5　设椭圆 L 是平面 $x + y + z = 1$ 与旋转抛物面 $z = x^2 + y^2$ 的交线,求原点到椭圆的最长和最短距离.

解　设 $P(x,y,z)$ 为椭圆上一点，原点到 P 的距离 $d = \sqrt{x^2 + y^2 + z^2}$ ，为避免对根式的求导，取目标函数 $d^2 = x^2 + y^2 + z^2$.

作拉格朗日函数

$$F(x,y,z,\lambda,\mu) = x^2 + y^2 + z^2 + \lambda(z - x^2 - y^2) + \mu(x + y + z - 1) ,$$

令

$$\begin{cases} F_x = 2x - 2\lambda x + \mu = 0, \\ F_y = 2y - 2\lambda y + \mu = 0, \\ F_z = 2z + \lambda + \mu = 0, \\ F_\lambda = z - x^2 - y^2 = 0, \\ F_\mu = x + y + z - 1 = 0, \end{cases}$$

由前三个方程可以求得

$$x = y = \frac{\mu}{2(\lambda - 1)}, \quad z = -\frac{\lambda + \mu}{2} ,$$

由后两个方程得

$$-\frac{\lambda + \mu}{2} = \frac{1}{2}\left(\frac{\mu}{\lambda - 1}\right)^2, \quad \frac{\mu}{\lambda - 1} - \frac{\lambda + \mu}{2} = 1 ,$$

令 $\dfrac{\lambda + \mu}{2} = A$ ，$\dfrac{\mu}{\lambda - 1} = B$ ，则有

$$\begin{cases} -A = \dfrac{1}{2}B^2, \\ A - B = 1, \end{cases}$$

解得 $A = -1 \pm \sqrt{3}$ ，$B = -2 \pm \sqrt{3}$ ，所以 $x = y = \dfrac{-1 \pm \sqrt{3}}{2}$, $z = 2 \mp \sqrt{3}$.

因为原点至椭圆的最长距离和最短距离确实存在，故点

$$P_1\left(\frac{-1 + \sqrt{3}}{2}, \frac{-1 + \sqrt{3}}{2}, 2 - \sqrt{3}\right), \quad P_2\left(\frac{-1 - \sqrt{3}}{2}, \frac{-1 - \sqrt{3}}{2}, 2 + \sqrt{3}\right)$$

是最值点. 计算得原点到椭圆的最长距离和最短距离分别为 $\sqrt{9 + 5\sqrt{3}}$ 和 $\sqrt{9 - 5\sqrt{3}}$.

习　题　**8.8**

1. 求下列函数的极值.

(1) $f(x,y) = x^4 + y^4 - 4xy$;　　　　　(2) $f(x,y) = x^3 - y^3 + 3x^2 + 3y^2 - 9x$;

(3) $f(x,y) = xy + \dfrac{50}{x} + \dfrac{20}{y}$;　　　　　(4) $f(x,y) = e^{2x}(x + y^2 + 2y)$.

2. 求下列函数在给定范围上的最大值和最小值.

(1) $f(x,y) = 3x + 4y$, $D = \left\{(x,y) \middle| 0 \leqslant x \leqslant 1, -1 \leqslant y \leqslant 1\right\}$;

(2) $f(x,y) = 3(x^2 + y^2) - 2(x + y - 1)$, $D = \left\{(x,y) \middle| x \geqslant 0, y \geqslant 0, x + y \leqslant 1\right\}$.

3. 在曲线 $xy = 3$ 上求一点, 使其到原点的距离最短, 并求最短距离.

4. 求 $u = xyz$ 在附加条件 $x^2 + y^2 + \dfrac{z^2}{9} = 1$ 下的极大值.

5. 将周长为 $2p$ 的矩形绕它的一边旋转而构成一个圆柱体, 问矩形的边长各为多少时, 才可使圆柱体的体积最大.

6. 求椭球面 $x^2 + 2y^2 + 4z^2 = 1$ 与平面 $x + y + z = \sqrt{7}$ 之间的最长和最短距离.

7. 求由方程 $x^2 - 6xy + 10y^2 - 2yz - z^2 + 18 = 0$ 所确定的函数 $z = z(x,y)$ 的极值点和极值.

8. 设 a, b, c 都是正实数, 且 $abc = 1$, 试证 $a + b + c \geqslant 3$.

8.9　数 学 实 验

实验一　多元函数极限与偏导数的符号运算

1) MATLAB 多元函数极限的指令

MATLAB 软件中计算二元函数极限 $L = \lim\limits_{\substack{x \to x_0 \\ y \to y_0}} f(x,y)$ 的指令是用 limit 的嵌套实现的, 即

L=limit(limit(f,x,x0),y,y0)

或者

L=limit(limit(f,y,y0),x,x0).

例 1　计算 $L = \lim\limits_{\substack{x \to \sqrt{2} \\ y \to 2}} e^{x^2 + 2y + a}$.

解　在命令窗口输入代码如下:

```
Syms x y a;
f=exp(x^2+2*y+a);
```

```
L=limit(limit(f,x,sqrt(y)),y,2)
ff= pretty(f)    % pretty 是显示数学格式
```
下面是运行结果:
```
L=exp(6+a)
ff=exp(x² + 2y + a)
```

(2) MATLAB 求导数的指令

- diff(f) ——函数 f 对变量 x 或字母表上最接近 x 的符号变量求导数.
- diff(f,t)——函数 f 对变量 t 求导数.
- diff(f,x,2)——对 x 求二阶导数.
- diff(f,x,n)——对 x 求 n 阶导数.

例 2　求 $f(x,t) = \sin(ax) + \cos(bt)$ 的偏导数.

解　在 MATLAB 中的程序如下:
```
syms a b t x t    % 定义符号
f=sin(a*x)+cos(b*t);
g=diff(f)     % 二元函数 f 对 x 求偏导数
gg=diff(f,t)     % 二元函数 f 对 t 求偏导数
```
下面是运行结果:
```
g=cos(a*x)*a
gg=-sin(b*t)*b
```
例 3　求 $f(x,t) = \sin(atx) + \cos(btx^2) - 2xt^3$ 的二阶偏导数.

解　在 MATLAB 中的程序如下:
```
syms a b t x t
f=sin(a*x*t)+cos(b*t*x^2)-2*x*t^3;
diff(f,2)     % 对 x 求二阶偏导数
diff(f,t,2)     % 对 t 求二阶偏导数
ans =
-sin(a*x*t)*a^2*t^2-4*cos(b*t*x^2)*b^2*t^2*x^2-2*sin(b
*t*x^2)*b*t

ans =
-sin(a*x*t)*a^2*x^2-cos(b*t*x^2)*b^2*x^4-12*x*t
```

例 4　已知 $f(x,y,z)=\sin(x^2y)\mathrm{e}^{-x^2y-z^2}$，求 $\dfrac{\partial^4 f(x,y,z)}{\partial x^2 \partial y \partial z}$．

解　在 MATLAB 中的程序如下：

```
syms x y z
f=sin(x^2*y)*exp(-x^2*y-z^2);
>> pretty(f)
    sin(x² y) exp(-x² y - z²)
>> df=diff(diff(diff(f,x,2),y),z)
df =
-4*cos(x^2*y)*z*exp(-x^2*y-z^2)+40*cos(x^2*y)*y*x^2*z*
exp(-x^2*y-z^2)-16*sin(x^2*y)*x^4*y^2*z*exp(-x^2*y-z^2)-16
*cos(x^2*y)*x^4*y^2*z*exp(-x^2*y-z^2)+4*sin(x^2*y)*z*exp(-
x^2*y-z^2)
>> pretty(df)
    -4 cos(x² y) z exp(-x² y - z²) + 40 cos(x² y) y x² z exp(-x²
y - z²)
    - 16 sin(x² y) x⁴ y² z exp(-x² y - z²)
    - 16 cos(x² y) x⁴ y² z exp(-x² y - z²)
    + 4 sin(x² y) z exp(-x² y - z² )
>> dff=simple(df)
dff=
    -4*z*exp(-x^2*y-z^2)*(cos(x^2*y)-10*cos(x^2*y)*y*x^2+
4*sin(x^2*y)*x^4*y^2+4*cos(x^2*y)*x^4*y^2-sin(x^2*y))
>> pretty(dff)
    -4 z exp(-x² y - z²) (cos(x² y) - 10 cos(x²  y) y x² + 4
sin(x² y) x⁴ y² + 4 cos(x²  y) x⁴  y  - sin(x²  y))
```

实验二　多元函数的泰勒展开

MATLAB 软件中多元函数的泰勒(Taylor)展开指令是：

F=maple(' mtaylor ' ,f, ' [x1,x2,…,xn] ' ,k)——在原点展开到 k 次．

F=maple(' mtaylor ' ,f, ' [x1=a1,x2=a1,…,xn=an] ' ,k)——在 $(a1,a2,…,an)$ 点展开到 k 次．

例 5　求 $z=f(x,y)=(x^2-2x)\mathrm{e}^{-x^2-y^2-xy}$ 的各种泰勒幂展开．

解　在 MATLAB 中的程序如下：

```
syms  x y
f=(x^2-2*x)*exp(-x^2-y^2-x*y);
F=maple('mtaylor',f,'[x,y]',8);
Latex(collect(F,x))     % Latex 显示数学样式的函数，collect
                        合并同类项函数
```

运算结果:

$$-2x+2yx^2-y^4x+x^2+2y^2x-yx^3-y^2x^2-2yx^4-3y^2x^3-2y^3x^2+2x^3-x^4-x^5$$
$$+\frac{1}{2}x^6+yx^5+\frac{3}{2}y^2x^4+y^3x^3+\frac{1}{2}y^4x^2+yx^6+2y^2x^5+\frac{7}{3}y^3x^4+2y^4x^3+y^5x^2$$
$$+\frac{1}{3}y^6x+\frac{1}{3}x^7$$

```
F=maple('mtaylor',f,'[x=1,y=0]',8)   %在(1,0)点展开到 8 次
```
运算结果:

$$-\frac{23}{90}e^{(-1)}y^6(x-1)+\frac{22}{45}e^{(-1)}y(x-1)^6+\frac{1}{5}e^{(-1)}y^2(x-1)^5-\frac{5}{36}e^{(-1)}y^3(x-1)^4$$
$$-\frac{7}{9}e^{(-1)}y^4(x-1)^3-\frac{1}{2}e^{(-1)}y^5(x-1)^2+\frac{7}{3}e^{(-1)}y^2(x-1)^3+\frac{3}{2}e^{(-1)}y^3(x-1)^2$$
$$+\frac{11}{12}e^{(-1)}y^4(x-1)-\frac{73}{30}e^{(-1)}y(x-1)^5-\frac{43}{12}e^{(-1)}y^2(x-1)^4-\frac{55}{18}e^{(-1)}y^3(x-1)^3$$
$$-\frac{17}{12}e^{(-1)}y^4(x-1)^2-\frac{77}{120}e^{(-1)}y^5(x-1)+\frac{8}{3}e^{(-1)}y(x-1)^3+\frac{3}{2}e^{(-1)}y^2(x-1)^2$$
$$+\frac{7}{6}e^{(-1)}y^3(x-1)+\frac{5}{6}e^{(-1)}y(x-1)^4-e^{(-1)}y(x-1)-2e^{(-1)}y(x-1)^2$$
$$-2e^{(-1)}y^2(x-1)-\frac{5}{6}e^{(-1)}y^3-\frac{461}{5040}e^{(-1)}y^7-e^{(-1)}+e^{(-1)}y+\frac{1}{2}e^{(-1)}y^2$$
$$-\frac{1}{24}e^{(-1)}y^4+\frac{41}{120}e^{(-1)}y^5-\frac{31}{720}e^{(-1)}y^6+\frac{10}{63}e^{(-1)}(x-1)^7+2e^{(-1)}(x-1)$$
$$-\frac{8}{3}e^{(-1)}(x-1)^3+\frac{11}{6}e^{(-1)}(x-1)^4+\frac{3}{5}e^{(-1)}(x-1)^5-\frac{49}{45}e^{(-1)}(x-1)^6.$$

实验三　最小二乘曲线拟合问题

已知一组(二维)数据, 即平面上的 n 个点 $(x_i,y_i)(i=1,2,\cdots,n)$, x_i 互不相同. 寻求一个函数(曲线) $y=f(x)$, 使 $f(x)$ 在某种准则下与所有数据点最为接近, 即曲线拟合得最好.

首先, 确定所求曲线的方程(即经验公式), 线性最小二乘法是解决曲线拟合

最常用的方法.

其基本思路：令

$$f(x) = a_1 r_1(x) + a_2 r_2(x) + \cdots + a_m r_m(x) ,$$

其中 $r_k(x)$ 是事先选定的一组函数，a_k 是待定系数 $(k = 1, 2, \cdots, m, m < n)$. 拟合的准则是使每个点 $(x_i, y_i)(i = 1, 2, \cdots, n)$ 与曲线上的点 $(x_i, f(x_i))$ 的距离 δ_i 的平方和最小，称为**最小二乘准则**.

记

$$J(a_1, \cdots, a_m) = \sum_{i=1}^{n} \delta_i^2 = \sum_{i=1}^{n} [f(x_i) - y_i]^2 ,$$

为求 $a_1, \cdots, a_m$ 使 J 达到最小，只需利用极值的必要条件 $\dfrac{\partial J}{\partial a_k} = 0 (k = 1, 2, \cdots, m)$，得到关于 $a_1, \cdots, a_m$ 的超定线性方程组.

当 $r_1(x) = 1, r_2(x) = x, r_3(x) = x^2, \cdots$ 时，即为多项式拟合.

比较常用的经验公式如下：

多项式 $y = a_1 x^m + a_2 x^{m-1} + \cdots + a_m x + a_{m+1}$（一般 $m = 2, 3$，不宜过高）.

特别地，一次多项式拟合又称为"**线性回归**".

指数曲线：$y = a_1 \mathrm{e}^{a_2 x}$.

双曲线（一支）：$y = \dfrac{a_1}{x} + a_2$.

注意　指数曲线拟合首先需作变量代换，化成多项式拟合进行.

最小二乘曲线拟合在 MATLAB 中的实现

采用最小二乘法构造一个 N 次多项式以实现曲线拟合的命令为

polyfit(x,y,N)，其中 x 为拟合数据点，对应的横坐标形成的向量，y 为对应的纵坐标形成的向量，N 为拟合的阶数.

具体地，在 MATLAB 中，实现最小二乘拟合通常采用两种途径：

(1) 利用 polyfit 函数进行多项式拟合.

P=polyfit(x,y,n) ——用 n 次多项式拟合 x, y 向量给定的数据

PA=polyval(p,xi)——求 xi 点上的拟合函数的近似值.

(2) 利用常用的矩阵除法解决复杂型函数的拟合.

例 6　以一次、二次和三次多项式拟合下数据.

x	0.5	1.0	1.5	2.0	2.5	3.0
y	1.75	2.45	3.81	4.80	7.00	8.60

解　在 MATLAB 中的程序如下:

```
x=[0.5 1.0 1.5 2.0 2.5 3.0];
y=[1.75 2.45 3.81 4.80 7.00 8.60];
a1=polyfit(x,y,1)
a2=polyfit(x,y,2)
a3=polyfit(x,y,3)
x1=[0.5:0.05:3.0];
y1=a1(2)+a1(1)*x1;
y2=a2(3)+a2(2)*x1+a2(1)*x1.^2;
y3=a3(4)+a3(3)*x1+a3(2)*x1.^2+a3(1)*x1.^3;
 plot(x,y,'*')
 hold on
 plot(x1,y1,'b:',x1,y2,'k',x1,y3,'g')
a1 =    2.7937   -0.1540
a2 =    0.5614    0.8287    1.1560
a3 =   -0.1156    1.1681   -0.0871    1.5200
 legend('原数据图 ','　一次拟合',' 二次拟合  ','  三次拟合 ')
p1=polyval(a1,x)
p1 =
   1.2429    2.6397    4.0366    5.4334    6.8303    8.2271
p2=polyval(a2,x)
p2 =
   1.7107    2.5461    3.6623    5.0591    6.7367    8.6950
 p3=polyval(a3,x)
p3 =
   1.7540    2.4855    3.6276    5.0938    6.7974    8.6517
 v1=y-p1;
 v2=y-p2;
 v3=y-p3;
 s1=norm(v1,'fro')
 s2=norm(v2,'fro')
```

```
s3=norm(v3,'fro')

s1 =
    0.9558
s2 =
    0.4220
s3 =
    0.4057
```

可见，三次拟合方差最小(图 8.16).

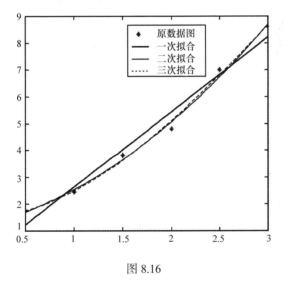

图 8.16

例 7 用 6 次多项式对区间[0，2.5]上的误差函数 $y(x) = \dfrac{2}{\sqrt{\pi}} \displaystyle\int_0^x e^{-t^2} \mathrm{d}t$ 进行最小二乘拟合.

解 在命令窗口中输入代码如下:

```
x=0:0.1:2.5;
y=erf(x);      % 计算"误差函数"在[0,2.5]内的数据点,erf 是 MATLAB
               内部函数

p=polyfit(x,y,6)
px=poly2str(p,'x')
```

```
p =
   0.0084 -0.0983 0.4217 -0.7435 0.1471 1.1064 0.0004
px =
   0.0084194 x^6 - 0.0983 x^5 + 0.42174 x^4 - 0.74346 x^3
+ 0.1471 x^2 + 1.1064 x + 0.00044117
```

例 8　有效拟合的**区间性**图示(图 8.17)(用[0,2.5]区间数据拟合曲线拟合[0,5]区间数据).

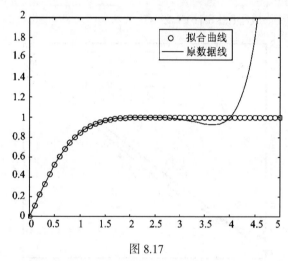

图 8.17

解　MATLAB 代码如下:

```
x=0:0.1:5;
x1=0:0.1:2.5
y=erf(x);
y1=erf(x1);
p=polyfit(x1,y1,6)
f=polyval(p,x);
plot(x,y,'bo',x,f,'r-')
axis([0,5,0,2])
legend('拟合曲线','原数据线')
x1 =
  Columns 1 through 7
   0  0. 1000  0. 2000  0. 3000  0. 4000  0. 5000  0. 6000
```

```
Columns 8 through 14
  0.7000  0.8000  0.9000  1.0000  1.1000  1.2000  1.3000
Columns 15 through 21
  1.4000  1.5000  1.6000  1.7000  1.8000  1.9000  2.0000
Columns 22 through 26
  2.1000   2.2000   2.3000   2.4000   2.5000
p =
0.0084  -0.0983  0.4217  -0.7435  0.1471  1.1064  0.0004
```
说明 在[0, 2.5]区间之外，两条曲线的表现完全不同.

例 9 以 2 次、10 次多项式拟合以下数据.

x	0	0.1	0.2	0.3	0.4	0.5	0.6	0.7	0.8	0.9	1.0
y	−0.447	1.978	3.28	6.16	7.08	7.34	7.66	9.56	9.48	9.3	11.2

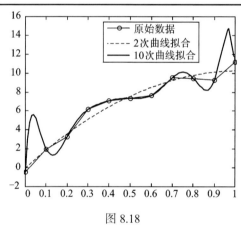

图 8.18

解 程序代码如下：

```
x=[0 .1 .2 .3 .4 .5 .6 .7 .8 .9 1];
y=[-.447,1.978,3.28,6.16,7.08,7.34,
   7.66,9.56,9.48,9.3,11.2];
p=polyfit(x,y,2)
x1=0:.01:1;
z=polyval(p,x1);
p10=polyfit(x,y,10)
z10=polyval(p10,x1);
plot(x,y,'bo-',x1,z,'k:',x1,z10,'r')
legend('原始数据','2次曲线拟和','10次曲线拟和')
```

运行结果如下:

```
p =
  -9. 8108   20. 1293   -0. 0317
p10 =
  1. 0e+006 *
  Columns 1 through 7
  -0.4644 2.2965 -4.8773 5.8233 -4.2948 2.0211 -0.6032
  Columns 8 through 11
   0.1090   -0.0106   0.0004   -0.0000
```

例 10　用最小二乘法进行人口预测.

根据统计, 1960~1968 年世界人口增长数据为

年份	1960	1961	1962	1963	1964	1965	1966	1967	1968
人口/亿	29.72	30.61	31.51	32.51	32.34	32.85	33.56	34.20	34.83

在 20 世纪 60 年代就有人预测在 2000 年世界人口会超过 60 亿. 试根据数据构造拟合曲线验证这一预测.

解　根据人口增长的统计资料和人口理论数学模型知, 当人口总数不是很大时, 在不太长的时期内. 人口增长接近于指数增长. 因此采用指数函数

$$N = e^{a+bt}$$

对数据进行拟合.

将等式两边取对数, 得

$$\ln N = a + bt .$$

令 $y = \ln N$, 变化后的拟合函数为

$$y = a + bt ,$$

进行线性拟合, 得到

$$a = -33.0383, \quad b = 0.0186 ,$$

代入拟合函数, 得

$$N(t) = e^{-33.0383+0.0186t} ,$$

计算得到

$$N(2000) = 64.1805 .$$

所以, 2000 年的世界人口预测为 64.1805 亿. 这一数据虽然不是十分准确, 但是基本反映了人口变化趋势.

总 习 题 8

1. 选择题.

(1) 设 (x_0, y_0) 是函数 $f(x, y)$ 定义域内的一点, 则在点 (x_0, y_0) 处, 下列命题中一定正确的是 (　).

(A) 若函数 $z = f(x, y)$ 作为任一变量 x 或 y 的一元函数都连续, 则 $z = f(x, y)$ 必连续

(B) 若函数 $z = f(x, y)$ 可微, 则必存在连续的一阶偏导数

(C) 若函数 $z = f(x, y)$ 不连续, 则其偏导数必不存在

(D) 若函数 $z = f(x, y)$ 可微, 则 $z = f(x, y)$ 在 (x_0, y_0) 沿任一方向的方向导数存在

(2) 设 $f(x, y) = x^2 + xy - y^2$ 的驻点为 $(0, 0)$, 则 $f(0, 0)$ 是 $f(x, y)$ 的(　).

(A) 极大值　　　　(B) 极小值　　　　(C) 非极值　　　　(D) 不能确定

2. 证明极限 $\lim\limits_{(x, y) \to (0, 0)} \dfrac{xy^3}{x^2 + y^6}$ 不存在.

3. 求下列函数的一阶及二阶偏导数.

(1) $z = \arctan(x^2 y)$;　　　　　　　　(2) $z = x^{2y}$;

(3) $z = \displaystyle\int_{x-y}^{x+y} \varphi(t) \mathrm{d}t$, 其中 φ 具有一阶导数.

4. 设 $f(x, y) = \begin{cases} \dfrac{xy}{x^2 + y^2}, & x^2 + y^2 \neq 0, \\ 0, & x^2 + y^2 = 0, \end{cases}$ 求 $f_x(x, y)$ 及 $f_y(x, y)$, 并讨论函数 $f(x, y)$ 在点 $(0, 0)$ 处的可微性.

5. 设 $z = f\left(2x - y, \dfrac{x}{y}\right)$, f 具有二阶连续偏导数, 求 $\dfrac{\partial z}{\partial x}$, $\dfrac{\partial^2 z}{\partial x \partial y}$.

6. 设 f 是任意二阶可导函数, 并设 $z = f(ay + x)$, 满足方程 $6 \dfrac{\partial^2 z}{\partial x^2} + \dfrac{\partial^2 z}{\partial x \partial y} - \dfrac{\partial^2 z}{\partial y^2} = 0$, 试确定 a 的值.

7. 求拉普拉斯方程 $\dfrac{\partial^2 u}{\partial x^2} + \dfrac{\partial^2 u}{\partial y^2} = 0$ 在极坐标下的形式.

8. 设方程 $x = z\mathrm{e}^{y+z}$ 确定了函数 $z = f(x, y)$, 求 $\dfrac{\partial z}{\partial x}$, $\dfrac{\partial^2 z}{\partial x \partial y}$.

9. 求由 $xyz + \sqrt{x^2 + y^2 + z^2} = \sqrt{2}$ 所确定的函数 $z = z(x, y)$ 在点 $(1, 0, -1)$ 处的全微分.

10. 设 $y = y(x), z = z(x)$ 是由方程 $z = xf(x + y)$ 和 $F(x, y, z) = 0$ 所确定的函数, 其中 f 和 F 分别具有一阶导数和一阶连续偏导数, 求 $\dfrac{\mathrm{d}z}{\mathrm{d}x}$.

11. 求曲面 $3x^2 + 2y^2 + 3z^2 = 12$ 在点 $P(0, \sqrt{3}, \sqrt{2})$ 处指向外侧的单位法向量, 并求函数 $u = x + y + z$ 在点 P 处沿此法向量方向的方向导数.

12. 已知 $u = x^2 + y^2 + z^2 - xy + yz$ 及一点 $P(1, 1, 1)$, 求(1) 函数 u 在点 P 的梯度; (2) 求 u 在

点 P 处的方向导数的最大值；(3) 求 u 在点 P 处方向导数为零的方向.

13. 求椭球面 $x^2+2y^2+3z^2=21$ 在点 $(1,-2,2)$ 的切平面方程和法线方程.

14. 求在曲线 $x=t, y=-t^2, z=t^3$ 的所有切线中与平面 $x+2y+z=0$ 平行的切线.

15. 证明曲面 $xyz=a^3(a>0)$ 的切平面与坐标平面围成的四面体的体积为常数.

16. 试确定正数 a ，使得曲面 $xyz=a$ 与椭球面 $x^2+y^2+\dfrac{z^2}{3}=1$ 在第一卦限的某点相切，并求出切点的坐标和该点处的切平面方程.

17. 若引进曲面 $f(x,y,z)=C$ 为函数 $u=f(x,y,z)$ 的等值面(等量面)的概念，试叙述函数 $u=f(x,y,z)$ 在点 $P(x,y,z)$ 处的梯度与过点 P 的等值面 $P(x,y,z)=C$ 的关系.

18. 求函数 $f(x,y)=x^2-y^2+2$ 在椭圆域 $D=\left\{(x,y)\left|x^2+\dfrac{y^2}{4}\leqslant 1\right.\right\}$ 上的最大值和最小值.

19. 当 $x>0, y>0$ 且 $xy=1$ 时，求函数 $f(x,y)=\dfrac{1}{a}x^a+\dfrac{1}{b}y^b$ 的最小值，其中 $a>0, b>0$ 且 $\dfrac{1}{a}+\dfrac{1}{b}=1$ ，并证明不等式 $\dfrac{1}{a}u^a+\dfrac{1}{b}v^b\geqslant uv$ 对任意的 $u>0, v>0$ 都成立.

自 测 题 8

1. 填空题.

(1) 设 $f(x,y)=x^3y+\mathrm{e}^{xy}-2\sin(x-y)+1$ ，则 $f_x(1,1)=$ _____ ；

(2) 设函数 $f(x,y,z)=z\sqrt{\dfrac{x}{y}}$ ，则 $\mathrm{d}f(1,1,1)=$ _____ ；

(3) 曲线 $\begin{cases}z=x^2+4y^2 \\ y=\dfrac{1}{2}\end{cases}$ 上点 $\left(\dfrac{\sqrt{3}}{2},\dfrac{1}{2},\dfrac{7}{4}\right)$ 处的切线与 Ox 轴正向的夹角 $\alpha=$ _____ ；

(4) 设 $f(x,y,z)=\sqrt{3+x^2+y^2+z^2}$ ，则 $\mathbf{grad}f(1,-1,2)=$ _____ ；

(5) 曲线 $\begin{cases}x=2\cos t, \\ y=2\sin t, \\ z=t\end{cases}$ 在点 $\left(\sqrt{2},\sqrt{2},\dfrac{\pi}{4}\right)$ 处的切线方程为 _____ .

2. 选择题.

(1) 设函数 $f(x,y)=\sqrt{|xy|}$ ，则下列结论不正确的是( ).

(A) $f_x(0,0)=0$ ，$f_y(0,0)=0$ (B) $f(x,y)$ 在点 $(0,0)$ 连续

(C) $f(x,y)$ 在点 $(0,0)$ 的全微分为 0   (D) $f(x,y)$ 在点 $(0,0)$ 不可微分

(2) 设 $u(x,y)$ 在平面有界闭区域 D 上具有二阶连续偏导数，且满足 $\dfrac{\partial^2 u}{\partial x\partial y}\neq 0$ 及 $\dfrac{\partial^2 u}{\partial x^2}+\dfrac{\partial^2 u}{\partial y^2}=0$ ，则 $u(x,y)$ 的( ).

(A) 最大值点和最小值点必定都在 D 的内部

(B) 最大值点和最小值点必定都在 D 的边界上

(C) 最大值点在 D 的内部，最小值点在 D 的边界上

(D) 最小值点在 D 的内部，最大值点在 D 的边界上

3. 设 $z = f(2x - y) + g(x, xy)$ ，其中 $f(t)$ 二阶可导，$g(u, v)$ 具有连续的二阶偏导数，求 $\dfrac{\partial z}{\partial x}$ ，$\dfrac{\partial^2 z}{\partial x \partial y}$.

4. 设 $u = \tan(y + z)$ ，其中 $z = z(x, y)$ 由方程 $\mathrm{e}^{x^2 z} + xy^2 \ln z = 1$ 确定，求 $\dfrac{\partial u}{\partial x}$.

5. 试求曲面 $\cos(\pi x) - x^2 y + \mathrm{e}^{xz} + yz = 4$ 在点 $(0, 1, 2)$ 处的切平面方程和法线方程.

6. 设一座山的高度函数为 $z = 1000 - 2x^2 - y^2$ ，其定义域为 $\{(x, y) \mid 2x^2 + y^2 \leqslant 1000\}$ ，$P(x, y)$ 是山脚 $z = 0$ 即等高线 $2x^2 + y^2 = 1000$ 上的点.

(1) 问：高度函数 z 在点 $P(x, y)$ 处沿什么方向的增长率(方向导数)最大？若记该点最大的增长率为 $g(x, y)$ ，试求出此增长率 $g(x, y)$ ；

(2) 攀岩活动要在山脚处找一最陡的位置作为攀岩的起点，即在该等高线上找一点 P 使得上述增长率最大，请求出该点坐标.

第 9 章 重 积 分

多元函数的积分包括重积分、曲线积分和曲面积分，是一元函数定积分的推广. 定积分是某种确定形式的和式极限，这种和式极限推广到定义在平面区域上的二元函数和空间区域上的三元函数，便得到二重积分和三重积分的概念. 本章将介绍重积分(包括二重积分和三重积分)的概念、性质、计算法以及它们的一些应用.

9.1 二重积分的概念与性质

9.1.1 二重积分的概念

为了直观起见，我们通过下面的两个实际问题来引入二重积分的概念.

1. 曲顶柱体的体积

设 D 是 xOy 平面上的有界闭区域，$f(x,y)$ 是定义在 D 上的非负连续函数，以 D 为底、D 的边界曲线为准线而母线平行于 z 轴的柱面为侧面、曲面 $z=f(x,y)$ 为顶的立体称为**曲顶柱体**(图 9.1).

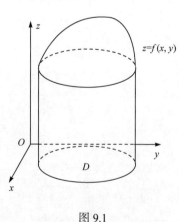

图 9.1

仿照求曲边梯形面积的求法，我们来求曲顶柱体的体积.

(1) **分割** 用任意的曲线网将区域 D 分成 n 个小闭区域

$$\Delta\sigma_1, \Delta\sigma_2, \cdots, \Delta\sigma_n,$$

且用 $\Delta\sigma_i$ 表示第 i 个小区域的面积. 分别以这些小区域的边界曲线为准线，作母线平行于 z 轴的柱面将整个曲顶柱体相应地分成 n 个小曲顶柱体，设第 i 个小曲顶柱体的体积为 ΔV_i，则

$$V = \sum_{i=1}^{n} \Delta V_i.$$

(2) **近似代替** 由于 $f(x,y)$ 在区域 D 上连续，则当每个小区域 $\Delta\sigma_i$ 的直径(区域的直径是指有界闭区域上任意两点间的距离的最大值)都很小时，对应的小

曲顶柱体都可近似地看作是平顶柱体. 故在小区域 $\Delta\sigma_i$ 上任取一点 (ξ_i,η_i)，则第 i 个小曲顶柱体的体积可近似地表示为

$$\Delta V_i \approx f(\xi_i,\eta_i)\Delta\sigma_i .$$

(3) **求和** 将这些小曲顶柱体的体积相加，得

$$V = \sum_{i=1}^{n}\Delta V_i \approx \sum_{i=1}^{n} f(\xi_i,\eta_i)\Delta\sigma_i .$$

(4) **取极限** 记 λ 为 n 个小区域的直径的最大值. 当 $\lambda\to 0$ 时，有

$$\sum_{i=1}^{n} f(\xi_i,\eta_i)\Delta\sigma_i \to V ,$$

即

$$V = \lim_{\lambda\to 0}\sum_{i=1}^{n} f(\xi_i,\eta_i)\Delta\sigma_i .$$

2. 平面薄片的质量

设有一质量非均匀分布的薄片，在 xOy 平面上占有区域 D (图 9.2)，其面密度 $\rho(x,y)$ 在 D 上连续，且 $\rho(x,y)>0$ ，求此薄片的质量 M .

将区域 D 任意地分成 n 个小区域 $\Delta\sigma_i(i=1,2,\cdots,n)$ ，由于 $\rho(x,y)$ 连续，故当每个小区域的直径都很小时，相应于小区域 $\Delta\sigma_i$ 的小薄片的质量 ΔM_i 可近似用 $\rho(\xi_i,\eta_i)\Delta\sigma_i$ 代替，其中 (ξ_i,η_i) 为 $\Delta\sigma_i$ 上的任意点，通过求和、取极限，便得到

$$M = \lim_{\lambda\to 0}\sum_{i=1}^{n}\rho(\xi_i,\eta_i)\Delta\sigma_i .$$

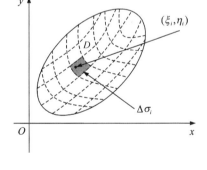

图 9.2

上面两个问题的具体意义虽然不同，但都归结为二元函数的同一类型的和式极限，还有许多实际问题都可以化为上述形式的和式极限，为此我们引入二重积分的定义.

定义 1 设函数 $f(x,y)$ 在有界闭区域 D 上有界，将区域 D 任意地分成 n 个小区域 $\Delta\sigma_i(i=1,2,\cdots,n)$ ，并用 $\Delta\sigma_i$ 表示第 i 个小区域的面积. 在每个小区域 $\Delta\sigma_i$ 上任取一点 (ξ_i,η_i) ，作乘积 $f(\xi_i,\eta_i)\Delta\sigma_i$ ，并作和 $\sum\limits_{i=1}^{n} f(\xi_i,\eta_i)\Delta\sigma_i$ ，记 λ 为 n 个小区域的直径的最大值，当 $\lambda\to 0$ 时，若这和式的极限存在，则称此极限为函数 $f(x,y)$ 在区域 D 上的**二重积分**，记作 $\iint\limits_{D} f(x,y)\mathrm{d}\sigma$ ，即

$$\iint\limits_{D} f(x,y)\mathrm{d}\sigma = \lim_{\lambda \to 0} \sum_{i=1}^{n} f(\xi_i,\eta_i)\Delta\sigma_i,\tag{1}$$

其中 $f(x,y)$ 称为**被积函数**，D 称为**积分区域**，$f(x,y)\mathrm{d}\sigma$ 称为**被积表达式**，$\mathrm{d}\sigma$ 称为**面积元素**，x 和 y 称为**积分变量**，$\sum_{i=1}^{n} f(\xi_i,\eta_i)\Delta\sigma_i$ 称为**积分和式**.

由二重积分的定义可知，曲顶柱体的体积为 $V = \iint\limits_{D} f(x,y)\mathrm{d}\sigma$，平面薄片的质量为 $M = \iint\limits_{D} \rho(x,y)\mathrm{d}\sigma$.

注意　(1) 二重积分 $\iint\limits_{D} f(x,y)\mathrm{d}\sigma$ 只与被积函数 $f(x,y)$ 及积分区域 D 有关，而与区域 D 的分法及点 (ξ_i,η_i) 的取法无关.

(2) 可以证明：当 $f(x,y)$ 在有界闭区域 D 上连续时，(1) 式右端的和式极限存在，也就是 $f(x,y)$ 在 D 上的二重积分存在，此时也称 $f(x,y)$ 在区域 D 上**可积**.

(3) 几何意义：当 $f(x,y)\geqslant 0$ 时，$\iint\limits_{D} f(x,y)\mathrm{d}\sigma$ 表示曲顶柱体的体积；当 $f(x,y)\leqslant 0$ 时，$\iint\limits_{D} f(x,y)\mathrm{d}\sigma$ 表示曲顶柱体的体积的相反数. 特别地，当 $f(x,y)\equiv 1$ 时，$\iint\limits_{D} 1\mathrm{d}\sigma = \iint\limits_{D} \mathrm{d}\sigma$ 表示积分区域 D 的面积.

(4) 在直角坐标系中，二重积分 $\iint\limits_{D} f(x,y)\mathrm{d}\sigma$ 通常也记作 $\iint\limits_{D} f(x,y)\mathrm{d}x\mathrm{d}y$.

9.1.2　二重积分的性质

二重积分具有与定积分类似的性质，我们不加证明，仅叙述如下(假定各性质中所涉及的二重积分都是存在的)：

性质 1 (二重积分的线性性质)　设 a,b 为常数，则

$$\iint\limits_{D}[af(x,y)+bg(x,y)]\mathrm{d}\sigma = a\iint\limits_{D} f(x,y)\mathrm{d}\sigma + b\iint\limits_{D} g(x,y)\mathrm{d}\sigma.$$

性质 2 (二重积分对于积分区域的**可加性**)　若区域 D 被分成两个无公共内点的区域 D_1 与 D_2，则

$$\iint\limits_{D} f(x,y)\mathrm{d}\sigma = \iint\limits_{D_1} f(x,y)\mathrm{d}\sigma + \iint\limits_{D_2} g(x,y)\mathrm{d}\sigma.$$

性质 3 (二重积分的保序性质)　若在区域 D 上，$f(x,y) \leqslant g(x,y)$，则有

$$\iint\limits_{D} f(x,y)\mathrm{d}\sigma \leqslant \iint\limits_{D} g(x,y)\mathrm{d}\sigma .$$

特别地，有

$$\left| \iint\limits_{D} f(x,y)\mathrm{d}\sigma \right| \leqslant \iint\limits_{D} |f(x,y)|\mathrm{d}\sigma .$$

性质 4　若在区域 D 上，$m \leqslant f(x,y) \leqslant M$，$\sigma$ 是区域 D 的面积，则有

$$m\sigma \leqslant \iint\limits_{D} f(x,y)\mathrm{d}\sigma \leqslant M\sigma .$$

性质 5 (二重积分的中值定理)　若 $f(x,y)$ 在有界闭区域 D 上连续，σ 是区域 D 的面积，则在 D 上至少存在一点 (ξ,η)，使得

$$\iint\limits_{D} f(x,y)\mathrm{d}\sigma = f(\xi,\eta)\sigma .$$

$\dfrac{1}{\sigma}\iint\limits_{D} f(x,y)\mathrm{d}\sigma$ 称为函数 $f(x,y)$ 在区域 D 上的**平均值**.

习　题　9.1

1. 利用二重积分的性质比较下列积分的大小.

(1) $\iint\limits_{D}(x+y)^2\mathrm{d}\sigma$ 与 $\iint\limits_{D}(x+y)^3\mathrm{d}\sigma$，其中 D 是由 x 轴，y 轴及直线 $x+y=1$ 所围成的闭区域；

(2) $\iint\limits_{D}\ln(x+y)\mathrm{d}\sigma$ 与 $\iint\limits_{D}[\ln(x+y)]^2\mathrm{d}\sigma$，其中 $D = \{(x,y)\,|\,3 \leqslant x \leqslant 6, 0 \leqslant y \leqslant 1\}$.

2. 利用二重积分的性质估计下列积分值.

(1) $I = \iint\limits_{D}\sqrt{4+xy}\mathrm{d}\sigma$，其中 $D = \{(x,y)\,|\,0 \leqslant x \leqslant 2, 0 \leqslant y \leqslant 2\}$；

(2) $I = \iint\limits_{D}(4x^2+y^2+9)\mathrm{d}\sigma$，其中 $D = \{(x,y)\,|\,x^2+y^2 \leqslant 4\}$.

3. 设闭区域 D 关于 y 轴对称，即当 $(x,y) \in D$ 时，也有 $(-x,y) \in D$，$f(x,y)$ 在区域 D 上连续，证明

(1) 若对于任意 $(x,y) \in D$，有 $f(-x,y) = -f(x,y)$，则 $\iint\limits_{D} f(x,y)\mathrm{d}\sigma = 0$；

(2) 若对于任意 $(x,y) \in D$，有 $f(-x,y) = f(x,y)$，则 $\iint\limits_{D} f(x,y)\mathrm{d}\sigma = 2\iint\limits_{D_1} f(x,y)\mathrm{d}\sigma$，

其中 $D_1 = \{(x,y)\,|\,(x,y) \in D, x \geqslant 0\}$.

9.2　二重积分的计算

可以看出，利用和式极限来计算二重积分是十分困难的．下面介绍一种计算二重积分的一般方法，这种方法是把二重积分化为二次积分，即连续计算两次定积分．

9.2.1　在直角坐标系中计算二重积分

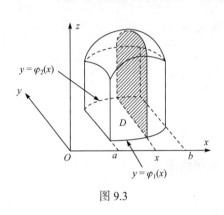

图 9.3

假定 $f(x,y) \geqslant 0$，积分区域 D 为 X 型区域 $\{(x,y) \mid \varphi_1(x) \leqslant y \leqslant \varphi_2(x), a \leqslant x \leqslant b\}$，其中 $\varphi_1(x), \varphi_2(x)$ 连续．由二重积分的几何意义知，$\iint\limits_D f(x,y)\mathrm{d}\sigma$ 表示以 D 为底，$z = f(x,y)$ 为顶的曲顶柱体(图 9.3)的体积 V．在 $[a,b]$ 上任取一点 x，过点 $(x,0,0)$ 作平行于 yOz 面的平面截曲顶柱体，截面是以区间 $[\varphi_1(x), \varphi_2(x)]$ 为底，曲线 $z = f(x,y)$ (x 暂时看作常数)为曲边的曲边梯形(图 9.3 中的阴影部分)，其面积为

$$A(x) = \int_{\varphi_1(x)}^{\varphi_2(x)} f(x,y)\mathrm{d}y .$$

由定积分中"已知截面面积的立体"的计算法，得曲顶柱体的体积为

$$V = \int_a^b A(x)\mathrm{d}x = \int_a^b \left[\int_{\varphi_1(x)}^{\varphi_2(x)} f(x,y)\mathrm{d}y \right] \mathrm{d}x .$$

而 $V = \iint\limits_D f(x,y)\mathrm{d}\sigma$，于是

$$\iint\limits_D f(x,y)\mathrm{d}\sigma = \int_a^b \left[\int_{\varphi_1(x)}^{\varphi_2(x)} f(x,y)\mathrm{d}y \right] \mathrm{d}x .$$

上式常记作

$$\iint\limits_D f(x,y)\mathrm{d}\sigma = \int_a^b \mathrm{d}x \int_{\varphi_1(x)}^{\varphi_2(x)} f(x,y)\mathrm{d}y . \tag{1}$$

(1) 式右端的积分称为先对 y 后对 x 的**二次积分**．在第一次积分时，先把 x 看作常量，y 看作积分变量，用平行于 y 轴的直线从下往上穿过区域 D，以穿入点的纵坐标 $\varphi_1(x)$ 为下限，穿出点的纵坐标 $\varphi_2(x)$ 为上限作定积分，一般第一次积分

的结果是 x 的函数，再以此为被积函数在 $[a,b]$ 上作定积分.

(1) 式是在 $f(x,y) \geqslant 0$ 的条件下利用几何方法得到的，但实际上(1)式成立并不受此条件限制.

类似地，当积分区域 D 为 Y 型区域 $\{(x,y) \mid \psi_1(y) \leqslant x \leqslant \psi_2(y), c \leqslant y \leqslant d\}$ 时，有

$$\iint\limits_{D} f(x,y)\mathrm{d}\sigma = \int_c^d \left[\int_{\psi_1(y)}^{\psi_2(y)} f(x,y)\mathrm{d}x\right]\mathrm{d}y,$$

常记作

$$\iint\limits_{D} f(x,y)\mathrm{d}\sigma = \int_c^d \mathrm{d}y \int_{\psi_1(y)}^{\psi_2(y)} f(x,y)\mathrm{d}x. \qquad (2)$$

(2) 式右端的积分称为先对 x 后对 y 的二次积分.

如果积分区域 D 既是 X 型区域又是 Y 型区域，这时二重积分可以表示成两种不同次序的二次积分，即

$$\iint\limits_{D} f(x,y)\mathrm{d}\sigma = \int_a^b \mathrm{d}x \int_{\varphi_1(x)}^{\varphi_2(x)} f(x,y)\mathrm{d}y$$

$$= \int_c^d \mathrm{d}y \int_{\psi_1(y)}^{\psi_2(y)} f(x,y)\mathrm{d}x.$$

上式也表明了二次积分可以交换积分次序.

若积分区域 D 既不是 X 型区域，又不是 Y 型区域，则须把 D 分成几个部分，使得每个部分是 X 型区域或 Y 型区域，然后利用二重积分对于积分区域的可加性得到整个区域 D 上的二重积分.

例1 计算 $\iint\limits_{D}(3x+2y)\mathrm{d}\sigma$，其中 D 是由直线 $y=x$，$y=0$ 及 $x=1$ 所围成的闭区域(图 9.4).

解 方法一

$$\iint\limits_{D}(3x+2y)\mathrm{d}\sigma = \int_0^1 \mathrm{d}x \int_0^x (3x+2y)\mathrm{d}y$$

$$= \int_0^1 [3xy+y^2]_0^x \mathrm{d}x$$

$$= \int_0^1 4x^2 \mathrm{d}x$$

$$= \left[\frac{4}{3}x^3\right]_0^1$$

$$= \frac{4}{3}.$$

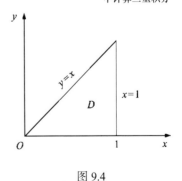

在直角坐标系
中计算二重积分

图 9.4

方法二　$\displaystyle\iint\limits_{D}(3x+2y)\mathrm{d}\sigma = \int_0^1 \mathrm{d}y\int_y^1 (3x+2y)\mathrm{d}x$

$$= \int_0^1 \left[\frac{3}{2}x^2+2xy\right]_y^1 \mathrm{d}y$$

$$= \int_0^1 \left(\frac{3}{2}+2y-\frac{7}{2}y^2\right)\mathrm{d}y$$

$$= \left[\frac{3}{2}y+y^2-\frac{7}{6}y^3\right]_0^1$$

$$= \frac{4}{3}.$$

例 2　计算 $\displaystyle\iint\limits_{D} y\mathrm{d}\sigma$ ，其中 D 是由抛物线 $y^2=2x$ 及直线 $y=x-4$ 所围成的闭区域(图 9.5).

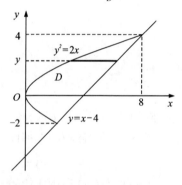

图 9.5

解　$\displaystyle\iint\limits_{D} y\mathrm{d}\sigma = \int_{-2}^4 \mathrm{d}y\int_{\frac{y^2}{2}}^{y+4} y\,\mathrm{d}x$

$$= \int_{-2}^4 y\left(y+4-\frac{y^2}{2}\right)\mathrm{d}y$$

$$= \int_{-2}^4 \left(y^2+4y-\frac{y^3}{2}\right)\mathrm{d}y$$

$$= \left[\frac{1}{3}y^3+2y^2-\frac{1}{8}y^4\right]_{-2}^4$$

$$= 18.$$

若先对 y 积分，则有

$$\iint\limits_{D} y\mathrm{d}\sigma = \int_0^2 \mathrm{d}x\int_{-\sqrt{2x}}^{\sqrt{2x}} y\mathrm{d}y + \int_2^8 \mathrm{d}x\int_{x-4}^{\sqrt{2x}} y\mathrm{d}y.$$

可见，先对 y 积分计算比较麻烦.

例 3　计算 $\displaystyle\iint\limits_{D} \frac{\sin y}{y}\mathrm{d}\sigma$ ，其中 D 是由抛物线 $y^2=x$ 及直线 $y=x$ 所围成的闭区域(图 9.6).

解　$\displaystyle\iint\limits_{D} \frac{\sin y}{y}\mathrm{d}\sigma = \int_0^1 \mathrm{d}y\int_{y^2}^y \frac{\sin y}{y}\mathrm{d}x$

$$= \int_0^1 \frac{\sin y}{y}(y - y^2)\mathrm{d}y$$

$$= \int_0^1 (\sin y - y\sin y)\mathrm{d}y$$

$$= [-\cos y + y\cos y - \sin y]_0^1$$

$$= 1 - \sin 1 .$$

若先对 y 积分，则有

$$\iint_D \frac{\sin y}{y}\mathrm{d}\sigma = \int_0^1 \mathrm{d}x \int_x^{\sqrt{x}} \frac{\sin y}{y}\mathrm{d}y .$$

由于 $\frac{\sin y}{y}$ 的原函数不能用初等函数表示，故积分

无法进行.

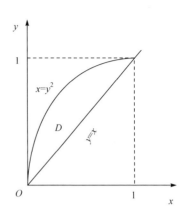

图 9.6

例 4 求椭圆抛物线 $z = 4 - x^2 - \frac{y^2}{4}$ 与平面 $z = 0$ 所围成的立体的体积.

解 所给立体在 xOy 面上的投影区域为 $D = \left\{ (x,y) \left| \frac{x^2}{4} + \frac{y^2}{16} \leqslant 1 \right. \right\}$，其体积为

$$V = \iint_D \left(4 - x^2 - \frac{y^2}{4} \right)\mathrm{d}\sigma = \int_{-2}^2 \mathrm{d}x \int_{-\sqrt{16-4x^2}}^{\sqrt{16-4x^2}} \left(4 - x^2 - \frac{y^2}{4} \right)\mathrm{d}y$$

$$= \int_{-2}^2 \left[4y - x^2 y - \frac{y^3}{12} \right]_{-\sqrt{16-4x^2}}^{\sqrt{16-4x^2}} \mathrm{d}x = \frac{8}{3}\int_{-2}^2 (4 - x^2)^{\frac{3}{2}}\mathrm{d}x = 16\pi \quad (\diamondsuit x = 2\sin t).$$

9.2.2 在极坐标系中计算二重积分

有些二重积分，积分区域 D 的边界曲线用极坐标方程表示比较方便，且被积函数 $f(x,y)$ 用极坐标表示比较简单，此时可以用极坐标计算这些二重积分.

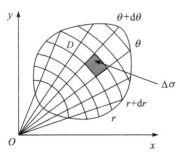

图 9.7

如图 9.7 所示，假定从极点 O 出发穿过区域 D 内部的射线与 D 的边界曲线的交点不多于两个，我们用以极点为中心的一族同心圆 (r = 常数)以及以极点为顶点的一族射线(θ = 常数)把区域 D 分成 n 个小区域，考虑由 r，θ 各取得微小增量 $\mathrm{d}r$，$\mathrm{d}\theta$ 所成的小区域的面积，在不计高阶无穷小时，它近似于边长为 $r\mathrm{d}\theta$，$\mathrm{d}r$ 的

小矩形的面积，于是在极坐标系中的面积元素为 $d\sigma = r dr d\theta$，再根据直角坐标与极坐标的关系，有

$$\iint\limits_{D} f(x, y) d\sigma = \iint\limits_{D} f(r\cos\theta, r\sin\theta) r dr d\theta.$$

在极坐标系中计算二重积分

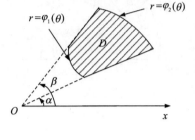

图 9.8

在极坐标系中，二重积分同样可以化为二次积分来计算.

设积分区域 D 可以表示为

$$D = \{ (r,\theta) \,|\, \varphi_1(\theta) \leqslant r \leqslant \varphi_2(\theta), \ \alpha \leqslant \theta \leqslant \beta \},$$

其中 $\varphi_1(\theta)$，$\varphi_2(\theta)$ 在 $[\alpha,\beta]$ 上连续(图 9.8).

二重积分化为二次积分时，可先把 θ 看作常量，r 看作积分变量，作射线从极点 O 出发穿过区域 D，以穿入点的 r 坐标 $\varphi_1(\theta)$ 为下限，穿出点的 r 坐标 $\varphi_2(\theta)$ 为上限作定积分，然后在 $[\alpha,\beta]$ 上以 θ 为积分变量计算定积分，则

$$\iint\limits_{D} f(r\cos\theta, r\sin\theta) r dr d\theta = \int_{\alpha}^{\beta} d\theta \int_{\varphi_1(\theta)}^{\varphi_2(\theta)} f(r\cos\theta, r\sin\theta) r dr.$$

当 $\varphi_1(\theta) = 0$ 时，曲线 $r = \varphi_1(\theta)$ 退缩为极点 O(图 9.9)，记 $\varphi_2(\theta) = \varphi(\theta)$，于是

$$\iint\limits_{D} f(r\cos\theta, r\sin\theta) r dr d\theta = \int_{\alpha}^{\beta} d\theta \int_{0}^{\varphi(\theta)} f(r\cos\theta, r\sin\theta) r dr.$$

设积分区域 D 可以表示为 $D = \{ (r,\theta) \,|\, 0 \leqslant r \leqslant \varphi(\theta), \ 0 \leqslant \theta \leqslant 2\pi \}$，其中 $\varphi(\theta)$ 在 $[0, 2\pi]$ 上连续(图 9.10).

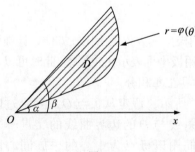

图 9.9

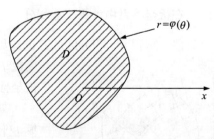

图 9.10

同理有

$$\iint\limits_{D} f(r\cos\theta, r\sin\theta) r dr d\theta = \int_{0}^{2\pi} d\theta \int_{0}^{\varphi(\theta)} f(r\cos\theta, r\sin\theta) r dr.$$

例 5 计算 $\iint\limits_{D} \mathrm{e}^{-(x^2+y^2)}\mathrm{d}\sigma$ ，其中 $D = \{(x,\ y)\,|\,x^2 + y^2 \leqslant a^2,\ a > 0\}$.

解 在极坐标系中， $D = \{(r,\theta)\,|\,0 \leqslant r \leqslant a, 0 \leqslant \theta \leqslant 2\pi\}$ ，于是

$$\iint\limits_{D} \mathrm{e}^{-(x^2+y^2)}\mathrm{d}\sigma = \int_0^{2\pi}\mathrm{d}\theta\int_0^a \mathrm{e}^{-r^2}r\mathrm{d}r = \int_0^{2\pi}\left[-\frac{1}{2}\mathrm{e}^{-r^2}\right]_0^a \mathrm{d}\theta = \pi(1 - \mathrm{e}^{-a^2}) .$$

注意 本题如果在直角坐标系中计算就"积不出来".

例 6 计算 $\iint\limits_{D}(x^2 + y^2)\mathrm{d}\sigma$ ，其中 $D = \{(x,\ y)\,|\,x^2 + y^2 \leqslant 2x\}$.

解 如图 9.11 所示，在极坐标系中，

$$D = \left\{(r,\theta)\,\middle|\,0 \leqslant r \leqslant 2\cos\theta, -\frac{\pi}{2} \leqslant \theta \leqslant \frac{\pi}{2}\right\} ,$$

于是

$$\begin{aligned}
\iint\limits_{D}(x^2 + y^2)\mathrm{d}\sigma &= \int_{-\frac{\pi}{2}}^{\frac{\pi}{2}}\mathrm{d}\theta\int_0^{2\cos\theta} r^2 \cdot r\mathrm{d}r \\
&= \int_{-\frac{\pi}{2}}^{\frac{\pi}{2}} 4\cos^4\theta\,\mathrm{d}\theta \\
&= 8\int_0^{\frac{\pi}{2}}\cos^4\theta\,\mathrm{d}\theta \\
&= 8 \cdot \frac{3}{4} \cdot \frac{1}{2} \cdot \frac{\pi}{2} \\
&= \frac{3\pi}{2} .
\end{aligned}$$

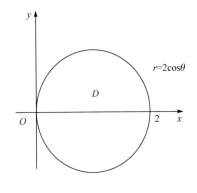

图 9.11

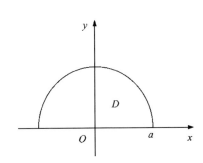

图 9.12

例 7 一半圆形的平面薄片，已知其上每点的密度与该点到圆心的距离的平

方成正比,求该半圆形薄片的质量.

解　设平面薄片的半径为 a,建立坐标系如图 9.12 所示, $D = \{(x,y) \mid x^2 + y^2 \leqslant a^2, y \geqslant 0\}$,则面密度 $\rho(x,y) = k(x^2 + y^2)(k > 0)$,于是半圆形薄片的质量为

$$M = \iint\limits_{D} k(x^2 + y^2)\mathrm{d}\sigma$$

$$= k \int_0^{\pi} \mathrm{d}\theta \int_0^a r^2 \cdot r\mathrm{d}r = \frac{1}{4} k \pi a^4 .$$

例8　求由曲面 $z = 2 - y^2$, $z = 2x^2 + y^2$ 所围立体的体积.

解　由 $\begin{cases} z = 2 - y^2, \\ z = 2x^2 + y^2 \end{cases}$ 消 z ,得 $x^2 + y^2 = 1$,则立体在 xOy 面上的投影区域 $D = \{(x,y) \mid x^2 + y^2 \leqslant 1\}$,所求立体的体积

$$V = \iint\limits_{D}(2 - y^2)\mathrm{d}\sigma - \iint\limits_{D}(2x^2 + y^2)\mathrm{d}\sigma = 2\iint\limits_{D}(1 - x^2 - y^2)\mathrm{d}\sigma$$

$$= \int_0^{2\pi} \mathrm{d}\theta \int_0^1 2(1 - r^2)r\mathrm{d}r = 2\pi\left[r^2 - \frac{r^4}{2}\right]_0^1 = \pi .$$

*9.2.3　二重积分的换元法

对某些二重积分 $\iint\limits_{D} f(x,y)\mathrm{d}\sigma$,通过换元法可以简化二重积分的计算,下面不加证明地给出二重积分的换元公式.

定理1　设 $f(x,y)$ 在 xOy 面上的有界闭区域 D 上连续,变换: $x = x(u,v)$, $y = y(u,v)$ 将 uOv 面上的有界闭区域 D' 一对一地映成区域 D , $x = x(u,v)$, $y = y(u,v)$ 在 D' 上有连续的一阶偏导数,且 $J(u,v) = \dfrac{\partial(x,y)}{\partial(u,v)} = \begin{vmatrix} x_u & x_v \\ y_u & y_v \end{vmatrix} \neq 0$,则

$$\iint\limits_{D} f(x,y)\mathrm{d}\sigma = \iint\limits_{D'} f[x(u,v), y(u,v)]\,|J(u,v)|\,\mathrm{d}u\mathrm{d}v . \tag{3}$$

(3) 式称为二重积分的**换元公式**, $J(u,v)$ 称为变换的**雅可比行列式**.

注意　如果 $J(u,v)$ 只在 D' 上个别点或一条线上等于零,则换元公式仍然成立.

在极坐标变换下

$$J(r,\theta) = \begin{vmatrix} x_r & x_\theta \\ y_r & y_\theta \end{vmatrix} = \begin{vmatrix} \cos\theta & -r\sin\theta \\ \sin\theta & r\cos\theta \end{vmatrix} = r ,$$

于是可将直角坐标系中的二重积分化为极坐标系中的二重积分

$$\iint_D f(x,y)\mathrm{d}\sigma = \iint_{D'} f(r\cos\theta, r\sin\theta)r\mathrm{d}r\mathrm{d}\theta,$$

其中 D' 是 D 经极坐标变换后的对应区域.

例 9 计算 $I = \iint_D \cos\left(\dfrac{x-y}{x+y}\right)\mathrm{d}x\mathrm{d}y$，其中 D 是由直线 $x+y=1$，$x=0$ 及 $y=0$ 所围成的闭区域.

解 令 $u = x-y$，$v = x+y$，则 $x = \dfrac{u+v}{2}$，$y = \dfrac{-u+v}{2}$，变换将区域 D 映成区域 D'(图 9.13)，

$$J = \frac{\partial(x,\,y)}{\partial(u,\,v)} = \begin{vmatrix} \dfrac{1}{2} & \dfrac{1}{2} \\ -\dfrac{1}{2} & \dfrac{1}{2} \end{vmatrix} = \frac{1}{2},$$

于是

$$I = \iint_D \cos\left(\frac{x-y}{x+y}\right)\mathrm{d}x\mathrm{d}y = \iint_{D'} \cos\frac{u}{v}\cdot|J|\mathrm{d}u\mathrm{d}v$$

$$= \frac{1}{2}\int_0^1 \mathrm{d}v \int_{-v}^v \cos\frac{u}{v}\mathrm{d}u$$

$$= \frac{1}{2}\int_0^1 2\sin1\cdot v\mathrm{d}v = \frac{1}{2}\sin1.$$

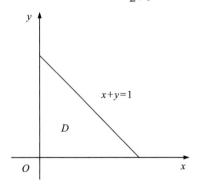

(a)

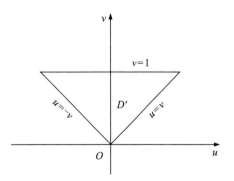

(b)

图 9.13

例 10 求由 $y=x$ ，$y=2x$ ，$xy=1$ 及 $xy=3$ 所围成的闭区域 D 的面积.

解 令 $u=\dfrac{y}{x}$ ，$v=xy$ ，则 $x=\sqrt{\dfrac{v}{u}}$ ，$y=\sqrt{uv}$ ，变换将区域 D 映成区域 D' (图9.14)，

$$J=\frac{\partial(x,y)}{\partial(u,v)}=\begin{vmatrix} -\dfrac{1}{2u}\sqrt{\dfrac{v}{u}} & \dfrac{1}{2}\sqrt{\dfrac{1}{uv}} \\ \dfrac{1}{2}\sqrt{\dfrac{v}{u}} & \dfrac{1}{2}\sqrt{\dfrac{u}{v}} \end{vmatrix}=-\frac{1}{2u} ,$$

于是所求区域的面积为

$$A=\iint\limits_{D}\mathrm{d}x\mathrm{d}y=\iint\limits_{D'}\frac{1}{2u}\mathrm{d}u\mathrm{d}v=\frac{1}{2}\int_{1}^{2}\frac{1}{u}\mathrm{d}u\int_{1}^{3}\mathrm{d}v=\ln 2 .$$

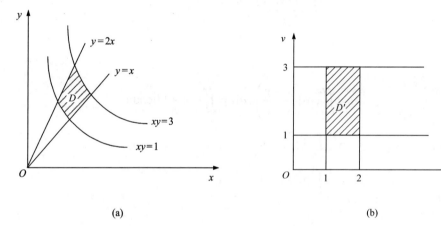

(a)   (b)

图 9.14

例 11 计算 $\iint\limits_{D}\sqrt{1-\dfrac{x^2}{a^2}-\dfrac{y^2}{b^2}}\,\mathrm{d}x\mathrm{d}y$ ，其中 $D=\left\{(x,y)\left|\dfrac{x^2}{a^2}+\dfrac{y^2}{b^2}\leqslant 1\right.\right\}$.

解 作广义极坐标变换 $x=ar\cos\theta$ ，$y=br\sin\theta$ ，其中 $a>0$ ，$b>0$ ，$r\geqslant 0$ ，$0\leqslant\theta\leqslant 2\pi$. 在这变换下区域 D 映成区域 $D'=\{(r,\theta)|0\leqslant r\leqslant 1,0\leqslant\theta\leqslant 2\pi\}$ ，$J=\dfrac{\partial(x,y)}{\partial(r,\theta)}=abr$ ，于是

$$\iint\limits_{D}\sqrt{1-\frac{x^2}{a^2}-\frac{y^2}{b^2}}\,\mathrm{d}x\mathrm{d}y=\iint\limits_{D'}\sqrt{1-r^2}\,abr\mathrm{d}r\mathrm{d}\theta=\frac{2}{3}\pi ab .$$

*9.2.4 广义二重积分

类似于一元函数的广义积分，二重积分也可以推广到广义的二重积分，即无界区域上的函数的二重积分和无界函数的二重积分，下面仅通过两个例题来讨论广义二重积分.

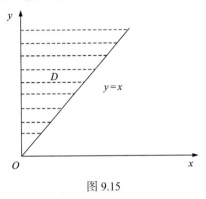

图 9.15

例 12 计算 $\iint\limits_{D} e^{-(x+y)}dxdy$ ，其中 $D = \{(x,y)\,|\,0 \leqslant x \leqslant y\}$ (图 9.15).

解 $\iint\limits_{D} e^{-(x+y)}dxdy$

$$= \int_0^{+\infty}dx\int_x^{+\infty}e^{-(x+y)}dy = \int_0^{+\infty}[-e^{-(x+y)}]_x^{+\infty}dx$$

$$= \int_0^{+\infty}e^{-2x}dx = \frac{1}{2}.$$

例 13 计算 $\iint\limits_{D}\dfrac{dxdy}{\sqrt{1-x^2-y^2}}$ ，其中 $D = \{(x,y)\,|\,x^2+y^2 \leqslant 1\}$.

解 $\iint\limits_{D}\dfrac{dxdy}{\sqrt{1-x^2-y^2}} = \int_0^{2\pi}d\theta\int_0^1\dfrac{rdr}{\sqrt{1-r^2}} = 2\pi\left[-\sqrt{1-r^2}\right]_0^{1^-} = 2\pi$.

习 题 9.2

1. 化二重积分 $I = \iint\limits_{D}f(x,y)d\sigma$ 为二次积分(两种次序)，其中 D 为

(1) 由曲线 $y = \ln x$ ，直线 $x = 2$ 及 x 轴所围成的闭区域；

(2) 由双曲线 $y = \dfrac{1}{x}$ ，直线 $y = x$ 及 $y = 2$ 所围成的闭区域；

(3) 由抛物线 $y = x^2$ 及直线 $y = x + 2$ 所围成的闭区域；

(4) 由 y 轴及半圆周 $x^2 + y^2 = 4\,(x \geqslant 0)$ 所围成的闭区域.

2. 计算下列二重积分.

(1) $\iint\limits_{D}xyd\sigma$ ，其中 D 是由直线 $x = 1$ ， $y = x$ 及 $y = 2$ 所围成的闭区域；

(2) $\iint\limits_{D}\dfrac{y}{x}d\sigma$ ，其中 D 是由直线 $x = 2$ ， $x = 4$ ， $y = x$ 及 $y = 2x$ 所围成的闭区域；

(3) $\iint\limits_{D}\sin y^2 d\sigma$ ，其中 D 是由直线 $x = 0$ ， $y = 1$ 及 $y = x$ 所围成的闭区域；

(4) $\iint\limits_{D} x\sin(x+y)\mathrm{d}\sigma$ ，其中 D 是以点 $(0,0)$ ，$\left(0,\dfrac{\pi}{2}\right)$ ，$\left(\dfrac{\pi}{2},\dfrac{\pi}{2}\right)$ 为顶点的三角形区域；

(5) $\iint\limits_{D} (x^2+y^2)\mathrm{d}\sigma$ ，其中 $D=\{(x,y)\mid |x|+|y|\leqslant 1\}$.

3. 计算下列二次积分.

(1) $\displaystyle\int_{0}^{1}\mathrm{d}y\int_{y}^{1} x^2\sin(xy)\mathrm{d}x$ ；

(2) $\displaystyle\int_{0}^{1}\mathrm{d}x\int_{x^2}^{1}\dfrac{xy}{\sqrt{1+y^3}}\mathrm{d}y$ ；

(3) $\displaystyle\int_{0}^{2\sqrt{\ln 3}}\mathrm{d}y\int_{\frac{y}{2}}^{\sqrt{\ln 3}} \mathrm{e}^{x^2}\mathrm{d}x$ ；

(4) $\displaystyle\int_{1}^{5}\mathrm{d}y\int_{y}^{5}\dfrac{\mathrm{d}x}{y\ln x}$.

4. 求下列曲面所围成的立体的体积.

(1) $z=6-x^2-y^2$ ，$x+y=1$ ，$x=0$ ，$y=0$ ，$z=0$ ；

(2) $z=x^2+2y^2$ ，$z=6-2x^2-y^2$.

5. 设平面薄片所占的区域 D 是由直线 $x+y=2$ ，$y=x$ 及 $y=0$ 所围成，它的面密度 $\rho(x,y)=x^2+y^2$ ，求该薄片的质量.

6. 画出积分区域，把二重积分 $\iint\limits_{D} f(x,y)\mathrm{d}\sigma$ 化为极坐标系中的二次积分，其中积分区域 D 为

(1) $D=\{(x,y)\mid x^2+y^2\leqslant a^2\}\,(a>0)$ ；

(2) $D=\{(x,y)\mid x^2+y^2\leqslant 2y\}$ ；

(3) $D=\{(x,y)\mid 0\leqslant y\leqslant x,\,0\leqslant x\leqslant 1\}$ ；

(4) $D=\{(x,y)\mid \sqrt{y}\leqslant x\leqslant 1,\,0\leqslant y\leqslant 1\}$.

7. 利用极坐标计算下列二重积分.

(1) $\iint\limits_{D} (x^2+y^2)\mathrm{d}\sigma$ ，其中 $D=\{(x,y)\mid 0\leqslant y\leqslant\sqrt{2ax-x^2}\}\,(a>0)$ ；

(2) $\iint\limits_{D}\sqrt{R^2-x^2-y^2}\mathrm{d}\sigma$ ，其中 $D=\{(x,y)\mid x^2+y^2\leqslant R^2\}\,(R>0)$ ；

(3) $\iint\limits_{D}\sin\sqrt{x^2+y^2}\mathrm{d}\sigma$ ，其中 $D=\{(x,y)\mid \pi^2\leqslant x^2+y^2\leqslant 4\pi^2\}$ ；

(4) $\iint\limits_{D} |1-x^2-y^2|\mathrm{d}\sigma$ ，其中 $D=\{(x,y)\mid x^2+y^2\leqslant 4\}$.

8. 选择适当的坐标系计算下列二重积分.

(1) $\iint\limits_{D}\sqrt{x}\mathrm{d}\sigma$ ，其中 $D=\{(x,y)\mid x^2+y^2\leqslant x\}$ ；

(2) $\iint\limits_{D} (x^2+y^2)\mathrm{d}\sigma$ ，其中 $D=\{(x,y)\mid 0\leqslant y\leqslant 1,\,1\leqslant x\leqslant 2\}$ ；

(3) $\iint\limits_{D}\dfrac{1}{\sqrt{x^2+y^2}}\mathrm{d}\sigma$ ，其中 $D=\{(x,y)\mid x^2\leqslant y\leqslant x,\,0\leqslant x\leqslant 1\}$ ；

(4) $\iint\limits_{D}\ln(1+x^2+y^2)\mathrm{d}\sigma$ ，其中 $D=\{(x,y)\mid x^2+y^2\leqslant 1,\,x\geqslant 0,\,y\geqslant 0\}$.

*9. 作适当的变换，计算下列二重积分.

(1) $\iint\limits_{D} \sqrt{x+y}\mathrm{d}x\mathrm{d}y$ ，其中 $D=\{(x,y)|\ y\leqslant x\leqslant 2-y,\ 0\leqslant y\leqslant 1\}$ ；

(2) $\iint\limits_{D}\left(\dfrac{x^2}{a^2}+\dfrac{y^2}{b^2}\right)\mathrm{d}x\mathrm{d}y$ ，其中 $D=\left\{(x,y)\ \left|\ \dfrac{x^2}{a^2}+\dfrac{y^2}{b^2}\leqslant 1\right.\right\}$.

*10. 计算下列广义二重积分.

(1) $\iint\limits_{D} x\mathrm{e}^{-(x+2y)}\mathrm{d}x\mathrm{d}y$ ，其中 $D=\{(x,y)|\ x\geqslant 0,\ y\geqslant 0\}$ ；

(2) $\iint\limits_{D} x\mathrm{e}^{-y^2}\mathrm{d}x\mathrm{d}y$ ，其中 $D=\{(x,y)|\ x^2\leqslant y\leqslant 4x^2,\ x\geqslant 0\}$ ；

(3) $\iint\limits_{D} \mathrm{e}^{-(x^2+y^2)}\mathrm{d}x\mathrm{d}y$ ，其中 $D=\{(x,y)|\ -\infty<x<+\infty,\ -\infty<y<+\infty\}$ ，并由此计算 $\displaystyle\int_{-\infty}^{+\infty}\mathrm{e}^{-x^2}\mathrm{d}x$.

11. 设 $f(x,y)=\begin{cases} x^2 y, & 1\leqslant x\leqslant 2, 0\leqslant y\leqslant x, \\ 0, & \text{其他}, \end{cases}$ $D=\{(x,y)|\ x^2+y^2\geqslant 2x\}$ ，计算 $\iint\limits_{D} f(x,y)\mathrm{d}\sigma$.

12. 设 $f(t)$ 连续， $D=\left\{(x,y)\ \left|\ |x|\leqslant\dfrac{A}{2},|y|\leqslant\dfrac{A}{2}\right.\right\}$ ，证明

$$\iint\limits_{D} f(x-y)\mathrm{d}x\mathrm{d}y=\int_{-A}^{A} f(t)(A-|t|)\mathrm{d}t\ .$$

9.3　三　重　积　分

9.3.1　三重积分的概念和性质

定义 1　设函数 $f(x,y,z)$ 在空间有界闭区域 Ω 上有界，将区域 Ω 任意地分成 n 个小闭区域 $\Delta v_i(i=1,2,\cdots,n)$ ，并用 Δv_i 表示第 i 个小区域的体积. 在每个小区域 Δv_i 上任取一点 (ξ_i,η_i,ζ_i) ，作乘积 $f(\xi_i,\eta_i,\zeta_i)\Delta v_i$ ，并作和 $\displaystyle\sum_{i=1}^{n}f(\xi_i,\eta_i,\zeta_i)\Delta v_i$ ，记 λ 为 n 个小区域的直径的最大值，当 $\lambda\to 0$ 时，若这和式的极限存在，则称此极限为函数 $f(x,y,z)$ 在区域 Ω 上的**三重积分**，记作 $\iiint\limits_{\Omega} f(x,y,z)\mathrm{d}v$ ，即

$$\iiint\limits_{\Omega} f(x,y,z)\mathrm{d}v=\lim_{\lambda\to 0}\sum_{i=1}^{n}f(\xi_i,\eta_i,\zeta_i)\Delta v_i\ .$$

其中 $f(x,y,z)$ 称为**被积函数**， Ω 称为**积分区域**， $f(x,y,z)\mathrm{d}v$ 称为**被积表达式**， $\mathrm{d}v$ 称为**体积元素**， x,y,z 称为**积分变量**， $\displaystyle\sum_{i=1}^{n}f(\xi_i,\eta_i,\zeta_i)\Delta v_i$ 称为**积分和式**.

在直角坐标系中，三重积分 $\iiint\limits_{\Omega} f(x,y,z)\mathrm{d}v$ 通常也记作

$$\iiint\limits_{\Omega} f(x,y,z)\mathrm{d}x\mathrm{d}y\mathrm{d}z .$$

当 $f(x,y,z)$ 在有界闭区域 Ω 上连续时，$f(x,y,z)$ 在 Ω 上的三重积分存在，此时也称 $f(x,y,z)$ 在区域 Ω 上**可积**.

如果 $\rho(x,y,z)$ 表示空间物体在点 (x,y,z) 处的密度，Ω 是该物体占有的空间闭区域，$\rho(x,y,z)$ 在 Ω 上连续，则该物体的质量 $M = \iiint\limits_{\Omega} \rho(x,y,z)\mathrm{d}v$.

当 $\rho(x,y,z) \equiv 1$ 时，$\iiint\limits_{\Omega} \mathrm{d}v$ 表示积分区域 Ω 的体积.

三重积分有着与二重积分类似的性质，这里不再一一列举.

9.3.2　在直角坐标系中计算三重积分

1. 先一后二法

设函数 $f(x,y,z)$ 在空间有界闭区域 Ω 上连续, 任何平行于 z 轴并且穿过 Ω 内部的直线与 Ω 的边界曲面 Σ 的交点不多于两个，Ω 在 xOy 面上的投影区域为 D ,以 D 的边界曲线为准线作母线平行于 z 轴的柱面，这柱面与 Ω 的边界曲面 Σ 的交线从 Σ 中分出上、下两部分，设其方程分别为 $\Sigma_2 : z = z_2(x,y)$ 和 $\Sigma_1 :\ z = z_1(x,y)$ (图 9.16)，其中 $z_1(x,y)$ ，$z_2(x,y)$ 在 D 上连续，且 $z_1(x,y) \leqslant z_2(x,y)$ ，此时 Ω 可以表示为

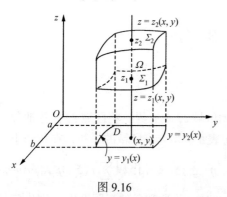

图 9.16

$$\Omega = \{(x,y,z) \mid z_1(x,y) \leqslant z \leqslant z_2(x,y),\ (x,y) \in D\} .$$

先将 x ，y 看作常数，$f(x,y,z)$ 只是 z 的函数，在区间 $[z_1(x,y),\ z_2(x,y)]$ 上以 z 为积分变量计算定积分，积分的结果是 x ，y 的函数，记为

$$F(x,y) = \int_{z_1(x,y)}^{z_2(x,y)} f(x,y,z)\mathrm{d}z ,$$

然后再计算 $F(x,y)$ 在 D 上的二重积分，三重积分可以化为

$$\iiint\limits_{\Omega} f(x,y,z)\mathrm{d}v = \iint\limits_{D}\left[\int_{z_1(x,y)}^{z_2(x,y)} f(x,y,z)\mathrm{d}z\right]\mathrm{d}x\mathrm{d}y ,$$

即先对 z 积分再在 D 上计算二重积分(称为**先一后二法**).

如果 $D = \{(x,y)\,|\,y_1(x) \leqslant y \leqslant y_2(x), a \leqslant x \leqslant b\}$，则得到三重积分的计算公式

$$\iiint\limits_{\Omega} f(x,y,z)\mathrm{d}v = \int_a^b \mathrm{d}x \int_{y_1(x)}^{y_2(x)} \mathrm{d}y \int_{z_1(x,y)}^{z_2(x,y)} f(x,y,z)\mathrm{d}z ,$$

即先对 z，再对 y，最后对 x 的**三次积分**.

如果 $D = \{(x,y)\,|\,x_1(y) \leqslant x \leqslant x_2(y), c \leqslant y \leqslant d\}$，则有

$$\iiint\limits_{\Omega} f(x,y,z)\mathrm{d}v = \int_c^d \mathrm{d}y \int_{x_1(y)}^{x_2(y)} \mathrm{d}x \int_{z_1(x,y)}^{z_2(x,y)} f(x,y,z)\mathrm{d}z .$$

类似地，也可将积分区域 Ω 投影到 yOz 面或 zOx 面上，将三重积分化为另外两种先一后二积分，进一步可化为其他次序的三次积分.

例 1 计算 $\iiint\limits_{\Omega} x\,\mathrm{d}v$，其中 Ω 是由平面 $x+y+z=1$ 与三个坐标面所围成的闭区域.

解 Ω 的图形如图 9.17 所示，Ω 在 xOy 面上的投影区域为 D_{xy}，Ω 可以表示为

$$\Omega = \{(x,y,z)\,|\,0 \leqslant z \leqslant 1-x-y, (x,y) \in D_{xy}\}$$
$$= \{(x,y,z)\,|\,0 \leqslant z \leqslant 1-x-y, 0 \leqslant y \leqslant 1-x, 0 \leqslant x \leqslant 1\},$$

于是

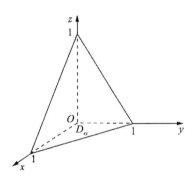

$$\iiint\limits_{\Omega} x\,\mathrm{d}v = \int_0^1 \mathrm{d}x \int_0^{1-x} \mathrm{d}y \int_0^{1-x-y} x\mathrm{d}z$$
$$= \int_0^1 x\mathrm{d}x \int_0^{1-x} (1-x-y)\mathrm{d}y$$
$$= \frac{1}{2}\int_0^1 x(1-x)^2\mathrm{d}x = \frac{1}{24} .$$

图 9.17

例 2 计算 $\iiint\limits_{\Omega} z\,\mathrm{d}x\mathrm{d}y\mathrm{d}z$，其中 Ω 是由上半球面 $z = \sqrt{1-x^2-y^2}$ 与 xOy 面所围成的闭区域.

解 Ω 在 xOy 面上的投影区域为 $D_{xy} = \{(x,y)\,|\,x^2+y^2 \leqslant 1\}$，$\Omega$ 可以表示为

$$\Omega = \{(x,y,z)\,|\,0 \leqslant z \leqslant \sqrt{1-x^2-y^2},\ (x,y) \in D_{xy}\},$$

于是

$$\iiint_{\Omega} z\,\mathrm{d}x\mathrm{d}y\mathrm{d}z = \iint_{D_{xy}}\left(\int_0^{\sqrt{1-x^2-y^2}} z\mathrm{d}z\right)\mathrm{d}x\mathrm{d}y$$

$$= \iint_{D_{xy}} \frac{1}{2}(1-x^2-y^2)\mathrm{d}x\mathrm{d}y$$

$$= \frac{1}{2}\int_0^{2\pi}\mathrm{d}\theta\int_0^1 (1-r^2)r\mathrm{d}r = \frac{1}{2}\cdot 2\pi\left[\frac{r^2}{2}-\frac{r^4}{4}\right]_0^1 = \frac{\pi}{4}.$$

2. 先二后一法

如果积分区域 Ω 在 z 轴上的投影区间为 $[c,d]$，过点 $(0,0,z)$ 且平行于 xOy 面的平面截 Ω 得到的平面闭区域为 D_z (图 9.18),其在 xOy 面上的投影区域也记作 D_z，那么区域

$$\Omega = \{(x,y,z)\,|\,(x,y)\in D_z, c\leqslant z\leqslant d\},$$

此时，三重积分的计算可先将 z 看作常量，以 x，y 为积分变量在 D_z 上作二重积分，然后再以 z 为积分变量在 $[c,d]$ 上计算定积分，则

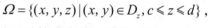

$$\iiint_{\Omega} f(x,y,z)\mathrm{d}v = \int_c^d \mathrm{d}z\iint_{D_z} f(x,y,z)\mathrm{d}x\mathrm{d}y.$$

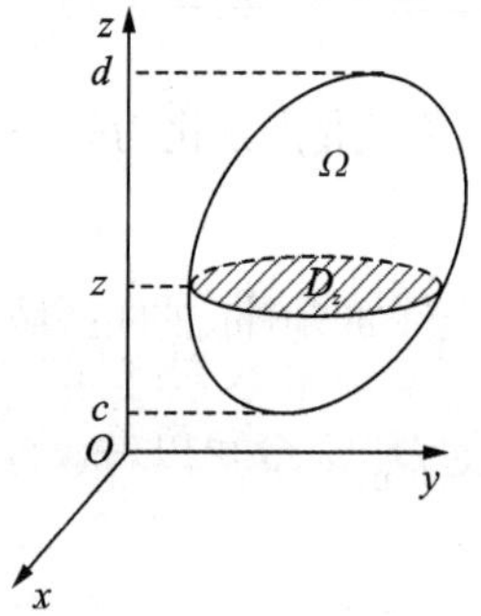

图 9.18

这种计算三重积分的方法称为**先二后一法**．当 $\iint_{D_z} f(x,y,z)\mathrm{d}x\mathrm{d}y$ 容易计算时，该方法比较方便.

例 3　计算 $\iiint_{\Omega} z\,\mathrm{d}x\mathrm{d}y\mathrm{d}z$，其中 $\Omega = \left\{(x,y,z)\,\middle|\,\dfrac{x^2}{a^2}+\dfrac{y^2}{b^2}+\dfrac{z^2}{c^2}\leqslant 1, z\geqslant 0\right\}$.

解　积分区域 Ω 可以表示为

$$\Omega = \{(x,y,z)\,|\,(x,y)\in D_z, 0\leqslant z\leqslant c\},$$

其中

$$D_z = \left\{(x,y)\,\middle|\,\frac{x^2}{a^2}+\frac{y^2}{b^2}\leqslant 1-\frac{z^2}{c^2}\right\}.$$

于是

$$\iiint_{\Omega} z\,\mathrm{d}x\mathrm{d}y\mathrm{d}z = \int_0^c z\mathrm{d}z\iint_{D_z}\mathrm{d}x\mathrm{d}y = \int_0^c z\cdot\pi ab\left(1-\frac{z^2}{c^2}\right)\mathrm{d}z = \frac{\pi}{4}abc^2.$$

9.3.3　在柱面坐标系和球面坐标系中计算三重积分

1. 利用柱面坐标计算三重积分

柱面坐标 (r, θ, z) 与直角坐标 (x, y, z) 的关系是

$$\begin{cases} x = r\cos\theta, \\ y = r\sin\theta, \\ z = z. \end{cases}$$

柱面坐标系中的三组坐标面为

$r =$ 常数，表示以 z 轴为中心轴的圆柱面；

$\theta =$ 常数，表示过 z 轴的半平面；

$z =$ 常数，表示平行于 xOy 面的平面.

设 Ω 为空间有界闭区域，$f(x, y, z)$ 在 Ω 上连续. 用柱面坐标系中的三组坐标面把 Ω 分成 n 个小闭区域，考虑由 r, θ, z 各取得微小增量 $\mathrm{d}r, \mathrm{d}\theta, \mathrm{d}z$ 所成的小区域的体积 (图 9.19)，在不计高阶无穷小时，它近似于边长为 $\mathrm{d}r, r\mathrm{d}\theta, \mathrm{d}z$ 的小长方体的体积. 于是，在柱面坐标系中的体积元素 $\mathrm{d}v = r\mathrm{d}r\mathrm{d}\theta\,\mathrm{d}z$，再根据直角坐标与柱面坐标的关系，有

$$\iiint\limits_{\Omega} f(x, y, z)\mathrm{d}v$$

$$= \iiint\limits_{\Omega} f(r\cos\theta, r\sin\theta, z)r\mathrm{d}r\mathrm{d}\theta\mathrm{d}z .$$

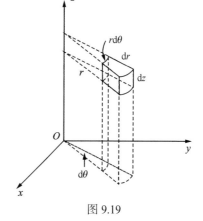

图 9.19

将三重积分化为柱面坐标系中的三次积分，通常是采用先一后二法，并把投影区域表示成极坐标形式，即把积分区域 Ω 表示为

$$\Omega = \{(x, y, z) \mid z_1(x, y) \leqslant z \leqslant z_2(x, y), (x, y) \in D\},$$

而

$$D = \{(r, \theta) \mid \varphi_1(\theta) \leqslant r \leqslant \varphi_2(\theta), \ \alpha \leqslant \theta \leqslant \beta\},$$

于是

$$\iiint\limits_{\Omega} f(x, y, z)\mathrm{d}v = \iint\limits_{D_{xy}} \left[\int_{z_1(x, y)}^{z_2(x, y)} f(x, y, z)\mathrm{d}z \right]\mathrm{d}x\mathrm{d}y$$

$$= \int_{\alpha}^{\beta} \mathrm{d}\theta \int_{\varphi_1(\theta)}^{\varphi_2(\theta)} r\mathrm{d}r \int_{z_1(r\cos\theta, r\sin\theta)}^{z_2(r\cos\theta, r\sin\theta)} f(r\cos\theta, r\sin\theta, z)\mathrm{d}z .$$

这样三重积分化成了柱面坐标系中先对 z ，再对 r ，最后对 θ 的三次积分.

例 4　计算 $\iiint\limits_{\Omega} \sqrt{x^2+y^2}\,\mathrm{d}x\mathrm{d}y\mathrm{d}z$ ，其中 Ω 是由曲面 $x^2+y^2=z^2$ 与平面 $z=1$ 所围成的闭区域.

解　Ω 在 xOy 面上的投影区域 $D=\{(x,y)\,|\,x^2+y^2\leqslant 1\}$ ，其极坐标形式 $D=\{(r,\theta)\,|\,0\leqslant r\leqslant 1,0\leqslant\theta\leqslant 2\pi\}$ ，则 Ω 在柱面坐标系中可以表示为

$$\Omega=\{(r,\theta,z)\,|\,r\leqslant z\leqslant 1,0\leqslant r\leqslant 1,0\leqslant\theta\leqslant 2\pi\}.$$

于是

$$\iiint\limits_{\Omega}\sqrt{x^2+y^2}\,\mathrm{d}x\mathrm{d}y\mathrm{d}z$$

$$=\int_0^{2\pi}\mathrm{d}\theta\int_0^1 r\mathrm{d}r\int_r^1 r\mathrm{d}z=2\pi\int_0^1 r^2(1-r)\mathrm{d}r$$

$$=\frac{\pi}{6}.$$

2. 利用球面坐标计算三重积分

球面坐标 (r,φ,θ) 与直角坐标 (x,y,z) 的关系是

$$\begin{cases} x=r\sin\varphi\cos\theta, \\ y=r\sin\varphi\sin\theta, \\ z=r\cos\varphi. \end{cases}$$

利用球面坐标
计算三重积分

球面坐标系中的三组坐标面为

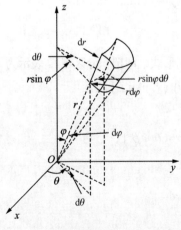

图 9.20

r 为常数，表示以原点为球心的球面；

φ 为常数，表示以原点为顶点，z 轴为中心轴的圆锥面；

θ 为常数，表示过 z 轴的半平面.

设 Ω 为空间有界闭区域，$f(x,y,z)$ 在 Ω 上连续. 用球面坐标系中的三组坐标面把 Ω 分成 n 个小闭区域，考虑由 r,φ,θ 各取得微小增量 $\mathrm{d}r,\mathrm{d}\varphi,\mathrm{d}\theta$ 所成的小区域的体积(图 9.20)，在不计高阶无穷小时，它近似于边长为 $r\mathrm{d}\varphi$ ，$r\sin\varphi\mathrm{d}\theta,\mathrm{d}r$ 的小长方体的体积. 于是在球面坐标系中的体积元素 $\mathrm{d}v=r^2\sin\varphi\mathrm{d}r\mathrm{d}\varphi\,\mathrm{d}\theta$ ，再根据直角坐标与球面坐标的关系，有

$$\iiint\limits_{\Omega} f(x,y,z)\mathrm{d}v = \iiint\limits_{\Omega} f(r\sin\varphi\cos\theta, r\sin\varphi\sin\theta, r\cos\varphi)r^2\sin\varphi\mathrm{d}r\mathrm{d}\varphi\mathrm{d}\theta.$$

具体计算时，把它化为先对 r，再对 φ，最后对 θ 的三次积分.

例 5　计算 $\iiint\limits_{\Omega}(x^2+y^2+z^2)\mathrm{d}x\mathrm{d}y\mathrm{d}z$，其中 $\Omega = \{(x,y,z)\,|\,x^2+y^2+z^2 \leqslant 2z\}$.

解　Ω 的边界的球面方程为 $r = 2\cos\varphi$，于是 Ω 可以表示为

$$\Omega = \left\{(r,\varphi,\theta)\,\bigg|\,0 \leqslant r \leqslant 2\cos\varphi, 0 \leqslant \varphi \leqslant \frac{\pi}{2}, 0 \leqslant \theta \leqslant 2\pi\right\}.$$

于是

$$\iiint\limits_{\Omega}(x^2+y^2+z^2)\,\mathrm{d}x\mathrm{d}y\mathrm{d}z = \int_0^{2\pi}\mathrm{d}\theta\int_0^{\frac{\pi}{2}}\mathrm{d}\varphi\int_0^{2\cos\varphi} r^2\cdot r^2\sin\varphi\mathrm{d}r$$

$$= 2\pi\int_0^{\frac{\pi}{2}}\frac{32}{5}\cos^5\varphi\sin\varphi\mathrm{d}\varphi = \frac{32}{15}\pi.$$

例 6　求锥面 $z = \frac{\sqrt{3}}{3}\sqrt{x^2+y^2}$ 与球面 $z = \sqrt{1-x^2-y^2}$ 所围成的立体 Ω 的体积.

解　在球面坐标系中，锥面的方程为 $\varphi = \frac{\pi}{3}$，球面的方程为 $r = 1$，Ω 可以表示为

$$\Omega = \left\{(r,\varphi,\theta)\,\bigg|\,0 \leqslant r \leqslant 1, 0 \leqslant \varphi \leqslant \frac{\pi}{3}, 0 \leqslant \theta \leqslant 2\pi\right\}.$$

于是立体 Ω 的体积

$$V = \iiint\limits_{\Omega}\mathrm{d}v$$

$$= \int_0^{2\pi}\mathrm{d}\theta\int_0^{\frac{\pi}{3}}\mathrm{d}\varphi\int_0^1 r^2\sin\varphi\mathrm{d}r$$

$$= 2\pi\int_0^{\frac{\pi}{3}}\frac{1}{3}\sin\varphi\mathrm{d}\varphi$$

$$= \frac{\pi}{3}.$$

习　题　**9.3**

1. 将三重积分 $\iiint\limits_{\Omega} f(x,y,z)\mathrm{d}v$ 化为直角坐标系中的三次积分，其中积分区域 Ω 分别为

(1) 由平面 $x + \dfrac{y}{2} + \dfrac{z}{3} = 1$ 及三个坐标面所围成的闭区域；

(2) 由曲面 $z = x^2 + 2y^2$ 及 $z = 2 - x^2$ 所围成的闭区域；

(3) $\Omega = \{(x, y, z) \mid 0 \leqslant z \leqslant \sqrt{4 - x^2 - y^2}, x^2 + y^2 \leqslant 2x\}$.

2. 计算下列三重积分.

(1) $\displaystyle\iiint\limits_{\Omega} (x^2 + y^2 + z^2) \, \mathrm{d}v$，其中 $\Omega = \{(x, y, z) \mid 0 \leqslant x \leqslant 1, 0 \leqslant y \leqslant 1, 0 \leqslant z \leqslant 1\}$；

(2) $\displaystyle\iiint\limits_{\Omega} \dfrac{\mathrm{d}v}{(1 + x + y + z)^2}$，其中 Ω 是由平面 $x + y + z = 1$ 及三个坐标面所围成的四面体；

(3) $\displaystyle\iiint\limits_{\Omega} z \, \mathrm{d}v$，其中 Ω 是由曲面 $z = 1 + \sqrt{1 - x^2 - y^2}$ 与平面 $z = 1$ 所围成的闭区域.

3. 利用柱面坐标计算下列三重积分.

(1) $\displaystyle\iiint\limits_{\Omega} z\sqrt{x^2 + y^2} \, \mathrm{d}v$，其中 Ω 是由圆柱面 $x^2 + y^2 = 2x$ 与平面 $z = 0$，$z = 3$ 所围成的闭区域；

(2) $\displaystyle\iiint\limits_{\Omega} z \, \mathrm{d}v$，其中 Ω 是由曲面 $z = \sqrt{4 - x^2 - y^2}$ 与 $z = \dfrac{1}{3}(x^2 + y^2)$ 所围成的闭区域；

(3) $\displaystyle\iiint\limits_{\Omega} \dfrac{z}{1 + x^2 + y^2} \, \mathrm{d}v$，其中 Ω 是由曲面 $z = x^2 + y^2$ 及平面 $z = 2$ 所围成的闭区域.

4. 利用球面坐标计算下列三重积分.

(1) $\displaystyle\iiint\limits_{\Omega} xyz \, \mathrm{d}v$，其中 $\Omega = \{(x, y, z) \mid x^2 + y^2 + z^2 \leqslant 1, x \geqslant 0, y \geqslant 0, z \geqslant 0\}$；

(2) $\displaystyle\iiint\limits_{\Omega} (x^2 + y^2 + z^2)^2 \, \mathrm{d}v$，其中 Ω 是由球面 $x^2 + y^2 + z^2 = 1$ 所围成的闭区域；

(3) $\displaystyle\iiint\limits_{\Omega} z \, \mathrm{d}v$，其中 $\Omega = \{(x, y, z) \mid x^2 + y^2 + (z - 1)^2 \leqslant 1, x^2 + y^2 \leqslant z^2\}$.

5. 选择适当的坐标计算下列三重积分.

(1) $\displaystyle\iiint\limits_{\Omega} xy \, \mathrm{d}v$，其中 Ω 是由圆柱面 $x^2 + y^2 = 1$ 与平面 $z = 0$，$z = 1$，$x = 0$，$y = 0$ 所围成的在第一卦限内的闭区域；

(2) $\displaystyle\iiint\limits_{\Omega} \dfrac{\mathrm{d}v}{1 + x^2 + y^2}$，其中 Ω 是由曲面 $z^2 = x^2 + y^2$ 及平面 $z = 1$ 所围成的闭区域；

(3) $\displaystyle\iiint\limits_{\Omega} (x^2 + y^2) \, \mathrm{d}v$，其中 $\Omega = \{(x, y, z) \mid 0 < a \leqslant \sqrt{x^2 + y^2 + z^2} \leqslant b, z \geqslant 0\}$；

(4) $\displaystyle\iiint\limits_{\Omega} y^2 \, \mathrm{d}v$，其中 $\Omega = \left\{(x, y, z) \,\middle|\, \dfrac{x^2}{a^2} + \dfrac{y^2}{b^2} + \dfrac{z^2}{c^2} \leqslant 1\right\}$.

9.4 重积分的应用

9.4.1 重积分的几何应用

1. 平面图形的面积 $A = \iint\limits_{D} \mathrm{d}\sigma$

2. 曲顶柱体的体积 $V = \iint\limits_{D} f(x,y)\mathrm{d}\sigma$

3. 曲面的面积

设曲面 Σ 的方程为 $z = f(x,y)$，$(x,y) \in D$．D 是 xOy 面上的有界闭区域，函数 $f(x,y)$ 在 D 上有一阶连续偏导数，求曲面 Σ 的面积 A．

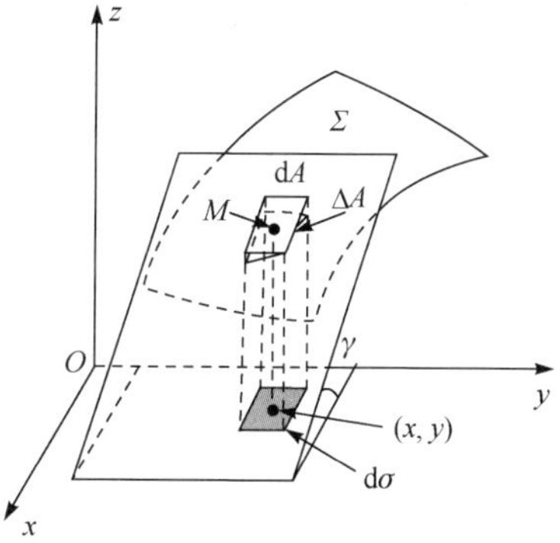

将区域 D 任意划分为 n 个小区域，任取其中一个小区域 $\mathrm{d}\sigma$（其面积也记作 $\mathrm{d}\sigma$），以 $\mathrm{d}\sigma$ 的边界曲线为准线作母线平行于 z 轴的柱面，这柱面在曲面 Σ 上截出相应的一块 $\Delta\Sigma$，在 $\Delta\Sigma$ 上任取一点 $M(x,y,z)$，过点 M 作曲面的切平面 π，其法向量（指向朝上）$\boldsymbol{n} = (-f_x(x,y)$，$-f_y(x,y),1)$，$\pi$ 被相应的柱面截下的面积为 $\mathrm{d}A$（图 9.21），用 $\mathrm{d}A$ 近似代替相应的那一块曲面的面积 ΔA，$\mathrm{d}A$ 即为曲面 Σ 的面积元素，$\mathrm{d}A$ 与 $\mathrm{d}\sigma$ 之间有以下关系

图 9.21

$$\mathrm{d}\sigma = \mathrm{d}A\cos\gamma ,$$

其中 γ 为 $\boldsymbol{n}$ 与 z 轴正向所成的角，则

$$\cos\gamma = \frac{1}{\sqrt{1 + f_x^2(x,y) + f_y^2(x,y)}} ,$$

于是

$$\mathrm{d}A = \sqrt{1 + f_x^2(x,y) + f_y^2(x,y)}\,\mathrm{d}\sigma .$$

以曲面 Σ 的面积元素 $\mathrm{d}A$ 为被积表达式在区域 D 上积分，得

$$A = \iint\limits_{D} \sqrt{1 + f_x^2(x,y) + f_y^2(x,y)}\,\mathrm{d}\sigma .$$

曲面面积

上式也可写作

$$A = \iint\limits_{D} \sqrt{1 + z_x^2 + z_y^2} \, \mathrm{d}x\mathrm{d}y \, .$$

若曲面 $\varSigma$ 用 $x = f(y, z)$ 或 $y = f(z, x)$ 表示，可分别把曲面投影到 yOz 面或 zOx 面(投影区域分别记作 D_{yz} 或 D_{zx})，则曲面 $\varSigma$ 的面积为

$$A = \iint\limits_{D_{yz}} \sqrt{1 + x_y^2 + x_z^2} \, \mathrm{d}y\mathrm{d}z \, ,$$

或

$$A = \iint\limits_{D_{zx}} \sqrt{1 + y_z^2 + y_x^2} \, \mathrm{d}z\mathrm{d}x \, .$$

例 1 求旋转抛物面 $z = x^2 + y^2$ 上位于 $0 \leqslant z \leqslant 2$ 之间的那一部分面积.

解 曲面在 xOy 面上的投影区域 $D = \{(x, y) \mid x^2 + y^2 \leqslant 2\}$ ，于是所求面积

$$A = \iint\limits_{D} \sqrt{1 + z_x^2 + z_y^2} \, \mathrm{d}x\mathrm{d}y = \iint\limits_{D} \sqrt{1 + 4x^2 + 4y^2} \, \mathrm{d}x\mathrm{d}y = \int_0^{2\pi} \mathrm{d}\theta \int_0^{\sqrt{2}} \sqrt{1 + 4r^2} \, r\mathrm{d}r = \frac{13}{3}\pi \, .$$

4. 立体的体积 $V = \iiint\limits_{\Omega} \mathrm{d}v$

立体的体积公式中 Ω 为立体所占的空间闭区域.

9.4.2 重积分的物理应用

1. 质量

平面薄片的质量

$$M = \iint\limits_{D} \rho(x, y) \mathrm{d}\sigma \, ,$$

其中 D 为平面薄片所占的平面区域， $\rho(x, y)$ 为面密度， $\rho(x, y)$ 在 D 上连续.

空间物体的质量

$$M = \iiint\limits_{\Omega} \rho(x, y, z) \mathrm{d}v \, ,$$

其中 Ω 为立体所占的空间闭区域， $\rho(x, y, z)$ 为体密度， $\rho(x, y, z)$ 在 Ω 上连续.

2. 质心

设在 xOy 面上有 n 个质点，它们的质量分别为 $m_1, m_2, \cdots, m_n$ ，位于

$(x_1, y_1), (x_2, y_2), \cdots, (x_n, y_n)$ 处. 据力学知识，这个质点系的质心坐标为

$$\bar{x} = \frac{M_y}{M} = \frac{\sum_{i=1}^{n} m_i x_i}{\sum_{i=1}^{n} m_i}, \quad \bar{y} = \frac{M_x}{M} = \frac{\sum_{i=1}^{n} m_i y_i}{\sum_{i=1}^{n} m_i},$$

其中 $M = \sum_{i=1}^{n} m_i$ 为质点系的总质量，$M_y = \sum_{i=1}^{n} m_i x_i$，$M_x = \sum_{i=1}^{n} m_i y_i$ 分别为质点系对 y 轴，x 轴的静力矩.

设有一平面薄片，所占平面区域为 D，面积为 A，其面密度为 $\rho(x, y)$，$\rho(x, y)$ 在 D 上连续. 由二重积分的元素法，该薄片的质心坐标为

$$\bar{x} = \frac{\iint_D x\rho(x, y)\mathrm{d}\sigma}{\iint_D \rho(x, y)\mathrm{d}\sigma}, \quad \bar{y} = \frac{\iint_D y\rho(x, y)\mathrm{d}\sigma}{\iint_D \rho(x, y)\mathrm{d}\sigma}.$$

如果平面薄片是均匀的，即面密度为常数，此时质心的坐标为

$$\bar{x} = \frac{1}{A}\iint_D x\mathrm{d}\sigma, \quad \bar{y} = \frac{1}{A}\iint_D y\mathrm{d}\sigma.$$

均匀平面薄片的质心也称为这平面薄片所占平面图形的**形心**.

类似地，对于密度为 $\rho(x, y, z)$，占据空间有界闭区域 Ω 的物体，$\rho(x, y, z)$ 在 Ω 上连续，其质心坐标为

$$\bar{x} = \frac{1}{M}\iiint_\Omega x\rho(x, y, z)\mathrm{d}v, \quad \bar{y} = \frac{1}{M}\iiint_\Omega y\rho(x, y, z)\mathrm{d}v, \quad \bar{z} = \frac{1}{M}\iiint_\Omega z\rho(x, y, z)\mathrm{d}v,$$

其中 $M = \iiint_\Omega \rho(x, y, z)\mathrm{d}v$ 是物体的质量. 当密度为常数时，质心也称为区域 Ω 的形心.

例 2 求由抛物线 $y^2 = 2x$，直线 $x + y = 4$ 及 x 轴所围成的第一象限内的图形的形心(图 9.22).

解 $A = \iint_D \mathrm{d}\sigma = \int_0^2 \mathrm{d}y \int_{\frac{y^2}{2}}^{4-y} \mathrm{d}x$

$$= \int_0^2 \left(4 - y - \frac{y^2}{2}\right)\mathrm{d}y = \left[4y - \frac{y^2}{2} - \frac{y^3}{6}\right]_0^2 = \frac{14}{3},$$

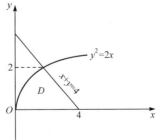

图 9.22

$$\overline{x} = \frac{1}{A}\iint\limits_{D} x\mathrm{d}\sigma = \frac{3}{14}\int_0^2 \mathrm{d}y \int_{\frac{y^2}{2}}^{4-y} x\mathrm{d}x$$

$$= \frac{3}{14}\int_0^2 \left[\frac{1}{2}(4-y)^2 - \frac{y^4}{8}\right]\mathrm{d}y$$

$$= \frac{3}{14}\left[8y - 2y^2 + \frac{y^3}{6} - \frac{y^5}{40}\right]_0^2$$

$$= \frac{64}{35},$$

$$\overline{y} = \frac{1}{A}\iint\limits_{D} y\mathrm{d}\sigma = \frac{3}{14}\int_0^2 \mathrm{d}y \int_{\frac{y^2}{2}}^{4-y} y\mathrm{d}x$$

$$= \frac{3}{14}\int_0^2 y\left(4 - y - \frac{y^2}{2}\right)\mathrm{d}y = \frac{3}{14}\left[2y^2 - \frac{y^3}{3} - \frac{y^4}{8}\right]_0^2 = \frac{5}{7},$$

故所求形心为 $\left(\dfrac{64}{35}, \dfrac{5}{7}\right)$.

例 3 求由曲面 $z = x^2 + y^2$, $x^2 + y^2 = 4$ 及 $z = 0$ 所围立体的质心(设 $\rho = 1$).

解 显然质心在 z 轴上, 故 $\overline{x} = \overline{y} = 0$,

$$M = \iiint\limits_{\Omega} \rho\mathrm{d}v = \int_0^{2\pi} \mathrm{d}\theta \int_0^2 r\mathrm{d}r \int_0^{r^2} \mathrm{d}z = 2\pi\int_0^2 r^3\mathrm{d}r = 8\pi,$$

$$\iiint\limits_{\Omega} z\rho\mathrm{d}v = \int_0^{2\pi} \mathrm{d}\theta \int_0^2 r\mathrm{d}r \int_0^{r^2} z\mathrm{d}z = 2\pi\int_0^2 \frac{1}{2}r^5\mathrm{d}r = \frac{32\pi}{3},$$

$$\overline{z} = \frac{1}{M}\iiint\limits_{\Omega} z\rho\mathrm{d}v = \frac{4}{3},$$

故所求质心为 $\left(0, 0, \dfrac{4}{3}\right)$.

注意 此例中质心在立体之外.

3. 转动惯量

质点 M 关于轴 l 的转动惯量 I 是质点 M 的质量 m 和 M 与转动轴 l 的距离 r 的平方的乘积, 即 $I = mr^2$.

一平面薄片占据 xOy 面上的闭区域 D, 面密度为 $\rho(x, y)$, $\rho(x, y)$ 在 D 上连续. 由元素法, 该薄片关于 x 轴, y 轴的转动惯量分别为

$$I_x = \iint_D y^2 \rho(x, y) \mathrm{d}\sigma, \quad I_y = \iint_D x^2 \rho(x, y) \mathrm{d}\sigma.$$

类似地, 占据空间有界闭区域 Ω 的物体, 密度为 $\rho(x, y, z)$, $\rho(x, y, z)$ 在 Ω 上连续, 该物体关于 x, y, z 轴的转动惯量分别为

$$I_x = \iiint_\Omega (y^2 + z^2) \rho(x, y, z) \mathrm{d}v,$$

$$I_y = \iiint_\Omega (z^2 + x^2) \rho(x, y, z) \mathrm{d}v,$$

$$I_z = \iiint_\Omega (x^2 + y^2) \rho(x, y, z) \mathrm{d}v.$$

例 4 一均匀物体(设 $\rho = 1$)占据的闭区域 Ω 由曲面 $z = \sqrt{4 - x^2 - y^2}$ 及 $z = \frac{\sqrt{3}}{3} \sqrt{x^2 + y^2}$ 所围成, 求该物体关于 z 轴的转动惯量.

解 $I_z = \iiint_\Omega (x^2 + y^2) \rho \mathrm{d}v$

$$= \int_0^{2\pi} \mathrm{d}\theta \int_0^{\frac{\pi}{3}} \mathrm{d}\varphi \int_0^2 r^2 \sin^2 \varphi \cdot r^2 \sin\varphi \mathrm{d}r$$

$$= 2\pi \int_0^{\frac{\pi}{3}} \frac{32}{5} \sin^3 \varphi \mathrm{d}\varphi$$

$$= \frac{8\pi}{3},$$

故该物体关于 z 轴的转动惯量为 $\frac{8\pi}{3}$.

4. 引力

求密度为 $\rho(x, y, z)$ 的立体 Ω 对质量为 m 的位于点 (x_0, y_0, z_0) 处的质点 M 的引力 $\boldsymbol{F}$. 假定 $\rho(x, y, z)$ 在 Ω 上连续, 由元素法, Ω 中质量元素 $\rho \mathrm{d}v$ 对 M 的引力在三个坐标轴上的分量分别为

$$\mathrm{d}F_x = mG \frac{x - x_0}{r^3} \rho \mathrm{d}v, \quad \mathrm{d}F_y = mG \frac{y - y_0}{r^3} \rho \mathrm{d}v, \quad \mathrm{d}F_z = mG \frac{z - z_0}{r^3} \rho \mathrm{d}v,$$

其中 G 为引力系数, $r = \sqrt{(x - x_0)^2 + (y - y_0)^2 + (z - z_0)^2}$ 是点 M 到 $\mathrm{d}v$ 的距离, 于是力 $\boldsymbol{F}$ 在三个坐标轴上的分量分别为

$$F_x = Gm \iiint\limits_{\Omega} \frac{x - x_0}{r^3} \rho \mathrm{d}v , \quad F_y = Gm \iiint\limits_{\Omega} \frac{y - y_0}{r^3} \rho \mathrm{d}v , \quad F_z = Gm \iiint\limits_{\Omega} \frac{z - z_0}{r^3} \rho \mathrm{d}v .$$

所以

$$\boldsymbol{F} = (F_x, F_y, F_z) .$$

平面薄片 D 对质点的引力问题可以类似处理.

例 5　求高为 R , 底面半径为 R 的均匀圆锥体对其顶点处的单位质点的引力.

解　如图建立坐标系(图 9.23), 设圆锥体的密度为 ρ . 由圆锥体的对称性及质量分布的均匀性知 $F_x = F_y = 0$, 所求引力沿 z 轴的分力为

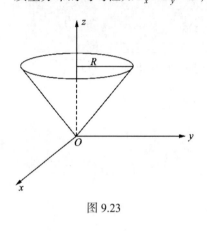

图 9.23

$$\begin{aligned}
F_z &= G \iiint\limits_{\Omega} \frac{z}{r^3} \rho \mathrm{d}v \\
&= G \iiint\limits_{\Omega} \frac{z}{(\sqrt{x^2 + y^2 + z^2})^3} \rho \mathrm{d}v \\
&= G\rho \int_0^{2\pi} \mathrm{d}\theta \int_0^{\frac{\pi}{4}} \mathrm{d}\varphi \int_0^{\frac{R}{\cos\varphi}} \frac{r\cos\varphi}{r^3} \cdot r^2 \sin\varphi \mathrm{d}r \\
&= G\rho \cdot 2\pi \int_0^{\frac{\pi}{4}} R\sin\varphi \mathrm{d}\varphi \\
&= 2\pi G\rho R\left(1 - \frac{\sqrt{2}}{2}\right) .
\end{aligned}$$

习　题　9.4

1. 求双曲抛物面 $z = xy$ 包含在圆柱面 $x^2 + y^2 = 1$ 内那部分的面积.

2. 求锥面 $z = \sqrt{x^2 + y^2}$ 被柱面 $z^2 = 2x$ 所截部分的曲面面积.

3. 求平面 $x + \dfrac{y}{2} + \dfrac{z}{3} = 1$ 被三坐标面所截的有限部分的面积.

4. 求下列均匀密度的平面薄片的质心.

(1) $D = \left\{ (x, y) \left| \dfrac{x^2}{a^2} + \dfrac{y^2}{b^2} \leqslant 1, y \geqslant 0 \right. \right\}$;

(2) D 是由抛物线 $y^2 = 2x$, 直线 $x + y = 4$ 及 x 轴所围成的第一象限内的区域;

(3) D 是由心脏线 $r = 1 + \cos\theta$ 围成的区域.

5. 求下列均匀密度的物体的质心.

(1) $\Omega = \{ (x, y, z) | z \leqslant 1 - x^2 - y^2, z \geqslant 0 \}$;

(2) Ω 是由坐标面及平面 $x + 2y + z = 1$ 所围成的四面体;

(3) $\Omega = \{ (x, y, z) | x^2 + y^2 + (z - 2)^2 \leqslant 4, x^2 + y^2 + (z - 1)^2 \geqslant 1 \}$.

6. 求下列均匀密度($\rho = 1$)的平面薄片的转动惯量.

(1)　$D = \{(x,y) \mid (x-a)^2 + y^2 \leqslant a^2\}(a > 0)$，求 I_y；

(2)　D 是由抛物线 $y^2 = \dfrac{9}{2}x$ 与直线 $x = 2$ 所围成的闭区域，求 I_x 和 I_y．

7. 求边长为 a 的均匀正方体 $(\rho = 1)$ 关于其任一棱边的转动惯量．

8. 均匀物体 Ω 由球面 $x^2 + y^2 + z^2 = 1$ 及圆锥面 $z = \sqrt{\dfrac{x^2 + y^2}{3}}$ 所围成，

(1)　求物体的体积；

(2)　求物体的质心；

(3)　求物体关于 z 轴的转动惯量．

9. 求 xOy 面上均匀薄片 $D = \{(x,y) \mid x^2 + y^2 \leqslant R^2\}$ 对于 z 轴上点 $M(0,0,a)$ $(a > 0)$ 处的单位质量的质点的引力．

10. 求均匀柱体 $\Omega = \{(x,y,z) \mid x^2 + y^2 \leqslant a^2, 0 \leqslant z \leqslant h\}$ 对于点 $M(0,0,c)$ $(c > h)$ 处的单位质量的质点的引力．

9.5　数　学　实　验

实验一　重积分的计算

重积分计算的 MATLAB 函数指令是 int，分步进行．

例 1　计算重积分的数值解：求 $f(x,y,z) = \displaystyle\int_0^1 \int_0^\pi \int_0^\pi 4xz\mathrm{e}^{-x^2y-z^2}\mathrm{d}z\mathrm{d}y\mathrm{d}x$．

解　MATLAB 程序如下：

```
syms x y z;
P=int(int(int(4*x*z*exp(-x^2*y-z^2), x, 0, 1), y, 0, pi),
z, 0, pi);
vpa(P,50)    % vpa 是 MATLAB 内部函数显示 50 位数字的数值结果．
```

结果显示：

```
ans = 1.7327622230312204627903692495486579783322879129486
```

另外，MATLAB 软件提供了计算重积分的专门函数．

(1)　MATLAB 软件计算矩形域上二重积分问题

$$I = \int_c^d \int_a^b f(x,y)\mathrm{d}x\mathrm{d}y$$

的数值解的函数为

```
dblquad(fun, a, b, c, d)
```

例 2　求 $I = \displaystyle\int_{-1}^1 \int_{-2}^2 \mathrm{e}^{-x^2/2}\sin(x^2 + y)\mathrm{d}x\mathrm{d}y$．

解　MATLAB 程序如下：

```
>> f=inline('exp(-x.^2/2).*sin(x.^2+y)', 'x', 'y')
f=Inline function:
    f(x, y) = exp(-x.^2/2).*sin(x.^2+y)
>> dblquad(f, -2, 2, -1, 1)
ans=1.5745
```

(2) MATLAB 软件计算三重积分问题

$$I = \int_e^f \int_c^d \int_a^b f(x,y,z)\mathrm{d}z\mathrm{d}y\mathrm{d}x$$

的数值解的函数为

```
triplequad(fun, a, b, c, d, e, f)
```

例 3　求 $I = \int_0^1 \int_0^\pi \int_0^\pi 4xz\mathrm{e}^{-x^2y-z^2}\mathrm{d}z\mathrm{d}y\mathrm{d}x$.

解

```
>>
triplequad(inline('4*x.*z.*exp(-x.*x.*y-z.*z)','x','y',
'z'), 0, pi, 0, pi, 0, 1, 1e-7, @quadl)
ans=2.5357
```

总 习 题 9

1. 填空题.

(1) 设 D 为 $y=x$ 与 $y=x^3$ 所围成的在第一象限内的闭区域，则 $\iint\limits_D \mathrm{d}x\mathrm{d}y = $ ＿＿＿＿＿＿＿＿＿＿；

(2) 交换积分次序 $\int_0^a \mathrm{d}x \int_x^{\sqrt{2ax-x^2}} f(x,y)\mathrm{d}y = $ ＿＿＿＿＿＿＿＿＿＿ ；

(3) 设 $D = \{(x,y)\,|\,x^2+y^2 \leqslant 2y\}$ ，则 $\iint\limits_D \dfrac{1}{y}\mathrm{d}x\mathrm{d}y = $ ＿＿＿＿＿＿＿＿＿＿；

(4) 设 $\Omega = \{(x,y,z)\,|\,0 \leqslant y \leqslant \sqrt{2x-x^2}, 0 \leqslant z \leqslant a\}$ ，则 $\iiint\limits_\Omega z\sqrt{x^2+y^2}\mathrm{d}v = $ ＿＿＿＿＿＿＿＿＿＿；

(5) 设 $\Omega = \left\{(x,y,z)\ \middle|\ x^2+y^2+\left(z-\dfrac{1}{2}\right)^2 \leqslant \dfrac{1}{4}\right\}$ ，则 $\iiint\limits_\Omega f(x,y,z)\mathrm{d}v$ 在球坐标系中的三次积分为＿＿＿＿＿＿＿＿＿＿；

(6) 球面 $x^2+y^2+z^2 = 2a^2$ 包含在锥面 $z = \sqrt{x^2+y^2}$ 内的那部分的面积为＿＿＿＿＿＿＿＿＿＿.

2. 设 $f(x) = \int_1^{x^2} \mathrm{e}^{-y^2}\mathrm{d}y$ ，求 $\int_0^1 xf(x)\mathrm{d}x$.

3. 设 $f(x)$ 在 $[0,1]$ 上连续，证明 $\int_0^1 \mathrm{e}^{f(x)}\mathrm{d}x \int_0^1 \mathrm{e}^{-f(y)}\mathrm{d}y \geqslant 1$.

4. 设区域 $D = \{(x, y) \mid x^2 + y^2 \leqslant 1, \ x \geqslant 0\}$，计算二重积分 $I = \iint\limits_D \dfrac{1 + xy}{1 + x^2 + y^2} \mathrm{d}x\mathrm{d}y$.

5. 计算三重积分 $\iiint\limits_\Omega (x^2 + y^2)\mathrm{d}v$，其中 Ω 是由曲线 $\begin{cases} y^2 = 2z, \\ x = 0 \end{cases}$ 绕 z 轴旋转一周所成曲面与平面 $z = 2$，$z = 8$ 围成的闭区域.

6. 设 $\Omega = \{(x, y, z) \mid x^2 + y^2 + z^2 \leqslant a^2\}$，计算 $\iiint\limits_\Omega (lx^2 + my^2 + nz^2)\mathrm{d}v$（其中 l, m, n 为常数）.

7. 由曲线 $y^2 = ax$ 及直线 $x = a$ $(a > 0)$ 围成的平面薄片，其面密度为常数 ρ，求它对于直线 $y = -a$ 的转动惯量.

8. 设立体 Ω 由曲面 $z = -(1 + x^2 + y^2)$ 及曲面 $z = x^2 + y^2$ 在点 $M(-1, 0, 1)$ 处的切平面所围成，求该立体的体积.

9. 设球体 $x^2 + y^2 + z^2 \leqslant z$ 上任一点处的密度等于该点到原点的距离的平方，求此球体的质心.

10. 设函数 $f(x)$ 连续且恒大于零，

$$F(t) = \frac{\iiint\limits_{\Omega(t)} f(x^2 + y^2 + z^2)\mathrm{d}v}{\iint\limits_{D(t)} f(x^2 + y^2)\mathrm{d}\sigma}, \quad G(t) = \frac{\iint\limits_{D(t)} f(x^2 + y^2)\mathrm{d}\sigma}{\int_{-t}^{t} f(x^2)\mathrm{d}x},$$

其中 $\Omega(t) = \{(x, y, z) \mid x^2 + y^2 + z^2 \leqslant t^2\}$，$D(t) = \{(x, y) \mid x^2 + y^2 \leqslant t^2\}$.

(1) 讨论 $F(t)$ 在区间 $(0, +\infty)$ 内的单调性；

(2) 证明当 $t > 0$ 时，$F(t) > \dfrac{2}{\pi} G(t)$.

自 测 题 9

1. 选择题.

(1) 设函数 $f(x, y)$ 连续，则二次积分 $\displaystyle\int_{\frac{\pi}{2}}^{\pi} \mathrm{d}x \int_{\sin x}^{1} f(x, y)\mathrm{d}y$ 等于(　　).

(A) $\displaystyle\int_0^1 \mathrm{d}y \int_{\pi + \arcsin y}^{\pi} f(x, y)\mathrm{d}x$　　　　(B) $\displaystyle\int_0^1 \mathrm{d}y \int_{\pi - \arcsin y}^{\pi} f(x, y)\mathrm{d}x$

(C) $\displaystyle\int_0^1 \mathrm{d}y \int_{\pi}^{\pi + \arcsin y} f(x, y)\mathrm{d}x$　　　　(D) $\displaystyle\int_0^1 \mathrm{d}y \int_{\pi}^{\pi - \arcsin y} f(x, y)\mathrm{d}x$

(2) 设 D 是 xOy 面上以 $(1, 1)$，$(-1, 1)$ 和 $(-1, -1)$ 为顶点的三角形区域，D_1 是 D 在第一象限内的部分，则 $\iint\limits_D (xy + \cos x \sin y)\mathrm{d}x\mathrm{d}y$ 等于(　　).

(A) $2\iint\limits_{D_1} \cos x \sin y \mathrm{d}x\mathrm{d}y$　　　　(B) $2\iint\limits_{D_1} xy\mathrm{d}x\mathrm{d}y$

(C) $4\iint\limits_{D_1} (xy + \cos x \sin y)\mathrm{d}x\mathrm{d}y$　　　　(D) 0

(3) 设 $\Omega = \{(x,y,z)\,|\,x^2+y^2+z^2 \leqslant R^2, z \geqslant 0\}$，$\Omega_1$ 是 Ω 在第一卦限内的部分，则有(　　).

(A) $\iiint\limits_{\Omega} x\mathrm{d}v = 4\iiint\limits_{\Omega_1} x\mathrm{d}v$ 　　　　　　(B) $\iiint\limits_{\Omega} y\mathrm{d}v = 4\iiint\limits_{\Omega_1} y\mathrm{d}v$

(C) $\iiint\limits_{\Omega} z\mathrm{d}v = 4\iiint\limits_{\Omega_1} z\mathrm{d}v$ 　　　　　　(D) $\iiint\limits_{\Omega} xyz\mathrm{d}v = 4\iiint\limits_{\Omega_1} xyz\mathrm{d}v$

2. 计算下列二重积分.

(1) $\iint\limits_{D} |x-y^2|\mathrm{d}x\mathrm{d}y$，其中 $D = \{(x,y)\,|\,0 \leqslant x \leqslant 1, 0 \leqslant y \leqslant 1\}$；

(2) $\iint\limits_{D} \mathrm{e}^{\max\{x^2,y^2\}}\mathrm{d}x\mathrm{d}y$，其中 $D = \{(x,y)\,|\,0 \leqslant x \leqslant 1, 0 \leqslant y \leqslant 1\}$；

(3) $\iint\limits_{D} \dfrac{x+y}{x^2+y^2}\mathrm{d}x\mathrm{d}y$，其中 $D = \{(x,y)\,|\,x^2+y^2 \leqslant 1, x+y \geqslant 1\}$．

3. 计算积分 $\int_0^1 x\mathrm{d}x\int_x^1 \sin y^3\mathrm{d}y$．

4. 求球面 $x^2+y^2+z^2 = a^2$ 夹在平面 $z = \dfrac{a}{4}$，$z = \dfrac{a}{2}$ 之间的面积.

5. 求旋转抛物面 $z = x^2+y^2$ 和圆锥面 $z = 2-\sqrt{x^2+y^2}$ 所围成的立体的体积.

6. 计算下列三重积分.

(1) $\iiint\limits_{\Omega} (x^2+y^2)z\mathrm{d}v$，其中 Ω 是由圆锥面 $z = \sqrt{x^2+y^2}$，圆柱面 $x^2+y^2 = 1$ 及平面 $z = 0$ 所围成的空间闭区域；

(2) $\iiint\limits_{\Omega} y\sqrt{1-x^2}\mathrm{d}v$，其中 Ω 是由 $y = -\sqrt{1-x^2-z^2}$，$x^2+z^2 = 1$ 及 $y = 1$ 所围成的空间闭区域；

(3) $\iiint\limits_{\Omega} (x+y+z)^2\mathrm{d}v$，其中 $\Omega = \{(x,y,z)\,|\,x^2+y^2+z^2 \leqslant 2z\}$．

7. 设一物体由一个圆锥以及与这个圆锥共底的半球组成，圆锥的高等于它的底半径 a，求此物体关于其对称轴的转动惯量(设 $\rho = 1$).

8. 已知函数 $F(t) = \iiint\limits_{\Omega} f(x^2+y^2+z^2)\mathrm{d}x\mathrm{d}y\mathrm{d}z$，其中 f 为连续函数，$\Omega = \{(x,y,z)\,|\,x^2+y^2+z^2 \leqslant t^2\}$，求 $F'(t)$.

*9. 计算积分 $\int_0^{\frac{2}{2}}\mathrm{d}y\int_y^{2-2y} (x+2y)\mathrm{e}^{y-x}\mathrm{d}x$．

*10. 我们知道 $\int_a^b \mathrm{d}x$ 表示区间 $[a,b]$ 的长度(一维空间)，$\iint\limits_{D} \mathrm{d}\sigma$ 表示 xOy 面上的区域 D 的面积，$\iiint\limits_{\Omega} \mathrm{d}v$ 表示空间直角坐标系中的区域 Ω 的体积(三维空间)，照此推理，若 Q 是四维空间 ($xyzw$ 空间)中的区域，则 $\iiiint\limits_{Q} \mathrm{d}v$ 表示 Q 的"超体积". 应用归纳推理，求出四维单位球 $x^2+y^2+z^2+w^2 \leqslant 1$ 的超体积.

第 10 章 曲线积分与曲面积分

第 9 章已引入了二重积分和三重积分的概念. 不难发现它们本质上与定积分是一样的, 都是某种确定形式的和式极限. 本章继续将积分概念推广到定义在曲线和曲面上的多元函数, 得到曲线积分和曲面积分的概念, 这里曲线可以是平面的也可以是空间的, 相应的函数分别为二元和三元函数.

由于实际问题的需要, 曲线积分和曲面积分又分为第一类和第二类. 第一类曲线积分和曲面积分由于曲线和曲面的无方向性, 所以比较简单, 并且其应用范围与重积分相类似. 对于第二类曲线积分和曲面积分, 曲线和曲面都具有方向性, 但两类曲线积分、曲面积分之间是可以转化的, 并且两类曲线积分的计算都可归之为定积分的计算, 两类曲面积分则都可转化为二重积分的计算.

本章的另一部分重要内容是将定积分中的牛顿-莱布尼茨公式推广到平面区域, 得到格林(Green)公式、推广到空间区域, 得到高斯(Gauss)公式, 并推广到曲面片上, 得到斯托克斯(Stokes)公式, 这三大公式连同牛顿-莱布尼茨公式均反映了一个事实, 即函数在区域上的积分可用它边界上的积分来表达, 它们在理论、算法和应用上都很重要.

本章约定所提到的曲线都是光滑或分段光滑[①]的, 所遇到的曲面是光滑或分片光滑[②]的.

10.1 第一类(对弧长的)曲线积分

10.1.1 第一类曲线积分的概念

为了直观起见, 通过求物质曲线质量问题来引入曲线积分的概念.

设物质曲线占有 xOy 平面上的弧 $\overset{\frown}{AB}$ (图 10.1), 其线密度为 $\rho(x, y)$, 仿照求曲边梯形面积的方法, 分成四个步骤来计算此物质曲线 $\overset{\frown}{AB}$ 的质量.

―――――――――

[①]分段光滑曲线弧是指由有限条光滑曲线段组成的连续曲线弧.

[②]光滑曲面片是指其上每一点都有切平面, 且当点在曲面片上连续变动时, 切平面也连续变动; 分片光滑曲面片是指由有限个光滑曲面片组成的曲面.

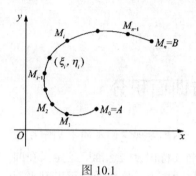

图 10.1

(1) **分割**　如图 10.1 所示,将弧 $\overset{\frown}{AB}$ 任意分成 n 个小弧段:

$$\overset{\frown}{M_0M_1},\ \overset{\frown}{M_1M_2},\ \cdots,\ \overset{\frown}{M_{n-1}M_n},$$

其长度记作 $\Delta s_1,\ \Delta s_2,\ \cdots,\ \Delta s_n$.

(2) **近似代替**　在每个小弧段 $\overset{\frown}{M_{i-1}M_i}$ 上任取一点 $(\xi_i,\ \eta_i)$,由于该小弧段很短,其线密度可看作常数,则该小弧段质量

$$\Delta m_i \approx \rho(\xi_i,\ \eta_i)\Delta s_i.$$

(3) **求和**　物质曲线 $\overset{\frown}{AB}$ 的质量

$$m = \sum_{i=1}^{n}\Delta m_i \approx \sum_{i=1}^{n}\rho(\xi_i,\ \eta_i)\Delta s_i.$$

(4) **取极限**　令 $\lambda = \max\{\Delta s_1,\Delta s_2,\cdots,\Delta s_n\}$,当 $\lambda \to 0$ 时,物质曲线 $\overset{\frown}{AB}$ 的质量

$$m = \lim_{\lambda \to 0}\sum_{i=1}^{n}\rho(\xi_i,\ \eta_i)\Delta s_i. \tag{1}$$

由此抽象出第一类曲线积分的定义.

定义 1　设 C 是 xOy 平面上的一条具有限长度的光滑曲线,$f(x,y)$ 是定义在 C 上的一个有界函数,将曲线 C 任意分成 n 个小弧段 $\overset{\frown}{M_{i-1}M_i}$ $(i = 1,\ 2,\cdots,n;\ M_0 = A,\ M_n = B)$,并用 Δs_i 表示第 i 个小弧段的长度.在每个小弧段上任取一点 (ξ_i,η_i),作乘积 $f(\xi_i,\eta_i)\Delta s_i$,并作和 $\sum_{i=1}^{n}f(\xi_i,\eta_i)\Delta s_i$.当 $\lambda = \max\{\Delta s_1,\Delta s_2,\cdots,\Delta s_n\} \to 0$ 时,若和式的极限存在,则称此极限为函数 $f(x,y)$ 在曲线 C 上的**第一类曲线积分**或**对弧长的曲线积分**,记作 $\displaystyle\int_C f(x,y)\mathrm{d}s$,即

$$\int_C f(x,\ y)\mathrm{d}s = \lim_{\lambda \to 0}\sum_{i=1}^{n}f(\xi_i,\ \eta_i)\Delta s_i, \tag{2}$$

其中 $f(x,y)$ 称为**被积函数**,C 称为**积分弧段**(或积分路径),$f(x,y)\mathrm{d}s$ 称为**被积表达式**,$\mathrm{d}s$ 称为**弧微分**,$\sum_{i=1}^{n}f(\xi_i,\eta_i)\Delta s_i$ 称为**积分和式**.

若 C 是闭曲线,采用记号 $\displaystyle\oint_C f(x,y)\mathrm{d}s$ 表示 $f(x,y)$ 在闭曲线 C 上对弧长的曲线积分.

当 $f(x,\ y)\equiv 1$ 时,$\displaystyle\int_C f(x,y)\mathrm{d}s = \int_C \mathrm{d}s$,表示曲线 C 的弧长.

由定义 1 可知，上述物质曲线 $\widehat{AB}$ 的质量可表示为 $m = \int\limits_{\widehat{AB}} \rho(x, y)\mathrm{d}s$.

第一类曲线积分除了能计算物质曲线 $\widehat{AB}$ 的质量外，还可以求物质曲线 $\widehat{AB}$ 的质心(形心)、绕轴的转动惯量等，这些量的公式很容易写出，留给读者自行练习.

第一类曲线积分具有与定积分类似的性质，这里仅列出如下两条性质，其余性质(如对称性、不等式性质、中值定理等)留给读者自行思考.

性质 1(线性性质)　若 a,b 为常数，则

$$\int\limits_C [af(x, y) \pm bg(x, y)]\mathrm{d}s = a\int\limits_C f(x, y)\mathrm{d}s \pm b\int\limits_C g(x, y)\mathrm{d}s . \tag{3}$$

性质 2(对积分弧段的可加性)　若 C 是由 C_1 与 C_2 组成，则

$$\int\limits_C f(x, y)\mathrm{d}s = \int\limits_{C_1} f(x, y)\mathrm{d}s + \int\limits_{C_2} f(x, y)\mathrm{d}s . \tag{4}$$

若 Γ 是空间曲线弧，可类似地定义 $f(x, y, z)$ 在 Γ 上的第一类曲线积分为

$$\int\limits_\Gamma f(x, y, z)\mathrm{d}s = \lim_{\lambda \to 0} \sum_{i=1}^n f(\xi_i, \eta_i, \zeta_i)\Delta s_i . \tag{5}$$

10.1.2　第一类曲线积分的计算及其应用

定理 1　设平面曲线 C 的参数方程为 $\begin{cases} x = \varphi(t), \\ y = \psi(t), \end{cases} \alpha \leqslant t \leqslant \beta$，其中 $\varphi(t)$，$\psi(t)$ 在 $[\alpha, \beta]$ 上有连续的一阶导数，且 $\varphi'^2(t) + \psi'^2(t) \neq 0$，则对于定义在曲线 C 上的连续函数 $f(x, y)$，有

$$\int\limits_C f(x, y)\mathrm{d}s = \int_\alpha^\beta f[\varphi(t), \psi(t)]\sqrt{\varphi'^2(t) + \psi'^2(t)}\mathrm{d}t . \tag{6}$$

证　将曲线 C 任意分成 n 个小弧段 $\widehat{M_{i-1}M_i}$ $(i = 1, 2, \cdots, n; M_0 = A, M_n = B)$，点 $M(x, y)$ 是曲线 C 上任意一点，取弧长 $\widehat{AM} = s$ 为曲线 C 的参数，则点 A 对应 $s = 0$，点 B 对应 $s = L$(L 为 $\widehat{AB}$ 的全长)，点 M_i 对应 $s = s_i$，并令弧 $\widehat{M_{i-1}M_i}$ 上的一点 (ξ_i, η_i) 对应 $s = \tau_i$，则当 $\lambda = \max\{\Delta s_1, \Delta s_2, \cdots, \Delta s_n\} \to 0$，

$$\int\limits_C f(x, y)\mathrm{d}s = \lim_{\lambda \to 0} \sum_{i=1}^n f(\xi_i, \eta_i)\Delta s_i$$

$$= \lim_{\lambda \to 0} \sum_{i=1}^n f[x(\tau_i), y(\tau_i)]\Delta s_i = \int_0^L f[x(s), y(s)]\mathrm{d}s .$$

令 $s = s(t) = \int_\alpha^t \sqrt{\varphi'^2(t) + \psi'^2(t)}\, dt$ ，其弧微分为 $ds = \sqrt{\varphi'^2(t) + \psi'^2(t)}\, dt$ ，由定积分换元法即得(6)式.

注意　因为弧微分 $ds > 0$，所以公式(6)右边的定积分的下限 α 一定要小于上限 β．

特别地，若曲线 $C: y = y(x),\ a \leqslant x \leqslant b$ ，则

$$\int_C f(x, y)ds = \int_a^b f[x, y(x)]\sqrt{1 + y'^2(x)}\, dx . \tag{7}$$

若曲线 $C: x = x(y),\ c \leqslant y \leqslant d$ ，则

$$\int_C f(x, y)ds = \int_c^d f[x(y), y]\sqrt{1 + x'^2(y)}\, dy . \tag{8}$$

若曲线 $C: r = r(\theta),\ \alpha \leqslant \theta \leqslant \beta$ ，则

$$\int_C f(x, y)ds = \int_\alpha^\beta f[r(\theta)\cos\theta, r(\theta)\sin\theta]\sqrt{r^2(\theta) + r'^2(\theta)}\, d\theta . \tag{9}$$

若空间曲线 Γ 的参数方程为

$$\begin{cases} x = \varphi(t), \\ y = \psi(t), \qquad \alpha \leqslant t \leqslant \beta, \\ z = \omega(t), \end{cases}$$

第一类曲线
积分的计算

且函数 $f(x, y, z)$ 在 Γ 上连续，类似地，第一类曲线积分 $\int_\Gamma f(x, y, z)ds$ 也可转化为定积分的计算，即

$$\int_\Gamma f(x, y, z)ds = \int_\alpha^\beta f[\varphi(t), \psi(t), \omega(t)]\sqrt{\varphi'^2(t) + \psi'^2(t) + \omega'^2(t)}\, dt . \tag{10}$$

请读者思考，若积分弧段 Γ 表示为两个曲面的交线，即 $\begin{cases} F(x, y, z) = 0, \\ G(x, y, z) = 0, \end{cases}$ 如何计算第一类曲线积分 $\int_\Gamma f(x, y, z)ds$ ？

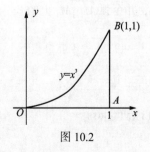

图 10.2

例 1　计算曲线积分 $\int_C (x + y)ds$ ．

(1) C 是 $O(0, 0)$ 与 $A(1, 0)$ 之间的直线段；

(2) C 是 $A(1, 0)$ 与 $B(1, 1)$ 之间的直线段；

(3) C 是 $y = x^3$ 上点 $O(0, 0)$ 与 $B(1, 1)$ 之间的一段弧 (图 10.2).

解　(1) 将 C 的方程写为 $y = y(x) \equiv 0$，$0 \le x \le 1$，那么 $\mathrm{d}s = \mathrm{d}x$，从而由(7)式，有

$$\int_C (x + y)\mathrm{d}s = \int_0^1 x\,\mathrm{d}x = \frac{1}{2}.$$

(2) 将 C 的方程写为 $x = x(y) \equiv 1$，$0 \le y \le 1$，那么 $\mathrm{d}s = \mathrm{d}y$，由(8)式，有

$$\int_C (x + y)\mathrm{d}s = \int_0^1 (1 + y)\mathrm{d}y = \frac{3}{2}.$$

(3) 因为 $y' = 3x^2$，$\mathrm{d}s = \sqrt{1 + 9x^4}\,\mathrm{d}x$，所以由(7)式，有

$$\int_C (x + y)\mathrm{d}s = \int_0^1 (x + x^3)\sqrt{1 + 9x^4}\,\mathrm{d}x = \frac{47}{108}\sqrt{10} - \frac{1}{54} + \frac{1}{12}\ln(3 + \sqrt{10}).$$

例 2　计算曲线积分 $\oint_C \mathrm{e}^{\sqrt{x^2 + y^2}}\,\mathrm{d}s$，其中 C 是由 $x^2 + y^2 = a^2$，$y = x$ 和 x 轴在第一象限内所围扇形的整个边界 $\widehat{OABO}$ (图 10.3).

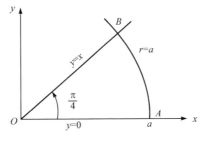

图 10.3

解　由第一类曲线积分的性质 2，有

$$\oint_C \mathrm{e}^{\sqrt{x^2 + y^2}}\,\mathrm{d}s = \int_{\overline{OA}} \mathrm{e}^{\sqrt{x^2 + y^2}}\,\mathrm{d}s + \int_{\widehat{AB}} \mathrm{e}^{\sqrt{x^2 + y^2}}\,\mathrm{d}s + \int_{\overline{BO}} \mathrm{e}^{\sqrt{x^2 + y^2}}\,\mathrm{d}s,$$

其中

$$\int_{\overline{OA}} \mathrm{e}^{\sqrt{x^2 + y^2}}\,\mathrm{d}s = \int_0^a \mathrm{e}^x\,\mathrm{d}x = \mathrm{e}^a - 1;$$

$$\int_{\overline{BO}} \mathrm{e}^{\sqrt{x^2 + y^2}}\,\mathrm{d}s = \int_0^{\frac{a}{\sqrt{2}}} \mathrm{e}^{\sqrt{2x^2}}\sqrt{2}\,\mathrm{d}x = \mathrm{e}^a - 1.$$

$\widehat{AB}$ 的参数方程为 $x = a\cos t, y = a\sin t, 0 \le t \le \dfrac{\pi}{4}$，由此 $\mathrm{d}s = a\mathrm{d}t$，所以

$$\int_{\widehat{AB}} e^{\sqrt{x^2+y^2}}\,ds = \int_0^{\frac{\pi}{4}} e^a a\,dt = \frac{\pi a}{4}e^a.$$

从而

$$\oint_C e^{\sqrt{x^2+y^2}}\,ds = 2(e^a-1) + \frac{\pi a}{4}e^a.$$

例3　计算曲线积分 $\displaystyle\int_C |x|\,ds$ ，其中 C 是双纽线 $(x^2+y^2)^2 = a^2(x^2-y^2)$ $(a>0)$.

解　将双纽线 C 表示为极坐标方程 $r^2 = a^2\cos 2\theta$ ，那么 $ds = \sqrt{r^2(\theta)+r'^2(\theta)}\,d\theta$ $= \dfrac{a^2}{r}\,d\theta$. 设 C 在第一象限的部分为 C_1 ，则由对称性及(9)式，有

$$\int_C |x|\,ds = 4\int_{C_1} x\,ds = 4\int_0^{\frac{\pi}{4}} r\cos\theta \sqrt{r^2(\theta)+r'^2(\theta)}\,d\theta$$

$$= 4\int_0^{\frac{\pi}{4}} a^2\cos\theta\,d\theta = 2\sqrt{2}a^2.$$

例 4　设 $\widehat{AB}$ 是圆柱螺旋线 $x=a\cos t,\ y=a\sin t, z=bt$ 上对应 $t=0$ 到 $t=2\pi$ 的一段弧，假设螺旋线质量分布均匀，其线密度 $\rho(x,y,z) \equiv \rho$ (常数).

(1) 求它绕 z 轴旋转的转动惯量；

(2) 求它的形心坐标.

解　(1) $I_z = \displaystyle\int_{\widehat{AB}} (x^2+y^2)\rho\,ds = \rho\int_0^{2\pi} a^2\sqrt{a^2+b^2}\,dt = 2\pi\rho a^2\sqrt{a^2+b^2}$.

(2) $\widehat{AB}$ 的质量 $m = \displaystyle\int_{\widehat{AB}} \rho\,ds = 2\pi\rho\sqrt{a^2+b^2}$ ，又

$$\bar{x} = \frac{1}{m}\int_{\widehat{AB}} x\rho\,ds = \frac{a\rho}{m}\sqrt{a^2+b^2}\int_0^{2\pi}\cos t\,dt = 0 ;$$

$$\bar{y} = \frac{1}{m}\int_{\widehat{AB}} y\rho\,ds = \frac{a\rho}{m}\sqrt{a^2+b^2}\int_0^{2\pi}\sin t\,dt = 0 ;$$

$$\bar{z} = \frac{1}{m}\int_{\widehat{AB}} z\rho\,ds = \frac{b\rho}{m}\sqrt{a^2+b^2}\int_0^{2\pi} t\,dt = \frac{2\pi^2 b\rho\sqrt{a^2+b^2}}{m} = b\pi.$$

故 $\widehat{AB}$ 的形心坐标为 $(0,0,b\pi)$.

习 题 10.1

1. 计算下列第一类曲线积分.

(1) $\oint\limits_{C} xy \mathrm{d}s$，其中 C 是由 $y = x^2$，$y = 0$ 和 $x = 1$ 所围曲边三角形的整个边界；

(2) $\oint\limits_{C} \sqrt{x^2 + y^2}\, \mathrm{d}s$，其中 C 是圆周 $x^2 + y^2 = ax$ $(a > 0)$；

(3) $\int\limits_{C} (x^2 + y^2)\mathrm{d}s$，其中 C 为曲线 $\begin{cases} x = a(\cos t + t \sin t), \\ y = a(\sin t - t \cos t), \end{cases} 0 \leqslant t \leqslant 2\pi$；

(4) $\int\limits_{\Gamma} (x^2 + y)\mathrm{d}s$，其中 Γ 为连接点 $A(1,2,3)$ 与点 $B(4,8,12)$ 的直线段；

(5) $\int\limits_{\Gamma} \dfrac{1}{x^2 + y^2 + z^2}\mathrm{d}s$，其中 Γ 是 $x = a\cos t$，$y = a\sin t, z = bt$ 的第一圈；

(6) $\int\limits_{\Gamma} (x^2 + y^2 + z^2)\mathrm{d}s$，其中 Γ 是 $\begin{cases} x^2 + y^2 + z^2 = \dfrac{9}{2}, \\ x + z = 1; \end{cases}$

*(7) $\int\limits_{\Gamma} (x + y^2 + z^2)\mathrm{d}s$，其中 Γ 是圆周 $\begin{cases} x^2 + y^2 + z^2 = a^2, \\ x + y + z = 0. \end{cases}$

2. 椭圆 $\dfrac{x^2}{a^2} + \dfrac{y^2}{b^2} = 1 \, (a > b > 0)$ 在点 (x, y) 处的线密度为 $\rho(x, y) = \sqrt{y^2}$，求其质量.

3. 计算半径为 R，中心角为 2α 的均匀圆弧 $(\rho = 1)$ 绕它的对称轴的转动惯量和形心坐标.

4. 已知半圆形 $C: x^2 + y^2 = a^2 (y \geqslant 0)$ 铁丝，其线密度 $\rho(x, y) = x^2 + y$，求其质心坐标.

5. 证明第一类曲线积分的性质.

(1) $\int\limits_{C} [af(x,y) \pm bg(x,y)]\mathrm{d}s = a\int\limits_{C} f(x,y)\mathrm{d}s \pm b\int\limits_{C} g(x,y)\mathrm{d}s$（$a$，$b$ 为常数）；

(2) 若 $f(x, y) \geqslant 0$，则 $\int\limits_{C} f(x,y)\mathrm{d}s \geqslant 0$；

(3) 若 C 是由 C_1 与 C_2 组成，则 $\int\limits_{C} f(x,y)\mathrm{d}s = \int\limits_{C_1} f(x,y)\mathrm{d}s + \int\limits_{C_2} f(x,y)\mathrm{d}s$.

10.2 第一类(对面积的)曲面积分

10.2.1 第一类曲面积分的概念

若将 10.1 节质量分布不均匀的物质曲线换成 $Oxyz$ 空间的曲面 Σ，其面密度为 $\rho(x, y, z)$，$(x, y, z) \in \Sigma$. 完全类似于求物质曲线质量的思想，采用"分割、近似代替、求和、取极限"的步骤可将该曲面 Σ 的质量 m 表示为

$$m = \lim_{\lambda \to 0} \sum_{i=1}^{n} \rho(\xi_i, \eta_i, \zeta_i) \Delta S_i , \tag{1}$$

其中 $\Delta S_i (i=1,2,\cdots,n)$ 表示曲面被分割成 n 个小曲面片的第 i 个小曲面片，同时也表示该小曲面片的面积. λ_i 表示第 i 个小曲面片的直径(指 ΔS_i 上任意两点间距离的最大者)，

$$\lambda = \max\{\lambda_1, \lambda_2, \cdots, \lambda_n\} ,$$

表示 n 个小曲面片的直径的最大值(图 10.4).

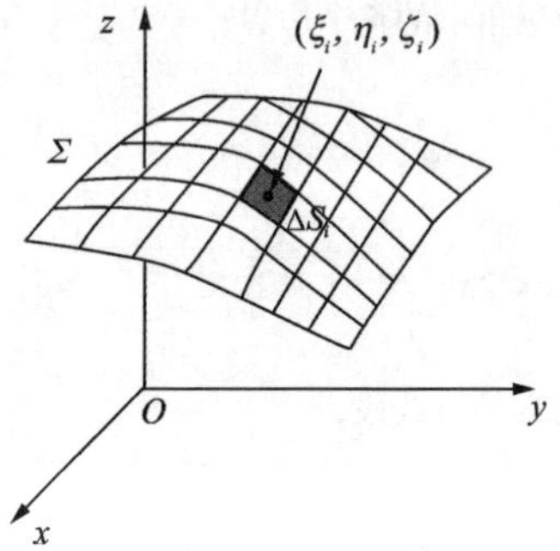

由此引入以下第一类曲面积分的定义.

定义 1　设 $f(x, y, z)$ 是定义在曲面 Σ 上的一个有界函数，将 Σ 任意分割成 n 个小曲面片，记作 $\Delta S_i (i=1,2,\cdots,n)$，也用它们表示相应小曲面片的面积，在每个小曲面片上任取一点 (ξ_i, η_i, ζ_i)，作和式 $\sum_{i=1}^{n} f(\xi_i, \eta_i, \zeta_i) \Delta S_i$. 若当小曲面片的直径的最大值 $\lambda \to 0$ 时，该和式的极限存在，则称此极限为函数 $f(x, y, z)$ 在曲面 Σ 上的**第一类曲面积分或对面积的曲面积分**，记作 $\iint\limits_{\Sigma} f(x,y,z)\mathrm{d}S$，即

图 10.4

$$\iint\limits_{\Sigma} f(x, y, z)\mathrm{d}S = \lim_{\lambda \to 0} \sum_{i=1}^{n} f(\xi_i, \eta_i, \zeta_i) \Delta S_i , \tag{2}$$

其中 $f(x, y, z)$ 称为**被积函数**，$f(x, y, z)\mathrm{d}S$ 称为**被积表达式**，Σ 称为**积分曲面**，$\mathrm{d}S$ 称为**曲面的面积元素**，显然有 $\mathrm{d}S > 0$.

若 Σ 是闭曲面，则 $f(x, y, z)$ 在曲面 Σ 上对面积的曲面积分记作 $\oiint\limits_{\Sigma} f(x, y, z)\mathrm{d}S$.

由定义 1 可知，质量分布不均匀的曲面 Σ 的质量可表示为

$$m = \iint\limits_{\Sigma} \rho(x, y, z)\mathrm{d}S .$$

第一类曲面积分的概念

类似地，读者可自行练习，利用第一类曲面积分写出曲面 Σ 的质心(形心)、绕轴的转动惯量等公式.

特别地，当 $f(x, y, z) \equiv 1$ 时，$\iint\limits_{\Sigma} f(x,y,z)\mathrm{d}S = \iint\limits_{\Sigma} \mathrm{d}S$，表示曲面 Σ 的面积.

若用分段光滑曲线把整个曲面 Σ 分成两块曲面 Σ_1 与 Σ_2，则

$$\iint\limits_{\Sigma} f(x,y,z)\mathrm{d}S = \iint\limits_{\Sigma_1} f(x,y,z)\mathrm{d}S + \iint\limits_{\Sigma_2} f(x,y,z)\mathrm{d}S . \tag{3}$$

该性质称为**第一类曲面积分对积分曲面的可加性**.

第一类曲面积分的其他性质留给读者对照第一类曲线积分或重积分性质自行写出.

10.2.2 第一类曲面积分的计算及其应用

定理 1 设光滑曲面 Σ 由方程

$$\Sigma : z = z(x, y), (x, y) \in D_{xy}$$

表示，D_{xy} 为曲面 Σ 在 xOy 面上的投影区域，函数 $f(x, y, z)$ 在曲面 Σ 上连续，则

$$\iint_{\Sigma} f(x, y, z) \mathrm{d}S = \iint_{D_{xy}} f[x, y, z(x, y)]\sqrt{1 + z_x^2(x, y) + z_y^2(x, y)} \, \mathrm{d}x \, \mathrm{d}y . \tag{4}$$

证 由定义 1，有

$$\iint_{\Sigma} f(x, y, z) \mathrm{d}S = \lim_{\lambda \to 0} \sum_{i=1}^{n} f(\xi_i, \eta_i, \zeta_i) \Delta S_i , \tag{5}$$

用 ΔD_i 表示 Σ 上第 i 个小曲面片 ΔS_i 在 xOy 面上的投影区域(图 10.5)，$\Delta \sigma_i$ 表示其面积，则

$$\Delta S_i = \iint_{\Delta D_i} \sqrt{1 + z_x^2(x, y) + z_y^2(x, y)} \mathrm{d}x \mathrm{d}y .$$

由二重积分的中值定理，有

$$\Delta S_i = \sqrt{1 + z_x^2(\overline{\xi}_i, \overline{\eta}_i) + z_y^2(\overline{\xi}_i, \overline{\eta}_i)} \Delta \sigma_i ,$$
$$(\overline{\xi}_i, \overline{\eta}_i) \in \Delta D_i .$$

将上式代入(5)式，注意到 $(\xi_i, \eta_i, \zeta_i) \in \Delta S_i$，所以

$$\zeta_i = z(\xi_i, \eta_i) .$$

因为函数 $f[x, y, z(x, y)]$ 及 $\sqrt{1 + z_x^2(x, y) + z_y^2(x, y)}$ 都在闭区域 D_{xy} 上连续，从而

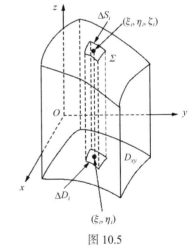

图 10.5

$$\iint_{\Sigma} f(x, y, z) \mathrm{d}S = \lim_{\lambda \to 0} \sum_{i=1}^{n} f[\xi_i, \eta_i, z(\xi_i, \eta_i)]\sqrt{1 + z_x^2(\overline{\xi}_i, \overline{\eta}_i) + z_y^2(\overline{\xi}_i, \overline{\eta}_i)} \Delta \sigma_i$$

$$= \lim_{\lambda \to 0} \sum_{i=1}^{n} f[\xi_i, \eta_i, z(\xi_i, \eta_i)]\sqrt{1 + z_x^2(\xi_i, \eta_i) + z_y^2(\xi_i, \eta_i)} \Delta \sigma_i ,$$

此极限在定理 1 条件下是存在的，它等于二重积分

$$\iint\limits_{D_{xy}} f[x,y,z(x,y)]\sqrt{1+z_x^2(x,y)+z_y^2(x,y)}\,\mathrm{d}x\mathrm{d}y\;,$$

这就证明了定理 1.

当曲面 Σ 用方程 $y=y(x,z),(x,z)\in D_{zx}$ 或 $x=x(y,z),(y,z)\in D_{yz}$ 表示时，读者不难推出与(4)式类似的计算公式.

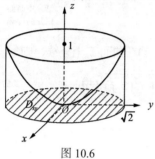

图 10.6

例 1　计算 $\iint\limits_{\Sigma}|xyz|\mathrm{d}S$，其中 Σ 是旋转抛物面 $z=\dfrac{1}{2}(x^2+y^2)$ 在 $z\leqslant 1$ 的部分(图 10.6).

解　由于旋转抛物面关于 z 轴对称，被积函数关于自变量 x 和 y 是偶函数，由对称性，有

$$\iint\limits_{\Sigma}|xyz|\mathrm{d}S=4\iint\limits_{\Sigma_1}xyz\,\mathrm{d}S\;,$$

其中 Σ_1 为 Σ 在第一卦限部分的曲面. Σ_1 在 xOy 面上的投影区域为

$$D_{xy}=\{(x,y)\,|\,x^2+y^2\leqslant 2,x\geqslant 0,y\geqslant 0\}\;.$$

因为

$$\sqrt{1+z_x^2+z_y^2}=\sqrt{1+x^2+y^2}\;,$$

所以

$$\begin{aligned}
\iint\limits_{\Sigma}|xyz|\mathrm{d}S&=4\iint\limits_{\Sigma_1}xyz\,\mathrm{d}S\\
&=2\iint\limits_{D_{xy}}xy(x^2+y^2)\sqrt{1+x^2+y^2}\,\mathrm{d}x\mathrm{d}y\quad(\text{利用极坐标计算})\\
&=2\int_0^{\frac{\pi}{2}}\mathrm{d}\theta\int_0^{\sqrt{2}}r^2\cos\theta\sin\theta\cdot r^2\sqrt{1+r^2}\,r\,\mathrm{d}r\\
&=\int_0^{\frac{\pi}{2}}\sin 2\theta\,\mathrm{d}\theta\int_0^{\sqrt{2}}r^5\sqrt{1+r^2}\,\mathrm{d}r\\
&=\int_0^{\sqrt{2}}r^5\sqrt{1+r^2}\,\mathrm{d}r=\frac{44}{35}\sqrt{3}-\frac{8}{105}\quad(\diamondsuit\sqrt{1+r^2}=t).
\end{aligned}$$

请读者思考：若例 1 中积分曲面 Σ 改为旋转抛物面 $z=\dfrac{1}{2}(x^2+y^2)$ 与平面 $z=1$ 所围立体的整个表面，则 $\oiint\limits_{\Sigma}|xyz|\mathrm{d}S=?$

例 2　已知面密度为常数 ρ 的均匀上半球面 $\Sigma : z = \sqrt{R^2 - x^2 - y^2}\,(R > 0)$，

(1) 求它的形心坐标；

(2) 求它绕 z 轴的转动惯量.

解　(1) 由于球面 Σ 关于 yOz 面和 zOx 面对称，并且质量分布是均匀的，所以 $\bar{x} = 0, \bar{y} = 0$. 又

$$\bar{z} = \frac{\iint\limits_{\Sigma} \rho z \, \mathrm{d}S}{\iint\limits_{\Sigma} \rho \, \mathrm{d}S} = \frac{\iint\limits_{\Sigma} z \, \mathrm{d}S}{\iint\limits_{\Sigma} \mathrm{d}S},$$

曲面 Σ 在 xOy 面上的投影区域为 $D_{xy} = \{(x, y) \mid x^2 + y^2 \leqslant R^2\}$，

$$\sqrt{1 + z_y^2 + z_y^2} = \frac{R}{\sqrt{R^2 - x^2 - y^2}},$$

所以

$$\iint\limits_{\Sigma} z \, \mathrm{d}S = \iint\limits_{D_{xy}} \sqrt{R^2 - x^2 - y^2} \, \frac{R}{\sqrt{R^2 - x^2 - y^2}} \, \mathrm{d}x \, \mathrm{d}y = \pi R^3,$$

$$\iint\limits_{\Sigma} \mathrm{d}S = 2\pi R^2,$$

从而

$$\bar{z} = \frac{\pi R^3}{2\pi R^2} = \frac{R}{2}.$$

故形心坐标为 $\left(0, 0, \dfrac{R}{2}\right)$.

(2) 上半球面 Σ 绕 z 轴的转动惯量

$$I_z = \iint\limits_{\Sigma} (x^2 + y^2) \rho \, \mathrm{d}S = \rho \iint\limits_{D_{xy}} (x^2 + y^2) \frac{R}{\sqrt{R^2 - x^2 - y^2}} \, \mathrm{d}x \, \mathrm{d}y \quad \text{(利用极坐标计算)}$$

$$= \rho \int_0^{2\pi} \mathrm{d}\theta \int_0^R \frac{R r^3}{\sqrt{R^2 - r^2}} \, \mathrm{d}r = 2\pi\rho \int_0^R \frac{R r^3}{\sqrt{R^2 - r^2}} \, \mathrm{d}r \quad (\diamondsuit\, r = R\sin t)$$

$$= 2\pi\rho R \int_0^{\frac{\pi}{2}} R^3 \sin^3 t \, \mathrm{d}t = \frac{4}{3}\pi\rho R^4.$$

例 3　介于平面 $z = 0$，$z = H$ 之间的圆柱面 Σ：$x^2 + y^2 = a^2$ 上每一点的面密度 ρ 等于该点到原点距离平方的倒数，求此圆柱面 Σ 的质量(图 10.7).

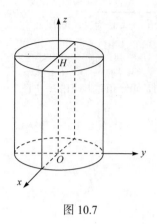

图 10.7

解 依题意所求圆柱面 Σ 的质量为

$$m = \iint_{\Sigma} \frac{\mathrm{d}S}{x^2+y^2+z^2} = \iint_{\Sigma} \frac{\mathrm{d}S}{a^2+z^2} = 2\iint_{\Sigma_1} \frac{\mathrm{d}S}{a^2+z^2},$$

其中 $\Sigma_1 : x = \sqrt{a^2-y^2}$ ，即 Σ 在 $x \geqslant 0$ 的部分，Σ_1 在 yOz 面上的投影区域为

$$D_{yz} = \{(y,z) \mid -a \leqslant y \leqslant a, 0 \leqslant z \leqslant H\}.$$

又

$$\sqrt{1+x_y{}^2+x_z{}^2} = \frac{a}{\sqrt{a^2-y^2}},$$

所以

$$m = \iint_{\Sigma} \frac{\mathrm{d}S}{x^2+y^2+z^2} = 2\iint_{D_{yz}} \frac{1}{a^2+z^2} \frac{a}{\sqrt{a^2-y^2}} \mathrm{d}y\mathrm{d}z$$

$$= 2\int_0^H \frac{1}{a^2+z^2}\mathrm{d}z \int_{-a}^a \frac{a}{\sqrt{a^2-y^2}}\mathrm{d}y = 2\pi \arctan \frac{H}{a}.$$

请读者思考在例 3 中将曲面积分化为二重积分计算时，为什么要将圆柱面 Σ 作 yOz 面上的投影，能否作 xOy 面上的投影，zOx 面呢？

习　题　**10.2**

1. 当 Σ 是 xOy 面上的一个有界闭区域时，曲面积分 $\iint_{\Sigma} f(x,y,z)\mathrm{d}S$ 与二重积分有何联系？

2. 计算下列第一类曲面积分.

(1) $\iint_{\Sigma} \left(x+2y+\frac{4}{3}z\right)\mathrm{d}S$ ，其中 Σ 是平面 $\frac{x}{4}+\frac{y}{2}+\frac{z}{3}=1$ 在第一卦限中的部分；

(2) $\iint_{\Sigma} (x+y+z)^2\mathrm{d}S$ ，其中 Σ 是上半球面 $z = \sqrt{R^2-x^2-y^2}$ ；

(3) $\oiint_{\Sigma} (x^2+y^2)\mathrm{d}S$ ，其中 Σ 是圆锥面 $z = \sqrt{x^2+y^2}$ 和平面 $z=1$ 所围立体的表面；

(4) $\oiint_{\Sigma} \frac{1}{(1+x+y)^2}\mathrm{d}S$ ，其中 Σ 是四面体 $x+y+z \leqslant 1$ ，$x \geqslant 0$ ，$y \geqslant 0$ ，$z \geqslant 0$ 的表面.

3. 求下列曲面片的面积.

(1) 抛物面 $z = 2-(x^2+y^2)$ 在 $z \geqslant 0$ 的部分；

(2) 圆锥面 $z = \sqrt{x^2+y^2}$ 被圆柱面 $x^2+y^2=ax$ 所截的有限部分.

4. 已知曲面 $z = 3-(x^2+y^2)$ 的面密度 $\rho(x,y,z) = x^2+y^2+z$ ，求此曲面在 $z \geqslant 1$ 部分的质量.

5. 求均匀圆锥面 $z = \sqrt{x^2+y^2}$ 被圆柱面 $x^2+y^2=ax$ 所截的有限部分的形心坐标.

6. 计算 $\iint\limits_{\Sigma} f(x,y,z)\mathrm{d}S$，其中 Σ 是 $x^2 + y^2 + z^2 = R^2$，$f(x,y,z) = \begin{cases} x^2 + y^2, & z \geqslant \sqrt{x^2 + y^2}, \\ 0, & z < \sqrt{x^2 + y^2}. \end{cases}$

7. 求 $\iint\limits_{\Sigma} \dfrac{z}{f(x,y,z)}\mathrm{d}S$，其中 Σ 是旋转椭球面 $\dfrac{x^2}{2} + \dfrac{y^2}{2} + z^2 = 1$ 的上半部分，若 π 表示 Σ 在其上点 $M(x,y,z)$ 处的切平面，$f(x,y,z)$ 为原点到平面 π 的距离.

8. 对照第一类曲线积分或重积分性质写出第一类曲面积分的线性性质、不等式性质等.

10.3　第二类(对坐标的)曲线积分

10.3.1　场的概念

第二类曲线积分与曲面积分的概念产生也是实际问题的需要，特别是研究各种物理场的需要. 因此，首先引入场的概念.

在物理学中存在着各种各样的场，如温度场、电位场等是数量场，而引力场、电场、磁场、流速场等是向量场，场就是某一平面或空间区域上分布着的某种物理量，数学上表现为定义在某一区域上的数量函数或向量函数.

定义 1　设 $u(M)$，$P(M)$，$Q(M)$，$R(M)$ 是定义在空间区域 $\Omega \subseteq \mathbf{R}^3$ 上的三元函数，则称 $u(M)$，$M \in \Omega$ 为一个**数量场**，而向量函数 $\boldsymbol{F}(M) = P(M)\boldsymbol{i} + Q(M)\boldsymbol{j} + R(M)\boldsymbol{k}$，$M \in \Omega$ 为一个**空间向量场**. 类似地有平面区域 $D \subseteq \mathbf{R}^2$ 上的**数量场**和**平面向量场**的概念.

例如，位于坐标原点电量为 q 的点电荷，对周围空间上任一点 $M(x,y,z)$ 处产生的电场强度 $\boldsymbol{E}(M) = \dfrac{kq}{r^3}\boldsymbol{r}$（$k$ 为常数），是一个空间向量场. 其中 $\boldsymbol{r} = x\boldsymbol{i} + y\boldsymbol{j} + z\boldsymbol{k}$，$r = |\boldsymbol{r}| = \sqrt{x^2 + y^2 + z^2}$.

又如，河水的流速 $\boldsymbol{v}(M) = y\boldsymbol{i} - x\boldsymbol{j}$，其大小为点 M 与原点的距离，方向垂直于点 M 与原点的直线，这就是一个平面向量场，即流速场.

在 8.6 节中介绍的梯度概念，它是由数量函数 $u(x,y,z)$ 所定义的向量函数

$$\mathbf{grad}u(x,y,z) = \left(\frac{\partial u}{\partial x}, \frac{\partial u}{\partial y}, \frac{\partial u}{\partial z} \right),$$

它给出了一个向量场，称为**梯度场**，而 $u(x,y,z)$ 给出了一个数量场.

易见梯度向量正是数量场 $u(x,y,z)$ 的等值面 $u(x,y,z) = c$（其中 c 为常数）的一个法线向量，所以 $\mathbf{grad}u(x,y,z)$ 的方向与等值面正交.

定义 2　已知一个平面(或空间)向量场 $\boldsymbol{F}(M)$，$M \in D$（或 $M \in \Omega$，Ω 为空间

区域), 若存在一个可微函数 $u(M)$, $M \in D$ (或 $M \in \Omega$), 使得

$$F(M) = \mathbf{grad}\,u(M),$$

则称该向量场是一个**有势场**, 正因为有势场是数量 $u(M)$ 的梯度场, 所以 $u(M)$ 称为向量场 $F(M)$ 的一个**势函数**.

容易验证 $u(M) = -\dfrac{kq}{\sqrt{x^2 + y^2 + z^2}}$ 是上述电场强度 $E(M) = \dfrac{kq}{r^3}\mathbf{r}$, $(\mathbf{r} \neq \mathbf{0})$ 的一个势函数.

10.3.2 第二类曲线积分的概念

下面的力场做功问题在物理学中经常遇到.

设一质点在变力 $F(x,y) = P(x,y)\mathbf{i} + Q(x,y)\mathbf{j}$ 作用下, 从点 A 沿平面光滑曲线 C 运动到点 B, 求变力 $F(x,y)$ 所做的功(图 10.8).

为了书写统一和简单, 以下将向量函数 $F(x,y) = P(x,y)\mathbf{i} + Q(x,y)\mathbf{j}$ 写成 $F(M) = P(M)\mathbf{i} + Q(M)\mathbf{j}$. 若 M 为空间的点, 其坐标为 (x,y,z), 则 $F(M)$ 的坐标形式为

$$F(M) = F(x,y,z) = P(M)\mathbf{i} + Q(M)\mathbf{j} + R(M)\mathbf{k}$$
$$= P(x,y,z)\mathbf{i} + Q(x,y,z)\mathbf{j} + R(x,y,z)\mathbf{k}.$$

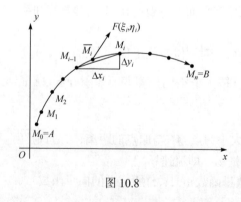

图 10.8

若力 $F(M)$ 在每一点都相同, 即为一个常向量, 而曲线 C 是有向线段 $\overrightarrow{AB}$, 那么力 F 对质点所做的功就是

$$W = F \cdot \overrightarrow{AB} = F \cdot t^0 s,$$

其中 $s = \left|\overrightarrow{AB}\right|$, $t^0 = \overrightarrow{AB}\,/\left|\overrightarrow{AB}\right|$.

现在 $F(M)$ 不是常力, C 也不是线段 (图 10.8), 为了求变力沿曲线运动所做的功, 仍采用"分割、近似代替、求和、取极限"这四个步骤来解这个问题.

(1) **分割** 将曲线 $\overset{\frown}{AB}$ 任意分成 n 个小弧段,

$$\overset{\frown}{M_0M_1},\ \overset{\frown}{M_1M_2},\ \cdots,\ \overset{\frown}{M_{n-1}M_n}\quad (\text{图 10.8}),$$

其长度记作 $\Delta s_1, \Delta s_2, \cdots, \Delta s_n$, 分点的坐标为

$$M_i(x_i,y_i)\quad (i = 0,1,2,\cdots,n;\ M_0 = A, M_n = B).$$

(2) **近似代替** 任取一点 $\overline{M_i}(\xi_i, \eta_i) \in \overset{\frown}{M_{i-1}M_i}$, 设在该点 $\overline{M_i}$ 处与曲线 C 方向

一致的单位切向量为 $t^0(\overline{M_i})$. 当分点无限加密时，由于 $\widehat{M_{i-1}M_i}$ 很短，可近似看作有向线段，其大小为小弧段 $\widehat{M_{i-1}M_i}$ 的长度，方向为 $t^0(\overline{M_i})$，而变力 F 可近似地看作常力 $F(\overline{M_i})$，则力 $F(M)$ 在小弧段 $\widehat{M_{i-1}M_i}$ 上所做的功

$$\Delta W_i \approx F(\overline{M_i}) \cdot t^0(\overline{M_i}) \Delta s_i .$$

(3) **求和**

$$W = \sum_{i=1}^{n} \Delta W_i \approx \sum_{i=1}^{n} F(\overline{M_i}) \cdot t^0(\overline{M_i}) \Delta s_i .$$

(4) **取极限** 令 $\lambda = \max\{\Delta s_1, \Delta s_2, \cdots, \Delta s_n\}$，则力 $F(M)$ 沿曲线 C 所做的功

$$W = \lim_{\lambda \to 0} \sum_{i=1}^{n} F(\overline{M_i}) \cdot t^0(\overline{M_i}) \Delta s_i = \int_C F(M) \cdot t^0(M) \mathrm{d}s . \tag{1}$$

这里需要说明的是力对质点所做的功与质点沿曲线弧 C 的运动方向有关，由物理学知道，从点 A 到点 B 所做的功与从点 B 到点 A 所做的功绝对值相等，但符号相反.

定义 3 规定了方向的曲线称为**有向曲线**.

通常，当用参数方程表示曲线时，规定它的正方向为参数增大的方向.

抽去变力做功的背景，即得第二类曲线积分的定义.

定义 4 设 C 是 xOy 平面上从点 A 到点 B 的一条有向光滑曲线，$F(M)$ 是定义在曲线 C 上的一个向量函数，$t^0(M) = \cos\alpha\, i + \sin\alpha\, j$ 是点 $M(x,y)$ 处与曲线 C 方向一致的单位切向量，若 $\int_C F(M) \cdot t^0(M)\mathrm{d}s$ 存在，则称它为向量函数 $F(M)$ 沿曲线弧 C 从点 A 到点 B 的**第二类曲线积分**，简记为 $\int_C F \cdot t^0 \mathrm{d}s$，即

$$\int_C F \cdot t^0 \mathrm{d}s = \int_C [P(x,y)\cos\alpha + Q(x,y)\sin\alpha]\mathrm{d}s . \tag{2}$$

注意 从形式上看，这是一个第一类曲线积分，但两类曲线积分在概念和应用上是不同的. 第二类曲线积分与曲线的方向有关，这反映在 $t^0(M)$ 是与曲线 C 方向一致的单位切向量上，并且第二类曲线积分是针对向量函数引入的，而前者与曲线方向无关，仅涉及数量函数.

若记 $\mathrm{d}r = t^0\mathrm{d}s = \cos\alpha\mathrm{d}s\, i + \sin\alpha\mathrm{d}s\, j$ (称为**有向曲线元**)，则(2)式向量形式可简写为

$$\int_C F \cdot \mathrm{d}r = \int_C F \cdot t^0 \mathrm{d}s . \tag{3}$$

若用 $\mathrm{d}x$, $\mathrm{d}y$ 分别表示有向曲线元 $\mathrm{d}r$ 在两个坐标轴上的投影，则 $\mathrm{d}x = \cos\alpha\mathrm{d}s$，

$\mathrm{d}y = \sin \alpha \mathrm{d}s$ ，并且 $\mathrm{d}\boldsymbol{r} = \boldsymbol{t}^0 \mathrm{d}s = \mathrm{d}x\boldsymbol{i} + \mathrm{d}y\boldsymbol{j}$ ．由此给出第二类曲线积分常用的坐标形式

$$\int_C \boldsymbol{F} \cdot \mathrm{d}\boldsymbol{r} = \int_C P(x,y)\mathrm{d}x + Q(x,y)\mathrm{d}y ，\tag{4}$$

所以第二类曲线积分也称为**对坐标的曲线积分**.

当向量函数 $\boldsymbol{F}(x,y) = (P(x,y),0)$ 或 $\boldsymbol{t}^0 = \boldsymbol{i}$ 时，$\oint_C \boldsymbol{F} \cdot \mathrm{d}\boldsymbol{r}$ 成为单独的积分

$\int_C P(x,y)\mathrm{d}x$ ．同样也会出现单独的积分 $\int_C Q(x,y)\mathrm{d}y$ ．

由定义 4，变力沿有向曲线 C 所做的功，即(1)式可表示为

$$W = \int_C P(x,y)\mathrm{d}x + Q(x,y)\mathrm{d}y ．$$

第二类曲线
积分的定义

由第一类曲线积分的性质可推出第二类曲线积分的一些性质，以下仅列出两条特殊性质.

(1) 若有向曲线 C 是由有向曲线 C_1 与 C_2 组成，则

$$\int_C \boldsymbol{F} \cdot \mathrm{d}\boldsymbol{r} = \int_{C_1} \boldsymbol{F} \cdot \mathrm{d}\boldsymbol{r} + \int_{C_2} \boldsymbol{F} \cdot \mathrm{d}\boldsymbol{r} ．$$

(2) 设 $C\,(\overset{\frown}{AB})$ 表示有向曲线，$C^-\,(\overset{\frown}{BA})$ 表示 $C\,(\overset{\frown}{AB})$ 的反向曲线，则

$$\int_{C(\overset{\frown}{AB})} \boldsymbol{F} \cdot \mathrm{d}\boldsymbol{r} = - \int_{C^-(\overset{\frown}{BA})} \boldsymbol{F} \cdot \mathrm{d}\boldsymbol{r} ．$$

若 $\boldsymbol{F}(M) = P(M)\boldsymbol{i} + Q(M)\boldsymbol{j} + R(M)\boldsymbol{k}$ 定义在空间有向曲线弧 $\varGamma$ 上，可类似地定义沿空间有向曲线 $\varGamma$ 的**第二类曲线积分**

$$\int_\varGamma \boldsymbol{F} \cdot \mathrm{d}\boldsymbol{r} = \int_\varGamma \boldsymbol{F} \cdot \boldsymbol{t}^0 \mathrm{d}s = \int_\varGamma [P(x,y,z)\cos\alpha + Q(x,y,z)\cos\beta + R(x,y,z)\cos\gamma]\mathrm{d}s$$

$$= \int_\varGamma P(x,y,z)\mathrm{d}x + Q(x,y,z)\mathrm{d}y + R(x,y,z)\mathrm{d}z ，$$

其中 $\boldsymbol{t}^0 = (\cos\alpha,\cos\beta,\cos\gamma)$ 为点 $M(x,y,z)$ 处与曲线 $\varGamma$ 方向一致的单位切向量，$\mathrm{d}\boldsymbol{r} = \boldsymbol{t}^0 \mathrm{d}s = (\mathrm{d}x,\mathrm{d}y,\mathrm{d}z)$ ，易见第二类曲线积分的向量表示对平面曲线和空间曲线形式上是不变的.

例 1　设向量函数 $\boldsymbol{F}(x,y,z) = P(x,y,z)\boldsymbol{i} + Q(x,y,z)\boldsymbol{j} + R(x,y,z)\boldsymbol{k}$ 在有向曲线 $\varGamma$ 上连续，$M = \max_\varGamma \sqrt{P^2 + Q^2 + R^2}$ ，曲线段 $\varGamma$ 的长度为 s，证明

$$\left| \int_{\Gamma} P\mathrm{d}x + Q\mathrm{d}y + R\mathrm{d}z \right| \leqslant Ms^{①}.$$

证　由第二类曲线积分的定义，有

$$\left| \int_{\Gamma} P\mathrm{d}x + Q\mathrm{d}y + R\mathrm{d}z \right| = \left| \int_{\Gamma} (P\cos\alpha + Q\cos\beta + R\cos\gamma)\mathrm{d}s \right| = \left| \int_{\Gamma} \boldsymbol{F} \cdot \boldsymbol{t}^0 \mathrm{d}s \right|$$

$$\leqslant \int_{\Gamma} \left| \boldsymbol{F} \cdot \boldsymbol{t}^0 \right| \mathrm{d}s \leqslant \int_{\Gamma} |\boldsymbol{F}| |\boldsymbol{t}^0| \mathrm{d}s = \int_{\Gamma} |\boldsymbol{F}| \mathrm{d}s = \int_{\Gamma} \sqrt{P^2 + Q^2 + R^2} \, \mathrm{d}s \leqslant Ms.$$

10.3.3　第二类曲线积分的计算

设 $P(x,y)$，$Q(x,y)$ 是定义在曲线 C 上的二元连续函数，则称向量函数 $\boldsymbol{F}(M) = \boldsymbol{F}(x,y) = P(M)\boldsymbol{i} + Q(M)\boldsymbol{j}$ 在曲线 C 上连续. 空间向量函数的连续性有类似的定义.

由第一类曲线积分的计算法容易推得第二类曲线积分的计算法.

定理 1　设光滑曲线 C 的参数方程为

第二类曲线
积分的计算

$$\begin{cases} x = \varphi(t), \\ y = \psi(t), \end{cases}$$

当参数 t 单调地(递增或递减)从 α 变到 β 时，点 M 从点 A 沿曲线 C 运动到点 B，$\varphi(t)$，$\psi(t)$ 在 $[\alpha,\beta]$(或 $[\beta,\alpha]$)上有连续的一阶导数，且 $\varphi'^2(t) + \psi'^2(t) \neq 0$，向量函数 $\boldsymbol{F}(x,y) = P(x,y)\boldsymbol{i} + Q(x,y)\boldsymbol{j}$ 在曲线 C 上连续，则

$$\int_C \boldsymbol{F} \cdot \mathrm{d}\boldsymbol{r} = \int_C P(x,y)\mathrm{d}x + Q(x,y)\mathrm{d}y$$

$$= \int_{\alpha}^{\beta} \{ P[\varphi(t),\psi(t)]\varphi'(t) + Q[\varphi(t),\psi(t)]\psi'(t) \}\mathrm{d}t. \tag{5}$$

证　不妨设 $\alpha < \beta$，参数增加的方向为曲线的方向，则与曲线同方向的单位切向量为

$$\boldsymbol{t}^0 = \frac{1}{\sqrt{\varphi'^2(t) + \psi'^2(t)}} (\varphi'(t), \psi'(t)).$$

又 $\mathrm{d}s = \sqrt{\varphi'^2(t) + \psi'^2(t)}\,\mathrm{d}t$，那么

$$\mathrm{d}\boldsymbol{r} = \boldsymbol{t}^0 \mathrm{d}s = (\varphi'(t), \psi'(t))\mathrm{d}t = (\mathrm{d}x, \mathrm{d}y).$$

---

① $\displaystyle\int_{\Gamma} P\mathrm{d}x + Q\mathrm{d}y + R\mathrm{d}z$ 是 $\displaystyle\int_{\Gamma} P(x,y,z)\mathrm{d}x + Q(x,y,z)\mathrm{d}y + R(x,y,z)\mathrm{d}z$ 的简写.

于是，由第一类曲线积分的计算公式，有

$$\int_C \boldsymbol{F} \cdot \boldsymbol{t}^0 \mathrm{d}s = \int_\alpha^\beta \boldsymbol{F}(\varphi(t),\psi(t)) \cdot \frac{1}{\sqrt{\varphi'^2(t)+\psi'^2(t)}}(\varphi'(t),\psi'(t))\sqrt{\varphi'^2(t)+\psi'^2(t)}\mathrm{d}t$$

$$= \int_\alpha^\beta \{P[\varphi(t),\psi(t)]\varphi'(t) + Q[\varphi(t),\psi(t)]\psi'(t)\}\mathrm{d}t.$$

类似地，对空间有向光滑曲线 Γ：$\begin{cases} x=\varphi(t), \\ y=\psi(t), \\ z=\omega(t), \end{cases}$ 有

$$\int_\Gamma P(x,y,z)\mathrm{d}x + Q(x,y,z)\mathrm{d}y + R(x,y,z)\mathrm{d}z$$

$$= \int_\alpha^\beta \{P[\varphi(t),\psi(t),\omega(t)]\varphi'(t) + Q[\varphi(t),\psi(t),\omega(t)]\psi'(t) + R[\varphi(t),\psi(t),\omega(t)]\omega'(t)\}\mathrm{d}t, \quad (6)$$

其中积分下限 α 对应曲线弧 Γ 的起点，而上限 β 对应曲线弧 Γ 的终点.

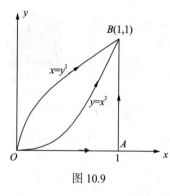

图 10.9

例 2　计算 $\int_C (x^2+y)\mathrm{d}x + (x-y^2)\mathrm{d}y$，其中 C (图 10.9) 为

(1) 从 $O(0,0)$ 沿抛物线 $y=x^2$ 到 $B(1,1)$ 的一段弧；

(2) 从 $O(0,0)$ 沿抛物线 $x=y^2$ 到 $B(1,1)$ 的一段弧；

(3) 有向折线 OAB.

解　(1) 取 x 为参数，起点 O 对应 $x=0$，终点 B 对应 $x=1$，$\overset{\frown}{OB}$：$y=x^2$，$\mathrm{d}y=2x\mathrm{d}x$，化为定积分，有

$$\int_C (x^2+y)\mathrm{d}x + (x-y^2)\mathrm{d}y = \int_0^1 [2x^2 + (x-x^4) \cdot 2x]\mathrm{d}x = 1.$$

(2) 取 y 为参数，起点 O 对应 $y=0$，终点 B 对应 $y=1$，$\overset{\frown}{OB}$：$x=y^2$，$\mathrm{d}x=2y\mathrm{d}y$，化为定积分，有

$$\int_C (x^2+y)\mathrm{d}x + (x-y^2)\mathrm{d}y = \int_0^1 (y^4+y) \cdot 2y\mathrm{d}y = 1.$$

(3) 有向折线 $OAB = \overline{OA} + \overline{AB}$，其中 $\overline{OA}$：$y=0\,(0 \leqslant x \leqslant 1)$，$\mathrm{d}y=0$；$\overline{AB}$：$x=1\,(0 \leqslant y \leqslant 1)$，$\mathrm{d}x=0$，所以

$$\int_{OAB} (x^2+y)\mathrm{d}x + (x-y^2)\mathrm{d}y = \int_{\overline{OA}} (x^2+y)\mathrm{d}x + (x-y^2)\mathrm{d}y + \int_{\overline{AB}} (x^2+y)\mathrm{d}x + (x-y^2)\mathrm{d}y$$

$$= \int_0^1 x^2 \mathrm{d}x + \int_0^1 (1 - y^2)\mathrm{d}y = 1.$$

思考　在例 2 中，若积分路径为 $C = \overline{AB}$：$y = k$（k 为常数），$A(a,k), B(b,k)$，则

$$\int_C P(x,y)\mathrm{d}x = ? \quad \int_C Q(x,y)\mathrm{d}y = ?$$

例 3　计算 $\oint_C \dfrac{x\mathrm{d}y - y\mathrm{d}x}{x^2 + (y-1)^2}$，其中 C 为顺时针方向的圆周 $x^2 + (y-1)^2 = 4$.

解　圆周的参数方程为

$$\begin{cases} x = 2\cos t, \\ y = 1 + 2\sin t, \end{cases}$$

参数 t 从 2π 变到 0，有

$$\oint_C \frac{x\mathrm{d}y - y\mathrm{d}x}{x^2 + (y-1)^2} = \frac{1}{4}\oint_C x\mathrm{d}y - y\mathrm{d}x$$

$$= \frac{1}{4}\int_{2\pi}^0 [2\cos t(2\cos t) - (1 + 2\sin t)(-2\sin t)]\mathrm{d}t$$

$$= \frac{1}{4}\int_{2\pi}^0 (4 + 2\sin t)\mathrm{d}t = -2\pi.$$

例 4　计算 $I = \oint_\Gamma \boldsymbol{F} \cdot \mathrm{d}\boldsymbol{r}$，其中 $\boldsymbol{F} = (z - y, x - z, x - y)$，$\Gamma:\begin{cases} x^2 + y^2 = 1, \\ x - y + z = 2, \end{cases}$ 从 z 轴正向看为顺时针方向.

解　曲线 Γ 如图 10.10 所示. 将曲线 Γ 参数化

$x = \cos\theta$，$y = \sin\theta$，$z = 2 - x + y = 2 - \cos\theta + \sin\theta$.

由题设曲线 Γ 的起点对应参数 $\theta = 2\pi$，终点对应参数 $\theta = 0$，从而

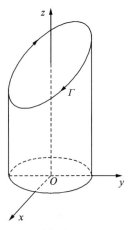

$$I = \oint_\Gamma (z - y)\mathrm{d}x + (x - z)\mathrm{d}y + (x - y)\mathrm{d}z$$

$$= \int_{2\pi}^0 [-2(\cos\theta + \sin\theta) + 3\cos^2\theta - \sin^2\theta]\,\mathrm{d}\theta$$

$$= -4\int_0^{\frac{\pi}{2}} 2\cos^2\theta\,\mathrm{d}\theta = -2\pi.$$

图 10.10

例 5　设在坐标原点处有一带电量为 q 的正电荷，

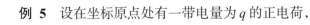

单位正电荷从点 $A(2, 0, 1)$ 沿直线运动到点 $B(1, 1, 1)$，求电场力 $\boldsymbol{F}$ 对它所做的功 W.

解　直线 $\overline{AB}$ 的方程

$$\frac{x-1}{1} = \frac{y-1}{-1} = \frac{z-1}{0},$$

化为参数方程 $x = 1+t$，$y = 1-t$，$z = 1$，点 A，B 对应的参数分别为 $t = 1$，$t = 0$.

原点处带电量 q 的正电荷，对周围空间上任一点 $M(x, y, z)$ 处的单位正电荷的作用力

$$\boldsymbol{F}(M) = \frac{kq}{r^3}\boldsymbol{r} \quad (k\ 为常数), \qquad \boldsymbol{r} = x\boldsymbol{i} + y\boldsymbol{j} + z\boldsymbol{k}, \qquad r = |\boldsymbol{r}| = \sqrt{x^2 + y^2 + z^2}.$$

所求电场力 $\boldsymbol{F}$ 对单位正电荷所做的功

$$W = \int_{\overline{AB}} \boldsymbol{F} \cdot \mathrm{d}\boldsymbol{r} = kq \int_{\overline{AB}} \frac{1}{(x^2 + y^2 + z^2)^{\frac{3}{2}}}(x\mathrm{d}x + y\mathrm{d}y + z\mathrm{d}z)$$

$$= kq \int_1^0 \frac{2t}{(3 + 2t^2)^{\frac{3}{2}}}\mathrm{d}t = kq\left(\frac{1}{\sqrt{5}} - \frac{1}{\sqrt{3}}\right).$$

习　题　10.3

1. 计算下列对坐标的曲线积分.

(1) $\displaystyle\int_C (2a - y)\mathrm{d}x - (a - y)\mathrm{d}y$，其中 C 是 $x = a(t - \sin t)$，$y = a(1 - \cos t)$ 上从 $t = 0$ 到 $t = 2\pi$ 的一段弧；

(2) $\displaystyle\oint_C \frac{y\mathrm{d}x}{x+1} + 2xy\mathrm{d}y$，其中 C 是由 $y = x^2$ 与 $y = x$ 所围成的闭曲线，取逆时针方向；

(3) $\displaystyle\oint_C \frac{(x+y)\mathrm{d}x - (x-y)\mathrm{d}y}{x^2 + y^2}$，其中 C 为逆时针方向的圆周 $x^2 + y^2 = a^2$；

(4) $\displaystyle\oint_L \frac{\mathrm{d}x + \mathrm{d}y}{|x| + |y|}$，其中 L 是以 $A(1, 0)$，$B(0, 1)$，$C(-1, 0)$，$D(0, -1)$ 为顶点的正方形边界线，按逆时针方向；

(5) $\displaystyle\oint_\Gamma \mathrm{d}x - \mathrm{d}y + y\mathrm{d}z$，其中 Γ 为依次连接点 $A(1, 0, 0)$，$B(0, 1, 0)$，$C(0, 0, 1)$，$O(0, 0, 0)$，$A(1, 0, 0)$ 的有向闭折线；

(6) $\displaystyle\int_\Gamma y^2\mathrm{d}x + z^2\mathrm{d}y + x^2\mathrm{d}z$，其中 $\Gamma：\begin{cases} z = \sqrt{a^2 - x^2 - y^2}, \\ x^2 + y^2 = ax, \end{cases}$ 从 x 轴正向看去为逆时针方向.

2. 设 z 轴与重力的方向一致，求质量为 m 的质点从位置 (x_1, y_1, z_1) 沿直线移动到 (x_2, y_2, z_2) 时重力所做的功.

3. 已知力 $\boldsymbol{F}$ 的方向指向坐标原点，其大小与作用点到 xOy 面的距离成反比. 一质点在力 $\boldsymbol{F}$ 作用下由点 $A(2, 2, 1)$ 沿直线移动到 $B(4, 4, 2)$，求 $\boldsymbol{F}$ 所做的功 W.

4. 把第二类曲线积分 $\int_C P(x,y)\mathrm{d}x + Q(x,y)\mathrm{d}y$ 化成第一类曲线积分,其中 C 为从点$(0,0)$沿上半圆周 $x^2 + y^2 = 2x$ 到点$(1,1)$的一段弧.

5. 设一质点在变力 $\boldsymbol{F} = (x, -y, x + y + z)$ 作用下,从点 $A(a, 0, 0)$ 沿曲线 $\varGamma$ 运动到点 $B(a, 0, 2\pi b)$,求 $\boldsymbol{F}$ 所做的功 W,其中 $\varGamma$ 为

(1) 圆柱螺旋线: $x = a\cos\theta,\ y = a\sin\theta,\ z = b\theta$;

(2) 直线: $\overline{AB}$.

6. 在过点 $O(0,0)$ 和 $A(\pi, 0)$ 的曲线族 $y = a\sin x(a > 0)$ 中求一条曲线 L,使该曲线从 O 到 A 的积分 $I = \int_L (1 + y^3)\mathrm{d}x + (2x + y)\mathrm{d}y$ 的值最小.

7. 证明第二类曲线积分的性质.

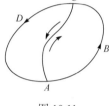

图 10.11

(1) $\displaystyle\int_C [\boldsymbol{F}_1(x,y) \pm \boldsymbol{F}_2(x,y)] \cdot \mathrm{d}\boldsymbol{r} = \int_C \boldsymbol{F}_1(x,y) \cdot \mathrm{d}\boldsymbol{r} \pm \int_C \boldsymbol{F}_2(x,y) \cdot \mathrm{d}\boldsymbol{r}$;

(2) $\displaystyle\int_C k\boldsymbol{F}(x,y) \cdot \mathrm{d}\boldsymbol{r} = k\int_C \boldsymbol{F}(x,y) \cdot \mathrm{d}\boldsymbol{r}$ (k 为常数);

(3) 如图 10.11 所示,在有向闭曲线 L: $\overset{\frown}{ABCDA}$ 所围成的区域中过点 A 和点 C 任意作一条曲线 $\overset{\frown}{AC}$. 设 L_1: $\overset{\frown}{ABCA}$,L_2: $\overset{\frown}{ACDA}$,则

$$\oint_L \boldsymbol{F} \cdot \mathrm{d}\boldsymbol{r} = \oint_{L_1} \boldsymbol{F} \cdot \mathrm{d}\boldsymbol{r} + \oint_{L_2} \boldsymbol{F} \cdot \mathrm{d}\boldsymbol{r}.$$

10.4　格林公式及其应用

本节将介绍著名的格林[②]公式,进而讨论平面曲线积分与路径无关的条件及原函数的概念和求法. 格林公式揭示了平面区域上的二重积分与沿该区域边界上的第二类曲线积分之间的关系.

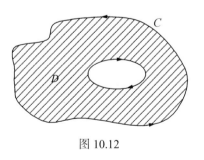

图 10.12

10.4.1　格林公式

设 D 为一个平面有界区域,若 D 内任一闭曲线所围成的区域都包含在 D 中,则称 D 为一个**平面单连通域**,否则称 D 为一个**平面复连通域**(图 10.12),直观上,平面单连通域是无"洞"区域,而平面复连通域则是有"洞"区域.

设 C 是平面有界区域 D 的边界,它是由有限条光滑曲线组成的闭曲线,其正向规定为:一个人沿这个方向前进时,区域 D

永远在他的左边(图 10.12),通常用 C^+ 表示沿边界 C 的正方向.

定理 1 设函数 $P(x,y)$,$Q(x,y)$ 在平面有界闭区域 D 上具有连续的一阶偏导数,C^+ 是 D 的正向分段光滑边界(曲线),则有格林公式

$$\iint_D \left(\frac{\partial Q}{\partial x} - \frac{\partial P}{\partial y}\right) dx dy = \oint_{C^+} P(x,y) dx + Q(x,y) dy. \tag{1}$$

证 若 D 是一个平面单连通域,且 D 既为 X 型区域:

$$D = \{(x,y) | \varphi_1(x) \leqslant y \leqslant \varphi_2(x), a \leqslant x \leqslant b\},$$

又为 Y 型区域:

$$D = \{(x,y) | \psi_1(y) \leqslant x \leqslant \psi_2(y), c \leqslant y \leqslant d\} \quad (图 10.13).$$

由二重积分的计算公式,有

$$\iint_D \frac{\partial P}{\partial y} dx dy = \int_a^b dx \int_{\varphi_1(x)}^{\varphi_2(x)} \frac{\partial P}{\partial y} dy$$

$$= \int_a^b [P(x, \varphi_2(x)) - P(x, \varphi_1(x))] dx,$$

又由曲线积分的性质及计算公式,有

$$\oint_{C^+} P(x,y) dx = \left(\int_{\widehat{AFB}} + \int_{\widehat{BEA}}\right) P(x,y) dx$$

$$= \int_a^b P(x, \varphi_1(x)) dx + \int_b^a P(x, \varphi_2(x)) dx$$

$$= -\int_a^b [P(x, \varphi_2(x)) - P(x, \varphi_1(x))] dx.$$

所以

$$-\iint_D \frac{\partial P}{\partial y} dx dy = \oint_{C^+} P(x,y) dx.$$

同理可证

$$\iint_D \frac{\partial Q}{\partial x} dx dy = \oint_{C^+} Q(x,y) dy.$$

两式相加得

$$\iint_D \left(\frac{\partial Q}{\partial x} - \frac{\partial P}{\partial y}\right) dx dy = \oint_{C^+} P dx + Q dy.$$

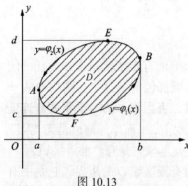

图 10.13

若 D 不满足以上条件,可作一些辅助线将 D 分成有限个小区域,使每个小区域既是 X 型区域又是 Y 型区域(图 10.14),应用格林公式到每个小区域上,把所得结果加起来,注意到每条辅助线上曲线积分

来回各一次,恰好互相抵消(参见习题 10.3 的 7(3)),格林公式(1)仍成立.

若 D 是一个平面复连通域,可作一些辅助线将 D 分成有限个单连通域,应用上述已证结果,仍得格林公式(1). 如图 10.15,作辅助线 $\overline{AB}$,$\overline{EF}$,把 D 分成了两个单连通域 D_1 和 D_2,在 D_1,D_2 上应用格林公式后再相加,曲线积分在 $\overline{AB}$,$\overline{EF}$ 来回各一次,其值正负抵消,从而得格林公式(1)对复连通域仍成立.

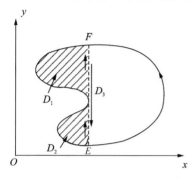

图 10.14

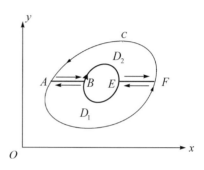

图 10.15

特别地,当 $P = -y$,$Q = x$ 时,有

$$2 \iint\limits_{D} \mathrm{d}x\mathrm{d}y = \oint_{C^+} x\mathrm{d}y - y\mathrm{d}x ,$$

从而得到用第二类曲线积分计算平面区域 D 的面积公式

$$A = \frac{1}{2} \oint_{C^+} x\mathrm{d}y - y\mathrm{d}x . \tag{2}$$

请读者自行验证 A 也可表示为

$$A = -\oint_{C^+} y\mathrm{d}x = \oint_{C^+} x\mathrm{d}y .$$

例如,椭圆 $C: \begin{cases} x = a\cos\theta, \\ y = b\sin\theta, \end{cases}$ $0 \leqslant \theta \leqslant 2\pi$ 的面积

$$A = \frac{1}{2} \oint_{C^+} x\mathrm{d}y - y\mathrm{d}x = \frac{1}{2} \int_0^{2\pi} ab\mathrm{d}\theta = \pi ab .$$

注意 在使用格林公式时,必须牢记

(1) 积分路径 C 是**封闭的**,

(2) 积分路径 C 取**正方向**;

(3) 函数 $P(x, y)$,$Q(x, y)$ 在 D 上必须**具有连续的一阶偏导数**.

例 1　计算 $\oint_C (2y - x^3)\mathrm{d}x + (4x + y^2)\mathrm{d}y$，其中 C 是 $(x-1)^2 + (y+2)^2 = 16$ 取逆时针方向.

解　由格林公式，$P = 2y - x^3$，$Q = 4x + y^2$，有

$$\oint_C (2y - x^3)\mathrm{d}x + (4x + y^2)\mathrm{d}y = \iint_D \left(\frac{\partial Q}{\partial x} - \frac{\partial P}{\partial y} \right)\mathrm{d}x\mathrm{d}y$$

$$= 2\iint_D \mathrm{d}x\mathrm{d}y = 2 \cdot \pi \cdot 4^2 = 32\pi.$$

例 2　设 L 是以 $A(1,0)$，$B(0,1)$，$C(-1,0)$，$D(0,-1)$ 为顶点的正方形的边界，按逆时针方向，证明 $\oint_L \dfrac{\mathrm{d}x + \mathrm{d}y}{|x| + |y|} = 0$.

证　L 的表达式为 $|x| + |y| = 1$，所以

$$\oint_L \frac{\mathrm{d}x + \mathrm{d}y}{|x| + |y|} = \oint_L \mathrm{d}x + \mathrm{d}y ,$$

再由格林公式，得

$$\oint_L \frac{\mathrm{d}x + \mathrm{d}y}{|x| + |y|} = 0 \quad \text{(比较习题 10.3 的 1(4)的方法)}.$$

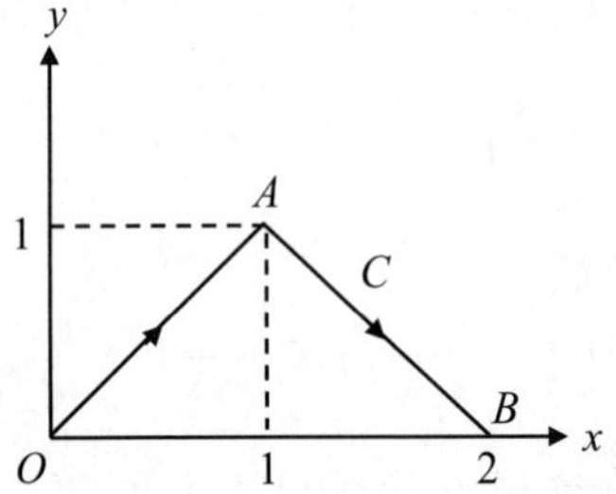

例 3　计算 $\displaystyle\int_C (x^2 - y)\mathrm{d}x + (x^2 + y^2)\mathrm{d}y$，其中 C 是 $y = 1 - |1 - x|$ 对应 x 由 0 到 2 的一段.

解　积分路径 C 的图形见图 10.16. 因为 C 不封闭，为了使用格林公式，添加辅助有向线段 $\overline{BO}$，它与 C 所围成的区域为 D，则

图 10.16

$$\int_C (x^2 - y)\mathrm{d}x + (x^2 + y^2)\mathrm{d}y$$

$$= \left(\oint_{C + \overline{BO}} - \int_{\overline{BO}} \right)(x^2 - y)\mathrm{d}x + (x^2 + y^2)\mathrm{d}y \quad (C + \overline{BO}\text{是反方向})$$

$$= -\iint_D (2x + 1)\mathrm{d}x\mathrm{d}y + \int_{\overline{OB}} x^2\mathrm{d}x \quad (\overline{BO}\text{的方程为} y = 0)$$

$$= -\int_0^1 \mathrm{d}y \int_y^{2-y} (2x + 1)\mathrm{d}x + \int_0^2 x^2\mathrm{d}x = -3 + \frac{8}{3} = -\frac{1}{3}.$$

例 4　计算 $\oint\limits_{C}\dfrac{y\mathrm{d}x-x\mathrm{d}y}{x^2+y^2}$，其中 C 取逆时针方向，是以下三种路径：

(1) 不包围原点的闭曲线；

(2) 圆周 $x^2+y^2=a^2$；

(3) 包围原点的闭曲线.

解　注意到 $P=\dfrac{y}{x^2+y^2}$，　$Q=-\dfrac{x}{x^2+y^2}$ 在原点不连续，但

$$\frac{\partial P}{\partial y}=\frac{x^2-y^2}{(x^2+y^2)^2}=\frac{\partial Q}{\partial x},\quad (x,y)\neq(0,0).$$

(1) 设 C 所围成的区域为 D，函数 P,Q 在 D 上具有连续的一阶偏导数，由格林公式，有

$$\oint\limits_{C}\frac{y\mathrm{d}x-x\mathrm{d}y}{x^2+y^2}=\iint\limits_{D}0\mathrm{d}x\mathrm{d}y=0.$$

(2) C 是取逆时针方向的圆周 $x^2+y^2=a^2$，则

$$\oint\limits_{C}\frac{y\mathrm{d}x-x\mathrm{d}y}{x^2+y^2}=\frac{1}{a^2}\oint\limits_{C}y\mathrm{d}x-x\mathrm{d}y,$$

由格林公式，有

$$\oint\limits_{C}\frac{y\mathrm{d}x-x\mathrm{d}y}{x^2+y^2}=-\frac{2}{a^2}\iint\limits_{D}\mathrm{d}x\mathrm{d}y=-2\pi.$$

此小题也可直接化为定积分计算.

(3) 因为 C 包围原点，函数 P,Q 在原点不连续，所以作顺时针方向的小圆周 $C_1:x^2+y^2=\varepsilon^2$，使其位于 C 内(图 10.17)，用 D 表示 C 与 C_1 所围成的闭区域，在复连通域 D 上应用格林公式，有

$$\oint\limits_{C+C_1}\frac{y\mathrm{d}x-x\mathrm{d}y}{x^2+y^2}=0,$$

从而

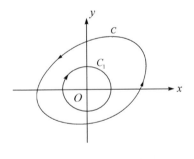

图 10.17

$$\oint\limits_{C}\frac{y\mathrm{d}x-x\mathrm{d}y}{x^2+y^2}=-\int\limits_{C_1}\frac{y\mathrm{d}x-x\mathrm{d}y}{x^2+y^2}$$

$$=\int\limits_{C_1^+}\frac{y\mathrm{d}x-x\mathrm{d}y}{x^2+y^2}=-2\pi.\quad \text{（由第(2)小题）}$$

综上可得

$$\oint_C \frac{y\mathrm{d}x - x\mathrm{d}y}{x^2 + y^2} = \begin{cases} 0, & C是不包围原点的任意闭曲线, \\ -2\pi, & C是包围原点的任意闭曲线. \end{cases}$$

请读者特别注意上例的求解方法与结论.

10.4.2　平面曲线积分与路径无关的条件

设 A，B 是平面区域 G 中的任意两点，若对从点 A 到点 B 的任意两条曲线 L_1 和 L_2(图 10.18)，有

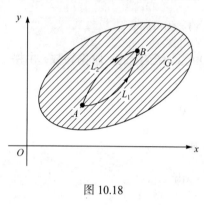

$$\int_{L_1} P\mathrm{d}x + Q\mathrm{d}y = \int_{L_2} P\mathrm{d}x + Q\mathrm{d}y ,$$

则称曲线积分 $\displaystyle\int_C P\mathrm{d}x + Q\mathrm{d}y$ 在 G 内**与路径无关**，否则称**与路径有关**.

当沿 G 中任意曲线 $\widehat{AB}$ ，曲线积分 $\displaystyle\int_{\widehat{AB}} P\mathrm{d}x + Q\mathrm{d}y$ 只与起点 A 及终点 B 有关，而与

图 10.18

积分路径无关时，记作

$$\int_{\widehat{AB}} P\mathrm{d}x + Q\mathrm{d}y = \int_A^B P\mathrm{d}x + Q\mathrm{d}y .$$

现在的问题是：在什么条件下，第二类平面曲线积分与路径无关? 下面的定理回答了这个问题.

定理 2　设函数 $P(x, y)$ ，$Q(x, y)$ 在单连通域 G 内具有一阶连续偏导数，则下列条件等价：

(1) 在 G 内每一点都有 $\dfrac{\partial P}{\partial y} = \dfrac{\partial Q}{\partial x}$ ；

(2) 沿 G 内任意分段光滑闭曲线 C ，有 $\displaystyle\oint_C P\mathrm{d}x + Q\mathrm{d}y = 0$ ；

(3) 对 G 内任意曲线 $\widehat{AB}$ ，有 $\displaystyle\int_{\widehat{AB}} P\mathrm{d}x + Q\mathrm{d}y = \int_A^B P\mathrm{d}x + Q\mathrm{d}y$ ；

(4) 在 G 内，$P\mathrm{d}x + Q\mathrm{d}y$ 是某二元函数 $u(x, y)$ 的全微分，即

$$\mathrm{d}u = P\mathrm{d}x + Q\mathrm{d}y .$$

证　按 $(1) \Rightarrow (2) \Rightarrow (3) \Rightarrow (4) \Rightarrow (1)$ ，运用循环推证法证明.

$(1) \Rightarrow (2)$. 设 C 为 G 内任意分段光滑闭曲线，D 表示 C 所围区域，由格林公式，有

$$\oint_C P\,\mathrm{d}x + Q\,\mathrm{d}y = \pm\iint_D \left(\frac{\partial Q}{\partial x} - \frac{\partial P}{\partial y}\right)\mathrm{d}x\mathrm{d}y = 0.$$

(2) $\Rightarrow$ (3). 设 L_1 和 L_2 为 G 内任意两条以点 A 为起点, 点 B 为终点的分段光滑曲线(图 10.18), 由(2)

$$\oint_{L_1+L_2^-} P\,\mathrm{d}x + Q\,\mathrm{d}y = 0 \quad (L_2^-\text{表示 } L_2 \text{ 的反向曲线}),$$

即

$$\int_{L_1} P\,\mathrm{d}x + Q\,\mathrm{d}y + \int_{L_2^-} P\,\mathrm{d}x + Q\,\mathrm{d}y = \int_{L_1} P\,\mathrm{d}x + Q\,\mathrm{d}y - \int_{L_2} P\,\mathrm{d}x + Q\,\mathrm{d}y = 0,$$

故

$$\int_{L_1} P\,\mathrm{d}x + Q\,\mathrm{d}y = \int_{L_2} P\,\mathrm{d}x + Q\,\mathrm{d}y,$$

即

$$\int_{\overset{\frown}{AB}} P\,\mathrm{d}x + Q\,\mathrm{d}y = \int_A^B P\,\mathrm{d}x + Q\,\mathrm{d}y.$$

(3) $\Rightarrow$ (4). 在 G 内取一固定点 $M_0(x_0, y_0)$, $M(x, y)$ 为 G 内任意点, 由(3)

$$\int_{\overset{\frown}{M_0M}} P\,\mathrm{d}x + Q\,\mathrm{d}y = \int_{M_0}^M P\,\mathrm{d}x + Q\,\mathrm{d}y,$$

显然, 曲线积分 $\displaystyle\int_{\overset{\frown}{M_0M}} P\,\mathrm{d}x + Q\,\mathrm{d}y$ 仅仅与终点 $M(x, y)$ 有关, 即它是点 $M(x, y)$ 的函数, 令

$$u(x, y) = \int_{(x_0, y_0)}^{(x, y)} P(x, y)\mathrm{d}x + Q(x, y)\mathrm{d}y. \tag{3}$$

在点 $M(x, y)$ 附近取一点 $N(x + \Delta x, y)$ (图 10.19), 则

$$\begin{aligned}
\Delta_x u &= u(x + \Delta x, y) - u(x, y) \\
&= \int_{\overset{\frown}{M_0M}+\overline{MN}} P\,\mathrm{d}x + Q\,\mathrm{d}y - \int_{\overset{\frown}{M_0M}} P\,\mathrm{d}x + Q\,\mathrm{d}y \\
&= \int_{\overline{MN}} P\,\mathrm{d}x + Q\,\mathrm{d}y \\
&= \int_{(x, y)}^{(x+\Delta x, y)} P\,\mathrm{d}x + Q\,\mathrm{d}y \\
&= \int_x^{x+\Delta x} P(x, y)\mathrm{d}x \quad (\text{在直线 } \overline{MN} \text{上}, \ y \equiv \text{常数}, \ \mathrm{d}y = 0) \\
&= P(x + \theta\Delta x, y)\Delta x, \quad 0 \leqslant \theta \leqslant 1, \quad (\text{定积分中值定理})
\end{aligned}$$

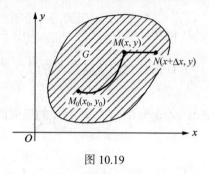

图 10.19

从而

$$\frac{\partial u}{\partial x} = \lim_{\Delta x \to 0} \frac{\Delta_x u}{\Delta x} = \lim_{\Delta x \to 0} P(x + \theta \Delta x, y) = P(x, y).　\text{(由 } P(x, y) \text{ 的连续性)}$$

同理可证

$$\frac{\partial u}{\partial y} = Q(x, y).$$

因此

$$\mathrm{d}u(x, y) = \frac{\partial u}{\partial x}\mathrm{d}x + \frac{\partial u}{\partial y}\mathrm{d}y = P(x, y)\mathrm{d}x + Q(x, y)\mathrm{d}y.$$

$(4) \Rightarrow (1)$. 设存在函数 $u(x, y)$，使得 $\mathrm{d}u(x, y) = P(x, y)\mathrm{d}x + Q(x, y)\mathrm{d}y$，即

$$\frac{\partial u}{\partial x} = P(x, y), \quad \frac{\partial u}{\partial y} = Q(x, y),$$

则

$$\frac{\partial P}{\partial y} = \frac{\partial^2 u}{\partial x \partial y}, \quad \frac{\partial Q}{\partial x} = \frac{\partial^2 u}{\partial y \partial x}.$$

由于 P, Q 在 G 内具有连续的一阶偏导数，从而

$$\frac{\partial^2 u}{\partial x \partial y} = \frac{\partial^2 u}{\partial y \partial x}.$$

所以 $\dfrac{\partial P}{\partial y} = \dfrac{\partial Q}{\partial x}$ 在 G 内每一点都成立.

注意　应用定理 2 中的条件(1)验证曲线积分与路径无关最方便. 若在某单连通域 G 内处处有 $\dfrac{\partial P}{\partial y} = \dfrac{\partial Q}{\partial x}$ 成立，则计算曲线积分时，可选择方便的积分路径.

例 5　设 C 是 $y = \sin \dfrac{\pi x}{2}$ 上从原点 $O(0, 0)$ 到点 $B(1, 1)$ 的曲线弧，求曲线积分

$$\int_{\overset{\frown}{OB}} (x^2 + 2xy)\mathrm{d}x + (x^2 + y^4)\mathrm{d}y.$$

解　令 $P = x^2 + 2xy$，$Q = x^2 + y^4$，则 $\dfrac{\partial P}{\partial y} = 2x = \dfrac{\partial Q}{\partial x}$，又 $\dfrac{\partial P}{\partial y}, \dfrac{\partial Q}{\partial x}$ 在全平面上连续，所以该曲线积分与路径无关.

设点 $A(1, 0)$，选择沿有向折线 OAB 计算该积分，有

$$\int_{\overset{\frown}{OB}} (x^2 + 2xy)\mathrm{d}x + (x^2 + y^4)\mathrm{d}y = \left(\int_{\overset{\frown}{OA}} + \int_{\overset{\frown}{AB}} \right)(x^2 + 2xy)\mathrm{d}x + (x^2 + y^4)\mathrm{d}y$$

$$= \int_0^1 x^2 \mathrm{d}x + \int_0^1 (1 + y^4)\mathrm{d}y = \frac{23}{15}.$$

定义 1　如果函数 $u(x, y)$ 满足 $\mathrm{d}u(x, y) = P(x, y)\mathrm{d}x + Q(x, y)\mathrm{d}y$，则称函数 $u(x, y)$ 为 $P(x, y)\mathrm{d}x + Q(x, y)\mathrm{d}y$ 的一个**原函数**.

当曲线积分与路径无关时，由定理 2 知，

$$u(x, y) = \int_{M_0(x_0, y_0)}^{M(x, y)} P(x, y)\mathrm{d}x + Q(x, y)\mathrm{d}y \text{ 为 } P(x, y)\mathrm{d}x + Q(x, y)\mathrm{d}y$$

的一个**原函数**，并且

$$\int_{\overset{\frown}{AB}} P\mathrm{d}x + Q\mathrm{d}y = \left(\int_A^{M_0} + \int_{M_0}^B \right) P\mathrm{d}x + Q\mathrm{d}y$$

$$= \left(-\int_{M_0}^A + \int_{M_0}^B \right) P\mathrm{d}x + Q\mathrm{d}y = u(B) - u(A) = u(M)\Big|_A^B.$$

容易看出上式类似于定积分中的牛顿-莱布尼茨公式，它为某些曲线积分提供了简单的计算方法.

若 $P(x, y)\mathrm{d}x + Q(x, y)\mathrm{d}y$ 存在原函数，请读者思考，原函数是否唯一？请与第 4 章中原函数的概念和相关结论作比较.

又解例 5，先求被积表达式的原函数. 由分项组合得

$$(x^2 + 2xy)\mathrm{d}x + (x^2 + y^4)\mathrm{d}y = (x^2\mathrm{d}x + y^4\mathrm{d}y) + (2xy\mathrm{d}x + x^2\mathrm{d}y)$$

$$= \mathrm{d}\left(\frac{x^3}{3} + \frac{y^5}{5} \right) + \mathrm{d}(x^2 y) = \mathrm{d}\left(\frac{x^3}{3} + \frac{y^5}{5} + x^2 y \right),$$

则

$$u(x, y) = \frac{x^3}{3} + \frac{y^5}{5} + x^2 y.$$

所以

$$\int_{\overset{\frown}{OB}} (x^2 + 2xy)\mathrm{d}x + (x^2 + y^4)\mathrm{d}y = u(1, 1) - u(0, 0) = \frac{23}{15}.$$

由分项组合求原函数，当被积表达式比较复杂时并不容易，下面给出通过计

算曲线积分求原函数的方法.

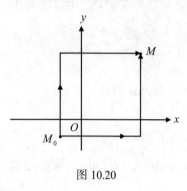

图 10.20

在区域 G 内取一固定点 $M_0(x_0, y_0)$ 及动点 $M(x, y)$,并取折线路径(图 10.20),则 $P(x, y)\mathrm{d}x + Q(x, y)\mathrm{d}y$ 的一个原函数为

$$u(x, y) = \int_{(x_0, y_0)}^{(x, y)} P(x, y)\mathrm{d}x + Q(x, y)\mathrm{d}y$$

$$= \int_{x_0}^{x} P(x, y_0)\mathrm{d}x + \int_{y_0}^{y} Q(x, y)\mathrm{d}y , \qquad (4)$$

或

$$u(x, y) = \int_{y_0}^{y} Q(x_0, y)\mathrm{d}y + \int_{x_0}^{x} P(x, y)\mathrm{d}x . \qquad (5)$$

例 6　验证 $\dfrac{y\mathrm{d}x - x\mathrm{d}y}{x^2 + y^2}$ 在右半平面($x>0$)内是某个二元函数的全微分,并求此函数.

解　由例 4 及定理 2 容易验证在右半平面($x>0$)内存在函数 $u(x, y)$,使得

$$\mathrm{d}u(x, y) = \frac{y\mathrm{d}x - x\mathrm{d}y}{x^2 + y^2} .$$

取点 $M_0(1, 0)$,由公式(4)得

$$u(x, y) = \int_{(1, 0)}^{(x, y)} \frac{y\mathrm{d}x - x\mathrm{d}y}{x^2 + y^2} = \int_{1}^{x} \frac{0 \cdot \mathrm{d}x - x \cdot 0}{x^2 + 0^2} + \int_{0}^{y} \frac{y \cdot 0 - x\mathrm{d}y}{x^2 + y^2}$$

$$= \left[-\arctan\frac{y}{x} \right]_{0}^{y} = -\arctan\frac{y}{x} \quad (x > 0) .$$

特别提醒读者注意,定理 2 对复连通域未必成立.参见例 4,虽然函数 $P(x, y)$, $Q(x, y)$ 在复连通域 $G = \mathbf{R}^2 \setminus (0, 0)$ 内具有一阶连续偏导数,且 $\dfrac{\partial P}{\partial y} = \dfrac{\partial Q}{\partial x}$,但对任一包围原点的闭曲线 C ,取逆时针方向,有 $\oint_{C} P\mathrm{d}x + Q\mathrm{d}y = -2\pi \neq 0$. 这说明在复连通域内曲线积分沿闭曲线 C 的值不一定为零!

习　题　10.4

1. 利用格林公式计算下列曲线积分.

(1) $\oint_{C}(x^2 + 2xy)\mathrm{d}x + 2(2x - y)\mathrm{d}y$,其中 C 是椭圆周 $\dfrac{x^2}{a^2} + \dfrac{y^2}{b^2} = 1$ 逆时针方向;

(2) $\oint_C (2xy - x^2) dx + (x + y^2) dy$，其中 C 是由抛物线 $y = x^2$ 和 $y^2 = x$ 所围成的区域的正向边界曲线；

(3) $\int_C (x^2 - y) dx - (x + \sin^2 y) dy$，其中 C 是在半圆周 $y = \sqrt{2x - x^2}$ 上从点 $(0, 0)$ 到点 $(1, 1)$ 的一段弧；

(4) $\int_{\overset{\frown}{OA}} e^x (2 - \cos y) dx + e^x (\sin y - y) dy$，其中 $\overset{\frown}{OA}$ 是从点 $O(0, 0)$ 经正弦曲线到点 $A(\pi, 0)$ 的一段弧；

(5) $\int_C (x^2 - 2y) dx + (3x + ye^y) dy$，其中 C 是从点 $A(2, 0)$ 经直线 $x + 2y = 2$ 到点 $B(0, 1)$ 的一段和从点 $B(0, 1)$ 经圆弧 $x = -\sqrt{1 - y^2}$ 到 $C(-1, 0)$ 的一段连接而成的有向曲线；

(6) $\oint_C \sqrt{x^2 + y^2}\, dx + [x + y\ln(x + \sqrt{x^2 + y^2})] dy$，其中 C 是圆周 $(x - 2)^2 + y^2 = 1$ 取正向；

(7) $\oint_C \dfrac{(x + y) dx - (x - y) dy}{x^2 + y^2}$，其中 C 为 $|x| + |y| = 2$ 取正向；

(8) $\oint_C \dfrac{-y dx + x dy}{2x^2 + y^2}$，其中 C 为圆周 $(x - 1)^2 + (y - 1)^2 = R^2 (R > 2)$ 取正向.

2. 利用曲线积分计算摆线 $\begin{cases} x = a(t - \sin t), \\ y = a(1 - \cos t) \end{cases}$ 的一拱与 x 轴所围图形的面积.

3. 计算曲线积分 $\int_C (2xy - 3x\sin x) dx + (x^2 - ye^y) dy$，其中 C 是过点 $A(-1, 0)$ 和点 $B(1, 0)$ 的上半圆周取顺时针方向.

4. 证明曲线积分 $\int_C (6xy^2 - y^3) dx + (6x^2 y - 3xy^2) dy$ 在 xOy 面内与路径无关，并计算 $\int_{(1, 2)}^{(3, 4)} (6xy^2 - y^3) dx + (6x^2 y - 3xy^2) dy$.

5. 验证 $(2xy^3 - y^2 \cos x) dx + (1 - 2y\sin x + 3x^2 y^2) dy$ 在 xOy 面内是某个函数 $u(x, y)$ 的全微分，求此函数 $u(x, y)$，并计算 $\int_{(0, 1)}^{(\pi, 3)} (2xy^3 - y^2 \cos x) dx + (1 - 2y\sin x + 3x^2 y^2) dy$.

6. 设在半平面 $x > 0$ 内有力 $\boldsymbol{F} = -\dfrac{k}{r^3}(x\boldsymbol{i} + y\boldsymbol{j})$（$k$ 为常数）产生力场，其中 $r = \sqrt{x^2 + y^2}$. 证明在此力场中场力所做的功与路径无关.

7. 试确定 a, b 使得 $(ax^2 y + 8xy^2) dx + (x^3 + bx^2 y + 12ye^y) dy$ 在 xOy 面内是某个函数 $u(x, y)$ 的全微分，并求出这个函数.

8. 设曲线积分 $\int_L xy^2 dx + yg(x) dy$ 与路径无关，其中 $g(x)$ 具有连续的导数，且 $g(0) = 0$，计算 $\int_{(0, 0)}^{(1, 1)} xy^2 dx + yg(x) dy$.

9. 证明格林公式的另一个形式

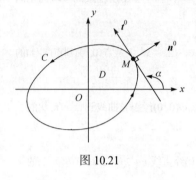

图 10.21

$$\iint\limits_{D}\left(\frac{\partial P}{\partial x}+\frac{\partial Q}{\partial y}\right)\mathrm{d}x\mathrm{d}y=\oint\limits_{C}\boldsymbol{F}\cdot\boldsymbol{n}^0\mathrm{d}s,$$

其中 $\boldsymbol{F}(M)=P(M)\,\boldsymbol{i}+Q(M)\,\boldsymbol{j}$，$\boldsymbol{n}^0$ 是区域 D 的正向边界线 C 上点 $M(x,y)$ 处的单位外法线向量(图 10.21).

10. 设平面向量场 $\boldsymbol{F}(x,y)=(x^2+y^2)\,\boldsymbol{i}-2xy\,\boldsymbol{j}$，其中 C 是正方形区域 $D=\{(x,y)\ |0\leqslant x\leqslant 1,0\leqslant y\leqslant 1\}$ 的正向边界. 计算曲线积分 $\oint\limits_{C}\boldsymbol{F}\cdot\boldsymbol{n}^0\mathrm{d}s$，其中 $\boldsymbol{n}^0$ 是 C 上点 $M(x,y)$ 处的单位外法线向量.

10.5　第二类(对坐标的)曲面积分

10.5.1　第二类曲面积分的概念

1. 有向曲面的概念

我们已经知道第二类曲线积分与积分路径的方向有关,因同一条曲线(或同一条切线)可以有两个相反的指向，所以对第二类曲线积分必须先指定曲线的方向. 与此相类似, 第二类曲面积分涉及曲面的法线指向，因同一条法线有两个相反的指向(图 10.22)，在引入第二类曲面积分概念之前，也必须先规定曲面的方向，即指出法线的指向.

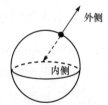

图 10.22

若确定曲面上一点 M 处的法线指向后，将法线沿曲面上任意不经过边界的闭曲线连续地移动，回到点 M 处，法线仍取原来的指向，则称该曲面为**双侧曲面**(图 10.23)；若回到点 M 处，法线与原指向相反，则称该曲面为**单侧曲面**[③]. 由于单侧曲面的指向是无法唯一确定的，所以在以下的讨论中均约定曲面是双侧曲面.

为了明确法向量的指向,用法向量的方向余弦的符号对双侧曲面的侧作如表10.1的规定.

---

③1858 年，德国数学家默比乌斯(Möbius, 1790~1868)发现：一个扭转 180°后再两头粘接起来的纸条只有一个面，即单侧曲面，称为"默比乌斯带".

表 10.1

方向余弦的符号	侧的规定
$\cos\gamma > 0 (< 0)$	上侧(下侧)
$\cos\alpha > 0 (< 0)$	前侧(后侧)
$\cos\beta > 0 (< 0)$	右侧(左侧)

特别地，对封闭曲面，将法向量指向外部的一侧称为**外侧**；指向内部的一侧称为**内侧**(图 10.22). 通常将上侧或前侧或右侧或外侧取作曲面的正侧，记作 Σ^+，而其余的记作 Σ^-.

例如，球面 $\Sigma : x^2 + y^2 + z^2 = R^2$ 上 的 单 位 法 向 量 为 $(\cos\alpha, \cos\beta, \cos\gamma) = \pm\dfrac{1}{R}(x, y, z)$，当取 "+" 时，即指定了球面的外侧，当取 "−" 时，即指定了球面的内侧.

若曲面 $\Sigma : z = f(x, y)$，请读者自行写出 Σ 取上侧时对应的法向量.

定义 1　指定了侧的曲面称为**有向曲面**.

2. 第二类曲面积分的定义

先考察一个计算流量的问题. 设稳定流动(流体的速度与时间无关)的不可压缩流体(流体的密度是常数，设为 $\rho = 1$)的速度场

$$\boldsymbol{v}(M) = (P(M), Q(M), R(M)),$$

求单位时间内流过曲面 Σ 指定侧的流体总量，即流量 Q，其中 $\boldsymbol{v}(M)$ 在 Σ 上连续(图 10.23).

若 Σ 是面积为 S 的平面，其单位法向量 $\boldsymbol{n}^0 = (\cos\alpha, \cos\beta, \cos\gamma)$，且流体在平面上各点的速度是常向量 $\boldsymbol{v}(M) = \boldsymbol{v}$，从图 10.24 知，流量

$$Q = S \cdot |\boldsymbol{v}(M)|\cos\theta = \boldsymbol{v}(M) \cdot \boldsymbol{n}^0(M)S.$$

对一般的有向曲面 Σ (图 10.25)，流体在 Σ 上各点的速度 $\boldsymbol{v}(M)$ 是变化的，可采用 "分割、近似代替、求和、取极限" 的方法求流量 Q.

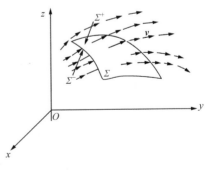

图 10.23

(1) **分割**　把曲面 Σ 任意分成 n 小块，小块及其面积都记作

$$\Delta S_1, \Delta S_2, \cdots, \Delta S_n.$$

(2) **近似代替**　任取一点 $M_i(\xi_i, \eta_i, \zeta_i) \in \Delta S_i$，该点处曲面 Σ 的单位法向量

$$\boldsymbol{n}^0(M_i) = \cos\alpha_i \boldsymbol{i} + \cos\beta_i \boldsymbol{j} + \cos\gamma_i \boldsymbol{k},$$

当无限细分时，ΔS_i 可看作平面，$\boldsymbol{v}(M_i)$ 在 ΔS_i 上近似于常向量，则流体流过小块曲面 ΔS_i 的流量

$$\Delta Q_i \approx \boldsymbol{v}(M_i) \cdot \boldsymbol{n}^0(M_i) \Delta S_i.$$

(3) **求和**　通过 Σ 流向指定侧的流量可近似表示为

$$Q = \sum_{i=1}^{n} \Delta Q_i \approx \sum_{i=1}^{n} \boldsymbol{v}(M_i) \cdot \boldsymbol{n}(M_i) \Delta S_i.$$

第二类曲面
积分的定义

(4) **取极限**　当 $\lambda = \max\{\Delta S_1, \Delta S_2, \cdots, \Delta S_n\} \to 0$ 时，有

$$Q = \lim_{\lambda \to 0} \sum_{i=1}^{n} \boldsymbol{v}(M_i) \cdot \boldsymbol{n}^0(M_i) \Delta S_i = \iint_{\Sigma} \boldsymbol{v}(M) \cdot \boldsymbol{n}^0(M) \mathrm{d}S.$$

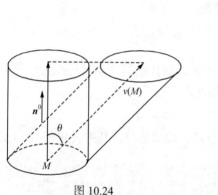

图 10.24

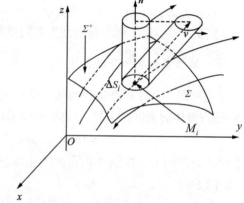

图 10.25

读者不难发现，这是一个被积函数为 $\boldsymbol{v}(M) \cdot \boldsymbol{n}(M)$ 在曲面 Σ 上的第一类的曲面积分，但它与第一类曲面积分是不相同的，因为这样的积分是定义在有向曲面上，并且被积表达式含有向量函数.

假设电场强度为 $\boldsymbol{E}(M)$，Σ 是处于电场中的有向曲面，则电通量 Φ 也可表示为

$$\Phi = \iint_{\Sigma} \boldsymbol{E}(M) \cdot \boldsymbol{n}^0(M) \mathrm{d}S.$$

一般地，在物理学中，称积分 $\displaystyle\iint_{\Sigma} \boldsymbol{F}(M) \cdot \boldsymbol{n}^0(M) \mathrm{d}S$ 为向量场 $\boldsymbol{F}(M)$ 通过有向曲面 Σ 的**通量**. 于是引入

定义 2　设 $\boldsymbol{F}(M) = P(M)\boldsymbol{i} + Q(M)\boldsymbol{j} + R(M)\boldsymbol{k}$ 是定义在有向曲面 Σ 上的一个

向量函数，曲面 Σ 上在点 M 处与指定侧一致的单位法向量为

$$\boldsymbol{n}^0(M) = \cos\alpha\boldsymbol{i} + \cos\beta\boldsymbol{j} + \cos\gamma\boldsymbol{k} \quad (方向角 \alpha，\beta，\gamma 是 x，y，z 的函数)，$$

若 $\displaystyle\iint_{\Sigma}\boldsymbol{F}(M)\cdot\boldsymbol{n}^0(M)\mathrm{d}S$ 存在，则称该积分为向量函数 $\boldsymbol{F}(M)$ 在有向曲面 Σ 上的**第二类曲面积分**，简记作 $\displaystyle\iint_{\Sigma}\boldsymbol{F}\cdot\boldsymbol{n}^0\mathrm{d}S$ ，即

$$\iint_{\Sigma}\boldsymbol{F}\cdot\boldsymbol{n}^0\mathrm{d}S = \iint_{\Sigma}(P,Q,R)\cdot\boldsymbol{n}^0\mathrm{d}S$$

$$= \iint_{\Sigma}[P(x,y,z)\cos\alpha + Q(x,y,z)\cos\beta + R(x,y,z)\cos\gamma]\mathrm{d}S. \tag{1}$$

在(1)式中，令 $\mathrm{d}\boldsymbol{S} = \boldsymbol{n}^0\mathrm{d}S = \cos\alpha\mathrm{d}S\boldsymbol{i} + \cos\mathrm{d}S\boldsymbol{j} + \cos\gamma\mathrm{d}S\boldsymbol{k}$ (称为**有向面积元**)，那么(1)式的向量形式可简写为

$$\iint_{\Sigma}\boldsymbol{F}\cdot\boldsymbol{n}^0\mathrm{d}S = \iint_{\Sigma}\boldsymbol{F}\cdot\mathrm{d}\boldsymbol{S} . \tag{2}$$

若 Σ 是闭曲面，则 $\boldsymbol{F}(M)$ 在有向曲面 Σ 上的第二类曲面积分可记为 $\displaystyle\oiint_{\Sigma}\boldsymbol{F}\cdot\mathrm{d}\boldsymbol{S}$.

有向面积元 $\mathrm{d}\boldsymbol{S}$ 在坐标面 yOz，zOx，xOy 上的投影分别用 $\mathrm{d}y\mathrm{d}z$，$\mathrm{d}z\mathrm{d}x$，$\mathrm{d}x\mathrm{d}y$ 表示，定义为

$$\mathrm{d}y\mathrm{d}z = \cos\alpha\mathrm{d}S，\quad \mathrm{d}z\mathrm{d}x = \cos\beta\mathrm{d}S，\quad \mathrm{d}x\mathrm{d}y = \cos\gamma\mathrm{d}S，$$

那么

$$\mathrm{d}\boldsymbol{S} = \boldsymbol{n}^0\mathrm{d}S = \mathrm{d}y\mathrm{d}z\boldsymbol{i} + \mathrm{d}z\mathrm{d}x\boldsymbol{j} + \mathrm{d}x\mathrm{d}y\boldsymbol{k} .$$

由此，就有第二类曲面积分最常用的形式

$$\iint_{\Sigma}\boldsymbol{F}\cdot\mathrm{d}\boldsymbol{S} = \iint_{\Sigma}P(x,y,z)\mathrm{d}y\mathrm{d}z + Q(x,y,z)\mathrm{d}z\mathrm{d}x + R(x,y,z)\mathrm{d}x\mathrm{d}y . \tag{3}$$

由于有向曲面 Σ 上点 M 处的法向量的方向余弦可正可负，所以有向面积元 $\mathrm{d}\boldsymbol{S}$ 的投影也可正可负(特别注意它们与二重积分中的面积元素是不同的!).

(3)式称为第二类曲面积分的**坐标形式**，并称

$$\iint_{\Sigma}R(x,y,z)\mathrm{d}x\mathrm{d}y = \iint_{\Sigma}R(x,y,z)\cos\gamma\mathrm{d}S，$$

$$\iint_{\Sigma}P(x,y,z)\mathrm{d}y\mathrm{d}z = \iint_{\Sigma}P(x,y,z)\cos\alpha\mathrm{d}S，$$

$$\iint_{\Sigma}Q(x,y,z)\mathrm{d}z\mathrm{d}x = \iint_{\Sigma}Q(x,y,z)\cos\beta\mathrm{d}S$$

分别为函数 $R(x,y,z)$，$P(x,y,z)$ 和 $Q(x,y,z)$ 在有向曲面 Σ 上**对坐标** (x,y)，(y,z)

和 (z,x) 的**曲面积分**. 将上述三项合并即为第二类曲面积分(1)和(3)式.

思考　设曲面 Σ：$z = 1 - x^2 - y^2$ $(z \geqslant 0)$，取上侧，求 Σ 上任一点处与指定侧相一致的法向量的方向余弦，考察有向面积元 $\mathrm{d}S$ 面积元在三坐标面上的投影的符号.

注意　第二类曲面积分与曲面 Σ 的侧有关！即

$$\iint\limits_{\Sigma^+} \boldsymbol{F} \cdot \mathrm{d}\boldsymbol{S} = -\iint\limits_{\Sigma^-} \boldsymbol{F} \cdot \mathrm{d}\boldsymbol{S} . \tag{4}$$

第一类曲面积分与曲面 Σ 的方向无关. 第二类曲面积分除了具有方向性外， 还具有线性性质和对积分域的可加性等，这些性质由第一类曲面积分的性质容易推出，但要注意曲面的方向.

10.5.2　第二类曲面积分的计算

设光滑曲面 Σ：$z = z(x,y)$，$(x,y) \in D_{xy}$ 取上侧，与曲面的侧相一致的法向量的方向余弦满足关系

第二类曲面
积分的计算

$$\cos\alpha \mathrm{d}S : \cos\beta \mathrm{d}S : \cos\gamma \mathrm{d}S = (-z_x) : (-z_y) : 1,$$

又 $\cos\gamma \mathrm{d}S = \mathrm{d}x\mathrm{d}y > 0$，由第一类曲面积分的计算方法，定义在取上侧的曲面 Σ 上的连续的向量函数

$$\boldsymbol{F}(M) = (P(M),\ Q(M),\ R(M)), \quad M(x,y,z) \in \Sigma$$

的第二类曲面积分可化为二重积分， 即

$$\iint\limits_{\Sigma} \boldsymbol{F} \cdot \mathrm{d}\boldsymbol{S} = \iint\limits_{\Sigma} [P(x,y,z)\cos\alpha + Q(x,y,z)\cos\beta + R(x,y,z)\cos\gamma]\mathrm{d}S$$

$$= \iint\limits_{D_{xy}} [P(x,y,z(x,y))(-z_x) + Q(x,y,z(x,y))(-z_y)$$

$$+ R(x,y,,z(x,y)) \cdot 1]\mathrm{d}x\mathrm{d}y . \tag{5}$$

当曲面 Σ 取下侧时， 注意到 $\cos\gamma \mathrm{d}S = \mathrm{d}x\mathrm{d}y < 0$， 则

$$\iint\limits_{\Sigma} \boldsymbol{F} \cdot \mathrm{d}\boldsymbol{S} = -\iint\limits_{D_{xy}} [P(x,y,z(x,y))(-z_x) + Q(x,y,,z(x,y))(-z_y)$$

$$+ R(x,y,,z(x,y)) \cdot 1]\mathrm{d}x\mathrm{d}y . \tag{6}$$

若光滑有向曲面 Σ 由方程 $y = y(z,x)$，$(z,x) \in D_{zx}$ 或 $x = x(y,z)$，$(y,z) \in D_{yz}$ 表示，类似地可将 $\iint\limits_{\Sigma} \boldsymbol{F} \cdot \mathrm{d}\boldsymbol{S}$ 转化为投影区域 D_{zx} 或 D_{yz} 上的二重积分，请读者自行练习.

例 1　计算曲面积分 $\iint\limits_{\Sigma} xyz\mathrm{d}x\mathrm{d}y$，其中 Σ 是球面 $x^2 + y^2 + z^2 = 1$ 外侧在第一和

第五卦限的部分(图 10.26).

解　依题意，Σ 分为球面在第一和第五卦限的两部分，其方程分别为

$$\Sigma_1: \quad z = \sqrt{1 - x^2 - y^2}, \quad 取上侧,$$

$$\Sigma_2: \quad z = -\sqrt{1 - x^2 - y^2}, \quad 取下侧,$$

它们的投影区域均是

$$D_{xy} = \{(x, y) \mid x^2 + y^2 \leqslant 1, \, x \geqslant 0, \, y \geqslant 0\},$$

并注意到向量函数 $\boldsymbol{F}(x, y, z) = (0, \, 0, \, xyz)$，由公式(5)和(6)有

$$
\begin{aligned}
\iint\limits_{\Sigma} xyz\mathrm{d}x\mathrm{d}y &= \iint\limits_{\Sigma_1} xyz\mathrm{d}x\mathrm{d}y + \iint\limits_{\Sigma_2} xyz\mathrm{d}x\mathrm{d}y \\
&= \iint\limits_{D_{xy}} xy\sqrt{1 - x^2 - y^2}\mathrm{d}x\mathrm{d}y - \iint\limits_{D_{xy}} xy(-\sqrt{1 - x^2 - y^2})\mathrm{d}x\mathrm{d}y \\
&= 2\iint\limits_{D_{xy}} xy\sqrt{1 - x^2 - y^2}\mathrm{d}x\mathrm{d}y \\
&= 2\int_0^{\frac{\pi}{2}}\mathrm{d}\theta\int_0^1 (r\cos\theta)(r\sin\theta)\sqrt{1 - r^2}\,r\mathrm{d}r \\
&= \frac{2}{15}.
\end{aligned}
$$

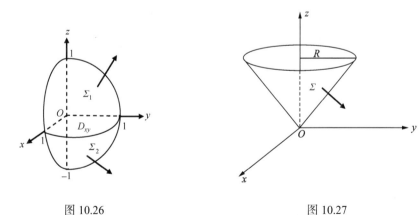

图 10.26　　　　　　　　　　　　　　图 10.27

例 2　计算曲面积分 $\displaystyle\iint\limits_{\Sigma} \boldsymbol{F} \cdot \mathrm{d}\boldsymbol{S}$，其中 $\boldsymbol{F} = (x^2, y^2, z^2)$，$\Sigma$ 是 $x^2 + y^2 = z^2 (0 \leqslant z \leqslant R)$ 的下侧(图 10.27).

解　曲面 Σ 在 xOy 面上的投影区域

$$D_{xy} = \{(x, y) \mid x^2 + y^2 \leqslant R^2\},$$

又 Σ 的方程可写成 $z = \sqrt{x^2 + y^2}$ ，所以

$$z_x = \frac{x}{\sqrt{x^2 + y^2}}, \quad z_y = \frac{y}{\sqrt{x^2 + y^2}},$$

由公式(5)

$$\iint\limits_{\Sigma} \boldsymbol{F} \cdot \mathrm{d}\boldsymbol{S} = \iint\limits_{\Sigma} x^2 \mathrm{d}y\mathrm{d}z + y^2 \mathrm{d}z\mathrm{d}x + z^2 \mathrm{d}x\mathrm{d}y$$

$$= -\iint\limits_{D_{xy}} \left[x^2 \left(-\frac{x}{\sqrt{x^2 + y^2}} \right) + y^2 \left(-\frac{y}{\sqrt{x^2 + y^2}} \right) + (x^2 + y^2) \cdot 1 \right] \mathrm{d}x\mathrm{d}y$$

$$= -\iint\limits_{D_{xy}} (x^2 + y^2) \mathrm{d}x\mathrm{d}y \quad (\text{利用二重积分的对称性})$$

$$= -\int_0^{2\pi} \mathrm{d}\theta \int_0^R r^2 r \mathrm{d}r = -\frac{1}{2}\pi R^4.$$

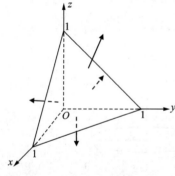

图 10.28

例 3　已知流体速度场 $\boldsymbol{v}(x, y, z) = (xy, yz, zx)$ ，Σ 为平面 $x + y + z = 1$ 与三个坐标面所围成的四面体的表面，求单位时间内由曲面的内部流向其外部的流量(图 10.28).

解　曲面 Σ 可分成以下四个部分.

$\Sigma_1^- : x = 0$ 为后侧，

$\Sigma_2^- : y = 0$ 为左侧，

$\Sigma_3^- : z = 0$ 为下侧，

$\Sigma_4^+ : z = 1 - x - y$ 为上侧，其在 xOy 面上的投

影区域

$$D_{xy} = \{(x, y) \mid x + y \leqslant 1, x \geqslant 0, y \geqslant 0\},$$

所求流量

$$Q = \oiint\limits_{\Sigma^+} \boldsymbol{v} \cdot \mathrm{d}\boldsymbol{S} = \left(\iint\limits_{\Sigma_1^-} + \iint\limits_{\Sigma_2^-} + \iint\limits_{\Sigma_3^-} + \iint\limits_{\Sigma_4^+} \right) \boldsymbol{v} \cdot \mathrm{d}\boldsymbol{S}$$

$$= \left(\iint\limits_{\Sigma_1^-} + \iint\limits_{\Sigma_2^-} + \iint\limits_{\Sigma_3^-} + \iint\limits_{\Sigma_4^+} \right) xy\mathrm{d}y\mathrm{d}z + yz\mathrm{d}z\mathrm{d}x + zx\mathrm{d}x\mathrm{d}y.$$

由于指定后侧的 Σ_1^- 的单位法向量为 $(-1, 0, 0)$ ，于是 $\mathrm{d}z\mathrm{d}x = \cos\beta \mathrm{d}S = 0$ ，

$\mathrm{d}x\mathrm{d}y = \cos\gamma\,\mathrm{d}S = 0$ ，所以 $\displaystyle\iint\limits_{\Sigma_1^-} yz\mathrm{d}z\mathrm{d}x + zx\mathrm{d}x\mathrm{d}y = 0$ ，又在 Σ_1^- 上 $x \equiv 0$ ，所以

$\displaystyle\iint\limits_{\Sigma_1^-} xy\mathrm{d}y\mathrm{d}z = 0$ ，故

$$\iint\limits_{\Sigma_1^-} \boldsymbol{v} \cdot \mathrm{d}\boldsymbol{S} = 0 .$$

同理

$$\iint\limits_{\Sigma_2^-} \boldsymbol{v} \cdot \mathrm{d}\boldsymbol{S} = 0 , \qquad \iint\limits_{\Sigma_3^-} \boldsymbol{v} \cdot \mathrm{d}\boldsymbol{S} = 0 .$$

对于 Σ_4^+ ，$z_x = -1$ ，$z_y = -1$ ，由公式(5)，有

$$\iint\limits_{\Sigma_4^+} \boldsymbol{v} \cdot \mathrm{d}\boldsymbol{S} = \iint\limits_{D_{xy}} [xy \cdot 1 + y(1-x-y) \cdot 1 + (1-x-y)x \cdot 1]\mathrm{d}x\mathrm{d}y$$

$$= \iint\limits_{D_{xy}} [(x+y) - (x^2+y^2) - xy]\mathrm{d}x\mathrm{d}y$$

$$= 2\iint\limits_{D_{xy}} (x-x^2)\mathrm{d}x\mathrm{d}y - \iint\limits_{D_{xy}} xy\mathrm{d}x\mathrm{d}y$$

$$= 2\int_0^1 (x-x^2)\mathrm{d}x\int_0^{1-x}\mathrm{d}y - \int_0^1 x\mathrm{d}x\int_0^{1-x} y\,\mathrm{d}y = \frac{1}{8} .$$

综上得

$$Q = \oiint\limits_{\Sigma^+} \boldsymbol{v} \cdot \mathrm{d}\boldsymbol{S} = \frac{1}{8} .$$

习　题　10.5

1. 在第二类曲面积分

$$\iint\limits_{\Sigma} \boldsymbol{F} \cdot \mathrm{d}\boldsymbol{S} = \iint\limits_{\Sigma} P(x,y,z)\mathrm{d}y\mathrm{d}z + Q(x,y,z)\mathrm{d}z\mathrm{d}x + R(x,y,z)\mathrm{d}x\mathrm{d}y$$

中，$\mathrm{d}\boldsymbol{S}$ ，$\mathrm{d}y\mathrm{d}z, \mathrm{d}z\mathrm{d}x, \mathrm{d}x\mathrm{d}y$ 各表示什么? 它们与曲面面积元素 $\mathrm{d}S$ ，二重积分中的面积元素 $\mathrm{d}y\mathrm{d}z, \mathrm{d}z\mathrm{d}x, \mathrm{d}x\mathrm{d}y$ 之间有何关系?

2. 若光滑有向曲面 Σ 由方程 $x = x(y,z)$ ，$(y,z) \in D_{yz}$ 表示，证明定义在 Σ 上的连续向量函数
$$\boldsymbol{F}(M) = (P(M),\ Q(M),\ R(M)),\quad M(x,y,z) \in \Sigma$$
的第二类曲面积分可化为二重积分

$$\iint\limits_{\Sigma} \boldsymbol{F} \cdot \mathrm{d}\boldsymbol{S} = \pm\iint\limits_{D_{yz}} [P(x(y,z),y,z) \cdot 1 + Q(x(y,z),y,z)(-x_y) + R(x(y,z),y,z)(-x_z)]\mathrm{d}y\mathrm{d}z,$$

在右边等号中，"+"对应曲面 Σ 取前侧，"–"对应曲面 Σ 取后侧.

3. 设有向曲面 $\Sigma: y = h$, $(z,x) \in D_{zx}$, h 为常数，问曲面积分 $\iint\limits_{\Sigma} Q(x,y,z)\mathrm{d}z\mathrm{d}x$ 与二重积分有什么联系？

4. 设 Σ 是旋转抛物面 $z = x^2 + y^2$ 与平面 $z = 1$ 所围立体表面的外侧，计算下列第二类曲面积分：

(1) $\oiint\limits_{\Sigma} \mathrm{d}y\mathrm{d}z$;   (2) $\oiint\limits_{\Sigma} x^2 z\mathrm{d}x\mathrm{d}y$;   (3) $\oiint\limits_{\Sigma} y\mathrm{d}z\mathrm{d}x$.

5. 计算 $\iint\limits_{\Sigma} \boldsymbol{F} \cdot \mathrm{d}\boldsymbol{S}$，其中

(1) $\boldsymbol{F} = (x, xy, xz)$，$\Sigma$ 是平面 $3x + 2y + z = 6$ 在第一象限内的部分的下侧；

(2) $\boldsymbol{F} = x\boldsymbol{i} + y\boldsymbol{j} + z\boldsymbol{k}$，$\Sigma$ 是 $z = 1 - x^2 - y^2 (z \geqslant 0)$ 的上侧；

(3) $\boldsymbol{F} = \left(0, 0, \dfrac{\mathrm{e}^z}{\sqrt{x^2 + y^2}}\right)$，$\Sigma$ 是锥面 $z = \sqrt{x^2 + y^2}$ 和平面 $z = 1$，$z = 2$ 所围立体表面的外侧；

(4) $\boldsymbol{F} = x^2\boldsymbol{i} + y^2\boldsymbol{j} + z\boldsymbol{k}$，$\Sigma$ 是半圆柱面 $x^2 + y^2 = 1(x \geqslant 0)$ 被平面 $z = 0$ 和 $z = 3$ 所截部分的后侧.

6. 计算下列第二类曲面积分.

(1) $\oiint\limits_{\Sigma} z^2 \mathrm{d}x\mathrm{d}y$，其中 Σ 是 $x^2 + y^2 + (z - a)^2 = a^2 (a > 0)$ 的外侧；

(2) $\iint\limits_{\Sigma} [f(x,y,z) + x]\mathrm{d}y\mathrm{d}z + [2f(x,y,z) + y]\mathrm{d}z\mathrm{d}x + [f(x,y,z) + z]\mathrm{d}x\mathrm{d}y$，其中 Σ 是平面 $x - y + z = 1$ 在第四卦限部分的上侧.

7. 求位于坐标原点电量为 q 的点电荷产生的电场 $\boldsymbol{E}(M)$ 通过球心在原点，半径为 R 的球面外侧的电通量.

8. 设流场 $\boldsymbol{v}(x,y,z) = (-y, x, 9)$，求单位时间内通过曲面 Σ：

$$z = \sqrt{9 - x^2 - y^2}, \quad (x,y) \in D_{xy} = \{(x,y) \mid 0 \leqslant x^2 + y^2 \leqslant 4\}$$

的流量，曲面 Σ 的法向量与 z 轴夹角为锐角.

10.6 高斯公式 通量与散度

高斯公式

10.6.1 高斯[④]公式

高斯公式揭示了空间区域上的三重积分与该区域的边界曲面上的第二类曲面积分之间的关系.

定理 1 设空间闭区域 Ω 的边界曲面是分片光滑的闭曲面，用 Σ^+ 表示 Ω 的取外法线方向的边界曲面，向量函数

---

④高斯(C. F. Guass,1777～1855)德国数学家、天文学家和物理学家.

$$F(x, y, z) = P(x, y, z)\boldsymbol{i} + Q(x, y, z)\boldsymbol{j} + R(x, y, z)\boldsymbol{k}$$

在 Ω 上有连续的一阶偏导数，则

$$\iiint\limits_{\Omega}\left(\frac{\partial P}{\partial x} + \frac{\partial Q}{\partial y} + \frac{\partial R}{\partial z}\right)\mathrm{d}v = \oiint\limits_{\Sigma^+} P(x, y, z)\mathrm{d}y\mathrm{d}z + Q(x, y, z)\mathrm{d}z\mathrm{d}x + R(x, y, z)\mathrm{d}x\mathrm{d}y \quad (1)$$

或

$$\iiint\limits_{\Omega}\left(\frac{\partial P}{\partial x} + \frac{\partial Q}{\partial y} + \frac{\partial R}{\partial z}\right)\mathrm{d}v = \oiint\limits_{\Sigma^+} [P(x, y, z)\cos\alpha + Q(x, y, z)\cos\beta + R(x, y, z)\cos\gamma]\mathrm{d}S, (2)$$

其中 $\boldsymbol{n}^0 = (\cos\alpha, \cos\beta, \cos\gamma)$ 是曲面 Σ 在点 (x, y, z) 处的外侧单位法向量. 公式(1)
或(2)称为**高斯公式**.

　　证　(1) 设 D_{xy} 是 Ω 在 xOy 面上的投影区
域. 假设平行于三坐标轴的直线与 Σ^+ 的交点至
多只有两个. 此时，

$$\Sigma^+ = \Sigma_1 \bigcup \Sigma_2 \bigcup \Sigma_3 \quad (\text{图 } 10.29),$$

其中 $\Sigma_1: z = z_1(x, y)$ ，$(x, y) \in D_{xy}$ ，取下侧；
$\Sigma_2: z = z_2(x, y)$ ，$(x, y) \in D_{xy}$ ，取上侧；Σ_3 是以
D_{xy} 的边界为准线，母线平行于 z 轴的柱面夹在
Σ_1 和 Σ_2 之间的部分，取外侧. 由三重积分的计
算方法，有

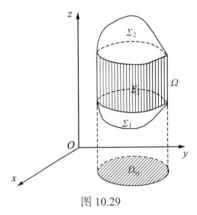

图 10.29

$$\iiint\limits_{\Omega}\frac{\partial R}{\partial z}\mathrm{d}v = \iint\limits_{D_{xy}}\mathrm{d}x\mathrm{d}y\int_{z_1(x, y)}^{z_2(x, y)}\frac{\partial R}{\partial z}\mathrm{d}z$$

$$= \iint\limits_{D_{xy}}\{R[x, y, z_2(x, y)] - R[x, y, z_1(x, y)]\}\mathrm{d}x\mathrm{d}y,$$

另一方面，由曲面积分的计算方法，有

$$\oiint\limits_{\Sigma^+} R\cos\gamma\mathrm{d}S = \oiint\limits_{\Sigma^+} R\,\mathrm{d}x\mathrm{d}y$$

$$= \left(\iint\limits_{\Sigma_1} + \iint\limits_{\Sigma_2} + \iint\limits_{\Sigma_3}\right)R\mathrm{d}x\mathrm{d}y$$

$$= \iint\limits_{D_{xy}} R[x, y, z_2(x, y)]\mathrm{d}x\mathrm{d}y - \iint\limits_{D_{xy}} R[x, y, z_1(x, y)]\mathrm{d}x\mathrm{d}y, \quad (\text{在 }\Sigma_3\text{上, }\cos\gamma = 0)$$

从而

$$\iiint_{\Omega} \frac{\partial R}{\partial z} \, dv = \oiint_{\Sigma^+} R \, dxdy = \oiint_{\Sigma^+} R \cos \gamma \, dS .$$

同理可证

$$\iiint_{\Omega} \frac{\partial Q}{\partial y} \, dv = \oiint_{\Sigma^+} Q \, dzdx = \oiint_{\Sigma^+} Q \cos \beta \, dS ,$$

$$\iiint_{\Omega} \frac{\partial P}{\partial x} \, dv = \oiint_{\Sigma^+} P \, dydz = \oiint_{\Sigma^+} P \cos \alpha \, dS .$$

将以上三式相加.

(2) 对于一般区域 Ω, 可以利用辅助面把 Ω 分成有限个满足上述假设的小区域, 在每个小区域上应用高斯公式, 再把它们加起来, 注意到在辅助面上的曲面积分总是在正负两侧来回一次, 相互抵消, 因此, 高斯公式仍然成立.

特别地, 应用高斯公式可将空间闭区域 Ω 的体积表示为其边界曲面上的第二类曲面积分, 即

$$V(\Omega) = \frac{1}{3} \oiint_{\Sigma^+} x \, dydz + y \, dzdx + z \, dxdy . \tag{3}$$

注意　应用高斯公式时, 先要验证其条件: Σ 为闭曲面; Σ 取外侧; 并且 P, Q, R 在 Ω 上有连续的一阶偏导数.

例 1　计算曲面积分

$$\oiint_{\Sigma} x^2 \, dydz + y^2 \, dzdx ,$$

其中 Σ 是 $\Omega = \{(x, y, z) \mid 0 \leqslant x \leqslant a, 0 \leqslant y \leqslant b, 0 \leqslant z \leqslant c\}$ 的边界曲面, 取外侧.

解　$P = x^2$, $Q = y^2$, $R = 0$, $\dfrac{\partial P}{\partial x} = 2x$, $\dfrac{\partial Q}{\partial y} = 2y$, $\dfrac{\partial R}{\partial z} = 0$, 由高斯公式得

$$\oiint_{\Sigma} x^2 \, dydz + y^2 \, dzdx = \iiint_{\Omega} (2x + 2y) \, dv$$

$$= \int_0^a dx \int_0^b dy \int_0^c 2(x + y) \, dz = \int_0^a dx \int_c^b 2c(x + y) \, dy$$

$$= 2c \int_0^a \left(xb + \frac{b^2}{2} \right) dx = abc(a + b) .$$

例 2　计算曲面积分

$$\iint_{\Sigma} [(x^3 z + x) \cos \alpha - x^2 yz \cos \beta - x^2 z^2 \cos \gamma] \, dS ,$$

其中 Σ 为曲面 $z = 2 - x^2 - y^2$ 介于平面 $z = 1$ 与 $z = 2$ 之间的部分, 取上侧.

解　曲面 Σ 不是封闭的, 必须先补一个面形成闭曲面才能应用高斯公式. 作辅助面 $\Sigma_1: z = 1$, $(x, y) \in D_{xy} = \{(x, y) | x^2 + y^2 \leqslant 1\}$, 取下侧, 记 Σ 与 Σ_1 围成的空间闭区域为 Ω, 则

$$\iint\limits_{\Sigma} [(x^3 z + x) \cos\alpha - x^2 yz \cos\beta - x^2 z^2 \cos\gamma] \mathrm{d}S$$

$$= \left(\oiint\limits_{\Sigma + \Sigma_1} - \iint\limits_{\Sigma_1} \right) [(x^3 z + x) \cos\alpha - x^2 yz \cos\beta - x^2 z^2 \cos\gamma] \mathrm{d}S$$

$$= \iiint\limits_{\Omega} \mathrm{d}x\mathrm{d}y\mathrm{d}z + \iint\limits_{D_{xy}} (-x^2) \mathrm{d}x\mathrm{d}y$$

$$= \int_0^{2\pi} \mathrm{d}\theta \int_0^1 r\mathrm{d}r \int_1^{2-r^2} \mathrm{d}z - \int_0^{2\pi} \cos^2\theta \ \mathrm{d}\theta \int_0^1 r^3 \mathrm{d}r$$

$$= \frac{\pi}{4}.$$

例 3　计算 $\oiint\limits_{\Sigma^+} \boldsymbol{F} \cdot \mathrm{d}\boldsymbol{S}$, 其中 $\boldsymbol{F} = \dfrac{1}{r^3}(x, y, z)$, $r = \sqrt{x^2 + y^2 + z^2}$, Σ^+ 是包围原点的任意光滑封闭曲面, 取外侧.

解　令 $P = \dfrac{x}{r^3}$, $Q = \dfrac{y}{r^3}$, $R = \dfrac{z}{r^3}$, 　则

$$\frac{\partial P}{\partial x} = \frac{r^2 - 3x^2}{r^5}, \quad \frac{\partial Q}{\partial y} = \frac{r^2 - 3y^2}{r^5}, \quad \frac{\partial R}{\partial z} = \frac{r^2 - 3z^2}{r^5},$$

有

$$\frac{\partial P}{\partial x} + \frac{\partial Q}{\partial y} + \frac{\partial R}{\partial z} = 0, \quad (x, y, z) \neq (0, 0, 0).$$

作辅助球面 $\Sigma_1^-: x^2 + y^2 + z^2 = \varepsilon^2$, 取内侧(取外侧时记作 Σ_1^+), 使该球面完全位于 Σ^+ 内, 设 Ω 是由 $\Sigma^+ \bigcup \Sigma_1^-$ 作为边界曲面的立体, Ω_1 是球面 Σ_1^- 所围区域, 则由高斯公式

$$\oiint\limits_{\Sigma^+ \bigcup \Sigma_1^-} \boldsymbol{F} \cdot \mathrm{d}\boldsymbol{S} = \oiint\limits_{\Sigma^+ \bigcup \Sigma_1^-} P(x, y, z) \mathrm{d}y\mathrm{d}z + Q(x, y, z) \mathrm{d}z\mathrm{d}x + R(x, y, z) \mathrm{d}x\mathrm{d}y$$

$$= \iiint\limits_{\Omega} \left(\frac{\partial P}{\partial x} + \frac{\partial Q}{\partial y} + \frac{\partial R}{\partial z} \right) \mathrm{d}v = 0,$$

所以

$$\iint\limits_{\Sigma^+} \boldsymbol{F} \cdot \mathrm{d}\boldsymbol{S} = \left(\iint\limits_{\Sigma^+ \cup \Sigma_1^-} - \iint\limits_{\Sigma_1^-} \right) \boldsymbol{F} \cdot \mathrm{d}\boldsymbol{S} = \iint\limits_{\Sigma_1^+} \boldsymbol{F} \cdot \mathrm{d}\boldsymbol{S}$$

$$= \iint\limits_{\Sigma_1^+} \frac{1}{r^3}(x\mathrm{d}y\mathrm{d}z + y\mathrm{d}z\mathrm{d}x + z\mathrm{d}x\mathrm{d}y)$$

$$= \frac{1}{\varepsilon^3} \iint\limits_{\Sigma_1^+} x\mathrm{d}y\mathrm{d}z + y\mathrm{d}z\mathrm{d}x + z\mathrm{d}x\mathrm{d}y$$

$$= \frac{1}{\varepsilon^3} \iiint\limits_{\Omega_1} 3\mathrm{d}v = \frac{3}{\varepsilon^3} \cdot \frac{4}{3}\pi\varepsilon^3 = 4\pi. \quad \text{(应用高斯公式)}$$

请读者与 10.4 节例 4 进行比较.

10.6.2　通量与散度

由 10.5 节已经知道向量场 $\boldsymbol{F}(x,y,z) = P(x,y,z)\boldsymbol{i} + Q(x,y,z)\boldsymbol{j} + R(x,y,z)\boldsymbol{k}$ 通过场中的某有向曲面 Σ 的通量即为第二类曲面积分

$$\iint\limits_{\Sigma} \boldsymbol{F} \cdot \mathrm{d}\boldsymbol{S} = \iint\limits_{\Sigma} P(x,y,z)\mathrm{d}y\mathrm{d}z + Q(x,y,z)\mathrm{d}z\mathrm{d}x + R(x,y,z)\mathrm{d}x\mathrm{d}y.$$

特别地, 若 $\boldsymbol{E}(x,y,z)$ 为电场, 则 $\iint\limits_{\Sigma} \boldsymbol{E} \cdot \mathrm{d}\boldsymbol{S}$ 即为电通量; 若 $\boldsymbol{v}(x,y,z)$ 为速度场, 则 $\iint\limits_{\Sigma} \boldsymbol{v} \cdot \mathrm{d}\boldsymbol{S}$ 即为流量.

定义 1　设三元函数 $P(M), Q(M), R(M)$ 具有连续的一阶偏导数, 则称

$$\left(\frac{\partial P}{\partial x} + \frac{\partial Q}{\partial y} + \frac{\partial R}{\partial z} \right)\bigg|_M$$

为空间向量场 $\boldsymbol{F}(M) = P(M)\boldsymbol{i} + Q(M)\boldsymbol{j} + R(M)\boldsymbol{k}$ 在点 $M(x,y,z)$ 处的**散度**, 记作 $\mathrm{div}\boldsymbol{F}$.

为了便于记忆, 引入哈密顿(Hamilton)算子: $\nabla = \frac{\partial}{\partial x}\boldsymbol{i} + \frac{\partial}{\partial y}\boldsymbol{j} + \frac{\partial}{\partial z}\boldsymbol{k}$, 形式上, 可将向量场的散度表示为

$$\mathrm{div}\boldsymbol{F} = \nabla \cdot \boldsymbol{F} = \frac{\partial P}{\partial x} + \frac{\partial Q}{\partial y} + \frac{\partial R}{\partial z}. \tag{4}$$

其中的 $\frac{\partial}{\partial x}$ 与 P 的 "积" 应理解为 $\frac{\partial P}{\partial x}$ 等.

设 $\boldsymbol{n}^0 = (\cos\alpha, \cos\beta, \cos\gamma)$ 是曲面 Σ 在点 (x, y, z) 处的外侧单位法向量,有向面积元 $\mathrm{d}\boldsymbol{S} = \boldsymbol{n}^0\,\mathrm{d}S$,则曲面高斯公式(1)或(2)可写成**向量形式**

$$\iiint\limits_{\Omega} \operatorname{div}\boldsymbol{F}\,\mathrm{d}v = \oiint\limits_{\Sigma^+} \boldsymbol{F}\cdot\mathrm{d}\boldsymbol{S}$$

或

$$\iiint\limits_{\Omega} \nabla\cdot\boldsymbol{F}\,\mathrm{d}v = \oiint\limits_{\Sigma^+} \boldsymbol{F}\cdot\mathrm{d}\boldsymbol{S}. \tag{5}$$

若 Σ^+ 为取外侧的闭曲面,则单位时间内流体通过闭曲面 Σ^+ 的流量为

$$Q = \oiint\limits_{\Sigma^+} \boldsymbol{v}\cdot\mathrm{d}\boldsymbol{S} = \oiint\limits_{\Sigma^+} \boldsymbol{v}\cdot\boldsymbol{n}^0\,\mathrm{d}S.$$

当 $Q > 0$ 时,表明流出 Σ 的流体多于流入的,此时,Σ^+ 内一定有"源";当 $Q < 0$ 时,表明流出 Σ 的流体少于流入的,此时,Σ^+ 内有"汇";当 $Q = 0$ 时,表明流出 Σ 的流体与流入的相抵消.由此可见,Q 是流出 Σ 的流量与流入 Σ 的流量的差,表示流体从 Σ 包围的区域 Ω 内部向外发散出的总流量.

为刻画场内任意点 M 处的特性,令包围点 M 的区域 Ω 以任意方式收缩至点 M,记作 $\Omega \to M$,设 Ω 的体积为 V,考虑通量对体积的变化率.

设 P, Q, R 具有连续的一阶偏导数,由高斯公式,区域 Ω 内部向外发散出的总流量也可表示为

$$Q = \iiint\limits_{\Omega} \operatorname{div}\boldsymbol{v}\,\mathrm{d}v. \tag{6}$$

用 Ω 的体积 V 去除(6)式的两边,令 $\Omega \to M$,得

$$\begin{aligned}
\lim_{\Omega\to M} \frac{Q}{V} &= \lim_{\Omega\to M} \frac{1}{V} \iiint\limits_{\Omega} \operatorname{div}\boldsymbol{v}\,\mathrm{d}v \\
&= \operatorname{div}\boldsymbol{v}\big|_{(\xi,\eta,\varsigma)}, (\xi,\eta,\varsigma)\in\Omega \quad (\text{由积分中值定理}) \\
&= \operatorname{div}\boldsymbol{v}\big|_{M} = \left(\frac{\partial P}{\partial x} + \frac{\partial Q}{\partial y} + \frac{\partial R}{\partial z}\right)\bigg|_{M}.
\end{aligned}$$

右边恰好是向量场 $\boldsymbol{v}(M)$ 的散度,反映了该流速场中流体在点 M 处的发散量.当 $\operatorname{div}\boldsymbol{v}\big|_{M} > 0$ 时,称点 M 为源(或泉),当 $\operatorname{div}\boldsymbol{v}\big|_{M} < 0$ 时,称点 M 为汇(或洞),当 $\operatorname{div}\boldsymbol{v}\big|_{M} = 0$ 时,点 M 既非源也非汇,散度 $\operatorname{div}\boldsymbol{v}\big|_{M}$ 为正、为负、为零分别表明在点 M 有流体涌出、吸入、没有任何变化.由此,散度绝对值的大小反映了源(或汇)的强度.

若向量场 $\boldsymbol{F}(M)$ 在区域 Ω 中处处有 $\operatorname{div}\boldsymbol{F}(M) = 0$,则 $\boldsymbol{F}(M)$ 称为**无源场**.

例 4 求向量场 $\boldsymbol{F} = x(1+x^2z)\boldsymbol{i} + y(1-x^2z)\boldsymbol{j} + z(1-x^2z)\boldsymbol{k}$ 在点 $M(1,2,-1)$ 处的散度.

解 令 $P = x(1+x^2z)$, $Q = y(1-x^2z)$, $R = z(1-x^2z)$, 有

$$\text{div}\boldsymbol{F}\Big|_M = \nabla\cdot\boldsymbol{F}\Big|_M = \left(\frac{\partial P}{\partial x} + \frac{\partial Q}{\partial y} + \frac{\partial R}{\partial z}\right)\Bigg|_M$$

$$= [(1+3x^2z) + (1-x^2z) + (1-2x^2z)]_M = 3.$$

例 5 设 $u(x,y,z)$, $v(x,y,z)$ 在闭区域 Ω 上具有一阶和二阶连续偏导数, 证明格林第一公式

$$\iiint\limits_{\Omega} u\Delta v\,\mathrm{d}x\mathrm{d}y\mathrm{d}z = \oiint\limits_{\Sigma^+} u\frac{\partial v}{\partial n}\,\mathrm{d}S - \iiint\limits_{\Omega} \nabla u\cdot\nabla v\,\mathrm{d}x\mathrm{d}y\mathrm{d}z,$$

其中 Σ^+ 是空间闭区域 Ω 的整个边界曲面的外侧, $\dfrac{\partial v}{\partial n}$ 为 $v(x,y,z)$ 沿曲面 Σ^+ 的外法线方向的方向导数, 符号 $\Delta = \dfrac{\partial^2}{\partial x^2} + \dfrac{\partial^2}{\partial y^2} + \dfrac{\partial^2}{\partial z^2}$ 称为拉普拉斯(Laplace)算子.

证 设外法线单位向量为 $\boldsymbol{n}^0 = (\cos\alpha, \cos\beta, \cos\gamma)$, 则

$$\frac{\partial v}{\partial n} = \nabla v\cdot\boldsymbol{n}^0 = v_x\cos\alpha + v_y\cos\beta + v_z\cos\gamma,$$

又

$$\nabla u\cdot\nabla v = \mathbf{grad}u\cdot\mathbf{grad}v = u_xv_x + u_yv_y + u_zv_z,$$

从而

$$\oiint\limits_{\Sigma^+} u\frac{\partial v}{\partial n}\mathrm{d}S = \oiint\limits_{\Sigma^+} u(v_x\cos\alpha + v_y\cos\beta + v_z\cos\gamma)\mathrm{d}S$$

$$= \iiint\limits_{\Omega}\left(\frac{\partial(uv_x)}{\partial x} + \frac{\partial(uv_y)}{\partial y} + \frac{\partial(uv_z)}{\partial z}\right)\mathrm{d}v \quad (\text{应用高斯公式})$$

$$= \iiint\limits_{\Omega}[u(v_{xx} + v_{yy} + v_{zz}) + (u_xv_x + u_yv_y + u_zv_z)]\mathrm{d}v$$

$$= \iiint\limits_{\Omega} u\Delta v\,\mathrm{d}x\mathrm{d}y\mathrm{d}z + \iiint\limits_{\Omega} \nabla u\cdot\nabla v\,\mathrm{d}v,$$

移项即得格林第一公式.

习　题　10.6

1. 用高斯公式计算下列积分.

(1) $\oiint\limits_{\Sigma} (x-y)\mathrm{d}x\mathrm{d}y + (y-z)x\mathrm{d}y\mathrm{d}z$ ，其中 Σ 为柱面 $x^2 + y^2 = 1$ 及平面 $z = 0$, $z = 3$ 所围空间

闭域 Ω 的整个边界曲面的外侧；

(2) $\oiint\limits_{\Sigma} xz\mathrm{d}x\mathrm{d}y + yx\mathrm{d}y\mathrm{d}z + yz\mathrm{d}z\mathrm{d}x$ ，其中 Σ 为曲面 $z = \sqrt{2 - x^2 - y^2}$ 与 $z = \sqrt{x^2 + y^2}$ 所围成的

立体表面外侧；

(3) $\iint\limits_{\Sigma} \boldsymbol{F} \cdot \mathrm{d}\boldsymbol{S}$ ，其中 $\boldsymbol{F} = (x^2, y^2, z)$ ，Σ 为锥面 $z = \sqrt{x^2 + y^2}$ 在平面 $z = h(h > 0)$ 下方的部分，

取下侧；

(4) $\iint\limits_{\Sigma} (2x + z)\mathrm{d}y\mathrm{d}z + z\mathrm{d}x\mathrm{d}y$ ，Σ 为曲面 $z = x^2 + y^2 (0 \leqslant z \leqslant 1)$ ，其法向量与 z 轴的夹角为

锐角；

(5) $\iint\limits_{\Sigma} \dfrac{ax\mathrm{d}y\mathrm{d}z + (z+a)^2 \mathrm{d}\,x\mathrm{d}y}{(x^2 + y^2 + z^2)^{\frac{1}{2}}}$ ，Σ 为 $z = -\sqrt{a^2 - x^2 - y^2}(a > 0)$ 取上侧；

(6) $\iint\limits_{\Sigma} \dfrac{\cos(\widehat{\boldsymbol{n}^0, \boldsymbol{r}})}{r^2}\mathrm{d}S$ ，其中 $\boldsymbol{r}$ 是点 (x, y, z) 的向径，$r = |\boldsymbol{r}|$ ，$\boldsymbol{n}^0$ 为 Σ 外法线单位向量，Σ 为

椭球面 $\dfrac{x^2}{a^2} + \dfrac{y^2}{b^2} + \dfrac{z^2}{c^2} = 1$ 取外侧.

2. 设 Σ 是一光滑闭曲面，所围立体 Ω 的体积为 V ，α 是 Σ 外法线向量与点 (x, y, z) 的向径

$\boldsymbol{r}$ 的夹角，$r = \sqrt{x^2 + y^2 + z^2}$ ，证明 $V = \dfrac{1}{3} \oiint\limits_{\Sigma} r\cos\alpha\mathrm{d}S$.

3. 求向量场 $\boldsymbol{F} = x(1 + x^2z)\boldsymbol{i} + y(1 - x^2z)\boldsymbol{j} + z(1 - x^2z)\boldsymbol{k}$ 通过由锥面 $z = \sqrt{x^2 + y^2}$ 及平面 $z = 1$

所围闭曲面流向外侧的通量.

4. 求速度场 $\boldsymbol{v} = x(y - z)\boldsymbol{i} + y(z - x)\boldsymbol{j} + z(x - y)\boldsymbol{k}$ 通过椭球面 $\dfrac{x^2}{a^2} + \dfrac{y^2}{b^2} + \dfrac{z^2}{c^2} = 1$ 流向外侧的流量.

5. 设 $u(x, y, z) = \ln\sqrt{x^2 + y^2 + z^2}$ ，求 $\mathrm{div}(\mathbf{grad}u)$.

6. 设 $u(x, y, z)$ ，$v(x, y, z)$ 是两个定义在闭区域 Ω 上的具有二阶连续偏导数的函数，$\dfrac{\partial u}{\partial n}$ ，

$\dfrac{\partial v}{\partial n}$ 依次表示 $u(x, y, z)$ ，$v(x, y, z)$ 沿 Σ 的外法线方向的方向导数. 证明

$$\iiint\limits_{\Omega} (u\Delta v - v\Delta u)\mathrm{d}x\mathrm{d}y\mathrm{d}z = \oiint\limits_{\Sigma} \left(u\frac{\partial v}{\partial n} - v\frac{\partial u}{\partial n} \right)\mathrm{d}S,$$

其中 Σ 是空间闭区域 Ω 的整个边界曲面.

*7. 设空间区域 G ，如果 G 内任一闭曲面所围成的区域全属于 G ，则称 G 是空间二维单连

通域. 设向量函数 $\boldsymbol{F}(M) = (P(M), Q(M), R(M))$ 在空间二维单连通域 G 内具有连续的一阶偏导数，证明：对 G 内任一闭曲面 Σ，$\oiint\limits_{\Sigma} \boldsymbol{F} \cdot \mathrm{d}\boldsymbol{S} = 0$ 的充分必要条件为 $\mathrm{div}\boldsymbol{F}(M) = 0$ 在 G 内处处成立，即 $\boldsymbol{F}(M)$ 是无源场.

10.7　斯托克斯公式　环流量与旋度

斯托克斯公式

10.7.1　斯托克斯[⑤]公式

斯托克斯公式建立了第二类曲面积分与沿曲面的边界曲线的第二类曲线积分的联系.

定理 1　设光滑曲面 Σ 的边界 Γ 是分段光滑曲线，Σ 的侧与 Γ 的方向符合右手规则，向量函数 $\boldsymbol{F}(x, y, z) = P(x, y, z)\boldsymbol{i} + Q(x, y, z)\boldsymbol{j} + R(x, y, z)\boldsymbol{k}$ 在包含曲面 Σ 的一个空间区域内具有连续的一阶偏导数，则

$$\iint\limits_{\Sigma} \left(\frac{\partial R}{\partial y} - \frac{\partial Q}{\partial z}\right)\mathrm{d}y\mathrm{d}z + \left(\frac{\partial P}{\partial z} - \frac{\partial R}{\partial x}\right)\mathrm{d}z\mathrm{d}x + \left(\frac{\partial Q}{\partial x} - \frac{\partial P}{\partial y}\right)\mathrm{d}x\mathrm{d}y = \oint\limits_{\Gamma} P\mathrm{d}x + Q\mathrm{d}y + R\mathrm{d}z. \quad (1)$$

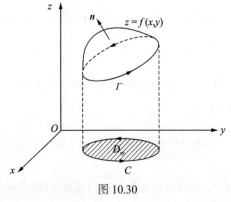

图 10.30

公式(1)称为**斯托克斯公式**.

证　(1) 设平行 z 轴的直线与曲面 Σ 只交于一点，曲面 Σ 的方程为

$$z = f(x, y), \quad (x, y) \in D_{xy}.$$

不妨设 Σ 取上侧，D_{xy} 为曲面 Σ 在 xOy 面上的投影区域，其边界曲线 C 是曲面 Σ 的边界曲线 Γ 在 xOy 面上的投影曲线，其方向与曲线 Γ 的方向一致(图 10.30).

因为

$$\iint\limits_{\Sigma} \frac{\partial P}{\partial z}\mathrm{d}z\mathrm{d}x - \frac{\partial P}{\partial y}\mathrm{d}x\mathrm{d}y = \iint\limits_{\Sigma} \left(\frac{\partial P}{\partial z}\cos\beta - \frac{\partial P}{\partial y}\cos\gamma\right)\mathrm{d}S. \quad (2)$$

注意到

$$\frac{\cos\alpha}{-f_x} = \frac{\cos\beta}{-f_y} = \frac{\cos\gamma}{1},$$

---

⑤斯托克斯(G. G. Stokes, 1819~1903)英国数学家和物理学家.

有

$$f_y = -\frac{\cos\beta}{\cos\gamma},$$

将其代入(2)式得

$$\iint\limits_{\Sigma}\frac{\partial P}{\partial z}\mathrm{d}z\mathrm{d}x - \frac{\partial P}{\partial y}\mathrm{d}x\mathrm{d}y = -\iint\limits_{\Sigma}\left(\frac{\partial P}{\partial y}+\frac{\partial P}{\partial z}f_y\right)\cos\gamma\mathrm{d}S$$

$$= -\iint\limits_{\Sigma}\left(\frac{\partial P}{\partial y}+\frac{\partial P}{\partial z}f_y\right)\mathrm{d}x\mathrm{d}y$$

$$= -\iint\limits_{D_{xy}}\frac{\partial}{\partial y}P[x,y,f(x,y)]\mathrm{d}x\mathrm{d}y.$$

又由曲线积分的概念和格林公式，有

$$\oint_{\Gamma}P(x,y,z)\mathrm{d}x = \oint_{C}P[x,y,f(x,y)]\mathrm{d}x$$

$$= -\iint\limits_{D_{xy}}\frac{\partial}{\partial y}P[x,y,f(x,y)]\mathrm{d}x\mathrm{d}y.$$

所以

$$\iint\limits_{\Sigma}\left(\frac{\partial P}{\partial z}\mathrm{d}z\mathrm{d}x - \frac{\partial P}{\partial y}\mathrm{d}x\mathrm{d}y\right) = \oint_{\Gamma}P(x,y,z)\mathrm{d}x. \tag{3}$$

(2) 若平行 z 轴的直线与曲面 Σ 的交点多于一个，可作辅助曲线把 Σ 分成与 z 轴只交于一点的有限个曲面片，在每个曲面片上应用斯托克斯公式，然后相加，注意到沿辅助曲线上方向相反的两个曲线积分相加正好抵消，从而(3)式对这一类曲面 Σ 也成立.

同理可证

$$\iint\limits_{\Sigma}\frac{\partial Q}{\partial x}\mathrm{d}x\mathrm{d}y - \frac{\partial Q}{\partial z}\mathrm{d}y\mathrm{d}z = \oint_{\Gamma}Q(x,y,z)\mathrm{d}y, \tag{4}$$

$$\iint\limits_{\Sigma}\frac{\partial R}{\partial y}\mathrm{d}y\mathrm{d}z - \frac{\partial R}{\partial x}\mathrm{d}z\mathrm{d}x = \oint_{\Gamma}R(x,y,z)\mathrm{d}z. \tag{5}$$

将以上(3)～(5)三个式子相加，即得斯托克斯公式.

为了便于记忆，将斯托克斯公式写成

$$
\iint_{\Sigma}
\begin{vmatrix}
dydz & dzdx & dxdy \\
\dfrac{\partial}{\partial x} & \dfrac{\partial}{\partial y} & \dfrac{\partial}{\partial z} \\
P & Q & R
\end{vmatrix}
= \oint_{\Gamma} P\mathrm{d}x + Q\mathrm{d}y + R\mathrm{d}z
\tag{6}
$$

或

$$
\iint_{\Sigma}
\begin{vmatrix}
\cos\alpha & \cos\beta & \cos\gamma \\
\dfrac{\partial}{\partial x} & \dfrac{\partial}{\partial y} & \dfrac{\partial}{\partial z} \\
P & Q & R
\end{vmatrix}
\mathrm{d}S = \oint_{\Gamma} P\mathrm{d}x + Q\mathrm{d}y + R\mathrm{d}z ,
\tag{7}
$$

其中 $\boldsymbol{n}^0 = (\cos\alpha, \cos\beta, \cos\gamma)$ 是曲面 Σ 在点 (x, y, z) 处与曲面侧一致的单位法向量.

将(6)式左边的三阶行列式按第一行展开,并注意到 $\dfrac{\partial}{\partial y}$ 与 R 的"积"表示 $\dfrac{\partial R}{\partial y}$,其余的与此相类似,即得(1)式中的左边.

当曲面 Σ 是 xOy 面上的平面区域时,斯托克斯公式与格林公式有什么联系?请读者自行思考.

例 1　计算 $I = \oint_{\Gamma}(z-y)\mathrm{d}x + (x-z)\mathrm{d}y + (x-y)\mathrm{d}z$,其中 Γ:$\begin{cases} x^2 + y^2 = 1, \\ x - y + z = 2, \end{cases}$ 从 z 轴正向看去为顺时针方向(参见图 10.10).

解　**方法一**　用斯托克斯公式.

取 Σ 为平面 $x - y + z = 2$ 的下侧被 Γ 所围的有限部分,它在 xOy 面上的投影区域为

$$
D_{xy} = \{(x, y) \mid x^2 + y^2 \leqslant 1\},
$$

则

$$
I = \iint_{\Sigma}
\begin{vmatrix}
dydz & dzdx & dxdy \\
\dfrac{\partial}{\partial x} & \dfrac{\partial}{\partial y} & \dfrac{\partial}{\partial z} \\
z-y & x-z & x-y
\end{vmatrix}
= \iint_{\Sigma} 2\mathrm{d}x\mathrm{d}y = -\iint_{D} 2\mathrm{d}x\mathrm{d}y = -2\pi .
$$

方法二　用格林公式.

记 Γ 在 xOy 面上的投影曲线为 C:$x^2 + y^2 = 1$,取顺时针方向,将空间曲线积分化为平面曲线积分

$$I = \oint_C [(2 - x + y) - y]\mathrm{d}x + [x - (2 - x + y)]\mathrm{d}y + (x - y)\mathrm{d}(2 - x + y)$$

$$= \oint_C (2 - 2x + y)\mathrm{d}x + (3x - 2y - 2)\mathrm{d}y$$

$$= -\iint\limits_{x^2 + y^2 \leqslant 1} (3 - 1)\mathrm{d}x\mathrm{d}y = -2\pi . \quad (由格林公式)$$

本题还可以直接化为定积分计算(见 10.3 节的例 4).

例 2　计算 $\oint_\Gamma \boldsymbol{F} \cdot \mathrm{d}\boldsymbol{r}$ ，其中 $\boldsymbol{F} = (z, 2x - y, x + y)$ ， Γ ：依次以点 $A(1,0,0)$ ， $B(0,1,0)$ ， $C(0,0,2)$ 为顶点的三角形 $\varSigma_\triangle$ 的周界.

解　由 Γ 的方向，取 $\varSigma_\triangle$ 为上侧， $\varSigma_\triangle$ 的方程为 $2x + 2y + z = 2$ ，其单位法向量为 $\boldsymbol{n}^0 = \left(\dfrac{2}{3}, \dfrac{2}{3}, \dfrac{1}{3} \right)$ ，由斯托克斯公式，有

$$\oint_\Gamma \boldsymbol{F} \cdot \mathrm{d}\boldsymbol{r} = \oint_\Gamma z\mathrm{d}x + (2x - y)\mathrm{d}y + (x + y)\mathrm{d}z$$

$$= \iint\limits_{\varSigma_\triangle} \begin{vmatrix} \dfrac{2}{3} & \dfrac{2}{3} & \dfrac{1}{3} \\ \dfrac{\partial}{\partial x} & \dfrac{\partial}{\partial y} & \dfrac{\partial}{\partial z} \\ z & 2x - y & x + y \end{vmatrix} \mathrm{d}S = \dfrac{4}{3} \iint\limits_{\varSigma_\triangle} \mathrm{d}S = 2 .$$

10.7.2　环流量与旋度

设 $P(M)$ ， $Q(M)$ ， $R(M)$ 在空间区域 Ω 上每一点 $M(x, y, z)$ 处连续，向量场 $\boldsymbol{F}(x, y, z) = P(x, y, z)\boldsymbol{i} + Q(x, y, z)\boldsymbol{j} + R(x, y, z)\boldsymbol{k}$ 沿场中一条分段有向光滑闭曲线 Γ 的第二类曲线积分 $\oint_\Gamma \boldsymbol{F} \cdot \mathrm{d}\boldsymbol{r}$ 称为向量场 $\boldsymbol{F}$ 沿 Γ 的**环流量**.

设 $P(M)$ ， $Q(M)$ ， $R(M)$ 在空间区域 Ω 上具有连续的一阶偏导数，则称向量场

$$\left(\dfrac{\partial R}{\partial y} - \dfrac{\partial Q}{\partial z} \right)\boldsymbol{i} + \left(\dfrac{\partial P}{\partial z} - \dfrac{\partial R}{\partial x} \right)\boldsymbol{j} + \left(\dfrac{\partial Q}{\partial x} - \dfrac{\partial P}{\partial y} \right)\boldsymbol{k}$$

为空间向量场 $\boldsymbol{F}(x, y, z) = P(x, y, z)\boldsymbol{i} + Q(x, y, z)\boldsymbol{j} + R(x, y, z)\boldsymbol{k}$ 在点 $M(x, y, z)$ 处的**旋度**，记作 $\mathrm{rot}\boldsymbol{F}$.

为了便于记忆，形式上旋度可写为

$$\operatorname{rot}\boldsymbol{F} = \nabla \times \boldsymbol{F} = \begin{vmatrix} \boldsymbol{i} & \boldsymbol{j} & \boldsymbol{k} \\ \dfrac{\partial}{\partial x} & \dfrac{\partial}{\partial y} & \dfrac{\partial}{\partial z} \\ P & Q & R \end{vmatrix}$$

$$= \left(\frac{\partial R}{\partial y} - \frac{\partial Q}{\partial z}\right)\boldsymbol{i} + \left(\frac{\partial P}{\partial z} - \frac{\partial R}{\partial x}\right)\boldsymbol{j} + \left(\frac{\partial Q}{\partial x} - \frac{\partial P}{\partial y}\right)\boldsymbol{k}. \tag{8}$$

有了**旋度的概念**，斯托克斯公式可表示成向量的形式(也称旋度形式)：

$$\iint\limits_{\Sigma} \operatorname{rot}\boldsymbol{F} \cdot \boldsymbol{n}^0 \mathrm{d}S = \oint\limits_{\Gamma} \boldsymbol{F} \cdot \mathrm{d}\boldsymbol{r} , \tag{9}$$

其中 $\mathrm{d}\boldsymbol{r} = \boldsymbol{t}^0 \mathrm{d}s = (\mathrm{d}x, \mathrm{d}y, \mathrm{d}z)$ ， $\boldsymbol{t}^0$ 是与曲线 Γ 方向一致的单位切向量， $\boldsymbol{n}^0 = (\cos\alpha, \cos\beta, \cos\gamma)$ 是曲面 Σ 在点 (x, y, z) 处与 Γ 方向成右手规则的单位法向量.

下面以速度场 $\boldsymbol{v}(x, y, z)$ 为例给出环流量和旋度的物理意义.

环流量可刻画流体的旋转性质. 如在速度场 $\boldsymbol{v}(x, y, z)$ 中，第二类曲线积分 $I = \oint\limits_{\Gamma} \boldsymbol{v} \cdot \mathrm{d}\boldsymbol{r}$ ，当 $I > 0$ 时，表明沿闭曲线 Γ 上有流体流动，也就是流体形成旋涡，即环流量 $I \neq 0$ 反映了闭曲线 Γ 包围的区域中有 "涡".

为刻画场内每一点 M 处的旋转情况，须考虑环流量对面积的变化率. 过点 M 作一微小曲面 S ，其面积也用它表示，S 的边界是光滑闭曲线 Γ ，取 Γ 的方向与曲面 S 的单位法向量 $\boldsymbol{n}^0$ 符合右手规则.

设 $P(M)$ ， $Q(M)$ ， $R(M)$ 具有连续的一阶偏导数，由斯托克斯公式，环流量可表示为

$$I = \iint\limits_{S} \operatorname{rot}\boldsymbol{v} \cdot \boldsymbol{n}^0 \mathrm{d}S .$$

用面积 S 去除上式两边，并令 $S \to M$ ，得

$$\lim_{S \to M} \frac{I}{S} = \lim_{S \to M} \frac{1}{S} \iint\limits_{S} \operatorname{rot}\boldsymbol{v} \cdot \boldsymbol{n}^0 \mathrm{d}S$$

$$= \operatorname{rot}\boldsymbol{v} \cdot \boldsymbol{n}^0 \big|_{(\xi, \eta, \varsigma)}, (\xi, \eta, \varsigma) \in S \quad (\text{由积分中值定理})$$

$$= \operatorname{rot}\boldsymbol{v} \cdot \boldsymbol{n}^0 \big|_{M}$$

$$= \left[\left(\frac{\partial R}{\partial y} - \frac{\partial Q}{\partial z}\right)\cos\alpha + \left(\frac{\partial P}{\partial z} - \frac{\partial R}{\partial x}\right)\cos\beta + \left(\frac{\partial Q}{\partial x} - \frac{\partial P}{\partial y}\right)\cos\gamma\right]\bigg|_{M}. \tag{10}$$

右边恰好是向量场 v 的旋度在单位法向量 n^0 上的投影. 上述极限称为向量场 v 在点 M 处沿 $n^0 = (\cos\alpha, \cos\beta, \cos\gamma)$ 的**环量面密度**(或**旋量**), 环量面密度是一个和方向有关的概念, 反映速度场 $v(x, y, z)$ 中流体在点 M 处的"旋"的性质, 其大小表示旋转的强度. 类似于方向导数与梯度的关系, 旋度是一个向量, 其方向是使得环量面密度取最大值的方向, 其模是最大的环量面密度.

特别地, 当 $\text{rot} F = 0$ 处处成立时, 则向量场 $F(x, y, z)$ 称为**无旋场**. 若 $\text{div} F = 0$, $\text{rot} v F = 0$ 处处均成立, 则向量场 $F(x, y, z)$ 称为**调和场**, 它是物理学中另一类重要的向量场.

例 3　求向量场 $F = x(1 + x^2 z)i + y(1 - x^2 z)j + z(1 - x^2 z)k$ 在点 $M(1, 2, -1)$ 的旋度及在这点沿着方向 $n = (1, 2, 2)$ 的环量面密度.

解　由公式(8), 有

$$
\text{rot} F \Big|_M = \nabla \times F \Big|_M = \begin{vmatrix} i & j & k \\ \dfrac{\partial}{\partial x} & \dfrac{\partial}{\partial y} & \dfrac{\partial}{\partial z} \\ x(1 + x^2 z) & y(1 - x^2 z) & z(1 - x^2 z) \end{vmatrix}_M
$$

$$
= [x^2 y\, i + (x^3 + 2xz^2)\, j - 2xyz k]_M
$$

$$
= 2i + 3j + 4k.
$$

因为 $n^0 = \dfrac{1}{3}(1, 2, 2)$, 所以 $F(x, y, z)$ 沿着方向 $n = (1, 2, 2)$ 的环量面密度为

$$
\lim_{S \to M} \dfrac{I = \oint_\Gamma F \cdot dr}{S} = = \text{rot} F \cdot n^0 \Big|_M = (2, 3, 4) \cdot \left(\dfrac{1}{3}, \dfrac{2}{3}, \dfrac{2}{3} \right) = \dfrac{16}{3}.
$$

*10.7.3　空间曲线积分与路径无关的条件

类似于平面第二类曲线积分, 由斯托克斯公式可推导出空间第二类曲线积分与路径无关的条件. 为此先引入

定理 2　设 G 是空间一维单连通域[⑥], 向量函数 $F(M) = (P(M), Q(M), R(M))$ 在 G 内有连续的一阶偏导数, 则下列四个条件是等价的:

(1) 在 G 内每一点都有 $\text{rot} F(M) = 0$, 即 $\dfrac{\partial R}{\partial y} = \dfrac{\partial Q}{\partial z}, \dfrac{\partial P}{\partial z} = \dfrac{\partial R}{\partial x}, \dfrac{\partial Q}{\partial x} = \dfrac{\partial P}{\partial y}$;

---

⑥如果空间区域 G 内任一闭曲线总可以张成一片完全属于 G 的曲面, 则 G 称为**空间一维单连通域**.

(2) 沿 G 内任一分段光滑闭曲线 C，有 $\oint_C P\mathrm{d}x + Q\mathrm{d}y + R\mathrm{d}z = 0$；

(3) 对 G 内任一分段光滑曲线 C，$\int_C P\mathrm{d}x + Q\mathrm{d}y + R\mathrm{d}z$ 与路径无关；

(4) 在 G 内 $P\mathrm{d}x + Q\mathrm{d}y + R\mathrm{d}z$ 是某个三元函数 u 的全微分，即

$$\mathrm{d}u = P\mathrm{d}x + Q\mathrm{d}y + R\mathrm{d}z . \tag{11}$$

定理 2 的证明与 10.4 节定理 2 类似，这里证明从略.

例 4　已知 a，b 为常数，验证曲线积分 $\displaystyle\int_\Gamma \frac{a}{z}\mathrm{d}x + \frac{b}{z}\mathrm{d}y - \frac{ax+by}{z^2}\mathrm{d}z$ 在上半空间 $z > 0$ 内与路径无关，并求被积表达式的原函数.

解　令 $P = \dfrac{a}{z}$，$Q = \dfrac{b}{z}$，$R = -\dfrac{ax+by}{z^2}$，$\boldsymbol{F} = (P, Q, R)$，因为

$$\mathrm{rot}\boldsymbol{F} = \begin{vmatrix} \boldsymbol{i} & \boldsymbol{j} & \boldsymbol{k} \\ \dfrac{\partial}{\partial x} & \dfrac{\partial}{\partial y} & \dfrac{\partial}{\partial z} \\ \dfrac{a}{z} & \dfrac{b}{z} & -\dfrac{ax+by}{z^2} \end{vmatrix} = 0 \quad (z > 0) ,$$

所以曲线积分在上半空间 $z > 0$ 内与路径无关，由此，取积分路径如图 10.31 所示，则

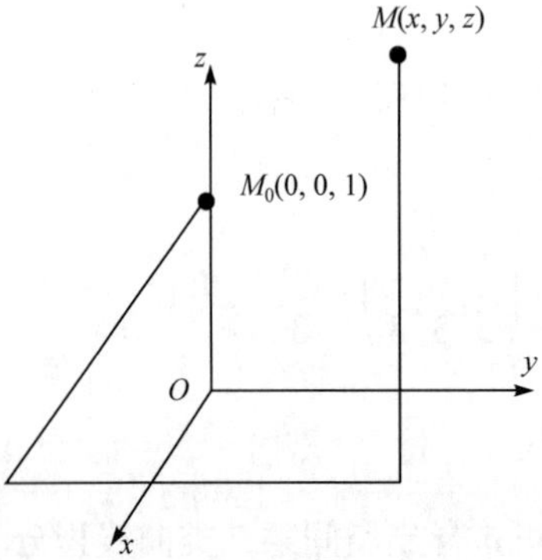

$$
\begin{aligned}
u(x, y, z) &= \int_{(0,0,1)}^{(x,y,z)} \frac{a}{z}\mathrm{d}x + \frac{b}{z}\mathrm{d}y - \frac{ax+by}{z^2}\mathrm{d}z + c \\
&= \int_0^x a\mathrm{d}x + \int_0^y b\mathrm{d}y - \int_1^z \frac{ax+by}{z^2}\mathrm{d}z + c \\
&= ax + by + (ax+by)\left(\frac{1}{z} - 1\right) + c \\
&= \frac{ax+by}{z} + c .
\end{aligned}
$$

图 10.31

又解例 4. 将曲线积分的被积表达式进行分项组合，得

$$\frac{a}{z}\mathrm{d}x + \frac{b}{z}\mathrm{d}y - \frac{ax+by}{z^2}\mathrm{d}z = \left(\frac{a}{z}\mathrm{d}x - \frac{ax}{z^2}\mathrm{d}z\right) + \left(\frac{b}{z}\mathrm{d}y - \frac{by}{z^2}\mathrm{d}z\right)$$

$$= \mathrm{d}\left(\frac{ax}{z}\right) + \mathrm{d}\left(\frac{bx}{z}\right) = \mathrm{d}\left(\frac{ax+by}{z}\right),$$

空间曲线积分与
路径无关的条件

则

$$u(x, y, z) = \frac{ax+by}{z} + c, \quad c \text{ 为任意常数.}$$

由于原函数存在，所以曲线积分 $\displaystyle\int_\Gamma \frac{a}{z}\mathrm{d}x + \frac{b}{z}\mathrm{d}y - \frac{ax+by}{z^2}\mathrm{d}z$ 在上半空间 $z>0$ 内与路径无关.

习　题　10.7

1. 用斯托克斯公式计算曲线积分 $\displaystyle\oint_\Gamma \boldsymbol{F}\cdot\mathrm{d}\boldsymbol{r}$.

(1) $\boldsymbol{F}=(y-x, x-z, x-y)$，$\Gamma$ 是平面 $x+2y+z=2$ 与三坐标面的交线，从 z 轴正向看为顺时针方向；

(2) $\boldsymbol{F}=(-y^2, x, z^2)$，$\Gamma$ 是平面 $y+z=2$ 与圆柱面 $x^2+y^2=1$ 的交线，从 z 轴正向看为逆时针方向；

(3) $\boldsymbol{F}=(y, z, x)$，$\Gamma:\begin{cases} x^2+y^2+z^2=1, \\ x+y+z=0, \end{cases}$ 从 x 轴正向看为逆时针方向；

(4) $\boldsymbol{F}=(z^2, xy, yz)$，$\Gamma:\begin{cases} z=\sqrt{a^2-x^2-y^2}, \\ x^2+y^2=ay, \end{cases}$ 方向与上半球面的下侧法向量成右手规则.

2. 用斯托克斯公式计算曲面积分 $\displaystyle\iint_\Sigma \mathrm{rot}\boldsymbol{F}\cdot\boldsymbol{n}^0\mathrm{d}S$，$\boldsymbol{F}=2y\boldsymbol{i}+3x\boldsymbol{j}-z^2\boldsymbol{k}$，$\Sigma$ 是半球面 $z=\sqrt{9-x^2-y^2}$ 取上侧，$\boldsymbol{n}^0=(\cos\alpha, \cos\beta, \cos\gamma)$ 是与曲面 Σ 的侧一致的单位法向量.

3. 求向量场 $\boldsymbol{F}=3y\boldsymbol{i}-xz\boldsymbol{j}+yz^2\boldsymbol{k}$ 沿闭曲线 Γ 的环量，Γ 是圆周 $\begin{cases} x^2+y^2=2z, \\ z=2, \end{cases}$ 其方向与 z 轴负向成右手规则.

4. 求下列向量场的散度与旋度.

(1) $\boldsymbol{F}=(2y, 3x, z^2)$;

(2) $\boldsymbol{F}=(z+\sin y)\boldsymbol{i}-(z-x\cos y)\boldsymbol{j}$;

(3) $\boldsymbol{F}=x^2\sin y\,\boldsymbol{i}+y^2\sin z\,\boldsymbol{j}+z^2\sin x\,\boldsymbol{k}$;

(4) $\boldsymbol{F}=xy^2\boldsymbol{i}+y\mathrm{e}^z\boldsymbol{j}+x\ln(1+z^2)\boldsymbol{k}$ 在点 $M(1,1,0)$ 处.

5. 已知 $\boldsymbol{F}(x,y,z)$ 的每个分量函数和 $f(x,y,z)$ 都具有连续的二阶偏导数. 证明：

(1) $\mathrm{div}(\mathrm{rot}\boldsymbol{F}(x,y,z))=0$;

(2) $\mathrm{rot}(\mathrm{grad}\,f(x,y,z))=\boldsymbol{0}$.

*6. 若向量场 $\boldsymbol{F}(x,y,z)$ 为调和场，则原函数 $u(x,y,z)$ 必定满足拉普拉斯方程：$\dfrac{\partial^2 u}{\partial x^2}+\dfrac{\partial^2 u}{\partial y^2}+\dfrac{\partial^2 u}{\partial z^2}=0$.

*7. 验证下列曲线积分与路径无关，并求它们的值.

(1) $\displaystyle\int_{(1,1,1)}^{(2,3,-4)} x\mathrm{d}x + y^2\mathrm{d}y - z^3\mathrm{d}z$;

(2) $\displaystyle\int_{(x_1,y_1,z_1)}^{(x_2,y_2,z_2)} \frac{x\mathrm{d}x+y\mathrm{d}y+z\mathrm{d}z}{\sqrt{x^2+y^2+z^2}}$，其中 (x_1, y_1, z_1)，(x_2, y_2, z_2) 在球面 $x^2+y^2+z^2=a^2$ 上.

*8. 求下列全微分的原函数.

(1) $(y+z)dx+(x+z)dy+(x+y)dz$;

(2) $yz(2x+y+z)dx+xz(x+2y+z)dy+xy(x+y+2z)dz$.

10.8 数 学 实 验

实验一 曲线积分的计算

1. 第一类曲线积分

例 1 $\displaystyle\int_l \frac{z^2}{x^2+y^2}ds$, l 为螺旋线 $x=a\cos t, y=a\sin t, z=at(0 \leqslant t \leqslant 2\pi, a>0)$.

```
>> syms t;
>> syms a positive
>> x=a*cos(t)
>> y=a*sin(t)
>> z=a*t
>>int(z^2/(x^2+y^2)*sqrt(diff(x,t)^2+diff(y,t)^2+diff(z,t)^2), t, 0, 2*pi)
 ans=8/3*pi^3*2^(1/2)*a
>> pretty(ans)
```

$$8/3 \ \text{pi}^3 \ \ 2^{\frac{1}{2}} \ \ \ a$$

例 2 $\displaystyle\int_l (x^2+y^2)ds$, l 为曲线. $y=x, y=x^2$ 所围区域的边界曲线(图 10.32).

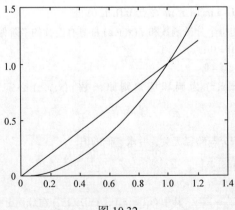

图 10.32

```
>> x=0:0.01:1.2;
>> y1=x;
>> y2=x.^2;
>> plot(x, y1, x, y2)
>> i1=int((x^2+y2^2)*sqrt(1+diff(y2, x)^2), x, 0, 1)
  i1=349/768*5^(1/2)+7/512*log(-2+5^(1/2))
>> i2=int((x^2+y1^2)*sqrt(1+diff(y1, x)^2), x, 0, 1)
  i2=2/3*2^(1/2)
>> i=i1+i2
   i=349/768*5^(1/2)+7/512*log(-2+5^(1/2))+2/3*2^(1/2)
```

2. 第二类曲线积分

例 3 $\oint_l \dfrac{x+y}{x^2+y^2}dx - \dfrac{x-y}{x^2+y^2}dy$，$l$ 为圆周 $x^2+y^2=a^2$ 的反向.

```
>> syms t
>> syms a positive
>> x=a*cos(t);
>> y=a*sin(t);
>> f=[(x+y)/(x^2+y^2), -(x-y)/(x^2+y^2)]
f=[(a*cos(t)+a*sin(t))/(a^2*cos(t)^2+a^2*sin(t)^2), (-a
*cos(t)+a*sin(t))/(a^2*cos(t)^2+a^2*sin(t)^2)]
>>ds=[diff(x, t);diff(y, t)]
 ds=
[-a*sin(t)]
[a*cos(t)]
 >> I=int(f*ds, t, 2*pi, 0)
    I=2*pi
```

实验二　曲面积分的计算

1. 第一类曲面积分

例 4 $\iint_S xyzdS$，其中 S 是由 $x=0, y=0, z=0, x+y+z=a$ 围成立体的表面，

$a>0$.

```
>> syms x y
>> syms a posotive
```

```
>> z=a-x-y
>> I=int(int(x*y*z*sqrt(1+diff(z, x)^2+diff(z, y)^2), y, 0, a-x), x, 0, a)
I=1/120*3^(1/2)*a^5
```

2. 第二类曲面积分

例 5 $\displaystyle\iint\limits_{S} x^3 dydz$ ，其中 S 是椭球面 $\dfrac{x^2}{a^2}+\dfrac{y^2}{b^2}+\dfrac{z^2}{c^2}=1$ 的上半部，且积分沿椭球面的上侧.

```
>> syms u v
>> syms a b c positive
>> x=a*sin(u)*cos(v);
>> y=b*sin(u)*sin(v);
>> z=c*cos(u);
>> A=diff(y, u)*diff(z, v)-diff(z, u)*diff(y, v)
>> I=int(int(x^3*A, u, 0, pi/2), v, 0, 2*pi)
A = c*sin(u)^2*b*cos(v)
I = 2/5*pi*a^3*c*b
```

实验三　通信卫星的电波覆盖地球表面问题

将通信卫星发射到赤道上空，使它位于赤道所在的平面内，如果卫星自西向东绕地球飞行一周的时间刚好等于地球自转的时间，那么它始终在地球的某一位置的上空，即相对静止. 这样的卫星称为地球同步卫星.

已知地球的半径 $R = 6371\,\text{km}$ ，地球自转的角速度 $\omega = \dfrac{2\pi}{24\times 3600}$ ，因此 ω 也是同步卫星的角速度.

　　问题的提出

(1) 计算卫星离地面的高度 h ；

(2) 计算卫星的电波覆盖的地球表面面积.

　　问题的求解

做简化假设，把地球看作一个球体，且不考虑其他天体对卫星的影响.

(1) 计算卫星离地面的高度 h ，由地球引力与卫星离心力相等

$$\frac{GMm}{(R+h)^2} = m\omega^2(R+h)，$$

其中 M 为地球质量，m 为卫星质量，G 为引力常数. 由于重力加速度(即在地面的单位质量所受的引力) $g = \dfrac{GM}{R^2}$，则上式得

$$(R+h)^3 = \frac{GM}{\omega^2} = \frac{GM}{R^2}\frac{R^2}{\omega^2} = g\frac{R^2}{\omega^2},$$

于是

$$h = \sqrt[3]{g\frac{R^2}{\omega^2}} - R.$$

代入 $R = 6371000$, $\omega = \dfrac{2\pi}{24 \times 3600}$, $g = 0.98$，得到卫星距离地面的高为

$$h \approx 36000000\text{m} = 36000\text{km}.$$

(2) 计算卫星的电波覆盖地球表面面积.

取地心为坐标原点 O，取过地心与卫星中心、方向从地心到卫星中心的有向直线为 z 轴. 图 10.33 只画出了 Oxz 平面的示意图. 则电波覆盖的地球表面面积为

$$S = \iint\limits_{S} \mathrm{d}S,$$

其中 S 为上半球面 $x^2 + y^2 + z^2 = R^2 (z \geq 0)$ 上满足 $z \geq R\cos\alpha$ 的部分，即

$$S: z = \sqrt{R^2 - x^2 - y^2},\quad x^2 + y^2 \leq R^2 \sin^2\alpha.$$

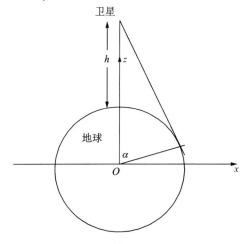

图 10.33

利用第一类曲面积分的计算公式

$$S = \iint\limits_{D} \sqrt{1 + \left(\frac{\partial z}{\partial x}\right)^2 + \left(\frac{\partial z}{\partial y}\right)^2}\,\mathrm{d}x\mathrm{d}y = \iint\limits_{D} \frac{R}{\sqrt{R^2 - x^2 - y^2}}\,\mathrm{d}x\mathrm{d}y,$$

其中 D 为 Oxz 平面上区域 $\{(x,y)\,|\,x^2+y^2\leqslant R\sin^2\alpha\}$. 利用极坐标变换, 得

$$S=\int_0^{2\pi}\mathrm{d}\theta\int_0^{R\sin\alpha}\frac{R}{\sqrt{R^2-r^2}}r\mathrm{d}r=2\pi R\left[-\sqrt{R^2-r^2}\right]_0^{R\sin\alpha}=2\pi R^2(1-\cos\alpha).$$

又因为 $\cos\alpha=\dfrac{R}{R+h}$, 所以得到

$$S=2\pi R^2\frac{h}{R+h}=2.16575\times10^{14}\,\mathrm{m}^2=2.16575\times10^8\,\mathrm{km}^2.$$

由于

$$S=2\pi R^2\frac{h}{R+h}=4\pi R^2\frac{h}{2(R+h)},$$

而 $4\pi R^2$ 正是地球的表面积, 所以

$$\frac{h}{2(R+h)}\approx0.433.$$

这就是说, 卫星电波覆盖了地球表面三分之一以上的面积. 因此, 理论上说, 只要在赤道上使用三颗相间 $\dfrac{2\pi}{3}$ 的通信卫星, 它们的电波就可以覆盖几乎整个地球表面.

总 习 题 10

1. 填空题.

(1) 设 C 为椭圆 $\dfrac{x^2}{4}+\dfrac{y^2}{5}=1$, 其周长记作 l, 则 $\oint_C(xy+5x^2+4y^2)\mathrm{d}s=$ ＿＿＿＿＿;

(2) 设 Σ 为上半球面 $z=\sqrt{4-x^2-y^2}$, 则曲面积分 $\displaystyle\iint_\Sigma\frac{\mathrm{d}S}{1+\sqrt{x^2+y^2+z^2}}$ 的值等于 ＿＿＿＿＿;

(3) 设 C 是曲线 $y=x(2-x)$ 上从点 $(2,0)$ 到点 $(0,0)$ 的一段弧, 则曲线积分 $\displaystyle\int_C(ye^x-e^{-y}+y)\mathrm{d}x+(xe^{-y}+e^x)\mathrm{d}y=$ ＿＿＿＿＿;

(4) 若 S 为球面 $x^2+y^2+z^2=R^2$ 的外侧, 则 $\displaystyle\iint_S\frac{x\mathrm{d}y\mathrm{d}z+y\mathrm{d}z\mathrm{d}x+(z+R)\mathrm{d}x\mathrm{d}y}{\sqrt{x^2+y^2+z^2}}=$ ＿＿＿＿＿.

2. 选择题.

(1) 设函数 $u(x,y,z)$ 有二阶连续偏导数, 则 $\mathrm{rot}(\mathbf{grad}u)$ 等于( ).

(A) 0 (B) $\dfrac{\partial^2u}{\partial x^2}+\dfrac{\partial^2u}{\partial y^2}+\dfrac{\partial^2u}{\partial z^2}$ (C) $(0,0,0)$ (D) $\dfrac{\partial^2u}{\partial x^2}\boldsymbol{i}+\dfrac{\partial^2u}{\partial y^2}\boldsymbol{j}+\dfrac{\partial^2u}{\partial z^2}\boldsymbol{k}$

(2) 设 Σ 是球面 $x^2+y^2+z^2=a^2$ 含在柱面 $x^2+y^2=ax(a>0)$ 内部的部分, 则 $\displaystyle\iint_\Sigma\mathrm{d}S$ 等于

( ).

(A) $4\displaystyle\int_0^{\frac{\pi}{2}}d\theta\int_0^{a\cos\theta}\frac{a}{\sqrt{a^2-r^2}}r\mathrm{d}r$　　　　　　　(B) $8\displaystyle\int_0^{\frac{\pi}{2}}d\theta\int_0^{a\cos\theta}\frac{a}{\sqrt{a^2-r^2}}r\mathrm{d}r$

(C) $16\displaystyle\int_0^{\frac{\pi}{2}}d\theta\int_0^{a\cos\theta}\frac{a}{\sqrt{a^2-r^2}}r\mathrm{d}r$　　　　　(D) $4\displaystyle\int_{\frac{\pi}{2}}^{\frac{\pi}{2}}d\theta\int_0^{a\cos\theta}\frac{a}{\sqrt{a^2-r^2}}r\mathrm{d}r$

(3) 设 Σ 是球面 $x^2+y^2+z^2=R^2$ 的外侧，D_{xy} 是 xOy 面上的圆域 $x^2+y^2\leqslant R^2$，下列等式正确的是(　　).

(A) $\displaystyle\iint_{\Sigma}x^2y^2z\,\mathrm{d}S=\iint_{D_{xy}}x^2y^2\sqrt{R^2-x^2-y^2}\mathrm{d}x\mathrm{d}y$　　　　(B) $\displaystyle\iint_{\Sigma}(x^2+y^2)\mathrm{d}x\mathrm{d}y=\iint_{D_{xy}}(x^2+y^2)\mathrm{d}x\mathrm{d}y$

(C) $\displaystyle\iint_{\Sigma}z\mathrm{d}x\mathrm{d}y=0$　　　　　　　　　　(D) $\displaystyle\iint_{\Sigma}z\mathrm{d}x\mathrm{d}y=2\iint_{D_{xy}}\sqrt{R^2-x^2-y^2}\mathrm{d}x\mathrm{d}y$

3. 计算下列曲线积分.

(1) $\displaystyle\int_{\Gamma}[(x+1)^2+(y+1)^2+(z+1)^2]\mathrm{d}s$，$\Gamma:\begin{cases}x^2+y^2+z^2=a^2,\\x+y+z=0;\end{cases}$

(2) $\displaystyle\oint_L(2yz+2xz+2xy)\mathrm{d}s$，$L:\begin{cases}x^2+y^2+z^2=a^2,\\x+y+z=\dfrac{3}{2}a;\end{cases}$

(3) $\displaystyle\oint_L|y|\mathrm{d}s$，$L:\begin{cases}x^2+y^2+4z^2=1,\\x-y=0;\end{cases}$

(4) $\displaystyle\oint_C\frac{x\mathrm{d}y-y\mathrm{d}x}{4x^2+9y^2}$，$C$ 是以点 $(1,0)$ 为中心，半径为 $R(R>1)$ 取逆时针方向的圆周；

(5) $\displaystyle\int_C\left(\sin\frac{x}{y}+\frac{x}{y}\cos\frac{x}{y}\right)\mathrm{d}x-\frac{x^2}{y^2}\cos\frac{x}{y}\mathrm{d}y$，$C$ 是从点 $A(\pi,1)$ 经过 $x=\pi(y-2)^2$ 到点 $B(\pi,3)$ 的一段弧.

4. 计算下列曲面积分.

(1) $\displaystyle\iint_{\Sigma}\frac{1}{x}\mathrm{d}y\mathrm{d}z+\frac{1}{y}\mathrm{d}z\mathrm{d}x+\frac{1}{z}\mathrm{d}x\mathrm{d}y$，$\Sigma:\dfrac{x^2}{a^2}+\dfrac{y^2}{b^2}+\dfrac{z^2}{c^2}=1$ 取外侧；

(2) $\displaystyle\iint_{\Sigma}(8y+1)x\mathrm{d}y\mathrm{d}z+2(1-y^2)\mathrm{d}z\mathrm{d}x-4yz\mathrm{d}x\mathrm{d}y$，其中 Σ 是由曲线 $\begin{cases}z=\sqrt{y-1},\\x=0\end{cases}(1\leqslant y\leqslant3)$ 绕 y 轴旋转一周所成的曲面，它的法向量与 y 轴正向的夹角恒大于 $\dfrac{\pi}{2}$；

(3) $\displaystyle\iint_{\Sigma}[(x+y)^2+z^2+2yz]\mathrm{d}S$，$\Sigma$ 是球面 $x^2+y^2+z^2=2x+2z$；

(4) $\displaystyle\iint_{\Sigma}x^3\mathrm{d}y\mathrm{d}z+(y^3+f(yz))\mathrm{d}z\mathrm{d}x+(z^3+f(yz))\mathrm{d}x\mathrm{d}y$，其中 $f(t)$ 是连续的可微的奇函数，Σ 是圆锥面 $x=\sqrt{z^2+y^2}$ 与球面 $x^2+y^2+z^2=1$ 所围立体表面取外侧.

5. 在变力 $\boldsymbol{F}=yz\boldsymbol{i}+xz\boldsymbol{j}+xy\boldsymbol{k}$ 的作用下，质点由原点沿直线运动到椭球面 $\dfrac{x^2}{a^2}+\dfrac{y^2}{b^2}+\dfrac{z^2}{c^2}=1$

上第一卦限的点 $M(\xi,\eta,\zeta)$ ，问 ξ,η,ζ 取何值时，力所做的功最大？并求出该最大值.

6. 设曲面 Σ 是椭球面 $\dfrac{x^2}{a^2}+\dfrac{y^2}{b^2}+\dfrac{z^2}{c^2}=1$ 上第一卦限的点 $M(\xi,\eta,\zeta)$ 处的切平面被三坐标面所截得的三角形，其法向量与 z 轴正向的夹角为锐角. 问 ξ,η,ζ 取何值时，曲面积分 $I=\iint\limits_{\Sigma} x\mathrm{d}y\mathrm{d}z+y\mathrm{d}z\mathrm{d}x+z\mathrm{d}x\mathrm{d}y$ 的值最小，并求出此最小值.

7. 求流体以速度 $v=(xz,2xy,3xy)$ 流过曲面 $S:z=1-x^2-\dfrac{1}{4}y^2$ $(0\leqslant z\leqslant 1)$ 的流量 Q ，曲面 S 的法向量与 z 轴正向的夹角为锐角.

8. 求向量场 $\boldsymbol{F}=(y^2-z^2)\boldsymbol{i}+(2z^2-x^2)\boldsymbol{j}+(3x^2-y^2)\boldsymbol{k}$ 沿闭曲线 Γ 的环量，Γ 是平面 $x+y+z=2$ 与柱面 $|x|+|y|=1$ 的交线，从 z 轴正向看为逆时针方向.

9. 求一个可微函数 $f(x,y)$ 满足 $f(0,1)=1$ ，并使曲线积分 $I_1=\int_L(3xy^2+x^3)\mathrm{d}x+f(x,y)\mathrm{d}y$ 和 $I_2=\int_L f(x,y)\mathrm{d}x+(3xy^2+x^3)\mathrm{d}y$ 都与积分路径无关.

10. 选取 k ，使 $\int_C 2xy(x^4+y^2)^k\mathrm{d}x-x^2(x^4+y^2)^k\mathrm{d}y$ 在右半平面 $x>0$ 内与路径无关，并求 $\int_{(1,0)}^{(x,y)} 2xy(x^4+y^2)^k\mathrm{d}x-x^2(x^4+y^2)^k\mathrm{d}y$.

11. 设 C 是 $x^2+y^2+x+y=0$ ，取逆时针方向，证明不等式：
$$\frac{\pi}{2}\leqslant\oint_C -y\sin x^2\mathrm{d}x+x\cos y^2\mathrm{d}y\leqslant\frac{\sqrt{2}}{2}\pi .$$

自 测 题 10

1. 填空题.

(1) 设 $u=x^3+y^3+z^3-3xyz$ ，则 $A=\mathbf{grad}u=$ _____ ， $\mathrm{div}A=$ _____ ， $\mathrm{rot}A=$ _____ ；

(2) 若 Σ 为球面 $x^2+y^2+z^2=9$ 的外侧，则 $\iint\limits_{\Sigma} x\mathrm{d}S=$ _____ ， $\iint\limits_{\Sigma} z\mathrm{d}x\mathrm{d}y=$ _____ ；

(3) $\int_{(0,0)}^{(1,2)} 3x(x+2y)\mathrm{d}x+(3x^2-y^3)\mathrm{d}y=$ _____ ；

(4) 设 C 是由 $y^2=2(x+2)$ 和 $x=2$ 所围区域的边界，取逆时针方向，则 $\oint_C\dfrac{x\mathrm{d}y-y\mathrm{d}x}{x^2+y^2}=$ _____ .

2. 选择题.

(1) 设 Σ 是平面 $x+y+z=4$ 被圆柱面 $x^2+y^2=1$ 截出的有限部分，则 $\iint\limits_{\Sigma} y\mathrm{d}S$ 等于(　　).

(A) π 　　　　(B) $\dfrac{4\sqrt{3}}{3}$ 　　　　(C) $4\sqrt{3}\pi$ 　　　　(D) 0

(2) 设力场 $\boldsymbol{F} = (3x-4y)\boldsymbol{i} + (4x+2y)\boldsymbol{j}$，将一质点在力场内沿椭圆 $\begin{cases} x = 4\cos t, \\ y = 3\sin t \end{cases}$ 正向运动一周，场力所做的功为(　　).

(A) 12π 　　　　(B) 48π 　　　　(C) 24π 　　　　(D) 96π

(3) 设 $\varSigma$ 为 $x^2 + y^2 + z^2 = 1$ 的外侧，$\varOmega$ 为球体：$x^2 + y^2 + z^2 \leqslant 1$，则不正确的是(　　).

(A) $\displaystyle\iint\limits_{\varSigma} x^2 \mathrm{d}y\mathrm{d}z = 0$

(B) $\displaystyle\iint\limits_{\varSigma} x^2 \mathrm{d}S = \dfrac{1}{3}\iint\limits_{\varSigma}(x^2 + y^2 + z^2)\mathrm{d}S = \dfrac{1}{3}\iint\limits_{\varSigma}\mathrm{d}S = \dfrac{4}{3}\pi$

(C) $\displaystyle\oiint\limits_{\varSigma} x^3 \mathrm{d}y\mathrm{d}z + y^3\mathrm{d}z\mathrm{d}x + z^3\mathrm{d}x\mathrm{d}y = \iiint\limits_{\varOmega} 3(x^2 + y^2 + z^2)\mathrm{d}v = 3\iiint\limits_{\varOmega}\mathrm{d}v = 4\pi$

(D) $\displaystyle\oiint\limits_{\varSigma} x^3 \mathrm{d}y\mathrm{d}z + y^3\mathrm{d}z\mathrm{d}x + z^3\mathrm{d}x\mathrm{d}y = \iiint\limits_{\varOmega} 3(x^2 + y^2 + z^2)\mathrm{d}v = 3\int_0^{2\pi}\mathrm{d}\theta\int_0^{\pi}\sin\varphi\mathrm{d}\varphi\int_0^1 r^4\mathrm{d}r = \dfrac{12\pi}{5}$

3. 计算 $\displaystyle\oint\limits_{C}\cos\sqrt{x^2 + y^2}\,\mathrm{d}s$，其中 C 是区域 $D = \{(x,y)\,|\,x^2 + y^2 \leqslant \pi^2, 0 \leqslant y \leqslant x\}$ 的边界.

4. 设曲线积分 $\displaystyle\int\limits_{L}[\mathrm{e}^{-x} + f(x)]y\mathrm{d}x - f(x)\mathrm{d}y$ 与路径无关，其中 $f(x)$ 具有连续的导数，且 $f(0) = 1$，求 $f(x)$.

5. 设位于点 $(0,1)$ 的质点 A 对质点 M 的引力大小为 $\dfrac{k}{r^2}(k > 0)$，r 为质点 A 与质点 M 之间的距离，质点 M 沿曲线 $y = \sqrt{2x - x^2}$ 从 $B(2,0)$ 运动到 $O(0,0)$，求在此运动过程中质点 A 对质点 M 的引力所做的功.

6. 计算曲面积分 $\displaystyle\iint\limits_{\varSigma}\boldsymbol{F}\cdot\mathrm{d}\boldsymbol{S}$，其中 $\boldsymbol{F} = (x^2, y^2, z^2)$，$\varSigma$ 是由曲线 $\begin{cases} z = y^2, \\ x = 0 \end{cases}$ $(1 \leqslant z \leqslant 4)$ 绕 z 轴旋转一周所成的曲面的下侧.

7. 求向量场 $\boldsymbol{A} = xz^2\boldsymbol{i} + yx^2\boldsymbol{j} + zy^2\boldsymbol{k}$ 通过曲面 $\varSigma: x^2 + y^2 + z^2 = 2z$ 流向外侧的通量和沿曲线 $\varGamma: \begin{cases} x^2 + y^2 + z^2 = 2z, \\ x^2 + y^2 = 1 \end{cases}$ 的环量(从 z 轴正向看去为逆时针方向).

第11章 无穷级数

无穷级数是高等数学的一个重要组成部分．它是研究函数性质与工程计算的一个重要工具．本章主要介绍级数的基本性质，收敛判别法以及将一个函数展开成幂级数和三角级数的方法．学习本章要重点掌握下列一些知识：

(1) 级数的基本性质及收敛的必要条件；

(2) 正项级数收敛性的比较审敛法、比值审敛法和根值审敛法；

(3) 交错级数的莱布尼茨判别法；

(4) 幂级数的收敛半径、收敛区间及收敛域；

(5) 幂级数展开定理以及 e^x，$\sin x$，$\cos x$，$\ln(1+x)$ 和 $(1+x)^\alpha$ 的麦克劳林展开式；

(6) 傅里叶级数的收敛定理以及三角级数展开法．

11.1 常数项级数的概念和性质

11.1.1 常数项级数的概念

在数学和工程科学中，往往会碰到一些无穷多个数量相加的情况．例如，我们在开始学习定积分时，就遇到求曲边梯形的面积问题．具体地，若要求曲线 $y = x^2$，直线 $y = 0$，$x = 1$ 围成的曲边梯形的面积，如图 11.1 所示．

我们的一种处理办法是将曲边梯形 OAB 分成 n 个小的曲边梯形，得到曲边梯形面积的近似值：

$$S \approx A_1 + A_2 + \cdots + A_n,$$

其中 A_i 表示第 i 个小曲边梯形三角形的内接小矩形的面积(图 11.1)，当 $n \to +\infty$ 时，可以求出曲边三角形梯形的面积

$$S = \lim_{n \to \infty} \sum_{i=1}^{n} \frac{(i-1)^2}{n^3} = \lim_{n \to \infty} \frac{1}{6}\left(1 + \frac{1}{n-1}\right)\left(2 + \frac{1}{n-1}\right) = \frac{1}{3}.$$

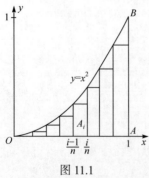

图 11.1

一般地，给定一个数列

$$u_1 , \quad u_2 , \quad u_3 ,\cdots,u_n,\cdots,$$

则用加号把这些数依次连接起来构成的式子

$$u_1 + u_2 + u_3 + \cdots + u_n + \cdots \tag{1}$$

称为**常数项无穷级数**，简称**级数**，记作 $\sum\limits_{n=1}^{\infty} u_n$ ，即

$$\sum_{n=1}^{\infty} u_n = u_1 + u_2 + u_3 + \cdots + u_n + \cdots,$$

其中第 n 项 u_n 称为**级数的一般项**. 级数 $\sum\limits_{n=1}^{\infty} u_n$ 的前 n 项和

$$\sum_{i=1}^{n} u_i = u_1 + u_2 + u_3 + \cdots + u_n$$

称为级数 $\sum\limits_{n=1}^{\infty} u_n$ 的**部分和**①. 数列 s_1 ， s_2 ，$\cdots$， s_n ，$\cdots$ 称为级数(1)的**部分和数列**.

如果级数 $\sum\limits_{n=1}^{\infty} u_n$ 的部分和数列 $\{s_n\}$ 有极限 s ，即 $\lim\limits_{n\to\infty} s_n = s$ ，则称级数 $\sum\limits_{n=1}^{\infty} u_n$ **收敛**，这时极限 s 称为该级数的和，并写成

$$s = \sum_{n=1}^{\infty} u_n = u_1 + u_2 + u_3 + \cdots + u_n + \cdots;$$

如果数列 $\{s_n\}$ 没有极限，则称级数 $\sum\limits_{n=1}^{\infty} u_n$ **发散**.

当级数 $\sum\limits_{n=1}^{\infty} u_n$ 收敛时，其部分和 s_n 是级数 $\sum\limits_{n=1}^{\infty} u_n$ 的和 s 的近似值，它们之间的差值

$$r_n = s - s_n = u_{n+1} + u_{n+2} + \cdots$$

称为级数 $\sum\limits_{n=1}^{\infty} u_n$ 的**余项**.

例 1　讨论等比级数(几何级数)

$$\sum_{n=0}^{\infty} aq^n = a + aq + aq^2 + \cdots + aq^n + \cdots \tag{2}$$

———————————

①法国数学家柯西首次提出了用部分和数列极限是否存在定义级数是否收敛，由此比较严格地建立了完整的级数理论.

的收敛性, 其中 $a \neq 0$, q 称为等比级数 $\sum\limits_{n=0}^{\infty} aq^n$ 的公比.

解 如果 $q \neq 1$, 则已知等比级数的部分和

$$s_n = a + aq + aq^2 + \cdots + aq^{n-1} = \frac{a - aq^n}{1-q} = \frac{a}{1-q} - \frac{aq^n}{1-q}.$$

当 $|q| < 1$ 时, 因为 $\lim\limits_{n \to \infty} s_n = \dfrac{a}{1-q}$, 所以级数 $\sum\limits_{n=0}^{\infty} aq^n$ 收敛, 其和为 $\dfrac{a}{1-q}$.

当 $|q| > 1$ 时, 因为 $\lim\limits_{n \to \infty} s_n = \infty$, 所以级数 $\sum\limits_{n=0}^{\infty} aq^n$ 发散.

如果 $|q| = 1$, 则

(1) 当 $q = 1$ 时, $s_n = na \to \infty \ (n \to \infty)$, 因此级数 $\sum\limits_{n=0}^{\infty} aq^n$ 发散;

(2) 当 $q = -1$ 时, 级数 $\sum\limits_{n=0}^{\infty} aq^n$ 成为

$$a - a + a - a + \cdots.$$

因为当 n 为奇数时, s_n 等于 a, 而当 n 为偶数时, s_n 等于 0, 所以 $\lim\limits_{n \to \infty} s_n$ 不存在, 从而级数 $\sum\limits_{n=0}^{\infty} aq^n$ 发散.

综上所述, 如果 $|q| < 1$, 则级数 $\sum\limits_{n=0}^{\infty} aq^n$ 收敛, 其和为 $\dfrac{a}{1-q}$; 如果 $|q| \geqslant 1$, 则级数 $\sum\limits_{n=0}^{\infty} aq^n$ 发散.

例2 判别无穷级数

$$\frac{1}{1 \cdot 2} + \frac{1}{2 \cdot 3} + \frac{1}{3 \cdot 4} + \cdots + \frac{1}{n \cdot (n+1)} + \cdots$$

的收敛性.

解 因为

$$u_n = \frac{1}{n \cdot (n+1)} = \frac{1}{n} - \frac{1}{n+1},$$

所以

$$s_n = \frac{1}{1 \cdot 2} + \frac{1}{2 \cdot 3} + \frac{1}{3 \cdot 4} + \cdots + \frac{1}{n \cdot (n+1)}$$

$$= \left(1 - \frac{1}{2}\right) + \left(\frac{1}{2} - \frac{1}{3}\right) + \cdots + \left(\frac{1}{n} - \frac{1}{n+1}\right) = 1 - \frac{1}{n+1},$$

从而

$$\lim_{n\to\infty} s_n = \lim_{n\to\infty}\left(1 - \frac{1}{n+1}\right) = 1.$$

故这个级数收敛,且其和为 1.

11.1.2 收敛级数的基本性质

性质 1　如果级数 $\sum_{n=1}^{\infty} u_n$ 收敛于 s ,则它的各项同乘以一个常数 k 所得的级数

$\sum_{n=1}^{\infty} ku_n$ 也收敛,且其和为 ks .

常数项
级数的性质

　　证　设级数 $\sum_{n=1}^{\infty} u_n$ 与 $\sum_{n=1}^{\infty} ku_n$ 的部分和分别为 s_n 与 σ_n ,则

$$\lim_{n\to\infty}\sigma_n = \lim_{n\to\infty}(ku_1 + ku_2 + \cdots + ku_n)$$
$$= k\lim_{n\to\infty}(u_1 + u_2 + \cdots + u_n) = k\lim_{n\to\infty} s_n = ks.$$

这表明级数 $\sum_{n=1}^{\infty} ku_n$ 收敛,且和为 ks .

　　性质 2　如果级数 $\sum_{n=1}^{\infty} u_n$ 收敛于 s ,级数 $\sum_{n=1}^{\infty} v_n$ 收敛于 σ ,则级数 $\sum_{n=1}^{\infty} (u_n \pm v_n)$ 也
收敛,且其和为 $s \pm \sigma$.

　　证　设级数 $\sum_{n=1}^{\infty} u_n$, $\sum_{n=1}^{\infty} v_n$ 和 $\sum_{n=1}^{\infty} (u_n \pm v_n)$ 的部分和分别为 s_n , σ_n 和 τ_n ,则

$$\lim_{n\to\infty}\tau_n = \lim_{n\to\infty}[(u_1 \pm v_1) + (u_2 \pm v_2) + \cdots + (u_n \pm v_n)]$$
$$= \lim_{n\to\infty}[(u_1 + u_2 + \cdots + u_n) \pm (v_1 + v_2 + \cdots + v_n)]$$
$$= \lim_{n\to\infty}(s_n \pm \sigma_n) = s \pm \sigma.$$

　　由性质 2,若级数 $\sum_{n=1}^{\infty} u_n$ 收敛,级数 $\sum_{n=1}^{\infty} v_n$ 发散,则 $\sum_{n=1}^{\infty} (u_n \pm v_n)$ 发散.

　　性质 3　在级数中去掉、加上或改变有限项,不会改变级数的收敛性.

　　证　若 $\sum_{n=1}^{\infty} v_n$ 是 $\sum_{n=1}^{\infty} u_n$ 添加有限项得到的级数,设添加的项数为 $t(<+\infty)$ 项,添

加的这 t 项的和为 A ,记级数 $\sum_{n=1}^{\infty} u_n$ 与 $\sum_{n=1}^{\infty} v_n$ 的部分和分别为 s_n 与 σ_n ,则当 n 充分

大时(保证包含所有添加的项),那么 $\sigma_n = s_{n-t} + A$,其中 $s_{n-t} = \sigma_n - A$. 显然, A

是一个固定的常数，于是两个级数的收敛性相同.

注意到 $\sum\limits_{n=1}^{\infty}u_n$ 可以看成是 $\sum\limits_{n=1}^{\infty}v_n$ 去掉有限项得到的，所以去掉有限项或者添加有限项都不改变级数的收敛性.

性质 4　如果级数 $\sum\limits_{n=1}^{\infty}u_n$ 收敛，则对该级数的项任意加括号后所成的级数仍收敛，且其和不变.

证　设级数 $\sum\limits_{n=1}^{\infty}u_n$ 收敛于 s ，其部分和数列为 $\{s_n\}$ ，加括号后所成的级数为

$$\sum_{k=1}^{\infty}v_k = (u_1+\cdots+u_{n_1})+\cdots+(u_{n_{k-1}}+u_{n_{k-1}+1}+\cdots+u_{n_k})+\cdots,$$

其中 $v_k=u_{n_{k-1}+1}+u_{n_{k-1}+2}+\cdots+u_{n_k}$ ，且 $n_0=0$ ，令 $t_m=\sum\limits_{k=1}^{m}v_k=s_{n_m}$ ，数列 $\{t_m\}$ 是 $\{s_n\}$ 的子数列，因此， $\lim\limits_{m\to\infty}t_m=\lim\limits_{n\to\infty}s_n=s$.

推论　如果加括号后所成的级数发散，则原级数也发散.

注意　如果加括号后所成的级数收敛，则不能断定去括号后原来的级数也收敛. 例如，级数 $(1-1)+(1-1)+\cdots=0$ ，但级数 $1-1+1-1+\cdots$ 却是发散的.

性质 5(级数收敛的必要条件)　如果级数 $\sum\limits_{n=1}^{\infty}u_n$ 收敛，则它的一般项 u_n 当 $n\to\infty$ 时趋于零，即 $\lim\limits_{n\to\infty}u_n=0$.

证　设级数 $\sum\limits_{n=1}^{\infty}u_n$ 的部分和为 s_n ，且 $\lim\limits_{n\to\infty}s_n=s$ ，则

$$\lim_{n\to\infty}u_n=\lim_{n\to\infty}(s_n-s_{n-1})=\lim_{n\to\infty}s_n-\lim_{n\to\infty}s_{n-1}=s-s=0.$$

注意　级数的一般项 u_n 趋于零并不是级数收敛的充分条件. 请看下面的例子.

例 3　证明调和级数

$$\sum_{n=1}^{\infty}\frac{1}{n}=1+\frac{1}{2}+\frac{1}{3}+\cdots+\frac{1}{n}+\cdots$$

是发散的.

证　假设级数 $\sum\limits_{n=1}^{\infty}\dfrac{1}{n}$ 收敛且其和为 s ， s_n 是它的部分和. 显然有 $\lim\limits_{n\to\infty}s_n=s$ 及 $\lim\limits_{n\to\infty}s_{2n}=s$. 于是 $\lim\limits_{n\to\infty}(s_{2n}-s_n)=0$.

但是,

$$s_{2n} - s_n = \frac{1}{n+1} + \frac{1}{n+2} + \cdots + \frac{1}{2n} > \frac{1}{2n} + \frac{1}{2n} + \cdots + \frac{1}{2n} = \frac{1}{2},$$

故 $\lim_{n \to \infty}(s_{2n} - s_n) \neq 0$,矛盾. 这个矛盾说明级数 $\sum_{n=1}^{\infty} \frac{1}{n}$ 必定发散.

习 题 11.1

1. 写出下列级数的前 5 项.

(1) $\sum_{n=1}^{\infty} \frac{2n+1}{n^2+1}$;

(2) $\sum_{n=1}^{\infty} \frac{1 \cdot 3 \cdot 5 \cdots (2n-1)}{2 \cdot 4 \cdot 6 \cdots (2n)}$;

(3) $\sum_{n=1}^{\infty} \left(1 - \frac{1}{n^2}\right)^n$;

(4) $\sum_{n=1}^{\infty} \frac{n!}{n^n}$.

2. 写出下列级数的一般项.

(1) $\frac{1}{1^2} + \frac{1}{3^2} + \frac{1}{5^2} + \frac{1}{7^2} + \cdots$;

(2) $\frac{1}{1 \cdot 2 \cdot 3} + \frac{1}{2 \cdot 3 \cdot 4} + \frac{1}{3 \cdot 4 \cdot 5} + \frac{1}{4 \cdot 5 \cdot 6} + \cdots$;

(3) $\frac{x}{1} - \frac{x^3}{3} + \frac{x^5}{5} - \frac{x^7}{7} + \cdots$;

(4) $\frac{x}{1} - \frac{x^3}{1 \cdot 3} + \frac{x^5}{1 \cdot 3 \cdot 5} - \frac{x^7}{1 \cdot 3 \cdot 5 \cdot 7} + \cdots$.

3. 根据级数收敛或者发散的定义判别下列级数是否收敛.

(1) $\sum_{n=1}^{\infty} \frac{1}{\sqrt{n+1} + \sqrt{n}}$;

(2) $\sum_{n=1}^{\infty} \ln n$.

4. 判别下列级数的收敛性.

(1) $\sum_{n=1}^{\infty} (-1)^{n-1} \frac{2^n}{5^n}$;

(2) $\sum_{n=1}^{\infty} \frac{1}{2n}$;

(3) $\sum_{n=1}^{\infty} \cos \frac{1}{n}$;

(4) $\sum_{n=1}^{\infty} \frac{1}{\sqrt[n]{a}}$ $(a > 0)$;

(5) $\sum_{n=1}^{\infty} \left(\frac{1}{2^n} + \frac{1}{3^n}\right)$;

(6) $\frac{1}{1 \cdot 2 \cdot 3} + \frac{1}{2 \cdot 3 \cdot 4} + \frac{1}{3 \cdot 4 \cdot 5} + \cdots$.

11.2 常数项级数的审敛法

正项级数的
审敛法

11.2.1 正项级数及其审敛法

各项都是正数或零的级数称为正项级数.

正项级数的特点是它的部分和数列是单调增加的. 由此我们得到下面的定理.

定理 1　正项级数 $\sum\limits_{n=1}^{\infty} u_n$ 收敛的充分必要条件是它的部分和数列 $\{s_n\}$ 有界.

证　因为当 $\{s_n\}$ 有界时，$\{s_n\}$ 是一个单调增加且有上界的数列，利用单调有界数列必有极限定理知道 $\{s_n\}$ 收敛，于是级数 $\sum\limits_{n=1}^{\infty} u_n$ 收敛. 反之，如果 $\{s_n\}$ 无界，则显然 $\{s_n\}$ 不收敛，因为收敛数列都是有界的.

定理 2(比较审敛法)　设 $\sum\limits_{n=1}^{\infty} u_n$ 和 $\sum\limits_{n=1}^{\infty} v_n$ 都是正项级数，且 $u_n \leqslant v_n\ (n=1,2,\cdots)$. 若级数 $\sum\limits_{n=1}^{\infty} v_n$ 收敛，则级数 $\sum\limits_{n=1}^{\infty} u_n$ 收敛；反之，若级数 $\sum\limits_{n=1}^{\infty} u_n$ 发散，则级数 $\sum\limits_{n=1}^{\infty} v_n$ 发散.

证　设级数 $\sum\limits_{n=1}^{\infty} v_n$ 收敛于 σ，则级数 $\sum\limits_{n=1}^{\infty} u_n$ 的部分和

$$s_n = u_1 + u_2 + u_3 + \cdots + u_n \leqslant v_1 + v_2 + v_3 + \cdots + v_n \leqslant \sigma \quad (n=1,2,\cdots),$$

即部分和数列 $\{s_n\}$ 有界，由定理 1 知级数 $\sum\limits_{n=1}^{\infty} u_n$ 收敛.

反之，若级数 $\sum\limits_{n=1}^{\infty} u_n$ 发散，则级数 $\sum\limits_{n=1}^{\infty} v_n$ 必发散. 因为若级数 $\sum\limits_{n=1}^{\infty} v_n$ 收敛，由上述已证明的结论，将有级数 $\sum\limits_{n=1}^{\infty} u_n$ 也收敛，与条件矛盾.

由定理 1 以及上一节的性质 1 和性质 3，容易得到

推论 1　设 $\sum\limits_{n=1}^{\infty} u_n$ 和 $\sum\limits_{n=1}^{\infty} v_n$ 都是正项级数，如果级数 $\sum\limits_{n=1}^{\infty} v_n$ 收敛，且存在自然数 N，使得当 $n \geqslant N$ 时，有 $u_n \leqslant k v_n\ (k>0)$ 成立，则级数 $\sum\limits_{n=1}^{\infty} u_n$ 收敛；如果级数 $\sum\limits_{n=1}^{\infty} v_n$ 发散，且当 $n \geqslant N$ 时，有 $u_n \geqslant k v_n\ (k>0)$ 成立，则级数 $\sum\limits_{n=1}^{\infty} u_n$ 发散.

应用比较审敛法判定一个级数的收敛性通常需要选择一个参考级数作为比较的对象，最常用的比较对象选择等比级数，另一个常用的比较对象是下面的 p-级数.

例 1　讨论 p-级数

$$\sum_{n=1}^{\infty} \frac{1}{n^p} = 1 + \frac{1}{2^p} + \frac{1}{3^p} + \frac{1}{4^p} + \cdots + \frac{1}{n^p} + \cdots$$

的收敛性，其中常数 $p > 0$.

解 若 $p \leqslant 1$. 此时 $\dfrac{1}{n^p} \geqslant \dfrac{1}{n}$，而调和级数 $\displaystyle\sum_{n=1}^{\infty} \dfrac{1}{n}$ 是发散的，由比较审敛法知，

当 $p \leqslant 1$ 时，级数 $\displaystyle\sum_{n=1}^{\infty} \dfrac{1}{n^p}$ 发散.

若 $p > 1$，则

$$\frac{1}{n^p} = \int_{n-1}^{n} \frac{1}{n^p}\mathrm{d}x \leqslant \int_{n-1}^{n} \frac{1}{x^p}\mathrm{d}x = \frac{1}{p-1}\left[\frac{1}{(n-1)^{p-1}} - \frac{1}{n^{p-1}}\right] \quad (n = 2,3,\cdots).$$

对于级数 $\displaystyle\sum_{n=2}^{\infty}\left[\dfrac{1}{(n-1)^{p-1}} - \dfrac{1}{n^{p-1}}\right]$，其部分和

$$s_n = \left[1 - \frac{1}{2^{p-1}}\right] + \left[\frac{1}{2^{p-1}} - \frac{1}{3^{p-1}}\right] + \cdots + \left[\frac{1}{n^{p-1}} - \frac{1}{(n+1)^{p-1}}\right] = 1 - \frac{1}{(n+1)^{p-1}}.$$

因为 $\displaystyle\lim_{n\to\infty} s_n = \lim_{n\to\infty}\left[1 - \dfrac{1}{(n+1)^{p-1}}\right] = 1$，所以级数 $\displaystyle\sum_{n=2}^{\infty}\left[\dfrac{1}{(n-1)^{p-1}} - \dfrac{1}{n^{p-1}}\right]$ 收敛. 从而根

据比较审敛法的推论 1 可知，当 $p > 1$ 时，级数 $\displaystyle\sum_{n=1}^{\infty} \dfrac{1}{n^p}$ 收敛.

综上所述，p-级数 $\displaystyle\sum_{n=1}^{\infty} \dfrac{1}{n^p}$，当 $p > 1$ 时收敛，当 $p \leqslant 1$ 时发散.

例 2 证明级数 $\displaystyle\sum_{n=1}^{\infty} \dfrac{1}{\sqrt{n(n+1)}}$ 是发散的.

证 因为 $\dfrac{1}{\sqrt{n(n+1)}} > \dfrac{1}{\sqrt{(n+1)^2}} = \dfrac{1}{n+1}$，而级数 $\displaystyle\sum_{n=1}^{\infty} \dfrac{1}{n+1} = \dfrac{1}{2} + \dfrac{1}{3} + \cdots + \dfrac{1}{n+1} + \cdots$

是发散的，根据比较审敛法可知所给级数也是发散的.

定理 3(比较审敛法的极限形式) 设 $\displaystyle\sum_{n=1}^{\infty} u_n$ 和 $\displaystyle\sum_{n=1}^{\infty} v_n$ 都是正项级数，

(1) 如果 $\displaystyle\lim_{n\to\infty} \dfrac{u_n}{v_n} = l\,(0 < l < +\infty)$，则级数 $\displaystyle\sum_{n=1}^{\infty} u_n$ 和 $\displaystyle\sum_{n=1}^{\infty} v_n$ 同时收敛或同时发散；

(2) 如果 $\displaystyle\lim_{n\to\infty} \dfrac{u_n}{v_n} = 0$，且级数 $\displaystyle\sum_{n=1}^{\infty} v_n$ 收敛，则级数 $\displaystyle\sum_{n=1}^{\infty} u_n$ 收敛；

(3) 如果 $\displaystyle\lim_{n\to\infty} \dfrac{u_n}{v_n} = +\infty$，且级数 $\displaystyle\sum_{n=1}^{\infty} v_n$ 发散，则级数 $\displaystyle\sum_{n=1}^{\infty} u_n$ 发散.

证 当 $0 < l < +\infty$ 时，由极限的定义可知，对 $\varepsilon = \dfrac{l}{2}$，存在自然数 N，当 $n > N$

时，有

$$l - \frac{l}{2} < \frac{u_n}{v_n} < l + \frac{l}{2},$$

即

$$\frac{l}{2} v_n < u_n < \frac{3l}{2} v_n,$$

再根据比较审敛法的推论 1，即得级数 $\sum_{n=1}^{\infty} u_n$ 和 $\sum_{n=1}^{\infty} v_n$ 有相同的收敛性.

当 $l = 0$ 时，由 $\lim_{n \to \infty} \frac{u_n}{v_n} = 0 < 1$ 可知，存在自然数 N，当 $n > N$ 时，有 $u_n < v_n$，再根据比较审敛法的推论 1 知结论成立.

当 $l = +\infty$ 时，由 $\lim_{n \to \infty} \frac{u_n}{v_n} = +\infty$ 可知，存在自然数 N，当 $n > N$ 时，有 $u_n > v_n$，易知结论成立.

例 3　判别级数 $\sum_{n=1}^{\infty} \sin \frac{2}{n}$ 的收敛性.

解　注意到 $\sin \frac{2}{n} > 0$，所以所讨论的级数是正项级数. 因为 $\lim_{n \to \infty} \frac{\sin \frac{2}{n}}{\frac{1}{n}} = 2$，

而级数 $\sum_{n=1}^{\infty} \frac{1}{n}$ 发散，根据比较审敛法的极限形式，级数 $\sum_{n=1}^{\infty} \sin \frac{2}{n}$ 发散.

例 4　判别级数 $\sum_{n=1}^{\infty} \ln\left(1 + \frac{1}{n^2}\right)$ 的收敛性.

解　注意到 $\ln\left(1 + \frac{1}{n^2}\right) > 0$，所以所讨论的级数是正项级数. 因为

$$\lim_{n \to \infty} \frac{\ln\left(1 + \frac{1}{n^2}\right)}{\frac{1}{n^2}} = 1,$$

而级数 $\sum_{n=1}^{\infty} \frac{1}{n^2}$ 收敛，所以根据比较审敛法的极限形式，级数 $\sum_{n=1}^{\infty} \ln\left(1 + \frac{1}{n^2}\right)$ 收敛.

例 5　判别级数 $\sum_{n=1}^{\infty}\left(e^{\frac{1}{n^2}} - 1\right)$ 的收敛性.

解　因为 $u_n = e^{\frac{1}{n^2}} - 1 > 0$，故所讨论的级数为正项级数. 同时由于 $u_n \sim \frac{1}{n^2}$

$(n \to \infty)$ ，即

$$\lim_{n \to \infty} n^2 u_n = \lim_{n \to \infty} n^2 \cdot \frac{1}{n^2} = 1,$$

根据比较审敛法的极限形式，知所给级数收敛.

例 6 判别级数 $\displaystyle\sum_{n=1}^{\infty} \sqrt{n+1}\left(1-\cos\frac{\pi}{n}\right)$ 的收敛性.

解 因为 $1-\cos\dfrac{\pi}{n} \sim \dfrac{\pi^2}{2n^2}\ (n \to \infty)$ ，所以

$$\lim_{n \to \infty} n^{\frac{3}{2}} u_n = \lim_{n \to \infty} n^{\frac{3}{2}} \sqrt{n+1}\left(1-\cos\frac{\pi}{n}\right) = \lim_{n \to \infty} n^2 \sqrt{\frac{n+1}{n}} \cdot \frac{\pi^2}{2n^2} = \frac{\pi^2}{2},$$

根据比较审敛法极限形式，知所给级数收敛.

定理 4(比值审敛法，达朗贝尔[①]判别法) 若正项级数 $\displaystyle\sum_{n=1}^{\infty} u_n$ 的后项与前项之比值当 $n \to \infty$ 时的极限等于 ρ ，即 $\displaystyle\lim_{n \to \infty}\frac{u_{n+1}}{u_n} = \rho$ ，则当 $\rho < 1$ 时，级数收敛；当 $\rho > 1$(或 $\displaystyle\lim_{n \to \infty}\frac{u_{n+1}}{u_n} = +\infty$)时，级数发散；当 $\rho = 1$ 时，级数可能收敛也可能发散.

证 (1) 当 $\rho < 1$ 时(注意 $\rho \geq 0$ 总是成立的)，总存在一个适当的正数 q ，使得 $\rho < q < 1$.

由于 $\displaystyle\lim_{n \to \infty}\frac{u_{n+1}}{u_n} = \rho < q < 1$ ，所以存在自然数 N ，使得当 $n > N$ 时，有 $\dfrac{u_{n+1}}{u_n} < q$. 于是

$$u_{N+2} < qu_{N+1}, \quad u_{N+3} < qu_{N+2}, \quad \cdots, \quad u_{n+1} < qu_n, \quad \cdots,$$

由此可得

$$u_n < q^{n-N-1} u_{N+1} \quad (n > N)$$

因为 $u_{N+1} + qu_{N+1} + q^2 u_{N+1} + \cdots$ 是公比为 $q(0 < q < 1)$ 的几何级数，所以它是收敛的，由比较审敛法的推论 1 知正项级数 $u_{N+1} + u_{N+2} + \cdots + u_n + \cdots$ 是收敛的. 由 11.1 节的性质 3 知 $\displaystyle\sum_{n=1}^{\infty} u_n$ 收敛.

(2) 当 $\rho > 1$ 时，由极限的保序性，存在自然数 N ，使得当 $n > N$ 时，有 $\dfrac{u_{n+1}}{u_n} > 1$ ，即 $u_{n+1} > u_n > u_{N+1} \neq 0$ ，这样 $\displaystyle\lim_{n \to \infty} u_n \neq 0$ ，所以级数发散.

---

①达朗贝尔(J. L. R. D'Alembert，1717~1783)法国数学家、哲学家.

(3) 当 $\rho = 1$ 时，级数可能收敛也可能发散．例如 p-级数 $\sum\limits_{n=1}^{\infty} \dfrac{1}{n^p}$ 都有 $\lim\limits_{n\to\infty} \dfrac{u_{n+1}}{u_n}$ $=1$，但当 $p>1$ 时，p-级数收敛；当 $p \leqslant 1$ 时，p-级数发散．

例 7　证明级数 $1 + \dfrac{1}{1} + \dfrac{1}{1 \cdot 2} + \dfrac{1}{1 \cdot 2 \cdot 3} + \cdots + \dfrac{1}{1 \cdot 2 \cdot 3 \cdots (n-1)} + \cdots$ 是收敛的．

解　因为 $\lim\limits_{n\to\infty} \dfrac{u_{n+1}}{u_n} = \lim\limits_{n\to\infty} \dfrac{1 \cdot 2 \cdot 3 \cdots (n-1)}{1 \cdot 2 \cdot 3 \cdots n} = \lim\limits_{n\to\infty} \dfrac{1}{n} = 0 < 1$，所以根据比值审敛法可知所给级数收敛．

例 8　判别级数 $\dfrac{1}{a} + \dfrac{1 \cdot 2}{a^2} + \dfrac{1 \cdot 2 \cdot 3}{a^3} + \cdots + \dfrac{n!}{a^n} + \cdots$ 的收敛性 $(a > 0$ 是常数$)$．

解　因为 $\lim\limits_{n\to\infty} \dfrac{u_{n+1}}{u_n} = \lim\limits_{n\to\infty} \dfrac{(n+1)!}{a^{n+1}} \cdot \dfrac{a^n}{n!} = \lim\limits_{n\to\infty} \dfrac{n+1}{a} = +\infty$，所以根据比值审敛法可知所给级数发散．

例 9　判别级数 $\sum\limits_{n=1}^{\infty} \dfrac{1}{n\sqrt{n}+1}$ 的收敛性．

解　由于当 $u_n = \dfrac{1}{n\sqrt{n}+1}$ 时，$\lim\limits_{n\to\infty} \dfrac{u_{n+1}}{u_n} = 1$，比值审敛法失效，必须使用其他方法来判别级数的收敛性．

由于 $u_n = \dfrac{1}{n\sqrt{n}+1} < \dfrac{1}{n^{3/2}}$，而级数 $\sum\limits_{n=1}^{\infty} \dfrac{1}{n^{3/2}}$ 收敛，由比较审敛法知级数 $\sum\limits_{n=1}^{\infty} \dfrac{1}{n\sqrt{n}+1}$ 收敛．

定理 5(根值审敛法，柯西[①]判别法)　设 $\sum\limits_{n=1}^{\infty} u_n$ 是正项级数，如果它的一般项 u_n 的 n 次方根的极限等于 ρ，即 $\lim\limits_{n\to\infty} \sqrt[n]{u_n} = \rho$，则

(1) 当 $\rho < 1$ 时级数收敛；

(2) 当 $\rho > 1$ (或 $\lim\limits_{n\to\infty} \sqrt[n]{u_n} = +\infty$)时级数发散；

(3) 当 $\rho = 1$ 时级数可能收敛也可能发散．

证　(1) 当 $\rho < 1$ 时，存在 q，使得 $\rho < q < 1$．由于 $\lim\limits_{n\to\infty} \sqrt[n]{u_n} = \rho$，由极限的保序性，存在自然数 N，使得当 $n > N$ 时，有 $\sqrt[n]{u_n} < q < 1$，即 $u_n < q^n$．由于级数

---

① 柯西(Augustin-Louis Cauchy，1789～1857)法国数学家．

$\displaystyle\sum_{n=N+1}^{\infty} q^n$ 收敛，所以级数 $\displaystyle\sum_{n=1}^{\infty} u_n$ 收敛.

(2) 当 $\rho > 1$ 时，易知 $\lim\limits_{n\to\infty} u_n \neq 0$ ，所以级数发散.

(3) 当 $\rho = 1$ 时，级数可能收敛也可能发散. 例如对于 p-级数 $\displaystyle\sum_{n=1}^{\infty} \frac{1}{n^p}$ ，总有 $\lim\limits_{n\to\infty} \sqrt[n]{u_n} = 1$ ，但是 p-级数当 $\rho > 1$ 时收敛，当 $\rho \leqslant 1$ 时发散.

例 10 证明级数 $1 + \dfrac{1}{2^2} + \dfrac{1}{3^3} + \cdots + \dfrac{1}{n^n} + \cdots$ 是收敛的. 并估计用该级数的部分和 s_n 近似代替级数的和 s 所产生的误差.

解 因为 $\lim\limits_{n\to\infty} \sqrt[n]{u_n} = \lim\limits_{n\to\infty} \sqrt[n]{\dfrac{1}{n^n}} = \lim\limits_{n\to\infty} \dfrac{1}{n} = 0$ ，所以根据根值审敛法知所给级数收敛. 以该级数的部分和 s_n 近似代替级数的和 s 所产生的误差为

$$
\begin{aligned}
|r_n| &= \frac{1}{(n+1)^{n+1}} + \frac{1}{(n+2)^{n+2}} + \frac{1}{(n+3)^{n+3}} + \cdots \\
&< \frac{1}{(n+1)^{n+1}} + \frac{1}{(n+1)^{n+2}} + \frac{1}{(n+1)^{n+3}} + \cdots \\
&= \frac{1}{n(n+1)^n}.
\end{aligned}
$$

例 11 判别级数 $\displaystyle\sum_{n=1}^{\infty} \frac{3 + (-1)^n}{2^n}$ 的收敛性.

解 因为

$$
\lim_{n\to\infty} \sqrt[n]{u_n} = \lim_{n\to\infty} \frac{1}{2}\sqrt[n]{3 + (-1)^n} = \frac{1}{2} ,
$$

所以根据根值审敛法知所给级数收敛.

请读者自行思考，本题是否能用比值审敛法判别.

11.2.2 交错级数及其审敛法

各项符号是正负相间的级数称为交错级数.

设 $u_n > 0$ $(n = 1,2,\cdots)$ ，交错级数的一般形式为

$$
\sum_{n=1}^{\infty} (-1)^{n-1} u_n = u_1 - u_2 + u_3 - \cdots + (-1)^{n-1} u_n + \cdots. \tag{1}
$$

例如，$\displaystyle\sum_{n=1}^{\infty} (-1)^{n-1} \frac{1}{n}$ 是交错级数，但 $\displaystyle\sum_{n=1}^{\infty} (-1)^{n-1} \frac{\sin n}{n}$ 不是交错级数.

定理 6(莱布尼茨[①]定理)　如果交错级数(1)满足条件

(1) $u_n \geqslant u_{n+1}$ $(n=1,2,\cdots)$；

(2) $\lim\limits_{n\to\infty} u_n = 0$，

则级数 $\sum\limits_{n=1}^{\infty}(-1)^{n-1}u_n$ 收敛，且其和 $s \leqslant u_1$，余项 r_n 满足 $|r_n| \leqslant u_{n+1}$.

证　设级数 $\sum\limits_{n=1}^{\infty}(-1)^{n-1}u_n$ 的部分和为 s_n. 由于

$$s_{2n} = (u_1 - u_2) + (u_3 - u_4) + \cdots + (u_{2n-1} - u_{2n})$$

及

$$s_{2n} = u_1 - (u_2 - u_3) - (u_4 - u_5) - \cdots - (u_{2n-2} - u_{2n-1}) - u_{2n},$$

易见数列 $\{s_{2n}\}$ 单调增加且有界 $(s_{2n} < u_1)$，所以数列 $\{s_{2n}\}$ 收敛.

设 $\lim\limits_{n\to\infty} s_{2n} = s$，则也有 $\lim\limits_{n\to\infty} s_{2n+1} = \lim\limits_{n\to\infty}(s_{2n} + u_{2n+1}) = s$，所以有 $\lim\limits_{n\to\infty} s_n = s$. 从而交错级数 $\sum\limits_{n=1}^{\infty}(-1)^{n-1}u_n$ 是收敛的，且 $s \leqslant u_1$.

因为 $|r_n| = u_{n+1} - u_{n+2} + \cdots$ 也是收敛的交错级数，所以 $|r_n| \leqslant u_{n+1}$.

例 12　证明级数 $\sum\limits_{n=1}^{\infty}(-1)^{n-1}\dfrac{1}{n}$ 收敛，并估计级数的和及余项.

证　这是一个交错级数. 因为此级数满足

(1) $u_n = \dfrac{1}{n} > \dfrac{1}{n+1} = u_{n+1}$ $(n=1,2,\cdots)$，　　　　(2) $\lim\limits_{n\to\infty} u_n = \lim\limits_{n\to\infty}\dfrac{1}{n} = 0$，

由莱布尼茨定理知，级数是收敛的，且其和 $s \leqslant u_1 = 1$，余项 $|r_n| \leqslant u_{n+1} = \dfrac{1}{n+1}$.

11.2.3　绝对收敛与条件收敛

对任意项级数 $\sum\limits_{n=1}^{\infty} u_n$，若级数 $\sum\limits_{n=1}^{\infty} |u_n|$ 收敛，则称级数 $\sum\limits_{n=1}^{\infty} u_n$ 绝对收敛；若级数 $\sum\limits_{n=1}^{\infty} u_n$ 收敛，而级数 $\sum\limits_{n=1}^{\infty} |u_n|$ 发散，则称级数 $\sum\limits_{n=1}^{\infty} u_n$ 条件收敛.

例如，级数 $\sum\limits_{n=1}^{\infty}(-1)^{n-1}\dfrac{1}{n^p}$ $(p>1)$ 是绝对收敛的，而级数 $\sum\limits_{n=1}^{\infty}(-1)^{n-1}\dfrac{1}{n^p}$ $(0 < p \leqslant 1)$ 是条件收敛的.

绝对收敛与条件收敛有下列关系.

---

①莱布尼茨(G. W. Leibniz, 1646~1716)德国数学家.

定理 7　如果级数 $\sum\limits_{n=1}^{\infty} u_n$ 绝对收敛，则级数 $\sum\limits_{n=1}^{\infty} u_n$ 必定收敛.

证　设级数 $\sum\limits_{n=1}^{\infty} u_n$ 绝对收敛，即级数 $\sum\limits_{n=1}^{\infty} |u_n|$ 收敛.

令

$$v_n = \frac{|u_n| + u_n}{2} \quad (n = 1, 2, \cdots).$$

显然有 $v_n \geqslant 0$ ，且 $v_n \leqslant |u_n|$ ，由比较审敛法知级数 $\sum\limits_{n=1}^{\infty} v_n$ 收敛. 而 $u_n = 2v_n - |u_n|$ ，

由收敛级数的基本性质知级数 $\sum\limits_{n=1}^{\infty} u_n$ 收敛.

注意　如果级数 $\sum\limits_{n=1}^{\infty} |u_n|$ 发散，不能断定级数 $\sum\limits_{n=1}^{\infty} u_n$ 也发散. 但是，如果用比值

法或根值法判定级数 $\sum\limits_{n=1}^{\infty} |u_n|$ 是发散的，则就可断定级数 $\sum\limits_{n=1}^{\infty} u_n$ 必定发散. 这是因为

$\lim\limits_{n\to\infty} |u_n| \neq 0$ ，从而 $\lim\limits_{n\to\infty} u_n \neq 0$ ，因此级数 $\sum\limits_{n=1}^{\infty} u_n$ 也是发散的.

例 13　判别级数 $\sum\limits_{n=1}^{\infty} \dfrac{\sin nx}{n^2}$ 的收敛性，其中 x 是一个任意给定的常数.

解　因为 $\left| \dfrac{\sin nx}{n^2} \right| \leqslant \dfrac{1}{n^2}$ ，而级数 $\sum\limits_{n=1}^{\infty} \dfrac{1}{n^2}$ 是收敛的，所以级数 $\sum\limits_{n=1}^{\infty} \left| \dfrac{\sin nx}{n^2} \right|$ 也收敛，

从而级数 $\sum\limits_{n=1}^{\infty} \dfrac{\sin nx}{n^2}$ 绝对收敛.

例 14　判别级数 $\sum\limits_{n=1}^{\infty} (-1)^n \dfrac{1}{3^n} \left(1 + \dfrac{2}{n} \right)^{n^2}$ 的收敛性.

解　令 $u_n = (-1)^n \dfrac{1}{3^n} \left(1 + \dfrac{2}{n} \right)^{n^2}$ ，由根值审敛法，有

$$\lim_{n\to\infty} \sqrt[n]{|u_n|} = \frac{1}{3} \lim_{n\to\infty} \left(1 + \frac{2}{n} \right)^n = \frac{1}{3} e^2 > 1 ,$$

由此知 $\lim\limits_{n\to\infty} u_n \neq 0$ ，因此级数 $\sum\limits_{n=1}^{\infty} (-1)^n \dfrac{1}{3^n} \left(1 + \dfrac{2}{n} \right)^{n^2}$ 发散.

习　题　11.2

1. 用比较审敛法或者其推论判别下列级数的收敛性.

(1) $\displaystyle\sum_{n=1}^{\infty}\frac{1}{(2n+1)^2}$;

(2) $\displaystyle\sum_{n=1}^{\infty}\frac{n+1}{1000n^2+1}$;

(3) $\displaystyle\sum_{n=1}^{\infty}\frac{1}{1+a^n}\,(a>0)$;

(4) $\displaystyle\sum_{n=1}^{\infty}2^n\sin\frac{\pi}{3^n}$;

2. 用比值审敛法判别下列级数的收敛性.

(1) $\displaystyle\sum_{n=1}^{\infty}\frac{4^n}{n5^n}$;

(2) $\displaystyle\sum_{n=1}^{\infty}\frac{n^k}{2^n}$　(k 是自然数);

(3) $\displaystyle\sum_{n=1}^{\infty}\frac{2^n\cdot n!}{n^n}$;

(4) $\displaystyle\sum_{n=1}^{\infty}\frac{2\cdot5\cdot8\cdots\cdots(3n-1)}{1\cdot5\cdot9\cdots\cdots(4n-3)}$;

3. 用根值审敛法判别下列级数的收敛性.

(1) $\displaystyle\sum_{n=1}^{\infty}\left(\frac{n+1}{3n+1}\right)^n$;

(2) $\displaystyle\sum_{n=1}^{\infty}\frac{n}{\left(2+\dfrac{1}{n}\right)^n}$;

(3) $\displaystyle\sum_{n=1}^{\infty}\left(\frac{3n-1}{2n-1}\right)^{\frac{n+1}{2}}$;

(4) $\displaystyle\sum_{n=1}^{\infty}\left(\frac{b}{a_n}\right)^n$ ，其中 $\displaystyle\lim_{n\to\infty}a_n=a$ ，$a_n>0$ ，$a>0$ ，$b>0$.

4. 判别下列级数的收敛性.

(1) $\displaystyle\sum_{n=1}^{\infty}4^n\tan\frac{n}{5^n}$;

(2) $\displaystyle\sum_{n=1}^{\infty}n\left(1-\cos\frac{n\pi}{2^n}\right)$;

(3) $\displaystyle\sum_{n=1}^{\infty}\frac{1}{a_n}$　(a_n 是公差 $d>0$ 的等差数列);

(4) $\displaystyle\sum_{n=1}^{\infty}\sqrt[n]{\frac{1}{1+n^{2n}}}$.

5. 判别下列级数是否收敛? 如果收敛, 是绝对收敛还是条件收敛?

(1) $\displaystyle\sum_{n=1}^{\infty}\frac{\sin nx}{(2n+1)^2}$　(x 是常数);

(2) $\displaystyle\sum_{n=1}^{\infty}\sin(\pi\sqrt{n^2+a^2})$　($a\neq0$是常数) ;

(3) $\displaystyle\sum_{n=2}^{\infty}(-1)^{n+1}\frac{1}{\ln n}$;

(4) $\displaystyle\sum_{n=1}^{\infty}(-1)^{n+1}\left(\frac{1}{2^n}-\frac{1}{3^n}\right)$;

(5) $\displaystyle\sum_{n=1}^{\infty}(-1)^n\left(\mathrm{e}^{\frac{1}{\sqrt{n}}}-1-\frac{1}{\sqrt{n}}\right)$.

11.3　幂　级　数

11.3.1　函数项级数的概念

给定一个定义在区间 I 上的函数列 $\{u_n(x)\}$ ，由这函数列构成的表达式

$$u_1(x)+u_2(x)+\cdots+u_n(x)+\cdots$$

称为定义在区间 I 上的**函数项级数**，记作 $\sum\limits_{n=1}^{\infty} u_n(x)$.

对于区间 I 内的一定点 x_0，若常数项级数 $\sum\limits_{n=1}^{\infty} u_n(x_0)$ 收敛，则称点 x_0 是函数项级数 $\sum\limits_{n=1}^{\infty} u_n(x)$ 的收敛点. 若常数项级数 $\sum\limits_{n=1}^{\infty} u_n(x_0)$ 发散，则称点 x_0 是函数项级数 $\sum\limits_{n=1}^{\infty} u_n(x)$ 的发散点. 函数项级数 $\sum\limits_{n=1}^{\infty} u_n(x)$ 的所有收敛点的全体称为它的收敛域，所有发散点的全体称为它的发散域.

在收敛域上，函数项级数 $\sum\limits_{n=1}^{\infty} u_n(x)$ 的和是 x 的函数，记作 $s(x)$，称它为函数项级数 $\sum\limits_{n=1}^{\infty} u_n(x)$ 的和函数，即 $s(x) = \sum\limits_{n=1}^{\infty} u_n(x)$.

函数项级数 $\sum\limits_{n=1}^{\infty} u_n(x)$ 的前 n 项部分和记作 $s_n(x)$，即

$$s_n(x) = u_1(x) + u_2(x) + \cdots + u_n(x).$$

显然，在收敛域上，有

$$\lim_{n \to \infty} s_n(x) = s(x) \quad 或 \quad s_n(x) \to s(x) \ (n \to \infty).$$

函数项级数 $\sum\limits_{n=1}^{\infty} u_n(x)$ 的和函数 $s(x)$ 与部分和 $s_n(x)$ 的差 $r_n(x) = s(x) - s_n(x)$ 称为函数项级数 $\sum\limits_{n=1}^{\infty} u_n(x)$ 的余项. 在收敛域上有 $\lim\limits_{n \to \infty} r_n(x) = 0$.

11.3.2 幂级数及其收敛性

各项都是幂函数的函数项级数称为幂级数，它是一类简单而常见的函数项级数，其形式为

$$\sum_{n=0}^{\infty} a_n x^n = a_0 + a_1 x + a_2 x^2 + \cdots + a_n x^n + \cdots, \tag{1}$$

其中常数 $a_n \ (n = 0,1,\cdots)$ 称为幂级数的系数.

幂级数的例子：

$$\sum_{n=0}^{\infty} x^n = 1 + x + x^2 + \cdots + x^n + \cdots,$$

$$\sum_{n=0}^{\infty} \frac{1}{n!} x^n = 1 + x + \frac{1}{2!} x^2 + \cdots + \frac{1}{n!} x^n + \cdots.$$

注意　幂级数的更一般形式为

$$\sum_{n=0}^{\infty} a_n (x - x_0)^n = a_0 + a_1(x - x_0) + a_2(x - x_0)^2 + \cdots + a_n(x - x_0)^n + \cdots. \tag{2}$$

经变换 $t = x - x_0$ 后即得

$$a_0 + a_1 t + a_2 t^2 + \cdots + a_n t^n + \cdots.$$

幂级数

$$\sum_{n=0}^{\infty} x^n = 1 + x + x^2 + \cdots + x^n + \cdots$$

可以看成是公比为 x 的几何级数. 当 $|x| < 1$ 时，它是收敛的；当 $|x| \geqslant 1$ 时，它是发散的. 因此它的收敛域为 $(-1, 1)$，在收敛域内的和函数为 $\dfrac{1}{1-x}$，即

$$1 + x + x^2 + x^3 + \cdots + x^n + \cdots = \frac{1}{1-x}.$$

定理 1(阿贝尔[①]定理)　如果幂级数 $\displaystyle\sum_{n=0}^{\infty} a_n x^n$ 当 $x = x_0 (x_0 \neq 0)$ 时收敛，则适合不等式 $|x| < |x_0|$ 的一切 x 使得该幂级数绝对收敛. 反之，如果幂级数 $\displaystyle\sum_{n=0}^{\infty} a_n x^n$ 当 $x = x_0$ 时发散，则适合不等式 $|x| > |x_0|$ 的一切 x 使得该幂级数发散.

证　先设 x_0 是幂级数 $\displaystyle\sum_{n=0}^{\infty} a_n x^n$ 的收敛点，即级数 $\displaystyle\sum_{n=0}^{\infty} a_n x_0^n$ 收敛. 根据级数收敛的必要条件，有 $\displaystyle\lim_{n \to \infty} a_n x_0^n = 0$，于是存在一个常数 M，使 $|a_n x_0^n| \leqslant M (n = 0, 1, 2, \cdots)$. 那么幂级数 $\displaystyle\sum_{n=0}^{\infty} a_n x^n$ 一般项的绝对值

$$|a_n x^n| = \left| a_n x_0^n \cdot \frac{x^n}{x_0^n} \right| = |a_n x_0^n| \cdot \left| \frac{x}{x_0} \right|^n \leqslant M \cdot \left| \frac{x}{x_0} \right|^n.$$

因为当 $|x| < |x_0|$ 时，等比级数 $\displaystyle\sum_{n=0}^{\infty} M \cdot \left| \frac{x}{x_0} \right|^n$ 收敛，所以级数 $\displaystyle\sum_{n=0}^{\infty} |a_n x^n|$ 收敛，也就是级数 $\displaystyle\sum_{n=0}^{\infty} a_n x^n$ 绝对收敛.

定理的第二部分可用反证法证明. 倘若幂级数当 $x = x_0$ 时发散，而有一点 x_1 适

---

①阿贝尔(N. H. Abel，1802～1829)挪威数学家，近代数学发展的先驱者.

合 $|x_1| > |x_0|$ 使得级数收敛，则根据本定理的第一部分，级数当 $x = x_0$ 时应收敛，这与所设矛盾.

推论 1　如果级数 $\sum\limits_{n=0}^{\infty} a_n x^n$ 不是仅在 $x = 0$ 一点处收敛，也不是在整个数轴上都收敛，则必有一个完全确定的正数 R 存在，使得

当 $|x| < R$ 时，幂级数绝对收敛；

当 $|x| > R$ 时，幂级数发散；

当 $x = R$ 与 $x = -R$ 时，幂级数可能收敛也可能发散.

推论 1 中的正数 R 通常称为幂级数 $\sum\limits_{n=0}^{\infty} a_n x^n$ 的收敛半径. 开区间 $(-R, R)$ 称为幂级数 $\sum\limits_{n=0}^{\infty} a_n x^n$ 的收敛区间. 再由幂级数在 $x = \pm R$ 处的收敛性就可以决定它的收敛域. 幂级数 $\sum\limits_{n=0}^{\infty} a_n x^n$ 的收敛域是 $(-R, R)$ 或 $[-R, R)$，$(-R, R]$，$[-R, R]$ 之一.

若幂级数 $\sum\limits_{n=0}^{\infty} a_n x^n$ 只在 $x = 0$ 收敛，则规定收敛半径 $R = 0$，若幂级数 $\sum\limits_{n=0}^{\infty} a_n x^n$ 对一切实数 x 都收敛则规定收敛半径 $R = +\infty$，这时收敛域为 $(-\infty, +\infty)$.

定理 2　如果 $\lim\limits_{n\to\infty} \left| \dfrac{a_{n+1}}{a_n} \right| = \rho$，其中 a_n，a_{n+1} 是幂级数 $\sum\limits_{n=0}^{\infty} a_n x^n$ 的相邻两项的系数，则该幂级数的收敛半径为

$$R = \begin{cases} +\infty, & \rho = 0, \\ \dfrac{1}{\rho}, & \rho \neq 0, \\ 0, & \rho = +\infty. \end{cases}$$

证　由比值审敛法

幂级数的
收敛半径

$$\lim_{n\to\infty} \left| \frac{a_{n+1} x^{n+1}}{a_n x^n} \right| = \lim_{n\to\infty} \left| \frac{a_{n+1}}{a_n} \right| \cdot |x| = \rho |x|.$$

(1) 如果 $0 < \rho < +\infty$，则当 $\rho |x| < 1$ 时，幂级数收敛；当 $\rho |x| > 1$ 时，幂级数发散，故 $R = \dfrac{1}{\rho}$.

(2) 如果 $\rho = 0$，则幂级数总是收敛的，故 $R = +\infty$.

(3) 如果 $\rho = +\infty$，则只当 $x = 0$ 时，幂级数收敛，故 $R = 0$.

例 1　求幂级数 $\sum\limits_{n=1}^{\infty}(-1)^{n-1}\dfrac{x^n}{2^n}$ 的收敛半径与收敛域.

解　因为 $\rho=\lim\limits_{n\to\infty}\left|\dfrac{a_{n+1}}{a_n}\right|=\lim\limits_{n\to\infty}\dfrac{\dfrac{1}{2^{n+1}}}{\dfrac{1}{2^n}}=\dfrac{1}{2}$ ，所以收敛半径为 $R=\dfrac{1}{\rho}=2$.

当 $x=2$ 时，幂级数成为 $\sum\limits_{n=1}^{\infty}(-1)^{n-1}$ ，是发散的；

当 $x=-2$ 时，幂级数成为 $\sum\limits_{n=1}^{\infty}(-1)$ ，是发散的. 因此，收敛域为 $(-2,2)$.

例 2　求幂级数

$$\sum_{n=0}^{\infty}\frac{x^n}{n!}=1+x+\frac{x^2}{2!}+\frac{x^3}{3!}+\cdots+\frac{x^n}{n!}+\cdots$$

的收敛域.

解　因为

$$\rho=\lim_{n\to\infty}\left|\frac{a_{n+1}}{a_n}\right|=\lim_{n\to\infty}\frac{\dfrac{1}{(n+1)!}}{\dfrac{1}{n!}}=\lim_{n\to\infty}\frac{n!}{(n+1)!}=0,$$

所以收敛半径为 $R=+\infty$ ，从而收敛域为 $(-\infty,+\infty)$.

例 3　求幂级数 $\sum\limits_{n=0}^{\infty}n!x^{n+1}$ 的收敛半径.

解　注意到 $\sum\limits_{n=0}^{\infty}n!x^{n+1}=x\sum\limits_{n=0}^{\infty}n!x^n$. 因为

$$\rho=\lim_{n\to\infty}\left|\frac{a_{n+1}}{a_n}\right|=\lim_{n\to\infty}\frac{(n+1)!}{n!}=+\infty,$$

所以收敛半径为 $R=0$ ，即级数仅在 $x=0$ 处收敛.

例 4　求幂级数 $\sum\limits_{n=0}^{\infty}\dfrac{(2n)!}{(n!)^2}x^{2n}$ 的收敛半径.

解　因为所给级数缺少奇次幂的项，所以不能直接应用定理 2. 可根据比值审敛法来求收敛半径.

将幂级数的一般项记为 $u_n(x)=\dfrac{(2n)!}{(n!)^2}x^{2n}$.

$$\lim_{n\to\infty}\left|\frac{u_{n+1}(x)}{u_n(x)}\right|=\lim_{n\to\infty}\frac{(2n+2)(2n+1)}{(n+1)^2}x^2=4|x|^2,$$

当 $4|x|^2 < 1$，即 $|x| < \dfrac{1}{2}$ 时，级数收敛；当 $4|x|^2 > 1$，即 $|x| > \dfrac{1}{2}$ 时，级数发散，所以

收敛半径 $R = \dfrac{1}{2}$．

例 5　求幂级数 $\displaystyle\sum_{n=1}^{\infty} \dfrac{(x+1)^n}{2^n n}$ 的收敛域．

解　令 $t = x + 1$，上述级数变为 $\displaystyle\sum_{n=1}^{\infty} \dfrac{t^n}{2^n n}$．

因为 $\rho = \lim\limits_{n\to\infty} \left| \dfrac{a_{n+1}}{a_n} \right| = \lim\limits_{n\to\infty} \dfrac{2^n \cdot n}{2^{n+1} \cdot (n+1)} = \dfrac{1}{2}$，所以收敛半径 $R = 2$．

当 $t = 2$ 时，级数成为 $\displaystyle\sum_{n=1}^{\infty} \dfrac{1}{n}$，此级数发散；当 $t = -2$ 时，级数成为 $\displaystyle\sum_{n=1}^{\infty} \dfrac{(-1)^n}{n}$，

此级数收敛．因此级数 $\displaystyle\sum_{n=1}^{\infty} \dfrac{t^n}{2^n n}$ 的收敛域为 $[-2, 2)$．因为 $-2 \leqslant x+1 < 2$，即 $-3 \leqslant x < 1$，

所以原级数的收敛域为 $[-3, 1)$．

11.3.3　幂级数的运算

设幂级数 $\displaystyle\sum_{n=0}^{\infty} a_n x^n$ 及 $\displaystyle\sum_{n=0}^{\infty} b_n x^n$ 分别在区间 $(-R, R)$ 及 $(-R', R')$ 内收敛，则在 $(-R, R)$ 与 $(-R', R')$ 中较小的区间内，有

加法：

$$\sum_{n=0}^{\infty} a_n x^n + \sum_{n=0}^{\infty} b_n x^n = \sum_{n=0}^{\infty} (a_n + b_n) x^n；$$

减法：

$$\sum_{n=0}^{\infty} a_n x^n - \sum_{n=0}^{\infty} b_n x^n = \sum_{n=0}^{\infty} (a_n - b_n) x^n；$$

乘法：

$$\left(\sum_{n=0}^{\infty} a_n x^n \right) \cdot \left(\sum_{n=0}^{\infty} b_n x^n \right)$$

$$= a_0 b_0 + (a_0 b_1 + a_1 b_0)x + (a_0 b_2 + a_1 b_1 + a_2 b_0)x^2$$

$$+ \cdots + (a_0 b_n + a_1 b_{n-1} + \cdots + a_n b_0)x^n + \cdots．$$

两个幂级数 $\displaystyle\sum_{n=0}^{\infty} a_n x^n$，$\displaystyle\sum_{n=0}^{\infty} b_n x^n\, (b_0 \neq 0)$ 的除法定义为

$$\frac{\sum\limits_{n=0}^{\infty} a_n x^n}{\sum\limits_{n=0}^{\infty} b_n x^n} = \sum\limits_{n=0}^{\infty} c_n x^n \,,$$

级数 $\sum\limits_{n=0}^{\infty} b_n x^n$ 与级数 $\sum\limits_{n=0}^{\infty} c_n x^n$ 相乘,使得其结果为 $\sum\limits_{n=0}^{\infty} a_n x^n$,由此可以确定系数 $c_0, c_1,$ $c_2, \cdots$. 即得

$$a_0 = b_0 c_0,$$
$$a_1 = b_1 c_0 + b_0 c_1,$$
$$a_2 = b_2 c_0 + b_1 c_1 + b_0 c_2,$$
$$\cdots\cdots$$

注意　相除后所得的级数的收敛区间可能比原来两个级数的收敛区间小得多.

性质 1　幂级数 $\sum\limits_{n=0}^{\infty} a_n x^n$ 的和函数 $s(x)$ 在其收敛区间 $(-R, R)$ 内连续.

如果幂级数在 $x = R$ (或 $x = -R$)也收敛,则和函数 $s(x)$ 在 $[-R, R)$ (或 $(-R, R]$)上连续.

性质 2　幂级数 $\sum\limits_{n=0}^{\infty} a_n x^n$ 的和函数 $s(x)$ 在其收敛区间 $(-R, R)$ 内可积,并且有逐项积分公式

$$\int_0^x s(x)\mathrm{d}x = \int_0^x \left(\sum\limits_{n=0}^{\infty} a_n x^n \right)\mathrm{d}x = \sum\limits_{n=0}^{\infty} \int_0^x a_n x^n \mathrm{d}x = \sum\limits_{n=0}^{\infty} \frac{a_n}{n+1} x^{n+1}, \quad x \in (-R, R) \,,$$

逐项积分后所得到的幂级数和原级数有相同的收敛半径.

性质 3　幂级数 $\sum\limits_{n=0}^{\infty} a_n x^n$ 的和函数 $s(x)$ 在其收敛区间 $(-R, R)$ 内可导,并且有逐项求导公式

$$s'(x) = \left(\sum\limits_{n=0}^{\infty} a_n x^n \right)' = \sum\limits_{n=0}^{\infty} (a_n x^n)' = \sum\limits_{n=1}^{\infty} n a_n x^{n-1}, \quad x \in (-R, R) \,,$$

逐项求导后所得到的幂级数和原级数有相同的收敛半径.

性质 1~性质 3 的证明在此省略,有兴趣的读者可以参看本书后面所列的一些参考文献.

例 6　求幂级数 $\sum\limits_{n=2}^{\infty} (n-1) x^{n-2}$ 的和函数.

解　易知幂级数的收敛域为 $(-1, 1)$. 设和函数为 $s(x)$,即

$$s(x) = \sum_{n=2}^{\infty} (n-1)x^{n-2} = \sum_{n=1}^{\infty} nx^{n-1} , \quad x \in (-1,1) .$$

显然 $s(0) = 1$.

在 $s(x) = \sum_{n=1}^{\infty} nx^{n-1}$ 的两边求积分，并且利用性质 2 得

$$\int_0^x s(x)\mathrm{d}x = \int_0^x \sum_{n=1}^{\infty} nx^{n-1}\mathrm{d}x = \sum_{n=1}^{\infty} x^n = \frac{x}{1-x} , \quad x \in (-1,1) .$$

两边对 x 求导得

$$s(x) = \frac{1}{(1-x)^2} , \quad x \in (-1,1) .$$

例 7 求幂级数 $\sum_{n=1}^{\infty} \frac{x^n}{n3^n}$ 的和函数，并求级数 $\sum_{n=1}^{\infty} \frac{(-1)^{n-1}}{n}$ 的和.

解 因为 $\lim_{n\to\infty} \frac{n3^n}{(n+1)3^{n+1}} = \frac{1}{3} = \rho$ ，所以 $R = \frac{1}{\rho} = 3$ ，收敛域为 $[-3,3)$.

令 $s(x) = \sum_{n=1}^{\infty} \frac{x^n}{n3^n}$ ， $x \in [-3,3)$ ，则

$$s'(x) = \left(\sum_{n=1}^{\infty} \frac{x^n}{n3^n}\right)' = \frac{1}{3}\sum_{n=1}^{\infty} \frac{x^{n-1}}{3^{n-1}} = \frac{1}{3}\frac{1}{1-\frac{x}{3}} = \frac{1}{3-x} , \quad x \in (-3,3) ,$$

$$s(x) - s(0) = \left[-\ln(3-x)\right]_0^x = \ln 3 - \ln(3-x), \quad s(0) = 0 ,$$

$$s(x) = \ln 3 - \ln(3-x), \quad x \in [-3,3) .$$

令 $x = -3$ ，可得 $\sum_{n=1}^{\infty} \frac{(-1)^{n-1}}{n} = \ln 2$.

习 题 11.3

1. 求下列幂级数的收敛域.

(1) $\sum_{n=1}^{\infty} nx^{n+1}$;

(2) $\sum_{n=0}^{\infty} (-1)^n \frac{x^n}{n+1}$;

(3) $\sum_{n=0}^{\infty} (-1)^{n+1} \frac{x^{2n+1}}{(2n+1)!}$;

(4) $\sum_{n=0}^{\infty} (-1)^n \frac{x^{2n}}{(2n)!}$;

(5) $\sum_{n=0}^{\infty} \frac{3^n}{n+1} x^n$;

(6) $\sum_{n=0}^{\infty} \frac{(x-3)^n}{n^2+1}$.

2. 求下列幂级数的和函数.

(1) $\sum_{n=0}^{\infty} \frac{x^{2n+1}}{2n+1}$;

(2) $\sum_{n=1}^{\infty} (-1)^{n-1} \frac{x^{n-1}}{n}$;

(3) $\displaystyle\sum_{n=0}^{\infty}\frac{x^n}{n!}$;

(4) $\displaystyle\sum_{n=0}^{\infty}\frac{x^{2n+1}}{(2n+1)2^n}$.

11.4　函数展开成幂级数

11.4.1　泰勒级数

给定函数 $f(x)$ ，要考虑它是否能在某个区间内"展开成级数"，就是说，是否能找到这样一个幂级数，它在某区间内收敛，且其和函数恰好就是给定的函数 $f(x)$. 如果能找到这样的幂级数，我们就说，函数 $f(x)$ 在该区间内能展开成幂级数或简单地说函数 $f(x)$ 能展开成幂级数，而该幂级数在收敛域内就表达了函数 $f(x)$. 将一个函数展开成幂级数是工程数学和近似计算中常用的方法.

在上册中，我们看到如果 $f(x)$ 在点 x_0 的某邻域内具有 $n+1$ 阶导数，则在该邻域内 $f(x)$ 可表示为

$$f(x)=f(x_0)+f'(x_0)(x-x_0)+\frac{f''(x_0)}{2!}(x-x_0)^2+\cdots+\frac{f^{(n)}(x_0)}{n!}(x-x_0)^n+R_n(x), \quad (1)$$

其中 $R_n(x)=\dfrac{f^{(n+1)}(\xi)}{(n+1)!}(x-x_0)^{n+1}$ （ ξ 介于 x 与 x_0 之间）.

如果 $f(x)$ 在点 x_0 的某邻域内具有各阶导数 $f(x)$ ， $f'(x)$ ， $f''(x)$ ， $\cdots$ ， $f^{(n)}(x)$ ， $\cdots$ ，则当 $n\to\infty$ 时， $f(x)$ 在点 x_0 的泰勒多项式

$$p_n(x)=f(x_0)+f'(x_0)(x-x_0)+\frac{f''(x_0)}{2!}(x-x_0)^2+\cdots+\frac{f^{(n)}(x_0)}{n!}(x-x_0)^n$$

成为幂级数

$$f(x_0)+f'(x_0)(x-x_0)+\frac{f''(x_0)}{2!}(x-x_0)^2$$

$$+\frac{f'''(x_0)}{3!}(x-x_0)^3+\cdots+\frac{f^{(n)}(x_0)}{n!}(x-x_0)^n+\cdots. \quad (2)$$

这一幂级数称为函数 $f(x)$ 在 x_0 处的**泰勒级数**.

显然，当 $x=x_0$ 时， $f(x)$ 的泰勒级数收敛于 $f(x_0)$. 那么，除了 $x=x_0$ 外， $f(x)$ 的泰勒级数是否收敛? 如果收敛，它是否一定收敛于 $f(x)$?

定理 1　设函数 $f(x)$ 在点 x_0 的某一邻域 $U(x_0)$ 内具有各阶导数，则 $f(x)$ 在该邻域内能展开成泰勒级数的充分必要条件是 $f(x)$ 的泰勒公式中的余项 $R_n(x)$ 当 $n\to\infty$ 时的极限为零，即

$$\lim_{n \to \infty} R_n(x) = 0, \quad x \in U(x_0).$$

证 先证必要性. 设 $f(x)$ 在 $U(x_0)$ 内能展开为泰勒级数, 即

$$f(x) = f(x_0) + f'(x_0)(x - x_0) + \frac{f''(x_0)}{2!}(x - x_0)^2 + \cdots + \frac{f^{(n)}(x_0)}{n!}(x - x_0)^n + \cdots,$$

又设 $s_{n+1}(x)$ 是 $f(x)$ 的泰勒级数的前 $n+1$ 项的和, 则在 $U(x_0)$ 内, $s_{n+1}(x) \to f(x)$ $(n \to \infty)$.

而 $f(x)$ 的 n 阶泰勒公式可写成 $f(x) = s_{n+1}(x) + R_n(x)$, 于是 $R_n(x) = f(x) - s_{n+1}(x) \to 0 \ (n \to \infty)$.

再证充分性. 设对任一 $x \in U(x_0)$, $R_n(x) \to 0 (n \to \infty)$.

因为 $f(x)$ 的 n 阶泰勒公式可写成 $f(x) = s_{n+1}(x) + R_n(x)$, 于是 $s_{n+1}(x) = f(x) - R_n(x) \to f(x)(n \to \infty)$, 即 $f(x)$ 的泰勒级数在 $U(x_0)$ 内收敛, 并且收敛于 $f(x)$.

在泰勒级数中取 $x_0 = 0$, 得

$$f(0) + f'(0)x + \frac{f''(0)}{2!}x^2 + \cdots + \frac{f^{(n)}(0)}{n!}x^n + \cdots,$$

此级数称为 $f(x)$ 的麦克劳林级数.

如果 $f(x)$ 能展开成 x 的幂级数, 那么这种展开式是唯一的, 它一定与 $f(x)$ 的麦克劳林级数一致. 这是因为, 如果 $f(x)$ 在点 $x_0 = 0$ 的某邻域 $(-R, R)$ 内能展开成 x 的幂级数, 即

$$f(x) = a_0 + a_1 x + a_2 x^2 + \cdots + a_n x^n + \cdots,$$

那么根据幂级数在收敛区间内可以逐项求导, 有

$$f'(x) = a_1 + 2a_2 x + 3a_3 x^2 + \cdots + na_n x^{n-1} + \cdots,$$

$$f''(x) = 2!a_2 + 3 \cdot 2a_3 x + \cdots + n(n-1)a_n x^{n-2} + \cdots,$$

$$f'''(x) = 3!a_3 + \cdots + n(n-1)(n-2)a_n x^{n-2} + \cdots,$$

$$\cdots\cdots$$

$$f^{(n)}(x) = n!a_n + (n+1)n(n-1)\cdots 2a_{n+1}x + \cdots,$$

$$\cdots\cdots$$

于是得

$$a_0 = f(0), \quad a_1 = f'(0), \quad a_2 = \frac{f''(0)}{2!}, \quad \cdots, \quad a_n = \frac{f^{(n)}(0)}{n!}, \quad \cdots.$$

注意 如果 $f(x)$ 能展开成 x 的幂级数, 那么这个幂级数就是 $f(x)$ 的麦克劳林级数. 但是, 反过来如果 $f(x)$ 的麦克劳林级数在点 $x_0 = 0$ 的某邻域内收敛, 它却不一定收敛于 $f(x)$. 因此, 如果 $f(x)$ 在点 $x_0 = 0$ 处具有各阶导数, 则 $f(x)$ 的麦

克劳林级数虽然能作出来，但这个级数是否在某个区间内收敛，以及是否收敛于 $f(x)$ 却需要进一步考察.

11.4.2　函数展开成幂级数

1. 直接展开法

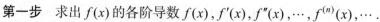

函数 $f(x)$ 展开成麦克劳林级数的步骤为

第一步　求出 $f(x)$ 的各阶导数 $f(x), f'(x), f''(x), \cdots, f^{(n)}(x), \cdots$.

第二步　求函数及其各阶导数在 $x = 0$ 处的值

$$f(0), f'(0), f''(0), \cdots, f^{(n)}(0), \cdots.$$

第三步　写出幂级数

$$f(0) + f'(0)x + \frac{f''(0)}{2!}x^2 + \cdots + \frac{f^{(n)}(0)}{n!}x^n + \cdots,$$

并求出收敛半径 R.

第四步　考察 $x \in (-R, R)$ 时，

$$\lim_{n \to \infty} R_n(x) = \lim_{n \to \infty} \frac{f^{(n+1)}(\xi)}{(n+1)!}x^{n+1}$$

是否为零. 如果为零, 则 $f(x)$ 在 $(-R, R)$ 内的幂级数展开式为

$$f(x) = f(0) + f'(0)x + \frac{f''(0)}{2!}x^2 + \cdots + \frac{f^{(n)}(0)}{n!}x^n + \cdots, \qquad x \in (-R, R).$$

例 1　将函数 $f(x) = \mathrm{e}^x$ 展开成 x 的幂级数.

解　所给函数的各阶导数为 $f^{(n)}(x) = \mathrm{e}^x\ (n = 1, 2, \cdots)$，因此 $f^{(n)}(0) = 1\,(n = 0, 1, 2, \cdots)$. 于是得级数

$$1 + x + \frac{x^2}{2!} + \frac{x^3}{3!} + \cdots + \frac{x^n}{n!} + \cdots,$$

它的收敛半径 $R = +\infty$.

对于任何有限的数 x，ξ（ξ 介于 0 与 x 之间），有

$$\left| R_n(x) \right| = \left| \frac{\mathrm{e}^\xi}{(n+1)!}x^{n+1} \right| < \mathrm{e}^{|x|} \cdot \frac{|x|^{n+1}}{(n+1)!},$$

而 $\displaystyle\lim_{n \to \infty} \frac{|x|^{n+1}}{(n+1)!} = 0$（因为 $\displaystyle\sum_{n=0}^{\infty} \frac{|x|^{n+1}}{(n+1)!}$ 收敛），那么 $\displaystyle\lim_{n \to \infty} |R_n(x)| = 0$，故有展开式

$$\mathrm{e}^x = 1 + x + \frac{x^2}{2!} + \frac{x^3}{3!} + \cdots + \frac{x^n}{n!} + \cdots \quad (-\infty < x < +\infty). \tag{3}$$

例 2 将函数 $f(x) = (1+x)^m$ 展开成 x 的幂级数,其中 m 为任意常数.

解 $f(x)$ 的各阶导数为

$$f'(x) = m(1+x)^{m-1},$$

$$f''(x) = m(m-1)(1+x)^{m-2},$$

$$\cdots\cdots$$

$$f^{(n)}(x) = m(m-1)(m-2)\cdots(m-n+1)(1+x)^{m-n},$$

$$\cdots\cdots$$

所以

$$f(0) = 1, \quad f'(0) = m, \quad f''(0) = m(m-1), \cdots,$$

$$f^{(n)}(0) = m(m-1)(m-2)\cdots(m-n+1), \cdots,$$

于是得幂级数

$$1 + mx + \frac{m(m-1)}{2!}x^2 + \cdots + \frac{m(m-1)\cdots(m-n+1)}{n!}x^n + \cdots.$$

易知这个级数的收敛半径是 1. 为了避免直接研究余项,令

$$s(x) = 1 + mx + \frac{m(m-1)}{2!}x^2 + \cdots + \frac{m(m-1)\cdots(m-n+1)}{n!}x^n + \cdots, \quad -1 < x < 1.$$

现在证明 $s(x) = (1+x)^m$.

逐项求导,得

$$s'(x) = m\left[1 + \frac{m-1}{1}x + \cdots + \frac{(m-1)\cdots(m-n+1)}{(n-1)!}x^{n-1} + \cdots\right],$$

两边乘以 $(1+x)$,合并同类项有

$$(1+x)s'(x) = m\left[1 + mx + \cdots + \frac{m(m-1)\cdots(m-n+1)}{n!}x^n + \cdots\right] = ms(x).$$

令 $G(x) = \dfrac{s(x)}{(1+x)^m}$,则 $G'(x) = \dfrac{(1+x)^{m-1}[(1+x)s'(x) - ms(x)]}{(1+x)^{2m}} = 0$,所以 $G(x)$ 是

常数 $(-1 < x < 1)$,由 $s(0) = 1$ 得 $G(x) \equiv 1 \, (-1 < x < 1)$,于是证明了

$$(1+x)^m = 1 + mx + \frac{m(m-1)}{2!}x^2 + \cdots + \frac{m(m-1)\cdots(m-n+1)}{n!}x^n + \cdots \quad (-1 < x < 1). \quad (4)$$

(4)式称为二项展开式.

注意 (4)式在端点处是否取等号要由 m 的值确定. 例如 $m = \dfrac{1}{2}$,$-\dfrac{1}{2}$ 时,(4)式

分别为

$$\sqrt{1+x} = 1 + \frac{x}{2} - \frac{x^2}{2 \cdot 4} + \frac{1 \cdot 3}{2 \cdot 4 \cdot 6} x^3 + \cdots \quad (-1 \leqslant x \leqslant 1),$$

$$\frac{1}{\sqrt{1+x}} = 1 - \frac{1}{2}x + \frac{1 \cdot 3}{2 \cdot 4} x^2 - \frac{1 \cdot 3 \cdot 5}{2 \cdot 4 \cdot 6} x^3 + \cdots \quad (-1 < x \leqslant 1).$$

例 3　将函数 $f(x) = \sin x$ 展开成 x 的幂级数.

解　因为 $f^{(n)}(x) = \sin\left(x + n \cdot \dfrac{\pi}{2}\right)$ $(n = 1, 2, \cdots)$，所以 $f^{(n)}(0)$ 顺序循环地取 0，1，0，-1，$\cdots$ $(n = 0, 1, 2, 3, \cdots)$，于是得级数

$$x - \frac{x^3}{3!} + \frac{x^5}{5!} - \cdots + (-1)^{n-1} \frac{x^{2n-1}}{(2n-1)!} + \cdots,$$

它的收敛半径为 $R = +\infty$.

对于任何有限的数 x，ξ (ξ 介于 0 与 x 之间)，有

$$|R_n(x)| = \left| \frac{\sin\left[\xi + \dfrac{(n+1)\pi}{2}\right]}{(n+1)!} x^{n+1} \right| \leqslant \frac{|x|^{n+1}}{(n+1)!} \to 0 \quad (n \to \infty).$$

因此

$$\sin x = x - \frac{x^3}{3!} + \frac{x^5}{5!} - \cdots + (-1)^{n-1} \frac{x^{2n-1}}{(2n-1)!} + \cdots \quad (-\infty < x < +\infty). \tag{5}$$

2. 间接展开法

利用一些已知的函数展开式及幂级数的运算性质，将所给函数展开成幂级数，这种方法的优点在于避免了余项的研究，也不用求高阶导数，从而计算方便.

例 4　将函数 $f(x) = \cos x$ 展开成 x 的幂级数.

解　已知

$$\sin x = x - \frac{x^3}{3!} + \frac{x^5}{5!} - \cdots + (-1)^{n-1} \frac{x^{2n-1}}{(2n-1)!} + \cdots \quad (-\infty < x < +\infty).$$

将上式两边对 x 求导，得

$$\cos x = 1 - \frac{x^2}{2!} + \frac{x^4}{4!} - \cdots + (-1)^n \frac{x^{2n}}{(2n)!} + \cdots \quad (-\infty < x < +\infty). \tag{6}$$

例 5　将函数 $f(x) = \dfrac{1}{1+x^2}$ 展开成 x 的幂级数.

解　因为

$$\frac{1}{1-x} = 1 + x + x^2 + \cdots + x^n + \cdots \quad (-1 < x < 1),$$

把 x 换成 $-x^2$，得

$$\frac{1}{1+x^2} = 1 - x^2 + x^4 - \cdots + (-1)^n x^{2n} + \cdots \quad (-1 < x < 1).$$

例 6 将函数 $f(x) = \ln(1+x)$ 展开成 x 的幂级数.

解 因为

$$f'(x) = \frac{1}{1+x},$$

而

$$\frac{1}{1+x} = \sum_{n=0}^{\infty} (-1)^n x^n = 1 - x + x^2 - x^3 + \cdots + (-1)^n x^n + \cdots \quad (-1 < x < 1),$$

所以将上式从 0 到 x 逐项积分，得

$$\ln(1+x) = x - \frac{x^2}{2} + \frac{x^3}{3} - \frac{x^4}{4} + \cdots + (-1)^n \frac{x^{n+1}}{n+1} + \cdots \quad (-1 < x \leqslant 1). \tag{7}$$

上述过程可以简单写成

$$f(x) = \ln(1+x) = \int_0^x [\ln(1+x)]' \mathrm{d}x = \int_0^x \frac{1}{1+x} \mathrm{d}x$$

$$= \int_0^x \left[\sum_{n=0}^{\infty} (-1)^n x^n \right] \mathrm{d}x = \sum_{n=0}^{\infty} (-1)^n \frac{x^{n+1}}{n+1} \quad (-1 < x \leqslant 1).$$

上述展开式对 $x = 1$ 也成立，这是因为上式右端的幂级数当 $x = 1$ 时收敛，而 $\ln(1+x)$ 在 $x = 1$ 处有定义且连续.

至此已得到常用的函数的麦克劳林级数:

$$\frac{1}{1-x} = 1 + x + x^2 + \cdots + x^n + \cdots \quad (-1 < x < 1);$$

$$\mathrm{e}^x = 1 + x + \frac{x^2}{2!} + \frac{x^3}{3!} + \cdots + \frac{x^n}{n!} + \cdots \quad (-\infty < x < +\infty);$$

$$\sin x = x - \frac{x^3}{3!} + \frac{x^5}{5!} - \cdots + (-1)^{n-1} \frac{x^{2n-1}}{(2n-1)!} + \cdots \quad (-\infty < x < +\infty);$$

$$\cos x = 1 - \frac{x^2}{2!} + \frac{x^4}{4!} - \cdots + (-1)^n \frac{x^{2n}}{(2n)!} + \cdots \quad (-\infty < x < +\infty);$$

$$\ln(1+x) = x - \frac{x^2}{2} + \frac{x^3}{3} - \frac{x^4}{4} + \cdots + (-1)^n \frac{x^{n+1}}{n+1} + \cdots \quad (-1 < x \leqslant 1);$$

$$(1+x)^m = 1 + mx + \frac{m(m-1)}{2!} x^2 + \cdots + \frac{m(m-1)\cdots(m-n+1)}{n!} x^n + \cdots \quad (-1 < x < 1).$$

例 7　将函数 $f(x) = \dfrac{1}{x^2 - 4x + 3}$ 展开成 x 的幂级数.

解　$f(x) = \dfrac{1}{x^2 - 4x + 3} = \dfrac{1}{(x-1)(x-3)} = \dfrac{1}{2}\left(\dfrac{1}{x-3} - \dfrac{1}{x-1}\right) = \dfrac{1}{2(1-x)} - \dfrac{1}{6\left(1 - \dfrac{x}{3}\right)}$

$$= \dfrac{1}{2}\sum_{n=0}^{\infty} x^n - \dfrac{1}{6}\sum_{n=0}^{\infty} \dfrac{x^n}{3^n} = \sum_{n=0}^{\infty}\left(\dfrac{1}{2} - \dfrac{1}{6 \cdot 3^n}\right)x^n \quad (-1 < x < 1).$$

例 8　将函数 $f(x) = \sin x$ 展开成 $\left(x - \dfrac{\pi}{4}\right)$ 的幂级数.

解　因为

$$\sin x = \sin\left[\dfrac{\pi}{4} + \left(x - \dfrac{\pi}{4}\right)\right] = \dfrac{\sqrt{2}}{2}\left[\cos\left(x - \dfrac{\pi}{4}\right) + \sin\left(x - \dfrac{\pi}{4}\right)\right],$$

并且有

$$\cos\left(x - \dfrac{\pi}{4}\right) = 1 - \dfrac{1}{2!}\left(x - \dfrac{\pi}{4}\right)^2 + \dfrac{1}{4!}\left(x - \dfrac{\pi}{4}\right)^4 - \cdots \quad (-\infty < x < +\infty),$$

$$\sin\left(x - \dfrac{\pi}{4}\right) = \left(x - \dfrac{\pi}{4}\right) - \dfrac{1}{3!}\left(x - \dfrac{\pi}{4}\right)^3 + \dfrac{1}{5!}\left(x - \dfrac{\pi}{4}\right)^5 - \cdots \quad (-\infty < x < +\infty),$$

所以

$$\sin x = \dfrac{\sqrt{2}}{2}\left[1 + \left(x - \dfrac{\pi}{4}\right) - \dfrac{1}{2!}\left(x - \dfrac{\pi}{4}\right)^2 - \dfrac{1}{3!}\left(x - \dfrac{\pi}{4}\right)^3 + \cdots\right] \quad (-\infty < x < +\infty).$$

习　题　11.4

1. 将 $f(x) = \arctan x$ 展开成麦克劳林级数，并且求其收敛域.

2. 将下列函数展开成 x 的幂级数，并且求展开式成立的区间.

(1) $\sin(a + x)$；

(2) $\sin x \cos x$；

(3) $\ln(a + x)\ (a > 0)$；

(4) $\dfrac{1+x}{\sqrt{1+x^2}}$；

(5) a^x；

(6) $\ln(x + \sqrt{1+x^2})$.

3. 将 $f(x) = e^x$ 展开成 $(x-1)$ 的幂级数，并且求展开式成立的区间.

4. 将 $f(x) = \dfrac{1}{x}$ 展开成 $(x-2)$ 的幂级数.

5. 将 $f(x) = \dfrac{x}{x^2 + 5x + 4}$ 展开成 $(x-1)$ 的幂级数.

6. 将函数 $f(x) = \ln(3x - x^2)$ 在 $x = 1$ 处展开成幂级数，并求 $f^{(100)}(1)$.

11.5 函数的幂级数展开式的应用

11.5.1 求某些级数的和

例 1　求和 $\displaystyle\sum_{n=1}^{\infty}(-1)^{n-1}\frac{1}{n}$.

解　因为 $\ln(1+x)=x-\dfrac{x^2}{2}+\dfrac{x^3}{3}-\dfrac{x^4}{4}+\cdots+(-1)^n\dfrac{x^{n+1}}{n+1}+\cdots\quad(-1<x\leqslant1)$ ，所以将 $x=1$ 代入，得

$$\sum_{n=1}^{\infty}(-1)^{n-1}\frac{1}{n}=\ln 2 .$$

例 2　求和 $\displaystyle\sum_{n=1}^{\infty}(-1)^{n-1}\frac{1}{2n-1}$.

解　令 $s(x)=\displaystyle\sum_{n=1}^{\infty}(-1)^{n-1}\frac{x^{2n-1}}{2n-1}$ ，则 $s(0)=0$.

$$s'(x)=\sum_{n=0}^{\infty}(-1)^n x^{2n}=\frac{1}{1+x^2} ,$$

两边逐项积分，得

$$s(x)=\arctan x ,$$

即

$$\sum_{n=1}^{\infty}(-1)^{n-1}\frac{x^{2n-1}}{2n-1}=\arctan x \quad(-1\leqslant x\leqslant1) ,$$

由此

$$\sum_{n=1}^{\infty}(-1)^{n-1}\frac{1}{2n-1}=\frac{\pi}{4} .$$

*11.5.2 近似计算

例 3　计算 $\sqrt[5]{240}$ 的近似值，要求误差不超过 0.0001 .

解　因为 $\sqrt[5]{240}=\sqrt[5]{243-3}=3\left(1-\dfrac{1}{3^4}\right)^{1/5}$ ，所以在二项展开式中取 $m=\dfrac{1}{5}$ ，$x=$

$-\dfrac{1}{3^4}$，即得

$$\sqrt[5]{240}=3\left(1-\dfrac{1}{5}\cdot\dfrac{1}{3^4}-\dfrac{1\cdot4}{5^2\cdot2!}\cdot\dfrac{1}{3^8}-\dfrac{1\cdot4\cdot9}{5^3\cdot3!}\cdot\dfrac{1}{3^{12}}-\cdots\right).$$

这个级数收敛很快. 取前两项的和作为 $\sqrt[5]{240}$ 的近似值，其误差(也叫做截断误差)为

$$
\begin{aligned}
|r_2| &= 3\left(\dfrac{1\cdot4}{5^2\cdot2!}\cdot\dfrac{1}{3^8}+\dfrac{1\cdot4\cdot9}{5^3\cdot3!}\cdot\dfrac{1}{3^{12}}+\dfrac{1\cdot4\cdot9\cdot14}{5^4\cdot4!}\cdot\dfrac{1}{3^{16}}+\cdots\right)\\
&<3\cdot\dfrac{1\cdot4}{5^2\cdot2!}\cdot\dfrac{1}{3^8}\left[1+\dfrac{1}{81}+\left(\dfrac{1}{81}\right)^2+\cdots\right]\\
&=\dfrac{6}{25}\cdot\dfrac{1}{3^8}\cdot\dfrac{1}{1-\dfrac{1}{81}}=\dfrac{1}{25\cdot27\cdot40}<\dfrac{1}{20000}.
\end{aligned}
$$

于是取近似式为 $\sqrt[5]{240}\approx3\left(1-\dfrac{1}{5}\cdot\dfrac{1}{3^4}\right)$，为了使"四舍五入"引起的误差(叫做舍入误差)与截断误差之和不超过 10^{-4}，计算时应取五位小数，然后四舍五入. 因此最后得 $\sqrt[5]{240}\approx2.9926$.

例 4　计算定积分 $\dfrac{2}{\sqrt{\pi}}\displaystyle\int_0^{\frac{1}{2}}e^{-x^2}\mathrm{d}x$ 的近似值，要求误差不超过 $0.0001\left(取\ \dfrac{1}{\sqrt{\pi}}\approx0.56419\right).$

解　将 e^x 的幂级数展开式中的 x 换成 $-x^2$，得到被积函数的幂级数展开式

$$e^{-x^2}=1+\dfrac{(-x^2)}{1!}+\dfrac{(-x^2)^2}{2!}+\dfrac{(-x^2)^3}{3!}+\cdots=\sum_{n=0}^{\infty}(-1)^n\dfrac{x^{2n}}{n!}\quad(-\infty<x<+\infty).$$

于是，根据幂级数在收敛区间内逐项可积，得

$$
\begin{aligned}
\dfrac{2}{\sqrt{\pi}}\int_0^{\frac{1}{2}}e^{-x^2}\mathrm{d}x&=\dfrac{2}{\sqrt{\pi}}\int_0^{\frac{1}{2}}\left[\sum_{n=0}^{\infty}(-1)^n\dfrac{x^{2n}}{n!}\right]\mathrm{d}x=\dfrac{2}{\sqrt{\pi}}\sum_{n=0}^{\infty}\dfrac{(-1)^n}{n!}\int_0^{\frac{1}{2}}x^{2n}\,\mathrm{d}x\\
&=\dfrac{1}{\sqrt{\pi}}\left(1-\dfrac{1}{2^2\cdot3}+\dfrac{1}{2^4\cdot5\cdot2!}-\dfrac{1}{2^6\cdot7\cdot3!}+\cdots\right).
\end{aligned}
$$

取前四项的和作为近似值，其误差为

$$|r_4|\leqslant\dfrac{1}{\sqrt{\pi}}\dfrac{1}{2^8\cdot9\cdot4!}<\dfrac{1}{90000},$$

所以

$$\frac{2}{\sqrt{\pi}} \int_0^{\frac{1}{2}} \mathrm{e}^{-x^2} \mathrm{d}x \approx \frac{1}{\sqrt{\pi}} \left(1 - \frac{1}{2^2 \cdot 3} + \frac{1}{2^4 \cdot 5 \cdot 2!} - \frac{1}{2^6 \cdot 7 \cdot 3!} \right) \approx 0.5295 .$$

例 5　计算积分 $\int_0^1 \frac{\sin x}{x} \mathrm{d}x$ 的近似值，要求误差不超过 0.0001.

解　由于 $\lim\limits_{x \to 0} \frac{\sin x}{x} = 1$，因此所给积分不是广义积分. 如果定义被积函数在 $x = 0$ 处的值为 1，则它在积分区间 $[0,1]$ 上连续.

展开被积函数，有

$$\frac{\sin x}{x} = 1 - \frac{x^2}{3!} + \frac{x^4}{5!} - \frac{x^6}{7!} + \cdots \quad (-\infty < x < +\infty) .$$

在区间 $[0,1]$ 上逐项积分，得

$$\int_0^1 \frac{\sin x}{x} \mathrm{d}x = 1 - \frac{1}{3 \cdot 3!} + \frac{1}{5 \cdot 5!} - \frac{1}{7 \cdot 7!} + \cdots .$$

因为第四项 $\frac{1}{7 \cdot 7!} < \frac{1}{30000}$，取前三项的和作为积分的近似值，得

$$\int_0^1 \frac{\sin x}{x} \mathrm{d}x \approx 1 - \frac{1}{3 \cdot 3!} + \frac{1}{5 \cdot 5!} = 0.9461 .$$

11.5.3　欧拉①公式

设复数项级数

$$(u_1 + \mathrm{i}v_1) + (u_2 + \mathrm{i}v_2) + \cdots + (u_n + \mathrm{i}v_n) + \cdots ,$$

其中 u_n, v_n $(n = 1, 2, \cdots)$ 为实数或实函数. 如果实部所成的级数

$$u_1 + u_2 + \cdots + u_n + \cdots$$

收敛于和 u，并且虚部所成的级数

$$v_1 + v_2 + \cdots + v_n + \cdots .$$

收敛于和 v，就说复数项级数收敛且和为 $u + \mathrm{i}v$.

绝对收敛：如果级数 $\sum\limits_{n=1}^{\infty} (u_n + \mathrm{i}v_n)$ 的各项的模所构成的级数 $\sum\limits_{n=1}^{\infty} \sqrt{u_n^2 + v_n^2}$ 收敛，则称级数 $\sum\limits_{n=1}^{\infty} (u_n + \mathrm{i}v_n)$ 绝对收敛.

考察复数项级数

①欧拉(L. Euler, 1707~1783)瑞士数学家.

$$1 + z + \frac{1}{2!}z^2 + \cdots + \frac{1}{n!}z^n + \cdots.$$

可以证明此级数在复平面上是绝对收敛的, 在 x 轴上它表示指数函数 e^x, 在复平面上我们用它来定义复变量指数函数, 记为 e^z. 即

$$e^z = 1 + z + \frac{1}{2!}z^2 + \cdots + \frac{1}{n!}z^n + \cdots.$$

当 $x = 0$ 时, $z = iy$, 于是

$$
\begin{aligned}
e^{iy} &= 1 + iy + \frac{1}{2!}(iy)^2 + \cdots + \frac{1}{n!}(iy)^n + \cdots \\
&= 1 + iy - \frac{1}{2!}y^2 - i\frac{1}{3!}y^3 + \frac{1}{4!}y^4 + i\frac{1}{5!}y^5 - \cdots \\
&= \left(1 - \frac{1}{2!}y^2 + \frac{1}{4!}y^4 - \cdots\right) + i\left(y - \frac{1}{3!}y^3 + \frac{1}{5!}y^5 - \cdots\right) \\
&= \cos y + i\sin y.
\end{aligned}
$$

把 y 换成 θ, 得

$$e^{i\theta} = \cos\theta + i\sin\theta.$$

这就是**欧拉公式**.

复数 z 可以表示为

$$z = r(\cos\theta + i\sin\theta) = r\,e^{i\theta},$$

其中 $r = |z|$ 是 z 的模, $\theta = \arg z$ 是 z 的辐角.

三角函数与复变量指数函数之间的联系:

因为 $e^{ix} = \cos x + i\sin x$, $e^{-ix} = \cos x - i\sin x$, 所以

$$e^{ix} + e^{-ix} = 2\cos x, \quad e^{ix} - e^{-ix} = 2i\sin x.$$

$$\cos x = \frac{1}{2}(e^{ix} + e^{-ix}), \quad \sin x = \frac{1}{2i}(e^{ix} - e^{-ix}).$$

这两个式子也称为欧拉公式.

复变量指数函数满足加法定理

$$e^{z_1 + z_2} = e^{z_1} \cdot e^{z_2}.$$

特殊地, 有

$$e^{x+iy} = e^x e^y = e^x(\cos y + i\sin y).$$

习　题　11.5

1．求下列常数项级数的和.

(1) $\sum\limits_{n=1}^{\infty}\dfrac{1}{(2n-1)2^{n-1}}$ ；

(2) $\sum\limits_{n=1}^{\infty}\dfrac{n(n+1)}{2^{n+1}}$.

*2．求下列数的近似值，使误差小于 10^{-3} .

(1) $\ln 2$ ；

(2) $\sqrt[3]{e}$ ；

(3) $\sin 1°$ ；

(4) $\displaystyle\int_{0}^{1}\dfrac{\sin x}{x}\mathrm{d}x$.

3．证明 $(\cos x+\mathrm{i}\sin x)^{n}=\cos nx+\mathrm{i}\sin nx$ 对任意自然数 n 成立. 并且由此推导出 $\sin 2x$ ，$\cos 2x,\sin 3x,\cos 3x$ 用 $\sin x$ 或者 $\cos x$ 所表示的表达式.

11.6　傅里叶①级数

从本节开始我们讨论由三角函数组成的函数项级数——三角级数. 着重研究如何用三角级数表示函数.

在物理学和工程技术中，常常遇到各种周期现象. 对于简单的周期运动：如单摆的摆动、弹簧的振动等，可用正弦函数 $y=A\sin(\omega t+\varphi)$ 表示. 物理中称这种简单的周期运动为简谐振动. 但是有些复杂的周期运动，如电子技术中常见矩形波反映电压随时间的周期变化，这就不能用正弦函数来表示了. 对于这类问题的研究通常是加以简化，即把复杂的周期运动分解成若干不同频率的简谐振动的叠加，即

$$f(t)=A_0+\sum_{n=1}^{\infty}A_n\sin(n\omega t+\varphi_n) .$$

利用三角公式，并令 $A_0=\dfrac{a_0}{2}$ ，$a_n=A_n\sin\varphi_n$ ，$b_n=A_n\cos\varphi_n$ ，$\omega t=x$ ，则

$$f(t)=\dfrac{a_0}{2}+\sum_{n=1}^{\infty}(a_n\cos nx+b_n\sin nx) ,$$

这就是本节要讨论的三角级数.

11.6.1　三角级数三角函数系的正交性

函数项级数

$$\dfrac{a_0}{2}+\sum_{n=1}^{\infty}(a_n\cos nx+b_n\sin nx) \tag{1}$$

---

① 傅里叶(J. Fourier, 1768～1830)法国数学家. 1822 年傅里叶在他的《热的解析理论》中提出了傅里叶级数.

称为三角级数，其中 a_0, a_n, b_n $(n=1,2,\cdots)$ 都是常数.

所谓三角函数系

$$1, \cos x, \sin x, \cos 2x, \sin 2x, \cdots, \cos nx, \sin nx, \cdots \tag{2}$$

在区间 $[-\pi,\pi]$ 上的正交性是指三角函数系(2)中任何两个不同的函数的乘积在区间 $[-\pi,\pi]$ 上的积分等于零，即

$$\int_{-\pi}^{\pi} \cos nx \mathrm{d}x = 0 \quad (n=1,2,\cdots),$$

$$\int_{-\pi}^{\pi} \sin nx \mathrm{d}x = 0 \quad (n=1,2,\cdots),$$

$$\int_{-\pi}^{\pi} \sin kx \cos nx \mathrm{d}x = 0 \quad (k, n=1,2,\cdots),$$

$$\int_{-\pi}^{\pi} \sin kx \sin nx \mathrm{d}x = 0 \quad (k, n=1,2,\cdots, k \neq n),$$

$$\int_{-\pi}^{\pi} \cos kx \cos nx \mathrm{d}x = 0 \quad (k, n=1,2,\cdots, k \neq n).$$

三角函数系中任何两个相同的函数的乘积在区间 $[-\pi,\pi]$ 上的积分不等于零，即

$$\int_{-\pi}^{\pi} 1^2 \mathrm{d}x = 2\pi,$$

$$\int_{-\pi}^{\pi} \cos^2 nx \mathrm{d}x = \pi \quad (n=1,2,\cdots),$$

$$\int_{-\pi}^{\pi} \sin^2 nx \mathrm{d}x = \pi \quad (n=1,2,\cdots).$$

上面这些公式都很容易证明，请读者自己完成.

11.6.2　函数展开成傅里叶级数

设 $f(x)$ 是周期为 2π 的周期函数，且能展开成三角级数

$$f(x) = \frac{a_0}{2} + \sum_{k=1}^{\infty} (a_k \cos kx + b_k \sin kx). \tag{3}$$

那么系数 $a_0, a_1, b_1, \cdots$ 与函数 $f(x)$ 之间存在着怎样的关系呢?

假定三角级数可逐项积分，将(3)两边乘以 $\cos nx$，并从 $-\pi$ 到 π 积分，有

$$\int_{-\pi}^{\pi} f(x)\cos nx\mathrm{d}x$$

$$= \int_{-\pi}^{\pi} \frac{a_0}{2}\cos nx\mathrm{d}x + \sum_{k=1}^{\infty}\left[a_k\int_{-\pi}^{\pi}\cos kx\cos nx\mathrm{d}x + b_k\int_{-\pi}^{\pi}\sin kx\cos nx\mathrm{d}x \right]$$

$$= a_n\int_{-\pi}^{\pi}\cos^2 nx\mathrm{d}x = a_n\pi.$$

类似地,

$$\int_{-\pi}^{\pi} f(x)\sin nx\mathrm{d}x = b_n\pi.$$

于是, 得

$$\begin{cases} a_0 = \dfrac{1}{\pi}\int_{-\pi}^{\pi} f(x)\mathrm{d}x, \\[2mm] a_n = \dfrac{1}{\pi}\int_{-\pi}^{\pi} f(x)\cos nx\mathrm{d}x \quad (n=1,2,\cdots), \\[2mm] b_n = \dfrac{1}{\pi}\int_{-\pi}^{\pi} f(x)\sin nx\mathrm{d}x \quad (n=1,2,\cdots). \end{cases} \tag{4}$$

由公式(4)确定的系数 $a_0, a_1, b_1, \cdots$ 称为函数 $f(x)$ 的傅里叶系数, 以 $f(x)$ 的傅里叶系数为系数的三角级数

$$\frac{a_0}{2} + \sum_{n=1}^{\infty}(a_n\cos nx + b_n\sin nx) \tag{5}$$

称为 $f(x)$ 的傅里叶级数.

定理 1(收敛定理, 狄利克雷充分条件①)　设函数 $f(x)$ 是周期为 2π 的周期函数, 如果 $f(x)$ 满足

(1) 在一个周期内连续或只有有限个第一类间断点;

(2) 在一个周期内至多只有有限个极值点,

则 $f(x)$ 的傅里叶级数收敛, 并且

函数展开成
傅里叶级数

当 x 是 $f(x)$ 的连续点时, $f(x)$ 的傅里叶级数收敛于 $f(x)$;

当 x 是 $f(x)$ 的间断点时, $f(x)$ 的傅里叶级数收敛于 $\dfrac{1}{2}[f(x^-) + f(x^+)]$.

该定理的证明比较复杂, 此处略. 读者可以参考数学分析教材.

例 1　将周期为 2π 的周期函数 $f(x)$ 展开成傅里叶级数, 其中 $f(x)$ 在 $[-\pi,\pi)$ 上的表达式为

$$f(x) = \begin{cases} -1, & -\pi\leqslant x<0, \\ 1, & 0\leqslant x<\pi. \end{cases}$$

---

①1829 年狄利克雷首次严谨地证明了傅里叶级数的收敛性.

解 所给函数满足收敛定理的条件，它在点 $x=k\pi$ $(k=0,\pm1,\pm2,\cdots)$ 处不连续，在其他点处连续，从而由收敛定理知 $f(x)$ 的傅里叶级数收敛，当 $x=k\pi$ 时收敛于 0，当 $x\neq k\pi$ 时，级数收敛于 $f(x)$，和函数的图形如图 11.2 所示.

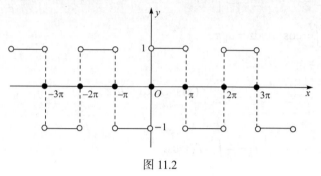

图 11.2

傅里叶系数计算如下：

$$a_0 = \frac{1}{\pi}\int_{-\pi}^{\pi} f(x)\mathrm{d}x = \frac{1}{\pi}\left[\int_{-\pi}^{0} -\mathrm{d}x + \int_{0}^{\pi}\mathrm{d}x\right] = 0,$$

$$a_n = \frac{1}{\pi}\int_{-\pi}^{\pi} f(x)\cos nx\mathrm{d}x$$

$$= \frac{1}{\pi}\left[\int_{-\pi}^{0}(-1)\cos nx\mathrm{d}x + \int_{0}^{\pi}\cos nx\mathrm{d}x\right] = 0 \quad (n=1,2,\cdots),$$

$$b_n = \frac{1}{\pi}\int_{-\pi}^{\pi} f(x)\sin nx\mathrm{d}x$$

$$= \frac{1}{\pi}\left[\int_{-\pi}^{0}(-1)\sin nx\mathrm{d}x + \int_{0}^{\pi}\sin nx\mathrm{d}x\right] = \frac{2}{n\pi}[1-(-1)^n]$$

$$= \begin{cases} 0, & n=2k, \\ \dfrac{4}{(2k-1)\pi}, & n=2k-1 \end{cases} \quad (k=1,2,\cdots).$$

由狄利克雷充分条件知，所求 $f(x)$ 的傅里叶级数为

$$\frac{4}{\pi}\left[\sin x + \frac{1}{3}\sin 3x + \frac{1}{5}\sin 5x + \cdots + \frac{1}{2k-1}\sin(2k-1)x + \cdots\right]$$

$$= \begin{cases} f(x), & x\neq k\pi, \\ 0, & x=k\pi \end{cases} \quad (k=0,\ \pm1,\ \pm2,\cdots).$$

例 2 设 $f(x)$ 是周期为 2π 的周期函数，它在 $[-\pi,\ \pi)$ 上的表达式为

$$f(x) = \begin{cases} -x, & -\pi\leqslant x\leqslant 0, \\ 0, & 0<x<\pi, \end{cases}$$

将 $f(x)$ 展开成傅里叶级数.

解　所给函数满足收敛定理的条件,它在点 $x=(2k-1)\pi$ $(k=0,\pm 1,\pm 2,\cdots)$ 处不连续,在其他点处连续,从而由收敛定理知, $f(x)$ 的傅里叶级数收敛,并且当 $x=(2k-1)\pi$ 时收敛于

$$\frac{1}{2}[f(x^{-})+f(x^{+})]=\frac{\pi+0}{2}=\frac{\pi}{2},$$

当 $x\neq(2k-1)\pi$ 时,级数收敛于 $f(x)$. 和函数的图形如图 11.3 所示.

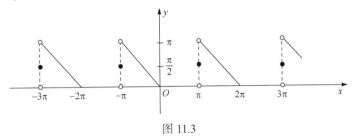

图 11.3

傅里叶系数计算如下:

$$a_{0}=\frac{1}{\pi}\int_{-\pi}^{\pi}f(x)\mathrm{d}x=\frac{1}{\pi}\int_{-\pi}^{0}(-x)\mathrm{d}x=\frac{\pi}{2},$$

$$a_{n}=\frac{1}{\pi}\int_{-\pi}^{\pi}f(x)\cos nx\mathrm{d}x=\frac{1}{\pi}\int_{-\pi}^{0}(-x)\cos nx\mathrm{d}x+\frac{1}{\pi}\int_{0}^{\pi}0\cdot\cos nx\mathrm{d}x$$

$$=\frac{-1}{n^{2}\pi}[1-\cos n\pi]=\frac{1}{n^{2}\pi}[(-1)^{n}-1]\quad(n=1,2,\cdots)$$

$$=\begin{cases}\dfrac{-2}{(2k-1)^{2}\pi}, & n=2k-1,\\[2mm] 0, & n=2k\end{cases}\quad(k=1,2,\cdots),$$

$$b_{n}=\frac{1}{\pi}\int_{-\pi}^{\pi}f(x)\sin nx\mathrm{d}x=\frac{1}{\pi}\int_{-\pi}^{0}(-x)\sin nx\mathrm{d}x+\frac{1}{\pi}\int_{0}^{\pi}0\cdot\sin nx\mathrm{d}x$$

$$=\frac{1}{\pi}\left[\frac{x\cos nx}{n}\right]_{-\pi}^{0}-\frac{1}{\pi}\left[\frac{\sin nx}{n^{2}}\right]_{-\pi}^{0}=\frac{\cos n\pi}{n}=\frac{(-1)^{n}}{n}\quad(n=1,2,\cdots).$$

由狄利克雷充分条件知, $f(x)$ 的傅里叶级数为

$$\frac{\pi}{4}-\frac{2}{\pi}\sum_{k=1}^{\infty}\frac{1}{(2k-1)^{2}}\cos(2k-1)x+\sum_{n=1}^{\infty}\frac{(-1)^{n}}{n}\sin nx$$

$$=\frac{\pi}{4}-\frac{2}{\pi}\left(\cos x+\frac{1}{3^{2}}\cos 3x+\frac{1}{5^{2}}\cos 5x+\cdots\right)-\left(\sin x-\frac{1}{2}\sin 2x+\frac{1}{3}\sin 3x-\cdots\right)$$

$$=\begin{cases}f(x), & -\infty<x<+\infty,\ x\neq(2k-1)\pi,\\[2mm]\dfrac{\pi}{2}, & x=(2k-1)\pi\end{cases}\quad(k=0,\pm 1,\pm 2,\cdots).$$

利用该展开式可求出几个特殊的数项级数的和.

当 $x = \pi$ 时, 有

$$\frac{\pi}{2} = \frac{\pi}{4} - \frac{2}{\pi}\left(\cos\pi + \frac{1}{3^2}\cos3\pi + \frac{1}{5^2}\cos5\pi + \cdots\right) - \left(\sin\pi - \frac{1}{2}\sin2\pi + \frac{1}{3}\sin3\pi - \cdots\right),$$

于是

$$\frac{\pi^2}{8} = 1 + \frac{1}{3^2} + \frac{1}{5^2} + \cdots + \frac{1}{(2n-1)^2} + \cdots.$$

令

$$s = 1 + \frac{1}{2^2} + \frac{1}{3^2} + \cdots + \frac{1}{n^2} + \cdots,$$

$$s_1 = 1 + \frac{1}{3^2} + \frac{1}{5^2} + \cdots + \frac{1}{(2n-1)^2} + \cdots,$$

$$s_2 = \frac{1}{2^2} + \frac{1}{4^2} + \cdots + \frac{1}{(2n)^2} + \cdots,$$

$$s_3 = 1 - \frac{1}{2^2} + \frac{1}{3^2} - \frac{1}{4^2} + \cdots,$$

从而, 有

$$s_1 = \frac{\pi^2}{8},$$

$$s_2 = \frac{s}{4} = \frac{s_1 + s_2}{4},$$

由此, 得

$$s_2 = \frac{s_1}{3} = \frac{\pi^2}{24},$$

$$s = \sum_{n=1}^{\infty} \frac{1}{n^2} = 4s_2 = \frac{\pi^2}{6},$$

$$s_3 = s_1 - s_2 = \frac{\pi^2}{8} - \frac{\pi^2}{24} = \frac{\pi^2}{12}.$$

设 $f(x)$ 只在 $[-\pi,\pi]$ 上有定义, 我们可以在 $[-\pi,\pi)$ 或 $(-\pi,\pi]$ 外补充函数 $f(x)$ 的定义, 使它拓广成周期为 2π 的周期函数 $F(x)$, 按这种方式拓广函数的定义域过程称为周期延拓. 将周期函数 $F(x)$ 展开成傅里叶级数, 因为在 $(-\pi,\pi)$ 内, $F(x) = f(x)$, 从而得到仅仅定义在 $[-\pi,\pi]$ 上的非周期函数 $f(x)$ 的傅里叶级数表示.

例3 将定义在 $[-\pi,\pi]$ 上的函数 $f(x) = |x|$ 展开成傅里叶级数.

解　所给函数在区间 $[-\pi,\pi]$ 上满足收敛定理的条件,并且将 $f(x)$ 拓广成为周期为 2π 的函数 $F(x)$ (图 11.4),它在每一点 x 处都连续,因此拓广的周期函数的傅里叶级数在 $[-\pi,\pi]$ 上收敛于 $f(x)$.

计算傅里叶系数如下:

$$a_0 = \frac{1}{\pi}\int_{-\pi}^{\pi} F(x)\,\mathrm{d}x = \frac{1}{\pi}\int_{-\pi}^{\pi} f(x)\,\mathrm{d}x = \frac{2}{\pi}\int_{0}^{\pi} x\,\mathrm{d}x = \pi;$$

$$a_n = \frac{1}{\pi}\int_{-\pi}^{\pi} F(x)\cos nx\,\mathrm{d}x = \frac{1}{\pi}\int_{-\pi}^{\pi} f(x)\cos nx\,\mathrm{d}x = \frac{2}{\pi}\int_{0}^{\pi} x\cos nx\,\mathrm{d}x$$

$$= \frac{2}{n^2\pi}[(-1)^n - 1] = \begin{cases} -\dfrac{4}{(2k-1)^2\pi}, & n = 2k-1, \\ 0, & n = 2k \end{cases} \quad (k = 1,2,\cdots);$$

$$b_n = \frac{1}{\pi}\int_{-\pi}^{\pi} F(x)\sin nx\,\mathrm{d}x = \frac{1}{\pi}\int_{-\pi}^{\pi} f(x)\sin nx\,\mathrm{d}x = 0 \quad (n = 1,2,\cdots).$$

于是 $f(x)$ 的傅里叶级数展开式为

$$f(x) = \frac{\pi}{2} - \frac{4}{\pi}\left(\cos x + \frac{1}{3^2}\cos 3x + \frac{1}{5^2}\cos 5x + \cdots\right) \quad x \in [-\pi,\pi] .$$

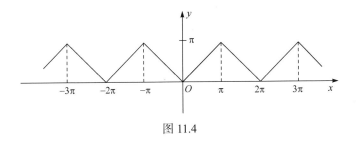

图 11.4

11.6.3　正弦级数和余弦级数

考察以上例子易见例 1 中的傅里叶级数只含有正弦项,例 3 中的傅里叶级数只含有余弦项,而例 2 中傅里叶级数既含正弦项,又含余弦项. 这不是偶然的,事实上,这些情况的出现与所给函数的奇偶性有关.

当函数 $f(x)$ 为奇函数时, $f(x)\cos nx$ 是奇函数, $f(x)\sin nx$ 是偶函数,故傅里叶系数为

$$a_n = 0 \quad (n = 0,1,2,\cdots) ,$$

$$b_n = \frac{2}{\pi}\int_{0}^{\pi} f(x)\sin nx\,\mathrm{d}x \quad (n = 1,2,\cdots) .$$

因此奇数函数 $f(x)$ 的傅里叶级数只含有正弦项

$$\sum_{n=1}^{\infty} b_n \sin nx .$$

称其为函数 $f(x)$ 的正弦级数.

当 $f(x)$ 为偶函数时, $f(x)\cos nx$ 是偶函数, $f(x)\sin nx$ 是奇函数, 故傅里叶系数为

$$a_n = \frac{2}{\pi} \int_0^{\pi} f(x) \cos nx \, dx \quad (n = 0,1,2,\cdots) ,$$

$$b_n = 0 \quad (n = 1, 2, \cdots) .$$

因此偶函数 $f(x)$ 的傅里叶级数只含有余弦项

$$\frac{a_0}{2} + \sum_{n=1}^{\infty} a_n \cos nx .$$

称其为函数 $f(x)$ 的余弦级数.

例4 设 $f(x)$ 是周期为 2π 的周期函数, 它在 $[-\pi,\pi)$ 上的表达式为 $f(x)=x$. 将 $f(x)$ 展开成傅里叶级数.

解 首先, 所给函数满足收敛定理的条件, 它在点 $x=(2k-1)\pi$ $(k=0,\pm 1,$ $\pm 2,\cdots)$ 处不连续, 因此 $f(x)$ 的傅里叶级数在函数的连续点 $x \neq (2k-1)\pi$ 收敛于 $f(x)$, 在点 $x=(2k-1)\pi$ $(k=0,\pm 1,\pm 2,\cdots)$ 处收敛于

$$\frac{1}{2}[f(\pi^-) + f(-\pi^+)] = \frac{1}{2}[\pi + (-\pi)] = 0 .$$

其次, 若不计 $x=(2k-1)\pi$ $(k=0,\pm 1,\pm 2,\cdots)$, 则 $f(x)$ 是周期为 2π 的奇函数. 于是

$$a_n = 0 \quad (n = 0,1,2,\cdots) ,$$

$$b_n = \frac{2}{\pi} \int_0^{\pi} f(x) \sin nx \, dx = \frac{2}{\pi} \int_0^{\pi} x \sin nx \, dx$$

$$= \frac{2}{\pi} \left[-\frac{x \cos nx}{n} + \frac{\sin nx}{n^2} \right]_0^{\pi} = -\frac{2}{n} \cos n\pi = \frac{2}{n}(-1)^{n+1} \quad (n = 1,2,\cdots).$$

$f(x)$ 的傅里叶级数展开式为

$$f(x) = 2\left[\sin x - \frac{1}{2}\sin 2x + \frac{1}{3}\sin 3x - \cdots + (-1)^{n+1}\frac{1}{n}\sin nx + \cdots \right],$$

$$(-\infty < x < +\infty, \quad x \neq \pm\pi, \pm 3\pi, \cdots) .$$

设函数 $f(x)$ 定义在区间 $[0,\pi]$ 上, 并且满足收敛定理的条件, 我们可以在开区间 $(-\pi,0)$ 内补充 $f(x)$ 的定义, 使其成为定义在 $(-\pi,\pi]$ 上的函数 $F(x)$, 并在 $(-\pi,\pi)$ 上成为奇函数(或偶函数). 按这种方式拓广函数定义域的过程称为奇延拓(或偶延

拓)，然后再进行周期延拓. 将周期函数 $F(x)$ 展开成傅里叶级数，因为在 $(0,\pi)$ 内，$F(x) = f(x)$，从而得到在 $[0,\pi]$ 上的函数 $f(x)$ 展开成周期为 2π 的三角级数.

例 5 将定义在 $[0,\pi]$ 上的函数 $f(x) = x+1$ 分别展开成正弦级数和余弦级数.

解 对函数 $f(x)$ 进行奇延拓，再进行周期延拓(图 11.5)，计算傅里叶系数如下：

$$b_n = \frac{2}{\pi} \int_0^\pi f(x) \sin nx \, dx$$

$$= \frac{2}{\pi} \int_0^\pi (x+1) \sin nx \, dx = \frac{2}{\pi} \left[-\frac{x \cos nx}{n} + \frac{\sin nx}{n^2} - \frac{\cos nx}{n} \right]_0^\pi$$

$$= \frac{2}{n\pi} [1 - (\pi+1)(-1)^n] = \begin{cases} -\dfrac{1}{k}, & n = 2k, \\[3mm] \dfrac{2}{\pi} \cdot \dfrac{\pi+2}{2k-1}, & n = 2k-1 \end{cases} \quad (k = 1, 2, \cdots),$$

所求函数的正弦级数为

$$x+1 = \frac{2}{\pi} \left[(\pi+2) \sin x - \frac{\pi}{2} \sin 2x + \frac{1}{3}(\pi+2) \sin 3x - \frac{\pi}{4} \sin 4x + \cdots \right], \quad x \in (0,\pi).$$

在端点 $x = 0$ 及 $x = \pi$ 处，级数的和显然为零，它不等于原来函数 $f(x)$ 在这两点的值(图 11.5).

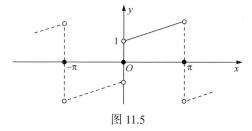

图 11.5

对 $f(x)$ 进行偶周期延拓(图 11.6)，计算傅里叶系数如下：

$$a_0 = \frac{2}{\pi} \int_0^\pi (x+1) \, dx = \frac{2}{\pi} \left[\frac{x^2}{2} + x \right]_0^\pi = 2 + \pi,$$

$$a_n = \frac{2}{\pi} \int_0^\pi f(x) \cos nx \, dx = \frac{2}{\pi} \int_0^\pi (x+1) \cos nx \, dx$$

$$= \frac{2}{\pi} \left[-\frac{x \sin nx}{n} + \frac{\cos nx}{n^2} - \frac{\sin nx}{n} \right]_0^\pi$$

$$= \frac{2}{n^2 \pi} ((-1)^n - 1) = \begin{cases} 0, & n = 2k, \\[3mm] -\dfrac{4}{(2k-1)^2 \pi}, & n = 2k-1 \end{cases} \quad (k = 1, 2, \cdots),$$

所求函数的余弦级数展开式为

$$x+1 = 1 + \frac{\pi}{2} - \frac{4}{\pi} \sum_{k=1}^{\infty} \frac{1}{(2k-1)^2} \cos(2k-1)x$$

$$= 1 + \frac{\pi}{2} - \frac{4}{\pi} \left(\cos x + \frac{1}{3^2} \cos 3x + \frac{1}{5^2} \cos 5x + \cdots \right), \quad x \in [0, \pi].$$

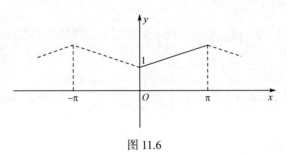

图 11.6

习　题　11.6

1．设 $f(x) = \begin{cases} -1, & -\pi < x \leqslant 0, \\ 1+x^2, & 0 < x \leqslant \pi, \end{cases}$ 则其以 2π 为周期的傅里叶级数在点 $x = \pi$ 处收敛于_____．

2．下列函数的周期都是 2π，试将这些函数展开成傅里叶级数．

(1) $f(x) = \begin{cases} a, & -\pi < x \leqslant 0, \\ b, & 0 < x \leqslant \pi, \end{cases}$ 其中 a，b 为常数．

(2) $f(x) = x^2$，$-\pi \leqslant x < \pi$．

3．将函数 $f(x) = 2\sin\dfrac{x}{3}(-\pi \leqslant x < \pi)$ 展开成傅里叶级数．

4．将函数 $f(x) = -\dfrac{2}{\pi}|x| + 1$ 在 $[-\pi, \pi]$ 上展开成傅里叶级数．

5．证明 $\displaystyle\sum_{n=1}^{\infty} \frac{\cos nx}{n^2} = \frac{1}{12}(3x^2 - 6\pi x + 2\pi^2)$，$x \in [0, \pi]$．

6．将 $f(x) = \dfrac{\pi}{4}$ 在 $[0, \pi]$ 上展开成正弦级数，并且由此证明：

(1) $1 - \dfrac{1}{3} + \dfrac{1}{5} - \dfrac{1}{7} + \cdots = \dfrac{\pi}{4}$；

(2) $1 + \dfrac{1}{5} - \dfrac{1}{7} - \dfrac{1}{11} + \dfrac{1}{13} + \dfrac{1}{17} + \cdots = \dfrac{\pi}{3}$．

7．证明三角函数系 $1, \sin x, \cos x, \sin 2x, \cos 2x, \cdots, \sin nx, \cos nx, \cdots$ 的正交性．

11.7 周期为 $2l$ 的周期函数的傅里叶级数

前面所讨论的周期函数都是以 2π 为周期的. 但是实际问题中所遇到的周期函数的周期不一定是 2π. 怎样把周期为 $2l$ (l 为任意正数) 的周期函数 $f(x)$ 展开成三角级数呢?

我们希望能把周期为 $2l$ 的周期函数 $f(x)$ 展开成三角级数，为此我们先把周期为 $2l$ 的周期函数 $f(x)$ 变换为周期为 2π 的周期函数.

令 $x = \dfrac{l}{\pi}t$ ，则当 $t \in [-\pi, \pi]$ 时，就有 $x \in [-l, l]$.

设 $f(x) = f\left(\dfrac{l}{\pi}t\right) = F(t)$ ，因为

$$F(t + 2\pi) = f\left[\dfrac{l}{\pi}(t + 2\pi)\right] = f\left(\dfrac{l}{\pi}t + 2l\right) = f\left(\dfrac{l}{\pi}t\right) = F(t) ,$$

所以 $F(t)$ 是以 2π 为周期的函数. 于是当 $F(t)$ 满足收敛定理的条件时，$F(t)$ 可展开成傅里叶级数:

$$F(t) = \dfrac{a_0}{2} + \sum_{n=1}^{\infty} (a_n \cos nt + b_n \sin nt) \quad \text{(在 $F(t)$ 的连续点处)},$$

其中

$$a_n = \dfrac{1}{\pi}\int_{-\pi}^{\pi} F(t)\cos nt\, \mathrm{d}t \quad (n = 0, 1, 2, \cdots) ,$$

$$b_n = \dfrac{1}{\pi}\int_{-\pi}^{\pi} F(t)\sin nt\, \mathrm{d}t \quad (n = 1, 2, \cdots) .$$

再将变量还原，即将 $t = \dfrac{\pi x}{l}$ 代入，并应用积分的换元法，得如下定理.

定理 1 设周期为 $2l$ 的周期函数 $f(x)$ 满足收敛定理的条件, 则它的傅里叶级数当 x 是 $f(x)$ 的连续点时，有

$$f(x) = \dfrac{a_0}{2} + \sum_{n=1}^{\infty} \left(a_n \cos \dfrac{n\pi x}{l} + b_n \sin \dfrac{n\pi x}{l}\right), \tag{1}$$

其中系数 a_n ，b_n 为

$$\begin{cases} a_n = \dfrac{1}{l}\int_{-l}^{l} f(x)\cos \dfrac{n\pi x}{l}\, \mathrm{d}x & (n = 0, 1, 2, \cdots), \\[2mm] b_n = \dfrac{1}{l}\int_{-l}^{l} f(x)\sin \dfrac{n\pi x}{l}\, \mathrm{d}x & (n = 1, 2, \cdots). \end{cases} \tag{2}$$

当 $f(x)$ 为奇函数时，

$$f(x) = \sum_{n=1}^{\infty} b_n \sin\frac{n\pi x}{l} , \tag{3}$$

其中

$$b_n = \frac{2}{l}\int_0^l f(x)\sin\frac{n\pi x}{l}\mathrm{d}x \quad (n=1,2,\cdots) . \tag{4}$$

当 $f(x)$ 为偶函数时，

$$f(x) = \frac{a_0}{2} + \sum_{n=1}^{\infty} a_n \cos\frac{n\pi x}{l} , \tag{5}$$

其中

$$a_n = \frac{2}{l}\int_0^l f(x)\cos\frac{n\pi x}{l}\mathrm{d}x \quad (n=0,1,2,\cdots) . \tag{6}$$

在上面各种情况，当 x 是 $f(x)$ 的间断点时，对应的傅里叶级数收敛于 $\dfrac{f(x^+)+f(x^-)}{2}$.

例 1 设周期为 4 的函数 $f(x)$ 在 $[-2,2)$ 上的表达式为 $f(x)=-x$ ，将 $f(x)$ 展开成傅里叶级数.

解 因为 $f(x)$ 的周期为 4，所以 $l=2$ ，又 $f(x)$ 是奇函数，于是 $a_n=0$ ，

$$b_n = \frac{2}{2}\int_0^2 (-x)\sin\frac{n\pi x}{2}\mathrm{d}x = (-1)^n \frac{4}{n\pi} .$$

所以

$$f(x) = \sum_{n=1}^{\infty} (-1)^n \frac{4}{n\pi}\sin\frac{n\pi x}{2} \quad (-\infty < x < +\infty, \quad x \neq 0, \pm 2, \pm 4, \cdots) ,$$

在 $x = 0, \pm 2, \pm 4, \cdots$ 时，所求傅里叶级数收敛于 0.

请读者思考，若周期为 4 的函数 $f(x)$ 在 $[2,6)$ 上的表达式为 $f(x)=4-x$ ，问它的傅里叶级数怎么求? 请写出该傅里叶级数.

完全类似于 11.6 节的讨论，通过周期延拓和奇偶延拓可以将定义在 $[-l,l]$ 和 $[0,l]$ 上的函数展开成傅里叶级数.

例 2 将定义在区间 $[0,1)$ 上的函数 $f(x)=2+x$ 展开成余弦级数.

解 依题设知 $l=1$ ，将函数 $f(x)=2+x$ 作偶延拓，再作周期延拓，计算傅里叶系数：

$$b_n = 0,$$

$$a_0 = \frac{2}{l}\int_0^l f(x)\mathrm{d}x = 2\int_0^1 (2+x)\mathrm{d}x = 5,$$

$$a_n = \frac{2}{l}\int_0^l f(x)\cos\frac{n\pi x}{l}\mathrm{d}x = 2\int_0^1 (2+x)\cos(n\pi x)\mathrm{d}x$$

$$= \left[\frac{4}{n\pi}\sin(n\pi x)\right]_0^1 + 2\int_0^1 x\cos(n\pi x)\mathrm{d}x = \frac{2}{n^2\pi^2}[(-)^n - 1].$$

从而

$$2 + x = \frac{5}{2} - \frac{4}{\pi^2}\sum_{k=1}^\infty \frac{1}{(2k-1)^2}\cos(2k-1)\pi x, \quad x \in [0,1].$$

习 题 11.7

1. 将 $f(x) = x^2$ 在 $[-1,1]$ 上展开成傅里叶级数.

2. 将 $f(x) = |x|$ 在 $\left[-\frac{1}{2}, \frac{1}{2}\right]$ 上展开成傅里叶级数，并求 $\sum_{k=1}^\infty \frac{1}{(2k-1)^2}$ 的和.

3. 将 $f(x) = \begin{cases} x, & 0 < x \leqslant 1, \\ 2-x, & 1 < x < 2 \end{cases}$ 在 $[0,2]$ 上分别展开成正弦级数和余弦级数，并且讨论收敛情况.

4. 设周期为 10 的函数 $f(x)$ 在 $[5,15]$ 上的表达式为 $f(x) = 10 - x$，将 $f(x)$ 展开成傅里叶级数.

5. 已知 $f(x) = x^2, 0 \leqslant x < 2$，而 $s(x) = \sum_{n=1}^\infty b_n \sin\frac{n\pi x}{2}$，$x \in \mathbf{R}$，其中

$$b_n = \int_0^2 f(x)\sin\frac{n\pi x}{2}\mathrm{d}x \quad (n = 1,2,\cdots).$$

求 $s\left(-\frac{1}{2}\right)$ 及 $s(2)$.

11.8 数 学 实 验

实验一 无穷级数的计算

MATLAB 求解数列部分和符号运算指令为

symsum(s，t，a，b)——表示 s 中的符号变量 t 从 a 到 b 的级数和(t 缺省时设定为 x 或最接近 x 的字母).

例 1 计算 $\sum_{n=1}^k n$.

```
syms  k
```

```
symsum(k)
```
结果显示
```
ans=1/2*k^2-1/2*k
```

例 2 计算 $\sum\limits_{k=1}^{3}\dfrac{1}{k}$, $\sum\limits_{k=1}^{\infty}\dfrac{1}{k^2}$, $\sum\limits_{k=1}^{\infty}\dfrac{1}{k^3}$ 和 $\sum\limits_{k=0}^{\infty}x^k$.

```
syms x k
s=symsum(1/x, 1, 3)
```
结果显示
```
ans s=11/6
s1=symsum(1/k^2, k, 1, inf)
```
结果显示
```
s1=1/6*pi^2
s3=symsum(1/k^3, k, 1, inf)
```
结果显示
```
s3=zeta(3)
vpa(zeta(3))
ans=1.2020569031595942366408280577161
```
注释
```
>> help zeta
ZETA    Symbolic Riemann zeta function.
ZETA(z)=sum(1/k^z, k, 1, inf).
ZETA(n, z)=n-th derivative of ZETA(z)
Overloaded methods
help sym/zeta. m

>> help vpa
VPA    Variable precision arithmetic.
R = VPA(S) numerically evaluates each element of the double
matrix
    S using variable precision floating point arithmetic with
D decimal
    digit accuracy, where D is the current setting of DIGITS.
The resulting R is a SYM.

    VPA(S, D) uses D digits, instead of the current setting of
```

DIGITS.

D is an integer or the SYM representation of a number.

Examples:
vpa(pi, 780) shows six consecutive 9's near digit 770 in the decimal expansion of pi.

vpa(hilb(2), 5) returns

[1.,. 50000]
[. 50000,. 33333]

See also DOUBLE, DIGITS.

Overloaded methods
help sym/vpa. m
S4=symsum(x^k, k, 0, inf)
结果显示
S4=-1/(x-1)

例3 通过编写 MATLAB 程序计算 p-级数 $\sum_{n=1}^{\infty}\frac{1}{n^p}$ 的部分和数列, 观测部分和数列的变化趋势.

(1) 当 $p>1$ 时, 级数收敛. 设 $p=2$, $p=3$, 观察部分和数列的变化趋势.

```
for n=1: 50
s1=0;
s2=0
for i=1: n
s1=s1+1/i^2;
s2=s2+1/i^3;
ss(n)=s1;
sss(n)=s2;
end
end
ss
```

结果显示

ss=

1.0000	1.2500	1.3611	1.4236	1.4636	1.4914
1.5118	1.5274	1.5398	1.5498	1.5580	1.5650
1.5709	1.5760	1.5804	1.5843	1.5878	1.5909
1.5937	1.5962	1.5984	1.6005	1.6024	1.6041
1.6057	1.6072	1.6086	1.6098	1.6110	1.6122
1.6132	1.6142	1.6151	1.6160	1.6168	1.6175
1.6183	1.6190	1.6196	1.6202	1.6208	1.6214
1.6219	1.6225	1.6230	1.6234	1.6239	1.6243
1.6247	1.6251				

sss

结果显示

sss=

1.0000	1.1250	1.1620	1.1777	1.1857	1.1903
1.1932	1.1952	1.1965	1.1975	1.1983	1.1989
1.1993	1.1997	1.2000	1.2002	1.2004	1.2006
1.2007	1.2009	1.2010	1.2011	1.2012	1.2012
1.2013	1.2013	1.2014	1.2014	1.2015	1.2015
1.2016	1.2016	1.2016	1.2016	1.2017	1.2017
1.2017	1.2017	1.2017	1.2018	1.2018	1.2018
1.2018	1.2018	1.2018	1.2018	1.2018	1.2018
1.2019	1.2019				

```
plot(ss)      %绘制图形
```
结果如图 11.7 所示.

```
hold on
plot(sss)
grid      %在坐标系中绘制网格线
hold off
```

(2) 当 $p \leqslant 1$ 时, 级数发散. 设 $p = 1$, $p = \dfrac{1}{2}$, 观察部分和数列的变化趋势. 绘制前 50 项部分和数列图像如图 11.8 所示.

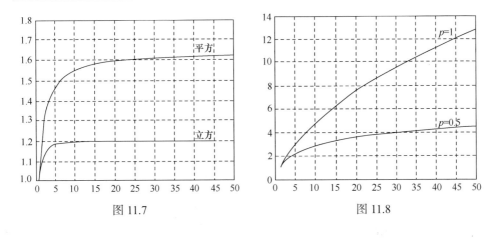

图 11.7　　　　　　　　　　　　　　　　图 11.8

总 习 题 11

1．填空题.

(1) 级数 $\sum_{n=1}^{\infty} \frac{(-1)^n}{n^p}$ 当_____时绝对收敛，当_____时条件收敛，当_____时发散；

(2) 幂级数 $\sum_{n=0}^{\infty} a_n x^n$ 在 $x = -2$ 处条件收敛，则该级数的收敛半径 $R = $ _____；

(3) 函数 $f(x) = \frac{1}{x+2}$ 展开成 $(x-1)$ 的幂级数为_____；

(4) 设 $\sum_{n=0}^{\infty} a_n x^n$ 的收敛半径为 3，则 $\sum_{n=1}^{\infty} na_n (x+1)^{n-1}$ 的收敛区间为_____.

2．选择题.

(1) 下列结论正确的是(　　).

(A) 对于级数 $\sum_{n=1}^{\infty} (-1)^{n-1} u_n (u_n > 0)$，若 $u_n > \frac{1}{n}$，则此级数一定发散

(B) 若级数 $\sum_{n=1}^{\infty} u_n$ 发散，级数 $\sum_{n=1}^{\infty} v_n$ 发散，则 $\sum_{n=1}^{\infty} (u_n + v_n)$ 可能收敛也可能发散

(C) 若级数 $\sum_{n=1}^{\infty} v_n$ 收敛，且 $u_n \leqslant v_n (n = 1, 2, \cdots)$，则级数一定收敛

(D) 若正项级数 $\sum_{n=1}^{\infty} u_n$ 收敛，则 $\lim_{n \to \infty} \frac{u_{n+1}}{u_n} = \rho < 1$

(2) 设 a 为常数，则级数 $\sum_{n=1}^{\infty} \left[\frac{\cos(na)}{n^2} - \frac{1}{\sqrt{n}} \right]$ (　　).

(A) 绝对收敛　　　　(B) 条件收敛　　　　(C) 发散　　　　(D) 敛散性与 a 的取值有关

(3) 设级数 $\sum_{n=1}^{\infty} a_n$ 条件收敛，且 $\lim_{n \to \infty} \left| \frac{a_{n+1}}{a_n} \right| = \rho$，则(　　)

(A) $\rho = 1$　　　　(B) $\rho < 1$　　　　(C) $\rho = +\infty$　　　　(D) $1 < \rho < +\infty$

(4) 若级数 $\sum_{n=0}^{\infty} a_n(x-1)^n$ 在 $x=-1$ 处收敛，则此级数在处 $x=2$ (　　).

(A) 条件收敛　　　　(B) 绝对收敛　　　　(C) 发散　　　　(D) 收敛性不能确定

3. 判别下列级数的收敛性.

(1) $\sum_{n=1}^{\infty} \dfrac{1}{n^{1+\frac{1}{n}}}$;

(2) $\sum_{n=1}^{\infty} \int_0^{\frac{1}{n}} \dfrac{\sqrt{x}}{1+x^2} \mathrm{d}x$;

(3) $\sum_{n=1}^{\infty} 3^{(-1)^n - n}$;

(4) $\sum_{n=2}^{\infty} \dfrac{2^n (\ln n)^k n!}{n^n}$ 　(k 为常数).

4. 讨论下列级数的收敛性，如果收敛，是绝对收敛还是条件收敛?

(1) $\sum_{n=2}^{\infty} \dfrac{(-1)^n}{n - \ln n}$;

(2) $\sum_{n=1}^{\infty} (-1)^{n-1} \left(\dfrac{n}{1+n}\right)^n$;

(3) $\sum_{n=1}^{\infty} \dfrac{\cos n\pi}{\sqrt{n^3 + 2n}}$;

(4) $\sum_{n=2}^{\infty} (-1)^n \dfrac{a^n}{\ln n}$ 　$(a>0)$.

5. 求幂级数 $\sum_{n=1}^{\infty} \dfrac{n^2+1}{2^n n!} x^n$ 的和函数.

6. 设 $f(x)$ 是周期为 2π 的周期函数，它在 $[-\pi,\pi)$ 上的表达式为 $f(x) = \begin{cases} x, & 0 \leqslant x \leqslant \pi, \\ x + 2\pi, & -\pi \leqslant x < 0. \end{cases}$
将 $f(x)$ 展开成傅里叶级数.

7. 求级数 $\sum_{n=2}^{\infty} \dfrac{1}{2^n (n^2-1)}$ 的和.

8. 设级数 $\sum_{n=1}^{\infty} |u_n - u_{n-1}|$ 收敛，且正项级数 $\sum_{n=1}^{\infty} v_n$ 收敛，证明级数 $\sum_{n=1}^{\infty} u_n v_n^2$ 收敛.

9. 设 $a_n = \int_0^{\frac{\pi}{4}} \tan^n x \mathrm{d}x$, 求 $\sum_{n=1}^{\infty} \dfrac{1}{n}(a_n + a_{n+2})$ 的值.

10. 设周期函数 $f(x)$ 的周期为 2π , 证明:

(1) 如果 $f(x-\pi) = -f(x)$, 则 $f(x)$ 的傅里叶系数 $a_0 = 0, a_{2k} = b_{2k} = 0$ $(k=1,2,\cdots)$;

(2) 如果 $f(x-\pi) = f(x)$, 则 $f(x)$ 的傅里叶系数 $a_{2k+1} = b_{2k+1} = 0$ $(k=1,2,\cdots)$.

11. 若偶函数 $f(x)$ 在 $x=0$ 的某邻域内具有二阶连续的导数，且 $f(0)=1$, 证明级数 $\sum_{n=1}^{\infty} \left[f\left(\dfrac{1}{n}\right) - 1 \right]$ 绝对收敛.

自 测 题 11

1. 判别下列级数的收敛性.

(1) $\sum_{n=1}^{\infty} \left(\dfrac{1}{n}\right)^{\frac{1}{n}}$;

(2) $\sum_{n=2}^{\infty} \left(\dfrac{1}{\ln n}\right)^{\ln n}$;

(3) $\sum_{n=1}^{\infty} \dfrac{1}{n} \sin \dfrac{n\pi}{2}$;

(4) $\sum_{n=1}^{\infty} (-1)^{n-1} \tan \dfrac{1}{n}$.

2．求下列幂级数的收敛域．

(1) $\sum_{n=1}^{\infty} \dfrac{2^n}{n^2+1} x^n$ ；

(2) $\sum_{n=1}^{\infty} \left(1+\dfrac{1}{2}+\cdots+\dfrac{1}{n}\right) x^n$ ．

3．求下列幂级数的和函数．

(1) $\sum_{n=1}^{\infty} \dfrac{1}{n5^n} x^{n-1}$ ；

(2) $\sum_{n=0}^{\infty} (2n+1)x^n$ ．

4．将函数 $f(x)=\arctan\dfrac{1+x}{1-x}$ 展开成 x 的幂级数．

5．设 a_n 为曲线 $y=x^n$ 与 $y=x^{n+1}(n=1,2,\cdots)$ 所围区域的面积，记 $S_1=\sum_{n=1}^{\infty} a_n$ ， $S_2=\sum_{n=1}^{\infty} a_{2n-1}$ ，求 S_1 与 S_2 的值．

6．将 $f(x)=\sin x$ ， $0\leqslant x \leqslant \pi$ 展开成余弦级数．

7．设 $f(x)=\begin{cases} \dfrac{1+x^2}{x}\arctan x, & x\neq 0, \\ 1, & x=0. \end{cases}$ 试将 $f(x)$ 展开成 x 的幂级数，并求级数 $\sum_{n=1}^{\infty} \dfrac{(-1)^n}{1-4n^2}$ 的和．

8．设数列 $\{x_n\}$ 满足 $|x_{n+1}-x_n|\leqslant k|x_n-x_{n-1}|(n=2,3,\cdots)$ ， $0<k<1$ ，证明：(1) 级数 $\sum_{n=1}^{\infty}(x_{n+1}-x_n)$ 绝对收敛；(2) $\lim_{n\to\infty} x_n$ 存在．

第 12 章 微 分 方 程

函数是客观事物的内部联系在数量方面的反映，函数关系可以用来对客观事物的规律性进行刻画．在许多问题中，所需要的函数关系往往不能直接求出，但根据问题所提供的信息，有时可以得出所求的函数及其导数所满足的等式．这样的等式称为微分方程．对微分方程进行研究，求出未知函数的显式或隐式表达式，就称为解微分方程．本章主要介绍微分方程的一些基本概念和几种常见的微分方程的解法．

12.1 微分方程的基本概念

下面我们通过几何、物理学方面的具体事例来说明微分方程的一些基本概念．

例 1 若给定了曲线 $y = F(x)$ ，则该曲线上任意一点 (x, y) 处切线的斜率可由 $F'(x)$ 表示；反之，若我们知道某一曲线在其上任意一点 (x, y) 处的斜率 $f(x)$ ，需要求出曲线方程 $y = F(x)$ ，则我们需要求出一个函数 $y = F(x)$ ，它满足微分方程

$$\frac{\mathrm{d}y}{\mathrm{d}x} = f(x) . \tag{1}$$

由不定积分理论知，未知函数可表示为不定积分

$$y = \int f(x)\mathrm{d}x + C , \tag{2}$$

其中 $\int f(x)\mathrm{d}x$ 表示 $f(x)$ 的某一个确定的原函数[①]．(2)式称为(1)式的通解．若又知曲线通过某一点 (x_0, y_0) ，即

$$x = x_0 \text{ 时，} \quad y = y_0 \quad \text{或} \quad y\big|_{x=x_0} = y_0 , \tag{3}$$

则曲线方程可表示为

$$y = y_0 + \int_{x_0}^{x} f(x)\mathrm{d}x , \tag{4}$$

(4)式称为(1)式满足条件(3)的一个特解，条件(3)称为初始条件．

例 2 设一物体做自由落体运动(不考虑空气阻力，假定重力加速度为常数 g)．

---

①若无特殊说明，本章中不定积分表达式 $\int f(x)\mathrm{d}x$ 皆表示 $f(x)$ 的某一个确定的原函数．

若用 $h(t)$ 表示时刻 t 时物体离地面的高度，t 表示时间，则由牛顿第二定律，$h(t)$ 满足微分方程

$$\frac{\mathrm{d}^2 h}{\mathrm{d}t^2} = -g , \qquad (5)$$

即

$$\frac{\mathrm{d}}{\mathrm{d}t}\left(\frac{\mathrm{d}h}{\mathrm{d}t}\right) = -g ,$$

由此，我们得到

$$\frac{\mathrm{d}h}{\mathrm{d}t} = -gt + C_1 ,$$

$$h = -\frac{1}{2}gt^2 + C_1 t + C_2 . \qquad (6)$$

(6)式称为(5)式的通解. 若我们知道在初始时刻 $t = 0$ 时物体的速度 v_0 和高度 h_0，即

$$t = 0 \text{ 时}, \quad h = h_0 \text{ 且 } h' = v_0 \quad \text{或} \quad h\big|_{t=0} = h_0 \text{ 且 } h'\big|_{t=0} = v_0 , \qquad (7)$$

则

$$h = -\frac{1}{2}gt^2 + v_0 t + h_0 . \qquad (8)$$

(8)式称为(5)式满足条件(7)的特解，条件(7)称为初始条件.

例 1 和例 2 中的微分方程的未知函数是一元函数，未知函数是一元函数的微分方程称为常微分方程，未知函数是多元函数的微分方程称为偏微分方程. 微分方程有时也简称为方程. 本章仅讨论常微分方程.

微分方程中出现的未知函数的导数的最高阶数称为微分方程的**阶**. 例 1 中的微分方程为一阶微分方程，例 2 中的微分方程为二阶微分方程.

一般地，n 阶微分方程的形式为

$$F(x, y, y', \cdots, y^{(n)}) = 0 , \qquad (9)$$

其中 F 是 $n + 2$ 个变量的函数. 在上述方程中，$y^{(n)}$ 是必须出现的，而 x，y，$\cdots$，$y^{(n-1)}$ 等变量则可以不出现. 比如 n 阶微分方程 $y^{(n)} = 0$ 中仅出现 $y^{(n)}$，而其他变量都没有出现.

如果能从方程(9)中解出 $y^{(n)}$，则方程(9)可表示为

$$y^{(n)} = f(x, y, \cdots, y^{(n-1)}) . \qquad (10)$$

本章中所讨论的方程都是已经解出最高阶导数的方程或能解出最高阶导数的方程，且假设(10)中右端的函数 f 在所讨论的范围内是连续的.

若一个函数 $y = \varphi(x)$ 在区间 I 上有 n 阶连续导数，且满足

$$F(x,\varphi(x),\varphi'(x),\cdots,\varphi^{(n)}(x)) \equiv 0 ,$$

则函数 $y = \varphi(x)$ 称为微分方程(9)在区间 I 上的解.

如果微分方程的解中含有任意常数，且互相独立的任意常数的个数与微分方程的阶数相同，这样的解称为微分方程的通解，比如例 1 中的(2)式和例 2 中的(6)式.

由于通解中含有任意常数，所以它还不能完全确定地反映某客观事物的规律性. 要完全确定地反映客观事物的规律性，必须确定这些常数的值. 因此要根据问题的实际情况，提出确定这些常数的条件，如例 1 中的条件(3)和例 2 中的条件(7).

设微分方程中的未知函数为 $y = y(x)$. 如果微分方程是一阶的，通常用来确定任意常数的条件是

$$x = x_0 \text{时}, \quad y = y_0 \quad \text{或} \quad y\big|_{x=x_0} = y_0 ,$$

其中 x_0，y_0 都是给定的值；如果微分方程是二阶的，通常用来确定任意常数的条件主要是

$$x = x_0 \text{时}, \quad y = y_0 \text{ 且 } y' = y_0' \quad \text{或} \quad y\big|_{x=x_0} = y_0 \text{ 且 } y'\big|_{x=x_0} = y_0' ,$$

其中 x_0，y_0 和 y_0' 都是给定的值. 上述这种条件称为初始条件. 确定了通解中的任意常数，就得到微分方程的特解.

求微分方程 $y' = f(x,y)$ 满足初始条件 $y\big|_{x=x_0} = y_0$ 的特解的问题称为一阶微分方程的初值问题，记作

$$\begin{cases} y' = f(x,y), \\ y\big|_{x=x_0} = y_0 . \end{cases} \tag{11}$$

微分方程的解的图形是一条曲线，称为微分方程的积分曲线. 初值问题(11)的几何意义就是求微分方程的通过点 (x_0,y_0) 的那条积分曲线. 二阶微分方程的初值问题

$$\begin{cases} y'' = f(x,y,y'), \\ y\big|_{x=x_0} = y_0, y'\big|_{x=x_0} = y_0' \end{cases}$$

的几何意义是求微分方程通过点 (x_0,y_0) 且在该点处的切线斜率为 y_0' 的那条积分曲线.

习 题 12.1

1. 指出下列微分方程的阶数.

(1) $y'y''' - (y'')^2 = 1$;

(2) $x^2 y'' + xy' + 3y = 0$;

微分方程的
基本概念

(3) $\dfrac{\mathrm{d}x}{\mathrm{d}t} = 2x(1-x)$;

(4) $\dfrac{\mathrm{d}^2 r}{\mathrm{d}\theta^2} - r = \mathrm{e}^\theta \sin\theta$;

(5) $y'' + 9y = \sin 3t$;

(6) $(y')^2 + 2y' = 3$.

2. 检验下列各题中的函数是否为所给微分方程的解.

(1) $y'' - 2y' + y = 0$ ， $y = x^2 \mathrm{e}^x$;

(2) $\dfrac{\mathrm{d}y}{\mathrm{d}x} = y + x$ ， $y = -x + x^2$;

(3) $y'' - 6y' + 5y = 0$ ， $y = 3\mathrm{e}^{5x} - 2\mathrm{e}^x$;

(4) $(y')^2 + y = x^2 + 4$ ， $y = x^2$.

3. 在下列各题中，验证所给二元方程确定的函数是所给微分方程的解.

(1) $y' = 2xy^2$ ， $y = -\dfrac{1}{x^2 + C}$;

(2) $(3x + 4y)y' = -(2x + 3y)$ ， $x^2 + 3xy + 2y^2 = C$;

(3) $(xy - x)y'' + x(y')^2 + (y - 2)y' = 0$ ， $y = \ln|xy|$.

4. 在下列各题中，确定函数关系式中的参数，使函数满足所给的初始条件：

(1) $x^2 + y^2 = C$ ， $y\big|_{x=1} = 3$;

(2) $y = C_1 \sin(t + C_2)$ ， $y\big|_{t=\pi} = 0$ ， $y'\big|_{t=\pi} = 1$;

(3) $y = (C_1 + C_2 x)\mathrm{e}^{2x}$ ， $y\big|_{x=0} = 0$ ， $y'\big|_{x=0} = 1$.

5. 试写出微分方程，它以给定的曲线族为其积分曲线：

(1) $x^2 + y^2 = Cy$;

(2) $y = C_1 x + C_2 x^2$.

6. 写出由下列条件确定的曲线所满足的微分方程：

(1) 曲线在点 (x, y) 处的斜率等于该点处纵坐标的 3 倍；

(2) 原点到曲线 $y = f(x)$ 在 (x, y) 处切线的距离等于该点的横坐标.

7. 设某种气体的气压为 P ， 其关于温度 T 的变化率与气压成正比，与温度的平方成反比. 试用微分方程表示这一物理定律.

12.2　可分离变量的微分方程

如果一阶微分方程 $y' = f(x, y)$ 的右端的函数 $f(x, y)$ 可以写为 $g(x)h(y)$ 的形式，则这样的方程称为可分离变量的微分方程. 在本节中我们讨论这类微分方程的解法.

设有可分离变量的微分方程

$$\frac{\mathrm{d}y}{\mathrm{d}x} = g(x)h(y) , \tag{1}$$

当 $h(y) \neq 0$ 时，

$$\frac{1}{h(y)} \frac{\mathrm{d}y}{\mathrm{d}x} = g(x) ,$$

上式两端对 x 积分得到

$$\int \left(\frac{1}{h(y)} \frac{\mathrm{d}y}{\mathrm{d}x} \right) \mathrm{d}x = \int g(x)\mathrm{d}x + C ,$$

则 x , y 满足关系式:

$$\int \frac{1}{h(y)} \mathrm{d}y = \int g(x)\,\mathrm{d}x + C \qquad (2)$$

若由(2)式确定 y 为 x 的函数,则由隐函数求导法,得

$$\frac{\mathrm{d}}{\mathrm{d}x} \int \frac{1}{h(y)} \mathrm{d}y = \frac{\mathrm{d}}{\mathrm{d}x} \left(\int g(x)\mathrm{d}x + C \right),$$

$$\left(\frac{\mathrm{d}}{\mathrm{d}y} \int \frac{1}{h(y)} \mathrm{d}y \right) \frac{\mathrm{d}y}{\mathrm{d}x} = \frac{\mathrm{d}}{\mathrm{d}x} \left(\int g(x)\mathrm{d}x + C \right),$$

从而

$$\frac{1}{h(y)} \frac{\mathrm{d}y}{\mathrm{d}x} = g(x)$$

$$\frac{\mathrm{d}y}{\mathrm{d}x} = g(x)h(y) .$$

可分离变量的
微分方程

所以由(2)式确定的隐函数是微分方程(1)的通解,称为微分方程(1)的隐式通解. 若对某个值 y_0, $h(y_0) = 0$,则 $y = y_0$ 也是方程(1)的解.

例1 求微分方程 $\frac{\mathrm{d}y}{\mathrm{d}t} = ky$ (k 为常数)的通解.

解 显然 $y = 0$ 是微分方程的一个特解. 若 $y \neq 0$,将方程写为

$$\frac{1}{y} \frac{\mathrm{d}y}{\mathrm{d}t} = k ,$$

两端对 t 积分得

$$\ln|y| = kt + C_1 ,$$

从而

$$y = \pm \mathrm{e}^{C_1} \mathrm{e}^{kt} ,$$

若记 $\pm \mathrm{e}^{C_1}$ 为 C,则上式可写为

$$y = C\mathrm{e}^{kt} .$$

注意到当 $C = 0$ 时,$y = 0$ 也是方程的解,故方程的通解为 $y = C\mathrm{e}^{kt}$,其中 C 为任意常数.

由例1容易知道,初值问题

$$\begin{cases} \dfrac{\mathrm{d}y}{\mathrm{d}t} = ky, \\ y(0) = y_0 \end{cases} \qquad (3)$$

的解为 $y = y_0 e^{kt}$. 当 $k < 0$ 时，方程 $\dfrac{\mathrm{d}y}{\mathrm{d}t} = ky$ 表示 y 的减少率与其现在的量成正比，

(3)可以用来描述铀等放射性元素的衰变规律.

例 2 求解初值问题

$$\begin{cases} (\sec x)y' = y \ln y, \\ y(0) = \mathrm{e}. \end{cases}$$

解 将方程 $(\sec x)y' = y \ln y$ 写为 $\dfrac{\mathrm{d}y}{y \ln y} = \cos x \mathrm{d}x$ ，两边积分得 $\ln \ln y = \sin x +$

C . 由初始条件得出 $C = 0$ ，故初值问题的解为 $y = \mathrm{e}^{\mathrm{e}^{\sin x}}$.

习 题 12.2

1. 求下列微分方程的通解.

(1) $y' = \dfrac{\mathrm{e}^{2x+y}}{\mathrm{e}^{x-y}}$;

(2) $\sin y \cos x \mathrm{d}y = \cos y \sin x \mathrm{d}x$;

(3) $\sqrt{1-x^2}\, y' = \sqrt{1-y^2}$;

(4) $y(1+x^2)y' = x(1+y^2)$;

(5) $(2^{x+y} - 2^x) + (2^{x+y} + 2^y)y' = 0$.

2. 求解下列初值问题.

(1) $\begin{cases} xy' + 2y = 0, \\ y|_{x=1} = 1; \end{cases}$
(2) $\begin{cases} (1 + \mathrm{e}^x)yy' = \mathrm{e}^x, \\ y|_{x=0} = 1; \end{cases}$
(3) $\begin{cases} \dfrac{\mathrm{d}x}{\mathrm{d}t} = x(1-x), \\ x|_{t=0} = 3. \end{cases}$

3. 设 $P(t)$ 表示某国在时间 t 的人口总数，且函数 $P(t)$ 可导. 若 $r(t,P)$ 表示人口增长率(即出生率与死亡率之差)，则 $r(t,P) = \dfrac{1}{P}\dfrac{\mathrm{d}P}{\mathrm{d}t}$. 马尔萨斯人口论认为人口增长率为某个正常数 k . 按照马尔萨斯人口论，若当 $t = t_0$ 时人口总数为 P_0 ，试求出人口总数的表达式 $P(t)$.

4. 设函数 $y = y(x)$ 由参数方程 $\begin{cases} x = x(t), \\ y = \displaystyle\int_0^{t^2} \ln(1+u)\mathrm{d}u \end{cases}$ 确定，其中 $x(t)$ 是初值问题 $\begin{cases} \dfrac{\mathrm{d}x}{\mathrm{d}t} - 2t\mathrm{e}^{-x} = 0, \\ x|_{t=0} = 0 \end{cases}$

的解，求 $\dfrac{\mathrm{d}^2 y}{\mathrm{d}x^2}$.

12.3 一阶线性微分方程

方程

$$\frac{\mathrm{d}y}{\mathrm{d}x} + P(x)y = Q(x) \tag{1}$$

称为一阶线性微分方程，这是因为该方程关于未知函数及其导数是一次的.

在方程(1)中，如果 $Q(x)$ 恒为零，则方程(1)成为

$$\frac{\mathrm{d}y}{\mathrm{d}x} + P(x)y = 0 .\tag{2}$$

方程(2)称为齐次的. 当(1)式中 $Q(x)$ 不恒为零时，(1)式称为非齐次的.

方程(1)可用如下方法求解：

设 $\int P(x)\mathrm{d}x$ 表示函数 $P(x)$ 的某个确定的原函数，在(1)式两边同时乘以 $\mathrm{e}^{\int P(x)\mathrm{d}x}$ ，则(1)式可化为

$$\frac{\mathrm{d}}{\mathrm{d}x}\left[y\,\mathrm{e}^{\int P(x)\mathrm{d}x} \right] = Q(x)\,\mathrm{e}^{\int P(x)\mathrm{d}x} ,$$

一阶线性
微分方程

由此

$$y\,\mathrm{e}^{\int P(x)\mathrm{d}x} = \int\left(Q(x)\,\mathrm{e}^{\int P(x)\mathrm{d}x} \right)\mathrm{d}x + C .$$

所以方程(1)的通解为

$$y = \mathrm{e}^{-\int P(x)\mathrm{d}x}\left[\int\left(Q(x)\,\mathrm{e}^{\int P(x)\mathrm{d}x} \right)\mathrm{d}x + C \right].\tag{3}$$

若将(3)式写为 $y = C\mathrm{e}^{-\int P(x)\mathrm{d}x} + \mathrm{e}^{-\int P(x)\mathrm{d}x}\int\left(Q(x)\,\mathrm{e}^{\int P(x)\mathrm{d}x} \right)\mathrm{d}x$ ，则容易看出右端第一项为对应的齐次方程的通解，而第二项为非齐次线性方程(1)的一个特解. 由此可知，一阶非齐次线性方程的通解可以写为其对应的齐次方程的通解与非齐次方程的一个特解之和.

例 1 设物体在下落过程中受到重力和空气阻力的作用,所受空气阻力与物体下降的速度成正比,设物体在下落开始时刻($t = 0$)的速度为零,求物体下落速度与时间的函数关系.

解 设物体下落速度为 $v(t)$. 物体下落时,受到的重力大小为 mg ,方向与速度方向一致；受到的阻力大小为 $kv(t)$ (k 为比例常数),方向与速度方向相反. 物体所受的外力为 $mg - kv(t)$. 由牛顿第二运动定律,得到

$$m\frac{\mathrm{d}v}{\mathrm{d}t} = mg - kv ,$$

即

$$\frac{\mathrm{d}v}{\mathrm{d}t} + \frac{k}{m}v = g ,$$

这是一个一阶线性微分方程(该方程也可以看作可分离变量的微分方程,读者可用

求解可分离变量的微分方程的方法求其通解), 其通解为

$$v = \mathrm{e}^{-\int \frac{k}{m}\mathrm{d}t}\left[\int g\,\mathrm{e}^{\int \frac{k}{m}\mathrm{d}t}\,\mathrm{d}t + C\right]$$

$$= \mathrm{e}^{-\frac{k}{m}t}\left[\int g\,\mathrm{e}^{\frac{k}{m}t}\,\mathrm{d}t + C\right]$$

$$= \frac{mg}{k} - C\,\mathrm{e}^{-\frac{k}{m}t},$$

将初始条件 $v\big|_{t=0} = 0$ 代入, 得

$$v = \frac{mg}{k}\left(1 - \mathrm{e}^{-\frac{k}{m}t}\right).$$

由上式可以看出, 随着时间的增大, 物体下降的速度逐渐接近于常量, 且速度的大小不会超过常数 $\dfrac{mg}{k}$.

例 2   求方程 $y' + y\cos x = \mathrm{e}^{-\sin x}$ 的通解.

解 $P(x) = \cos x$, $Q(x) = \mathrm{e}^{-\sin x}$, $\mathrm{e}^{-\int P(x)\mathrm{d}x} = \mathrm{e}^{-\int \cos x\mathrm{d}x} = \mathrm{e}^{-\sin x}$.
由一阶线性微分方程的通解公式得

$$y = \mathrm{e}^{-\int P(x)\mathrm{d}x}\left[\int\left(Q(x)\mathrm{e}^{\int P(x)\mathrm{d}x}\right)\mathrm{d}x + C\right]$$

$$= \mathrm{e}^{-\sin x}\left[\int \mathrm{e}^{-\sin x}\cdot\mathrm{e}^{\sin x}\,\mathrm{d}x + C\right] = \mathrm{e}^{-\sin x}(x + C).$$

例 3   设有一电路如图 12.1 所示, 其中电源电动势为 $E = E_0\sin\omega t$ (E_0, ω 皆为常量), 电阻 R 和电感 L 都是常量. 求电流随时间的变化规律.

解   设电流随时间变化的规律为 $i = i(t)$. 由电学知识知道, 当电流变化时, L 上有感应电动势 $-L\dfrac{\mathrm{d}i}{\mathrm{d}t}$. 因此由回路电压定律得到方程

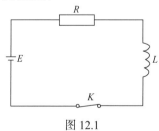

图 12.1

$$E - L\frac{\mathrm{d}i}{\mathrm{d}t} - iR = 0,$$

即

$$\frac{\mathrm{d}i}{\mathrm{d}t} + \frac{R}{L}i = \frac{E_0}{L}\sin\omega t.$$

由一阶线性微分方程的通解公式得到

$$i(t) = e^{-\frac{R}{L}t}\left(\int \frac{E_0}{L} e^{\frac{R}{L}t} \sin \omega t \, dt + C\right).$$

由于 $\int e^{\frac{R}{L}t} \sin \omega t \, dt = \dfrac{1}{R^2 + \omega^2 L^2} e^{\frac{R}{L}t}(RL \sin \omega t - \omega L^2 \cos \omega t)$，所以

$$i(t) = \frac{E_0}{R^2 + \omega^2 L^2}(R \sin \omega t - \omega L \cos \omega t) + C e^{-\frac{R}{L}t},$$

其中 C 为任意常数.

若我们假设在开关 K 闭合的时刻为 $t = 0$，且 $i(0) = 0$，则我们得到特解

$$i(t) = \frac{E_0}{R^2 + \omega^2 L^2}(R \sin \omega t - \omega L \cos \omega t) + \frac{\omega L E_0}{R^2 + \omega^2 L^2} e^{-\frac{R}{L}t}.$$

若令 $\cos \varphi_0 = \dfrac{R}{\sqrt{R^2 + \omega^2 L^2}}$，$\sin \varphi_0 = \dfrac{\omega L}{\sqrt{R^2 + \omega^2 L^2}}$，其中 $\varphi_0 = \arctan \dfrac{\omega L}{R}$，则上述特解可表示为

$$i(t) = \frac{E_0}{\sqrt{R^2 + \omega^2 L^2}} \sin(\omega t - \varphi_0) + \frac{\omega L E_0}{R^2 + \omega^2 L^2} e^{-\frac{R}{L}t}.$$

上式右端第一项是正弦函数，表示电路中的稳态电流，其周期和电动势的周期相同，但相角落后 φ_0；第二项为指数函数，表示电路中的暂态电流，当时间无限增大时，它逐渐衰减而趋于零.

习　题　12.3

1. 求下列方程的通解.

(1) $y' + 2y = x$；

(2) $xy' - y = \dfrac{x}{\ln x}$；

(3) $xy' + y = \sin x$；

(4) $y' - y \tan x = 2 \sec x$.

2. 求解下列初值问题.

(1) $\begin{cases} (1 - x^2)y' + xy = 1, \\ y(0) = 1; \end{cases}$

(2) $\begin{cases} xy' + y = e^{2x}, \\ y\left(\dfrac{1}{2}\right) = 2e. \end{cases}$

3. 在下面的方程中，将 y 看作自变量，x 看作 y 的函数，求解微分方程.

(1) $(y^2 - 3x)y' + y = 0$；

(2) $(2xy - y^3)y' + 1 = 0$；

(3) $1 + y^2 = (\arctan y - x)y'$.

4. 一曲线通过原点，且它在点 (x, y) 处切线的斜率为 $x^2 - y$，求该曲线的方程.

5. 一物体在水中下沉时,其所受阻力与下降速度成正比,若在初始时刻 $t=0$ 时其速度为 v_0 ,求物体下沉的速度.

6. 设函数 $f(t)$ 在 $[0,+\infty)$ 内连续, 且满足方程

$$f(t) = e^{4\pi t^2} + \iint\limits_{x^2+y^2 \le 4t^2} f\left(\frac{1}{2}\sqrt{x^2+y^2}\right)dxdy ,$$

求 $f(x)$.

12.4 全微分方程

一阶微分方程 $y' = f(x,y)$ 有时也写成如下对称形式

$$P(x,y)dx + Q(x,y)dy = 0 . \tag{1}$$

如果(1)式的左端恰好是某个二元函数 $u = u(x,y)$ 的全微分, 即

$$du(x,y) = P(x,y)dx + Q(x,y)dy ,$$

则方程(1)就称为**全微分方程**. 这里

$$\frac{\partial u}{\partial x} = P(x,y) , \qquad \frac{\partial u}{\partial y} = Q(x,y)$$

而方程(1)就是

$$du(x,y) = 0 , \tag{2}$$

由隐函数求导法可以证明方程 $u(x,y) = C$ 所确定的隐函数就是(1)的解.

当 $P(x,y)$, $Q(x,y)$ 在平面上某单连通区域 G 内具有一阶连续偏导数时, 要使方程(1)是全微分方程当且仅当

$$\frac{\partial P}{\partial y} = \frac{\partial Q}{\partial x} \tag{3}$$

在区域 G 内恒成立. 在此条件成立的前提下, 全微分方程的通解为

$$u(x,y) = \int_{\widehat{P_0P}} P(x,y)dx + Q(x,y)dy = C^{\text{①}} , \tag{4}$$

其中 $\widehat{P_0P}$ 是 G 内从 P_0 到 P 的任意一条分段简单光滑曲线. 由曲线积分与路径无关的知识, (4)式可简化为

$$u(x,y) = \int_{x_0}^x P(x,y)dx + \int_{y_0}^y Q(x_0,y)dy = C , \tag{5}$$

其中 (x_0,y_0) 是区域 G 中选定的一点 P_0 的坐标.

①此处的积分为第二类曲线积分.

例 1　解方程 $e^y dx + (x e^y - 2y) dy = 0$.

解　$P(x, y) = e^y$, $Q(x, y) = x e^y - 2y$, 且在全平面上有

$$\frac{\partial P}{\partial y} = e^y = \frac{\partial Q}{\partial x} ,$$

所以方程是全微分方程. 取 $(x_0, y_0) = (0, 0)$, 由公式(5)得

$$u(x, y) = \int_0^x e^y dx + \int_0^y (-2y) dy = e^y x - y^2 ,$$

故方程的通解为 $e^y x - y^2 = C$.

当条件(3)不成立时, 方程(1)不是全微分方程. 如果我们能找到一个函数 $\varphi(x, y)$ ($\varphi(x, y) \neq 0$)使得

$$\varphi(x, y) P(x, y) dx + \varphi(x, y) Q(x, y) dy = 0$$

成为全微分方程, 则函数 $\varphi(x, y)$ 称为方程(1)的积分因子.

对于可分离变量的微分方程 $\dfrac{dy}{dx} = g(x) h(y)$, 若将其写为

$$\frac{1}{h(y)} dy - g(x) dx = 0 ,$$

则它为一个全微分方程, $u(x, y) = \displaystyle\int \frac{1}{h(y)} dy - \int g(x) dx = C$ 为其通解.

对于一阶线性微分方程

$$\frac{dy}{dx} + P(x) y = Q(x) ,$$

将其写为

$$dy + [P(x) y - Q(x)] dx = 0$$

两边同时乘以 $e^{\int P(x) dx}$ 得到全微分方程 $e^{\int P(x) dx} dy + e^{\int P(x) dx} [P(x) y - Q(x)] dx = 0$,

$e^{\int P(x) dx}$ 是上述方程的一个积分因子, 即 $d\left(e^{\int P(x) dx} y \right) - d \int e^{\int P(x) dx} Q(x) dx = 0$,

$u(x, y) = e^{\int P(x) dx} y - \displaystyle\int e^{\int P(x) dx} Q(x) dx = C$ 为其通解.

一般来说, 求积分因子不是一件容易的事, 它往往牵涉到解一个偏微分方程的问题. 但在某些简单的情况下, 我们可以通过观察来发现积分因子.

例如, 方程 $y dx - x dy = 0$ 不是一个全微分方程, 但由于 $d\left(\dfrac{x}{y} \right) = \dfrac{y dx - x dy}{y^2}$,

所以 $\dfrac{1}{y^2}$ 是一个积分因子；如果我们将方程两边同时乘以 $\dfrac{1}{xy}$，则得到 $\dfrac{dx}{x} - \dfrac{dy}{y} =$

0，所以 $\dfrac{1}{xy}$ 也是一个积分因子. 读者也可看出 $\dfrac{1}{x^2}$ 同样也是一个积分因子. 所以

一般来说积分因子不是唯一的.

又例如，方程 $(xy^2 + y)dx + (y^3 - x)dy = 0$ 不是一个全微分方程，但我们将方

程各项重新组合得到 $(xy^2 dx + y^3 dy) + (ydx - xdy) = 0$，容易看出 $\dfrac{1}{y^2}$ 是一个积分因

子，再把它写成 $(xdx + ydy) + \dfrac{ydx - xdy}{y^2} = 0$，$\dfrac{1}{2}(dx^2 + dy^2) + d\left(\dfrac{x}{y}\right) = 0$，其通解为

$\dfrac{1}{2}(x^2 + y^2) + \dfrac{x}{y} = C$.

习 题 12.4

1. 求下列全微分方程的通解.

(1) $(y - x\ln x)dx + xdy = 0$；

(2) $2xydx + (x^2 + y^2)dy = 0$；

(3) $(\sin y - y\sin x)dx + (x\cos y + \cos x)dy = 0$；

(4) $(2x^2 + y)dx + (x + 2y^2)dy = 0$.

2. 试用观察法求出下列方程的积分因子，并求其通解.

(1) $(x + y)(dx - dy) = dx + dy$；

(2) $xdx + ydy = (x^2 + y^2)dy$；

(3) $y^2 dx + x^2 dy = x^2 y^2 dx$；

(4) $2ydx - xy^2 dx - xdy = 0$.

3. 证明 $\dfrac{1}{x^2} f\left(\dfrac{y}{x}\right)$ 是微分方程 $xdy - ydx = 0$ 的一个积分因子.

4. 验证 $\dfrac{1}{xy[f(xy) - g(xy)]}$ 是微分方程 $yf(xy)dx + xg(xy)dy = 0$ 的积分因子.

5. 设 $f(x)$ 具有一阶连续导数，$f(\pi) = 1$，且 $(\sin x - f(x))\dfrac{y}{x}dx + f(x)dy = 0$ $(x > 0)$ 为全微

分方程，求 $f(x)$.

12.5 可降阶的高阶微分方程

本节我们讨论三种高阶微分方程. 我们可以通过代换将它化为低阶的方程来

求解.

12.5.1　$y^{(n)} = f(x)$ 型的微分方程

若令 $p = y^{(n-1)}$，则我们得到方程组

可降阶的高阶
微分方程

$$\begin{cases} y^{(n-1)} = p, \\ \dfrac{\mathrm{d}p}{\mathrm{d}x} = f(x). \end{cases}$$

由方程组的第二式，我们得到 $p = \displaystyle\int f(x)\mathrm{d}x + C_1$，再由第一式，得到

$$y^{(n-1)} = \int f(x)\mathrm{d}x + C_1 .$$

这是一个 $n-1$ 阶的微分方程. 同理可得 $y^{(n-2)} = \displaystyle\int \left[\int f(x)\mathrm{d}x + C_1\right]\mathrm{d}x + C_2$，以此法继续进行，即可得到方程的通解.

例 1　求微分方程 $y''' = x - \cos x$ 的通解.

解　对所给的微分方程接连积分三次，得

$$y'' = \frac{1}{2}x^2 - \sin x + C_1,$$

$$y' = \frac{1}{6}x^3 + \cos x + C_1 x + C_2,$$

$$y = \frac{1}{24}x^4 + \sin x + \frac{1}{2}C_1 x^2 + C_2 x + C_3.$$

这就是方程的通解.

例 2　设质量为 m 的质点受力 F 的作用沿着 Ox 轴做直线运动. 若力 F 仅是时间 t 的函数，$F = F(t)$，$x = x(t)$ 表示质点在时刻 t 的位置，则根据牛顿第二定律，质点的运动规律由方程 $m\dfrac{\mathrm{d}^2 x}{\mathrm{d}t^2} = F(t)$ 描述. 显然，我们可以根据上述方法求得其通解.

12.5.2　$y'' = f(x, y')$ 型的微分方程

令 $p = y'$，$y'' = \dfrac{\mathrm{d}p}{\mathrm{d}x}$，我们得到方程组

$$\begin{cases} \dfrac{\mathrm{d}y}{\mathrm{d}x} = p, \\ \dfrac{\mathrm{d}p}{\mathrm{d}x} = f(x, p). \end{cases}$$

若方程组的第二式的通解为 $p = \varphi(x, C_1)$，则由方程组的第一式得到 $\dfrac{\mathrm{d}y}{\mathrm{d}x} =$

$\varphi(x,C_1)$，因此原方程的通解为 $y=\int\varphi(x,C_1)\mathrm{d}x+C_2$．

例 3 求解初值问题

$$\begin{cases} y''=-\dfrac{3}{x}y'+1 \quad (x>0),\\ y\big|_{x=1}=0,\ y'\big|_{x=1}=1.\end{cases}$$

解 令 $p=y'$，代入微分方程得 $p'+\dfrac{3}{x}p=1$，这是一个以 x 为自变量、p 为未知函数的一阶线性微分方程，可求得 $p=\dfrac{1}{4}x+\dfrac{C_1}{x^3}$，即 $y'=\dfrac{1}{4}x+\dfrac{C_1}{x^3}$，从而 $y=\dfrac{1}{8}x^2-\dfrac{C_1}{2x^2}+C_2$．由初始条件得 $C_1=\dfrac{3}{4}$，$C_2=\dfrac{1}{4}$．于是，所求的特解为

$$y=\dfrac{1}{8}x^2-\dfrac{3}{8x^2}+\dfrac{1}{4}.$$

例 4(悬链线) 设有一均匀、柔软的细绳，两端固定，细绳仅受重力的作用而下垂．试求该细绳在平衡状态时所形成的曲线的方程．

解 如图 12.2 所示，设细绳的最低点为 A，取 y 轴通过点 A 铅直向上，并取 x 轴水平向右，建立坐标系．设细绳的线密度为 ρ，细绳所形成的曲线为 $y=y(x)$．考察细绳上点 A 到另一点 $M(x,y)$ 的一段弧 $\overarc{AM}$，设其长为 s，则弧 $\overarc{AM}$ 的质量为 ρs．由于细绳是柔软的，因而在点 A 处的张力沿着水平的切线方向，设其大小为 H；在点 M 处的张力沿着该点处的切线方向，设其大小为 T．设点 M 处切线的倾角为 θ．由于作用于弧段 $\overarc{AM}$

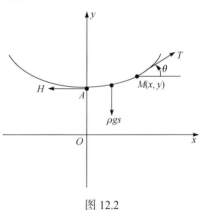

图 12.2

的外力平衡，所以沿着水平和铅直方向，我们有 $T\sin\theta=\rho gs$，$T\cos\theta=H$．将此两式相除得到

$$\tan\theta=\dfrac{H}{\rho g}s.$$

记常量 $\dfrac{\rho g}{H}=a$．由于 $y'=\tan\theta$，$s=\int_0^x\sqrt{1+(y')^2}\mathrm{d}x$，所以 $y=y(x)$ 满足方程 $y'=\dfrac{1}{a}\int_0^x\sqrt{1+(y')^2}\mathrm{d}x$．将上式两边同时对 x 求导，便得 $y=y(x)$ 满足的微分方程

$$y''=\dfrac{1}{a}\sqrt{1+(y')^2}. \tag{1}$$

令 $y' = p$ ，则方程(1)化为 $p' = \dfrac{1}{a}\sqrt{1 + p^2}$ ．这是一个可分离变量的微分方程，其通

解可表示为 $\operatorname{arcsinh} p = \dfrac{x}{a} + C_1$ ，即 $p = \sinh\left(\dfrac{x}{a} + C_1\right)$ ．由 $p = y' = \sinh\left(\dfrac{x}{a} + C_1\right)$ 可求

得 $y = a\cosh\left(\dfrac{x}{a} + C_1\right) + C_2$ ．若取原点 O 到点 A 的距离为定值 a ，则 $y\big|_{x=0} = a$ ，

$y'\big|_{x=0} = 0$ ，由此得 $C_1 = C_2 = 0$ ．于是细绳的形状可由曲线方程

$$y = a\cosh\frac{x}{a} = \frac{a}{2}\left(\mathrm{e}^{\frac{x}{a}} + \mathrm{e}^{-\frac{x}{a}}\right)$$

来表示．这条曲线称为悬链线．

12.5.3　$y'' = f(y, y')$ 型的微分方程

令 $p = y'$ ， $y'' = \dfrac{\mathrm{d}p}{\mathrm{d}x} = \dfrac{\mathrm{d}p}{\mathrm{d}y}\dfrac{\mathrm{d}y}{\mathrm{d}x} = p\dfrac{\mathrm{d}p}{\mathrm{d}y}$ ，我们得到方程组 $\begin{cases} \dfrac{\mathrm{d}y}{\mathrm{d}x} = p, \\ p\dfrac{\mathrm{d}p}{\mathrm{d}y} = f(y, p). \end{cases}$ 若方程

组的第二式的通解为 $p = \varphi(y, C_1)$ ，则由第一式得到 $\dfrac{\mathrm{d}y}{\mathrm{d}x} = \varphi(y, C_1)$ ，此为可分离变

量的微分方程，因此原方程的通解由

$$\int \frac{\mathrm{d}y}{\varphi(y, C_1)} = x + C_2$$

给出．

例 5　求微分方程 $yy'' + (y')^2 + 1 = 0$ 的通解．

解　令 $y' = p$ ， $y'' = p\dfrac{\mathrm{d}p}{\mathrm{d}y}$ ，则方程化为 $yp\dfrac{\mathrm{d}p}{\mathrm{d}y} + p^2 + 1 = 0$ ．这是一个可分离

变量的微分方程，分离变量得到

$$\frac{p\mathrm{d}p}{1 + p^2} = -\frac{\mathrm{d}y}{y}.$$

积分得 $(1 + p^2)y^2 = C_1$ ，由此可解出 $p = \pm\dfrac{\sqrt{C_1 - y^2}}{y}$ ，再次分离变量得到

$$\pm\frac{y\mathrm{d}y}{\sqrt{C_1 - y^2}} = \mathrm{d}x,$$

积分整理得

$$(x + C_2)^2 + y^2 = C_1,$$

这就是原方程的通解．

习　题　**12.5**

1．求下列微分方程的通解．

(1)　$y''' = x^2 - \cos^2 x$;

(2)　$y'' = \dfrac{1}{x} + x$;

(3)　$y'' - y' = x$;

(4)　$y'' = 1 + (y')^2$;

(5)　$y^3 y'' = 1$;

(6)　$y''' - y'' = 0$.

2．求解下列初值问题．

(1)　$\begin{cases} y'' + (y')^2 = 1, \\ y(0) = y'(0) = 0; \end{cases}$

(2)　$\begin{cases} xy'' + y' = 1, \\ y(1) = 1, y'(1) = 0. \end{cases}$

3．试证明曲率半径为非零常数的曲线为圆周．

4．将质量为 m 的物体从倾角为 α 的斜面推下．若初速度为 v_0，摩擦系数为 k，试求物体在斜面上移动的距离和时间的关系．

5．设 $y = y(x)$ 是一向上凸的连续曲线，其上任意一点 (x, y) 处的曲率为 $\dfrac{1}{\sqrt{1 + y'^2}}$，且此曲线上点 $(0, 1)$ 处的切线方程为 $y = x + 1$，求该曲线的方程，并求出函数 $y = y(x)$ 的极值．

12.6　高阶线性微分方程

在本节和以下两节，我们讨论在实际问题中应用较多的高阶线性微分方程，讨论时以二阶线性方程

$$y'' + P(x)y' + Q(x)y = f(x) \tag{1}$$

为主．有很多实际问题可以归结为研究二阶线性方程．

12.6.1　二阶线性微分方程举例

例 1 (弹簧的振动)　设有一个弹簧，其上端固定，下端挂有一个质量为 m 的物体．物体处于静止状态时的位置称为物体的平衡位置，这时物体所受的重力与弹簧的拉力相平衡．我们进行受力分析时，可以不考虑重力和这一部分弹簧拉力．

如图 12.3 所示，取 x 轴铅直向下，并取物体的平衡位置为坐标原点．假定用铅直的初位移 x_0 和初速度 v_0 使物体上下振动．运动开始后，物体离开平衡位置的距离 x 是时间 t 的函数 $x = x(t)$．物体所受的外力由两部分组成：一个

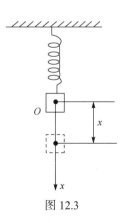

图 12.3

是拉弹簧而产生的弹性恢复力 $F_1 = -kx$ (根据胡克定律, 其中 k 为弹簧的弹性系数, 取负号是因为 F_1 与位移 x 的方向相反); 另一个是阻力, 当物体的运动速度不太大时, 阻力与速度成正比. 因此 $F_2 = -r\dfrac{\mathrm{d}x}{\mathrm{d}t}$ (这里 r 是阻尼系数, 取负号是因为 F_2 与速度 $\dfrac{\mathrm{d}x}{\mathrm{d}t}$ 的方向相反). 由牛顿第二定律得

$$m\frac{\mathrm{d}^2 x}{\mathrm{d}t^2} = -kx - r\frac{\mathrm{d}x}{\mathrm{d}t} ,$$

即

$$m\frac{\mathrm{d}^2 x}{\mathrm{d}t^2} + r\frac{\mathrm{d}x}{\mathrm{d}t} + kx = 0 . \tag{2}$$

这是一个二阶线性微分方程, 是物体在有阻尼的情况下的自由振动的微分方程. 由问题的实际情况可以写出如下初值问题

$$\begin{cases} m\dfrac{\mathrm{d}^2 x}{\mathrm{d}t^2} + r\dfrac{\mathrm{d}x}{\mathrm{d}t} + kx = 0, \\ x\big|_{t=0} = x_0, \ \dfrac{\mathrm{d}x}{\mathrm{d}t}\Big|_{t=0} = v_0. \end{cases}$$

例 2(串联电路的振动方程)　如图 12.4 所示, 设有一个由电阻 R、自感 L、电容 C 和电源 E 串联组成的电路, 其中 R, L 及 C 为常数, 电源电动势是时间 t 的函数, $E = E_0 \sin\omega t$.

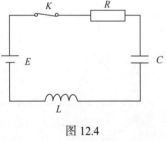

图 12.4

解　设电路中的电流为 $i(t)$, 电容器极板上的电量为 $q(t)$, 两极板间的电压为 u_C, 自感电动势为 E_L, 则由电学知识

$$i = \frac{\mathrm{d}q}{\mathrm{d}t} , \qquad u_C = \frac{q}{C} , \qquad E_L = -L\frac{\mathrm{d}i}{\mathrm{d}t} ,$$

根据电压回路定律,

$$E - L\frac{\mathrm{d}i}{\mathrm{d}t} - \frac{q}{C} - Ri = 0 ,$$

即

$$LC\frac{\mathrm{d}^2 u_C}{\mathrm{d}t^2} + RC\frac{\mathrm{d}u_C}{\mathrm{d}t} + u_C = E_0 \sin\omega t , \tag{3}$$

这就是串联电路的振荡方程.

仔细观察方程(2)和(3), 我们发现方程(2)和(3)可以归结为方程(1)的形式.

当方程(1)的右端 $f(x) \equiv 0$ 时, 方程称为齐次的, 否则称为非齐次的.

12.6.2　线性微分方程解的结构

这里，我们主要讨论二阶线性微分方程解的结构，其他的线性微分方程的解的结构类似. 先讨论二阶齐次方程

$$y'' + P(x)y' + Q(x)y = 0 . \tag{4}$$

定理 1　如果函数 $y_1(x)$ 和 $y_2(x)$ 是方程(4)的两个解，则

$$y = C_1 y_1(x) + C_2 y_2(x) \tag{5}$$

也是方程(4)的解，其中 C_1，C_2 为任意常数.

证　将(2)式代入(1)式左端，得

$$[C_1 y_1''(x) + C_2 y_2''(x)] + P(x)[C_1 y_1'(x) + C_2 y_2'(x)] + Q(x)[C_1 y_1(x) + C_2 y_2(x)]$$

$$= C_1[y_1''(x) + P(x)y_1'(x) + Q(x)y_1(x)] + C_2[y_2''(x) + P(x)y_2'(x) + Q(x)y_2(x)] .$$

由于 $y_1(x)$ 和 $y_2(x)$ 是方程(4)的解，上式括号中的表达式皆恒为零，所以(5)式是方程(4)的解. 齐次线性方程的解的这个性质称为叠加原理.

叠加起来的解(5)从形式上看含有 C_1 和 C_2 两个任意常数，但它不一定是方程(4)的通解. 例如，设 $y_1(x)$ 是方程(4)的一个解，则 $y_2(x) = 3y_1(x)$ 也显然是方程(4)的解，这时(5)式可以写为 $y = (C_1 + 3C_2)y_1(x) = Cy_1(x)$ ($C = C_1 + 3C_2$)显然不是方程(4)的通解. 要解决这个问题，我们还需要引入函数的线性相关与线性无关的概念.

设 $y_1(x)$，$y_2(x)$，$\cdots$，$y_n(x)$ 为定义在区间 I 上的 n 个函数. 如果存在 n 个不全为零的常数 k_1，k_2，$\cdots$，k_n，使得当 $x \in I$ 时有恒等式

$$k_1 y_1(x) + k_2 y_2(x) + \cdots + k_n y_n(x) \equiv 0$$

成立，那么称这 n 个函数在区间 I 上线性相关，否则称为线性无关.

例如三个函数 1，$1-x$，$1+x$ 是在区间 $(-\infty, +\infty)$ 上是线性相关的，因为 $(-2) \cdot 1 + 1 \cdot (1-x) + 1 \cdot (1+x) \equiv 0$，而三个函数 1，x，x^2 在任何区间上都是线性无关的.

应用上述概念可知，两个函数线性无关当且仅当两个函数的比不为常数.

在有了线性无关的概念后，我们有下面的关于二阶齐次线性微分方程(1)的解的结构定理.

定理 2　如果 $y_1(x)$ 和 $y_2(x)$ 是方程(4)的两个线性无关的特解，则

$$y = C_1 y_1(x) + C_2 y_2(x) \quad （C_1 \text{ 和 } C_2 \text{ 为任意常数})$$

就是方程(4)的通解.

定理 3　设 $y^*(x)$ 是二阶非齐次线性方程(1)的一个特解，$Y(x)$ 为对应的齐次方程(4)的通解，则

$$y = Y(x) + y^*(x)$$

是非齐次线性微分方程(1)的通解.

证　令 $y = u + y^*(x)$ ，则方程(1)化为

$$u'' + P(x)u' + Q(x)u = 0 ，$$

其通解为 $u = Y(x)$ ，故(1)的通解为 $y = u + y^*(x) = Y(x) + y^*(x)$.

定理 4　设 $y_1^*(x)$ 和 $y_2^*(x)$ 分别为非齐次线性方程

$$y'' + P(x)y' + Q(x)y = f_1(x) ，$$

$$y'' + P(x)y' + Q(x)y = f_2(x)$$

的特解，则 $y_1^*(x) + y_2^*(x)$ 是方程

$$y'' + P(x)y' + Q(x)y = f_1(x) + f_2(x)$$

的一个特解.

请读者自行验证.

这一定理通常称为非齐次线性微分方程的解的叠加原理.

*12.6.3　常数变易法

若已知齐次方程(4)的一个非零解 $y_1(x)$ ，则对任意的常数 C_1 ，$y = C_1 y_1(x)$ 也是方程(4)的解. 我们将任意常数 C_1 换为未知函数 $v(x)$ ，得到一个代换

$$y = v(x)y_1(x) ，\tag{6}$$

然后将此式代入(1)式去求(1)式的解. 这种方法叫做**常数变易法**.

将代换 $y = v(x)y_1(x)$ 代入(1)并整理得到

$$y_1 v'' + (2y_1' + Py_1)v' + (y_1'' + Py_1' + Qy_1)v = f(x) .\tag{7}$$

由于 $y_1'' + Py_1' + Qy_1 = 0$ ，(7)式成为

$$y_1 v'' + (2y_1' + Py_1)v' = f(x) .$$

令 $u = v'$ ，则得方程组

$$\begin{cases} \dfrac{dv}{dx} = u, \\ y_1 u' + (2y_1' + Py_1)u = f(x). \end{cases}\tag{8}$$

(8)式中的第二个微分方程为一阶线性方程，其通解为

$$u = e^{-\int \left(\frac{2y_1'}{y_1} + P \right) dx} \left[\int e^{\int \left(\frac{2y_1'}{y_1} + P \right) dx} \left(\frac{f(x)}{y_1} \right) dx + C_1 \right]$$

$$= \frac{1}{y_1^2} e^{-\int P dx} \left[\int y_1 f(x) e^{\int P dx} dx + C_1 \right],$$

再利用(8)式中的第一个方程得到

$$v = \int u \mathrm{d}x + C_2 . \tag{9}$$

从而方程(1)的通解为

$$y = y_1 \int u \mathrm{d}x + C_2 y_1 .$$

例 3 求方程 $y'' + y = \tan x$ 的通解.

解 对应的齐次方程有 $y'' + y = 0$ 一个非零特解 $y_1 = \cos x$ ，令 $y = v \cos x$ 代入方程得

$$(\cos x)v'' - (2\sin x)v' = \tan x ,$$

写为标准形式得

$$v'' - (2\tan x)v' = \tan x \sec x .$$

由一阶线性微分方程的求解公式得

$$v' = \frac{1}{\cos^2 x}\left(\int \sin x \mathrm{d}x + C_1\right) = -\frac{1}{\cos x} + \frac{C_1}{\cos^2 x} ,$$

上式两端对 x 积分得

$$v = \frac{1}{2}\ln\frac{1-\sin x}{1+\sin x} + C_1 \tan x + C_2 ,$$

从而原微分方程的通解为

$$y = \frac{1}{2}\cos x \ln\frac{1-\sin x}{1+\sin x} + C_1 \sin x + C_2 \cos x .$$

习 题 12.6

1. 下列函数组在其定义区间上哪些是线性无关的.

(1) 1 ， x ， x^2 ；

(2) $\tan^2 x$ ， $\sec^2 x$ ， 1 ；

(3) e^x ， e^{2x} ；

(4) $\sin x$ ， $\cos x$.

2. 验证 $y = \sin kx$ 和 $y = \cos kx$ 为方程 $y'' + k^2 y = 0$ （ $k \neq 0$ ）的特解，并写出该方程的通解.

3. 求以 $y = x^2 - \mathrm{e}^x$ 和 $y = x^2$ 为特解的一阶非齐次线性微分方程，并写出该微分方程的通解.

*4. 已知 $y_1 = \mathrm{e}^x$ 为齐次线性方程 $(2x-1)y'' - (2x+1)y' + 2y = 0$ 的一个特解，求此方程的通解.

*5. 已知 $y_1 = x$ 为齐次线性方程 $x^2 y'' - 2xy' + 2y = 0$ 的一个解，求非齐次方程 $x^2 y'' - 2xy' + 2y = 2x^3$ 的通解.

12.7 二阶常系数齐次线性微分方程

在二阶齐次线性微分方程

$$y'' + P(x)y' + Q(x)y = 0 \tag{1}$$

中，如果函数 $P(x)$ 和 $Q(x)$ 分别为常数 p ，q ，则方程(1)可写为

$$y'' + py' + qy = 0 , \tag{2}$$

称(2)式为二阶常系数齐次线性微分方程.

由 12.6 节的讨论可知，求解(2)式的关键是找出(2)式的两个线性无关的特解.

为了求出(2)式的特解，我们试用函数 $y = e^{\lambda x}$ 代入(2)式得到

$$(\lambda^2 + p\lambda + q)e^{\lambda x} = 0 .$$

由此可见，若 λ 为方程

$$\lambda^2 + p\lambda + q = 0 \tag{3}$$

的一个根，则我们得到(1)式的一个特解.

我们称代数方程(3)为微分方程(2)的特征方程. 将(2)式中 y'' ，y' ，y 分别换为 λ^2 ，λ^1 ，λ^0（$\lambda^0 \equiv 1$）即得特征方程(3).

特征方程(3)的根有三种情形：两个不同的实根；两个相等的实根；一对共轭复根. 下面我们就这三种情形分别讨论如何求出(2)两个线性无关的特解.

(i) 若(3)式有两个不同的实根 λ_1 和 λ_2 ，则 $e^{\lambda_1 x}$ 和 $e^{\lambda_2 x}$ 为(2)式的两个线性无关的特解. (2)式的通解为

$$y = C_1 e^{\lambda_1 x} + C_2 e^{\lambda_2 x} . \tag{4}$$

(ii) 若 $\lambda_1 = \lambda_2$ 是(3)式的两个相等的实根，这是我们可得(2)式的一个特解 $e^{\lambda_1 x}$. 为求得(2)式的通解，我们作代换 $y = ue^{\lambda_1 x}$ ，则方程(2)化为

$$e^{\lambda_1 x}[u'' + (2\lambda_1 + p)u' + (\lambda_1^2 + p\lambda_1 + q)] = 0 .$$

由于 λ_1 是(3)式的二重根，因此 $\lambda_1^2 + p\lambda_1 + q = 0$ ，$2\lambda_1 + p = 0$ ，未知函数 u 满足 $u'' = 0$ ，$u = C_1 + C_2 x$. 此时(2)式的通解为

$$y = (C_1 + C_2 x)e^{\lambda_1 x} . \tag{5}$$

(iii) 当(3)式有一对共轭复根 $\alpha \pm \beta i$（$\beta \neq 0$）时，读者可直接验证 $e^{\alpha x}\cos\beta x$ 和 $e^{\alpha x}\sin\beta x$ 皆为(2)式的解，且它们线性无关，所以(2)式的通解为

$$y = e^{\alpha x}(C_1 \cos\beta x + C_2 \sin\beta x) . \tag{6}$$

根据以上讨论,求解二阶常系数齐次线性微分方程可以先求其特征方程的根,然后根据特征方程的根的不同情形写出其通解,如表 12.1 所示.

表 **12.1**

特征方程 $\lambda^2 + p\lambda + q = 0$ 的两个根 λ_1, λ_2	微分方程 $y'' + py' + qy = 0$ 的通解
两个不相等的实根 λ_1, λ_2	$y = C_1 e^{\lambda_1 x} + C_2 e^{\lambda_2 x}$
两个相等的实根 $\lambda_1 = \lambda_2$	$y = (C_1 + C_2 x) e^{\lambda_1 x}$
一对共轭复根 $\alpha \pm \beta i$	$y = e^{\alpha x}(C_1 \cos \beta x + C_2 \sin \beta x)$

n 阶常系数齐次线性微分方程的一般形式是

$$y^{(n)} + p_1 y^{(n-1)} + p_2 y^{(n-2)} + \cdots + p_{n-1} y' + p_n y = 0 , \tag{7}$$

其中 p_1, p_2, $\cdots$, p_{n-1}, p_n 都是常数.

若用 $y = e^{\lambda x}$ 代入方程(7)则有

$$e^{\lambda x}(\lambda^n + p_1 \lambda^{n-1} + p_2 \lambda^{n-2} + \cdots + p_{n-1} \lambda + p_n) = 0 ,$$

由此可见, 若 λ 是方程

$$\lambda^n + p_1 \lambda^{n-1} + p_2 \lambda^{n-2} + \cdots + p_{n-1} \lambda + p_n = 0 \tag{8}$$

的根, 则函数 $y = e^{\lambda x}$ 是方程(7)的一个特解. 方程(8)称为方程(7)的特征方程.

根据特征方程的根, 可以写出其对应的微分方程通解中的对应项(表 12.2).

表 **12.2**

特征方程的根	微分方程通解中的对应项
一个单根 λ	$y = C e^{\lambda x}$
一对单复根 $\alpha \pm \beta i$	$y = e^{\alpha x}(C_1 \cos \beta x + C_2 \sin \beta x)$
一个 k 重实根 λ	$y = e^{\lambda x}(C_1 + C_2 x + \cdots + C_k x^{k-1})$
一对 k 重复根 $\alpha \pm \beta i$	$y = e^{\alpha x}[(C_1 + C_2 x + \cdots + C_k x^{k-1}) \cos \beta x$ $+ (D_1 + D_2 x + \cdots + D_k x^{k-1}) \sin \beta x]$

由代数学知识, n 次代数方程有 n 个根(重根的个数按重数计算). 特征方程的每一个根都对应着通解中的一项, 且每项各含有一个任意常数, 这样就得到 n 阶常系数齐次线性微分方程的通解.

常系数齐次
线性微分方程

例 1 求微分方程 $y'' + 5y' + 6y = 0$ 的通解.

解 所给微分方程的特征方程为 $\lambda^2 + 5\lambda + 6 = 0$, 其根 $\lambda_1 = -2$, $\lambda_2 = -3$ 为两

个不相等的实根，因此所求的通解为 $y = C_1 e^{-2x} + C_2 e^{-3x}$.

例 2　求方程 $\dfrac{d^2 x}{dt^2} - 4\dfrac{dx}{dt} + 4x = 0$ 的方程的通解.

解　所给微分方程的特征方程为 $\lambda^2 - 4\lambda + 4 = 0$，其有两个相等的实根 $\lambda_1 = \lambda_2 = 2$，因此所求的通解为 $x = (C_1 + C_2 t) e^{2t}$.

例 3　求方程 $y'' + y' + y = 0$ 满足初始条件 $y\big|_{x=0} = y'\big|_{x=0} = 1$ 的特解.

解　所给微分方程的特征方程为 $\lambda^2 + \lambda + 1 = 0$，其根 $\lambda_{1,2} = -\dfrac{1}{2} \pm \dfrac{\sqrt{3}}{2}i$ 为一对共轭复根. 因此所求的通解为 $y = e^{-\frac{1}{2}x}\left(C_1 \cos\dfrac{\sqrt{3}}{2}x + C_2 \sin\dfrac{\sqrt{3}}{2}x\right)$. 根据初始条件可得 $C_1 = 1$，$C_2 = \sqrt{3}$，故所求的特解为

$$y = e^{-\frac{1}{2}x}\left(\cos\dfrac{\sqrt{3}}{2}x + \sqrt{3}\sin\dfrac{\sqrt{3}}{2}x\right).$$

例 4　求弹簧振动的初值问题

$$\begin{cases} m\dfrac{d^2 x}{dt^2} + r\dfrac{dx}{dt} + kx = 0, \\ x\big|_{t=0} = x_0, \ \dfrac{dx}{dt}\bigg|_{t=0} = v_0 \end{cases}$$

的解.

解　方程的特征方程为 $m\lambda^2 + r\lambda + k = 0$，特征根为

$$\lambda_{1,2} = \dfrac{-r \pm \sqrt{r^2 - 4mk}}{2m} \quad (m, r, k > 0).$$

下面分三种情况进行讨论:

(1) 小阻尼情形: $r^2 < 4mk$. 这时特征根为一对共轭复数

$$\lambda_{1,2} = -\dfrac{r}{2m} \pm i\dfrac{\sqrt{4mk - r^2}}{2m} = \alpha \pm \beta i,$$

这里 $\alpha = -\dfrac{r}{2m}$，$\beta = \dfrac{\sqrt{4mk - r^2}}{2m}$. 于是方程的通解为 $x(t) = e^{\alpha t}(C_1 \cos\beta t + C_2 \sin\beta t)$.

根据初始条件可以得出 $C_1 = x_0, C_2 = \dfrac{v_0 - \alpha x_0}{\beta}$，从而得到初值问题的解

$$x(t) = A e^{\alpha t}\sin(\beta t + \varphi_0),$$

其中 $A = \sqrt{x_0^2 + \left(\dfrac{v_0 - \alpha x_0}{\beta}\right)^2}$，$\varphi_0 = \arctan \dfrac{\beta x_0}{v_0 - \alpha x_0}$．

在此情形下，物体的运动是一种衰减运动，振幅 $A e^{\alpha t}$ 随着时间的增大而逐渐减小，最后物体趋于平衡位置．这种振动称为周期性阻尼振动．

(2) 大阻尼情形：$r^2 > 4mk$．在此情形下，特征方程有两个负的实根 λ_1，λ_2，其通解为

$$x(t) = C_1 e^{\lambda_1 t} + C_2 e^{\lambda_2 t}.$$

由初始条件可定出任意常数 C_1 和 C_2．

由于 λ_1，λ_2 皆为负数，从上式可以看出当 $t \to +\infty$ 时，物体随着时间 t 的增大单调地趋于平衡位置．

(3) 临界阻尼情形：$r^2 = 4mk$．此时，特征根为二重根，方程的通解为

$$x(t) = (C_1 + C_2 t) e^{\lambda_1 t}.$$

由于 λ_1 为负数，所以当 $t \to +\infty$ 时，与大阻尼情形类似，物体随着时间 t 的增大单调地趋于平衡位置．

习 题 12.7

1．求下列微分方程的通解．

(1) $y'' - 3y' + 2y = 0$；

(2) $3y'' - y' - 2y = 0$；

(3) $y'' + 4y' = 0$；

(4) $y'' + 4y = 0$；

(5) $y'' - y' + y = 0$；

(6) $y'' + 6y' + 9y = 0$；

(7) $y''' - y = 0$；

(8) $y''' + y = 0$；

(9) $y''' + 3y'' + 3y' + y = 0$．

2．求解下列初值问题．

(1) $\begin{cases} y'' + 4y' + 4y = 0, \\ y(0) = y'(0) = 1; \end{cases}$

(2) $\begin{cases} 9y'' + 4y = 0, \\ y(0) = 1, y'(0) = 2. \end{cases}$

3．设函数 $y = y(x)$ 是微分方程 $y'' + y' - 2y = 0$ 的解，且在 $x = 0$ 处取得极值 3，求 $y = y(x)$．

4．设有一质量为 m 的小球挂在弹簧的下端做有小阻尼的振动，其阻尼与速度成正比，阻尼系数为 r，弹簧的弹性系数为 k．设开始运动时，弹簧拉长 x_0 且小球处于静止状态．试求小球的运动轨迹．

5．一链条长 90cm，从 1m 高的桌上滑下，运动开始时，链条的下垂部分长为 10cm，求链条全部滑过桌面所需的时间(不计摩擦力)．

6．设 $y = y(x)$ 是区间 $(-\pi, \pi)$ 内过点 $\left(-\dfrac{\pi}{\sqrt{2}}, \dfrac{\pi}{\sqrt{2}}\right)$ 的光滑曲线．当 $-\pi < x < 0$ 时，曲线上任一点处的法线都过原点；当 $0 \leqslant x < \pi$ 时，函数 $y(x)$ 满足 $y'' + y + x = 0$，求函数 $y(x)$．

12.8　二阶常系数非齐次线性微分方程

二阶常系数非齐次线性微分方程的一般形式为

$$y'' + py' + qy = f(x) , \tag{1}$$

其中, p, q 为常数. 由 12.6 节知, 它的求解问题归结为求对应的齐次方程通解和非齐次方程的一个特解问题. 由于二阶齐次方程的通解问题已经完全解决, 通过常数变易法, 方程(1)的通解问题也就完全解决了. 本节主要介绍当方程(1)中的 $f(x)$ 取两种常见的形式时求特解的另外一种方法. 这种方法的特点是不用积分就可以求出特解, 通常称为待定系数法. 本节讨论的 $f(x)$ 的两种形式是

(1) $f(x) = P_m(x) e^{\mu x}$, 其中 $P_m(x)$ 是 x 的 m 次多项式, μ 是一个常数;

(2) $f(x) = e^{\mu x}[P_l(x) \cos \omega x + P_n(x) \sin \omega x]$, 其中 $P_l(x)$ 和 $P_n(x)$ 分别是 x 的 l 次和 n 次多项式, μ 和 ω 是常数.

下面分别 $f(x)$ 为上述两种情形时(1)式的特解的求法.

12.8.1　$f(x) = P_m(x) e^{\mu x}$ 型

若 $Q(x)$ 是一个多项式, 则 $Q(x) e^{\mu x}$ 的导数仍然是一个多项式与 $e^{\mu x}$ 的乘积, 所以我们推测方程(1)的某个特解具有 $Q(x) e^{\mu x}$ 的形式. 我们讨论是否存在这样的多项式, 使得 $Q(x) e^{\mu x}$ 确为(1)的特解. 为此, 将 $Q(x) e^{\mu x}$ 的一阶导数、二阶导数代入方程(1)得

$$Q''(x) + (2\mu + p)Q'(x) + (\mu^2 + p\mu + q)Q(x) = P_m(x) . \tag{2}$$

(i) 若 μ 不是特征方程 $\lambda^2 + p\lambda + q = 0$ 的根, 则 $\mu^2 + p\mu + q \neq 0$, 要使(2)式两端相等, 可令 $Q(x)$ 为另一个 m 次多项式 $Q_m(x)$, 代入(2)式比较两端 x 同幂次的系数, 从而可以确定 $Q(x)$ 中各幂次的系数.

(ii) 若 μ 是特征方程 $\lambda^2 + p\lambda + q = 0$ 的单根, 则 $\mu^2 + p\mu + q = 0$, $2\mu + p \neq 0$, 要使(2)式能成立, $Q(x)$ 必须是一个 $m+1$ 次多项式. 由于常数项求导后为零, 所以此时可令 $Q(x) = x Q_m(x)$, 此处 $Q_m(x)$ 是一个 m 次多项式.

(iii) 若 μ 是特征方程 $\lambda^2 + p\lambda + q = 0$ 的二重根, 则 $\mu^2 + p\mu + q = 0$, $2\mu + p = 0$. 要使(2)式成立, $Q(x)$ 必须是一个 $m+2$ 次多项式. 由于 $Q(x)$ 中的常数项和一次项求导两次后为零, 此时可令 $Q(x) = x^2 Q_m(x)$.

注意　在上面的讨论中, 我们指出了求多项式 $Q(x)$ 的方法, 但没有证明 $Q(x)$ 的存在性. 事实上, 这样的多项式 $Q(x)$ 一定存在, 请读者考虑为什么.

综上所述，我们有如下结论.

如果 $f(x) = P_m(x)\mathrm{e}^{\mu x}$，则二阶常系数非齐次线性微分方程(1)具有

常系数非齐次
线性微分方程

形如 $x^k Q_m(x)\mathrm{e}^{\mu x}$ 的特解，其中 $Q_m(x)$ 是与 $P_m(x)$ 有相同次数的多项式，而 k 的取值为 0，1，2，分别依照 μ 不是特征根、单根、二重根而定.

上述结论可以推广到 n 阶常系数非齐次线性微分方程的情形，k 的取值为特征方程根 μ 的重数(为方便起见，若 μ 不是特征根，规定其重数为零).

例 1　求微分方程 $y'' - 5y' + 6y = x + 1$ 的通解.

解　所给方程对应的齐次方程为 $y'' - 5y' + 6y = 0$，其特征方程为 $\lambda^2 - 5\lambda + 6 = 0$，特征根为 $\lambda_1 = 2$，$\lambda_2 = 3$. 齐次方程的通解为 $y = C_1\mathrm{e}^{2x} + C_2\mathrm{e}^{3x}$. 方程右端为 $(x+1)\mathrm{e}^{0\cdot x}$ 的形式. 因为 $\mu = 0$ 不是特征根，所以特解可设为 $y^* = ax + b$，将它代入所给的方程，得

$$-5a + 6(ax + b) = x + 1,$$

比较两端 x 的同次幂的系数得到

$$\begin{cases} 6a = 1, \\ -5a + 6b = 1. \end{cases}$$

由此解得 $a = \dfrac{1}{6}$，$b = \dfrac{11}{36}$. 故所求的一个特解为

$$y^* = \frac{1}{6}x + \frac{11}{36},$$

原方程的通解为

$$y = C_1\mathrm{e}^{2x} + C_2\mathrm{e}^{3x} + \frac{1}{6}x + \frac{11}{36}.$$

例 2　求微分方程 $y'' - 5y' + 6y = (x+1)\mathrm{e}^{3x}$ 的一个特解.

解　由例 1 知，$\mu = 3$ 为方程所对应的齐次方程的特征方程的单根，故可设一个特解为 $y^* = x(ax + b)\mathrm{e}^{3x}$，把它代入所给方程得到

$$2ax + (2a + b) = x + 1,$$

比较两端 x 的同次幂的系数得到 $a = \dfrac{1}{2}$，$b = 0$. 故所求的一个特解为

$$y^* = \frac{1}{2}x^2\mathrm{e}^{3x}.$$

12.8.2　$f(x) = \mathrm{e}^{\mu x}[P_l(x)\cos\omega x + P_n(x)\sin\omega x]$ 型

应用欧拉公式可以把三角函数表示为复变指数函数的形式，

$$f(x) = e^{\mu x}[P_l(x)\cos\omega x + P_n(x)\sin\omega x]$$

$$= e^{\mu x}\left[P_l(x)\frac{e^{i\omega x} + e^{-i\omega x}}{2} + P_n(x)\frac{e^{i\omega x} - e^{-i\omega x}}{2i}\right]$$

$$= \left(\frac{P_l(x)}{2} + \frac{P_n(x)}{2i}\right)e^{(\mu+i\omega)x} + \left(\frac{P_l(x)}{2} - \frac{P_n(x)}{2i}\right)e^{(\mu-i\omega)x}$$

$$= P_m(x)e^{(\mu+i\omega)x} + \overline{P}_m(x)e^{(\mu-i\omega)x},$$

其中 $P_m(x) = \dfrac{P_l(x)}{2} + \dfrac{P_n(x)}{2i} = \dfrac{P_l(x)}{2} - \dfrac{P_n(x)}{2}i$，$\overline{P}_m(x) = \dfrac{P_l(x)}{2} - \dfrac{P_n(x)}{2i} = \dfrac{P_l(x)}{2} + \dfrac{P_n(x)}{2}i$ 为互相共轭的多项式，其次数为 $m = \max\{l, n\}$．

应用上一小节的结果，对于 $f(x)$ 中的第一项，可求得一个 m 次(复系数)多项式 $Q_m(x)$，使得 $x^k Q_m(x)e^{(\mu+i\omega)x}$ 为方程

$$y'' + py' + qy = P_m(x)e^{(\mu+i\omega)x}$$

的特解，则 $x^k \overline{Q}_m(x)e^{(\mu-i\omega)x}$ 为方程

$$y'' + py' + qy = \overline{P}_m(x)e^{(\mu-i\omega)x}$$

的特解．于是由非齐次线性微分方程解的叠加原理，$x^k Q_m(x)e^{(\mu+i\omega)x} + x^k \overline{Q}_m(x)$． $e^{(\mu-i\omega)x}$ 是方程

$$y'' + py' + qy = P_m(x)e^{(\mu+i\omega)x} + \overline{P}_m(x)e^{(\mu-i\omega)x} = f(x)$$

的特解，由于和式 $x^k Q_m(x)e^{(\mu+i\omega)x} + x^k \overline{Q}_m(x)e^{(\mu-i\omega)x}$ 中的两项是互相共轭的，所以它是一个实值函数，此实值函数即为所求的一个特解．

综上所述，如果 $f(x) = e^{\mu x}[P_l(x)\cos\omega x + P_n(x)\sin\omega x]$，则其特解形式可设为

$$x^k e^{\mu x}[R_m^1(x)\cos\omega x + R_m^2(x)\sin\omega x].$$

我们将本节的讨论结果如表 12.3 所示．

表 12.3

非齐次项形式 $f(x)$	特征方程 $\lambda^2 + p\lambda + q = 0$ (*)	特解形式
$P_m(x)e^{\mu x}$	μ 不是(*)的根	$y^* = Q_m(x)e^{\mu x}$
	μ 是(*)的单根	$y^* = xQ_m(x)e^{\mu x}$
	μ 是(*)的重根	$y^* = x^2 Q_m(x)e^{\mu x}$
$e^{\mu x}[P_l(x)\cos\omega x + P_n(x)\sin\omega x]$	$\mu + i\omega$ 不是(*)的根	$e^{\mu x}[R_m^1(x)\cos\omega x + R_m^2(x)\sin\omega x]$
	$\mu + i\omega$ 是(*)的根	$xe^{\mu x}[R_m^1(x)\cos\omega x + R_m^2(x)\sin\omega x]$

例3 求微分方程 $y'' + 4y = (2x+3)\sin x$ 的一个特解.

解 所给方程对应的齐次方程为 $y'' + 4y = 0$，其特征方程为 $\lambda^2 + 4 = 0$，由于 $\mu + i\omega = i$ 不是特征方程的根，故可设特解为 $y^* = (ax+b)\cos x + (cx+d)\sin x$，把它代入所给方程得

$$(3cx - 2a + 3d)\sin x + (3ax + 3b + 2c)\cos x = (2x+3)\sin x,$$

比较两端同类项的系数得

$$\begin{cases} 3c = 2, \\ -2a + 3d = 3, \\ 3a = 0, \\ 3b + 2c = 0, \end{cases}$$

由此解得 $a = 0$，$b = -\dfrac{4}{9}$，$c = \dfrac{2}{3}$，$d = 1$. 于是所求的一个特解为

$$y^* = -\frac{4}{9}\cos x + \left(\frac{2}{3}x + 1\right)\sin x.$$

例4(无阻尼强迫振动) 这里我们求无阻尼强迫振动方程

$$\frac{\mathrm{d}^2 x}{\mathrm{d}t^2} + k^2 x = A\sin\omega t$$

的通解.

解 对应的齐次微分方程为 $\dfrac{\mathrm{d}^2 x}{\mathrm{d}t^2} + k^2 x = 0$，其特征根为 $\lambda = \pm ik$，故齐次微分方程的通解为

$$y = C_1\cos kt + C_2\sin kt = C\sin(kt + \varphi),$$

其中 $C_1 = C\sin\varphi$，$C_2 = C\cos\varphi$.

下面，我们就 $\omega \neq k$ 和 $\omega = k$ 两种情形进行讨论.

(1) 当 $\omega \neq k$ 时，$\pm i\omega$ 不是特征方程的根，故可设特解为

$$x^* = a\cos\omega t + b\sin\omega t,$$

代入方程求得 $a = 0$，$b = \dfrac{A}{k^2 - \omega^2}$，于是 $x^* = \dfrac{A}{k^2 - \omega^2}\sin\omega t$. 故方程的通解为

$$x = C\sin(kt + \varphi) + \frac{A}{k^2 - \omega^2}\sin\omega t.$$

上式表示，物体的运动由两部分组成，且两部分都是简谐振动. 第一项表示自由振动，第二项表示强迫振动. 强迫振动是干扰力引起的，它的角频率就是干扰力的角频率. 当干扰力的角频率与自由振动的固有频率相差很小时，强迫振动的振

幅 $\left|\dfrac{A}{k^2-\omega^2}\right|$ 可以变得很大.

(2) 当 $\omega=k$ 时，$\pm i\omega$ 是特征方程的根，故可设特解为

$$x^*=t(a\cos\omega t+b\sin\omega t)\,,$$

代入方程求得 $a=-\dfrac{A}{2k}$ ，$b=0$ ，于是 $x^*=-\dfrac{A}{2k}t\cos kt$ ，方程的通解为

$$x=C\sin(kt+\varphi)-\dfrac{A}{2k}t\cos kt\,.$$

上式表明，强迫振动的振幅 $\dfrac{A}{2k}t$ 随时间 t 的增大而无限增大，这就发生所谓的共振现象. 为了避免发生共振现象，应使干扰力的角频率不要靠近振动系统的固有频率，反之，若要利用共振现象，则应使干扰力的角频率靠近或等于固有频率.

习　题　12.8

1. 求下列微分方程的通解.

(1) $y''-2y'-3y=1$ ；　　　　　　(2) $y''+y=e^x$ ；

(3) $y''+4y'=4x^2+1$ ；　　　　　(4) $y''-3y'+2y=xe^x$ ；

(5) $y''-2y'+y=e^x\sin 2x$ ；　　　(6) $y''+9y=x\sin x$ ；

(7) $y''+y=3e^x+\sin x$ ；　　　　(8) $y''+2y'+5y=e^x(\sin x+\cos x)$.

2. 求解下列初值问题.

(1) $\begin{cases}y''-4y=1,\\ y(0)=0,y'(0)=\dfrac{1}{4};\end{cases}$

(2) $\begin{cases}y''+y=-2\sin x\cos x,\\ y(0)=1,y'(0)=1.\end{cases}$

3. 设函数 $f(u)$ 具有二阶连续导数，$z=f(e^x\cos y)$ 满足 $\dfrac{\partial^2 z}{\partial x^2}+\dfrac{\partial^2 z}{\partial y^2}=4\left(z+e^x\cos y\right)e^{2x}$. 若 $f(0)=0,f'(0)=0$ ，求 $f(u)$ 的表达式.

12.9　变量代换法

利用未知函数或自变量的代换求解微分方程是常用的一种方法. 本节介绍用代换求解几类微分方程的方法.

12.9.1　齐次方程

如果一阶微分方程

$$\frac{\mathrm{d}y}{\mathrm{d}x} = f(x, y)$$

中的函数 $f(x, y)$ 可以写成 $\frac{y}{x}$ 的函数, 即 $f(x, y) = \varphi\left(\frac{y}{x}\right)$, 则称这个方程为齐次方程.

在齐次方程

$$\frac{\mathrm{d}y}{\mathrm{d}x} = \varphi\left(\frac{y}{x}\right) \tag{1}$$

中引进新的未知函数

$$u = \frac{y}{x}, \tag{2}$$

就可以将齐次方程化为可分离变量的微分方程. 因为由(2)式有

$$y = ux, \qquad \frac{\mathrm{d}y}{\mathrm{d}x} = u + x\frac{\mathrm{d}u}{\mathrm{d}x},$$

代入方程(1), 即得

$$u + x\frac{\mathrm{d}u}{\mathrm{d}x} = \varphi(u),$$

上式为可分离变量的微分方程, 方程的解由

$$\int \frac{\mathrm{d}u}{\varphi(u) - u} = \int \frac{\mathrm{d}x}{x} + C \tag{3}$$

给出. 求出积分后, 再用 $\frac{y}{x}$ 代替 u, 便得所给齐次方程的通解.

例 1　求方程 $y' = \frac{y}{x} - 2\tan\frac{y}{x}$ 的通解.

解　令 $u = \frac{y}{x}$, $y = ux$, $\frac{\mathrm{d}y}{\mathrm{d}x} = x\frac{\mathrm{d}u}{\mathrm{d}x} + u$. 代入原方程得

$$x\frac{\mathrm{d}u}{\mathrm{d}x} + u = u - 2\tan u,$$

分离变量得

$$\frac{\mathrm{d}u}{\tan u} = -2\frac{\mathrm{d}x}{x},$$

两边积分得 $\ln|\sin u| = -2\ln|x| + C_1$, 从而得到原方程的通解为

$$\sin\frac{y}{x} = \frac{C}{x^2}.$$

例 2　设计一个凹的反光镜, 使得它能将点光源发出的光线反射成平行光束.

解　如图 12.5 所示, 设反光镜面由曲线 $y = y(x)$ ($y'' > 0$ 且 y 为偶函数)绕 y 轴

旋转而成，并设光源位于原点 O，且 $y(0) = y_0 < 0$．设点 $M(x, y)$ 为曲线上任意一点，从原点发射的光线 $\overrightarrow{OM}$ 经镜面反射后成为与 y 轴平行的光线 $\overrightarrow{MS}$．设点 M 处的切线 MT 与 y 轴交于点 A，则 A 点的坐标为 $(0, y - xy')$．由光的反射定律可知，$\angle AMO = \angle OAM$，从而 $|\overline{AO}| = |\overline{OM}|$，即

$$|y - xy'| = \sqrt{x^2 + y^2}\ .$$

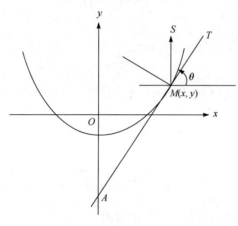

图 12.5

由于 $\dfrac{\mathrm{d}}{\mathrm{d}x}(y - xy') = -xy''$，所以 $y - xy' \leqslant y_0 < 0$，从而

$$y - xy' = -\sqrt{x^2 + y^2}\ . \tag{4}$$

当 $x > 0$ 时，(4)式可写为

$$y' = \frac{y}{x} + \sqrt{1 + \left(\frac{y}{x}\right)^2}\ . \tag{5}$$

令 $u = \dfrac{y}{x}$，$y = ux$，$\dfrac{\mathrm{d}y}{\mathrm{d}x} = x\dfrac{\mathrm{d}u}{\mathrm{d}x} + u$．代入方程(5)整理得

$$\frac{\mathrm{d}u}{\sqrt{u^2 + 1}} = \frac{\mathrm{d}x}{x}\ .$$

对上式两边积分得

$$\ln(u + \sqrt{u^2 + 1}) = \ln x + \ln C\ ,$$

即

$$u + \sqrt{u^2 + 1} = Cx\ ,$$

将 $u = \dfrac{y}{x}$ 代入上式并整理得

$$y + \sqrt{y^2 + x^2} = Cx^2 ,$$

解出 y,

$$y = \frac{C}{2} x^2 - \frac{1}{2C} .$$

由初始条件 $y(0) = y_0$ 得到所求的曲线方程为

$$y = -\frac{1}{4y_0} x^2 + y_0 ,$$

该曲线绕 y 轴旋转所得的曲面为旋转抛物面，其方程为

$$y = -\frac{1}{4y_0} (x^2 + z^2) + y_0 .$$

12.9.2　可化为齐次的方程

方程

$$\frac{\mathrm{d}y}{\mathrm{d}x} = f\left(\frac{ax + by + c}{a_1 x + b_1 y + c_1} \right) \tag{6}$$

当 $c = c_1 = 0$ 时是齐次方程. 当 c, c_1 不同时为零时，我们可用下列代换把它化为齐次方程：令

$$x = X + h, \quad y = Y + k ,$$

其中 h, k 是待定的常数. 于是方程(6)化为

$$\frac{\mathrm{d}Y}{\mathrm{d}X} = f\left(\frac{aX + bY + ah + bk + c}{a_1 X + b_1 Y + a_1 h + b_1 k + c_1} \right) .$$

当 $\begin{vmatrix} a & b \\ a_1 & b_1 \end{vmatrix} \neq 0$ 时，存在 h, k 使得

$$\begin{cases} ah + bk + c = 0, \\ a_1 h + b_1 k + c_1 = 0, \end{cases}$$

则(6)式可化为齐次方程

$$\frac{\mathrm{d}Y}{\mathrm{d}X} = f\left(\frac{aX + bY}{a_1 X + b_1 Y} \right) = f\left(\frac{a + b\dfrac{Y}{X}}{a_1 + b_1 \dfrac{Y}{X}} \right) ,$$

求出其通解后，在通解中以 $x - h$, $y - k$ 分别替换 X, Y, 即得(6)式的通解.

当 $\begin{vmatrix} a & b \\ a_1 & b_1 \end{vmatrix} = 0$ 时，$\dfrac{a_1}{a} = \dfrac{b_1}{b} = \lambda$，从而方程(6)可以写为

$$\frac{\mathrm{d}y}{\mathrm{d}x} = f\left(\frac{ax + by + c}{\lambda(ax + by) + c_1} \right). \tag{7}$$

引入新的未知函数 $u = ax + by$，即可将方程(7)化为可分离变量的方程，请读者自行验证.

例 3 求微分方程 $\dfrac{\mathrm{d}y}{\mathrm{d}x} = -\dfrac{x - y - 6}{x + 4y - 1}$ 的通解.

解 因为 $\begin{vmatrix} 1 & -1 \\ 1 & 4 \end{vmatrix} = 5 \neq 0$，存在 h，k 使得 $\begin{cases} h - k - 6 = 0, \\ h + 4k - 1 = 0. \end{cases}$ 解此方程组得 $\begin{cases} h = 5, \\ k = -1. \end{cases}$

令 $x = X + 5$，$y = Y - 1$，原方程化为

$$\frac{\mathrm{d}Y}{\mathrm{d}X} = -\frac{X - Y}{X + 4Y} = \frac{\dfrac{Y}{X} - 1}{4\dfrac{Y}{X} + 1}. \tag{8}$$

令 $u = \dfrac{Y}{X}$，方程(8)化为

$$u + X\frac{\mathrm{d}u}{\mathrm{d}X} = \frac{u - 1}{4u + 1},$$

分离变量得

$$\frac{4u + 1}{4u^2 + 1}\mathrm{d}u = -\frac{\mathrm{d}X}{X},$$

对上式两边积分得

$$\ln(4u^2 + 1) + \arctan 2u = -\ln X^2 + \ln C \quad (C > 0),$$

将 $X = x - 5$，$Y = y + 1$ 代入上式得

$$(x - 5)^2\left[4\left(\frac{y + 1}{x - 5}\right)^2 + 1 \right] = C\,\mathrm{e}^{-\arctan 2(y+1)/(x-5)},$$

故原方程的通解可写为

$$4(y + 1)^2 + (x - 5)^2 = C\,\mathrm{e}^{-\arctan 2(y+1)/(x-5)}.$$

12.9.3 伯努利[①]方程

方程

[①]伯努利(Jakob Bernoulli, 1654~1705)瑞士数学家，1695 年提出了著名的伯努利方程.

$$\frac{dy}{dx} + P(x)y = Q(x)y^n \quad (n \neq 0, 1) \tag{9}$$

称为伯努利方程. 当 $n = 0$ 或 $n = 1$ 时，这是线性微分方程. 当 $n \neq 0, 1$ 时，方程不是线性的，但通过未知函数的代换可把它化为线性方程.

将(9)式写为

$$y^{-n}\frac{dy}{dx} + P(x)y^{1-n} = Q(x).$$

引进新的未知函数

$$z = y^{1-n},$$

则方程化为

$$\frac{dz}{dx} + (1-n)P(x)z = (1-n)Q(x). \tag{10}$$

求出这方程的通解后，以 y^{1-n} 代换 z，就得到伯努利方程的通解.

例 4 求方程 $\dfrac{dy}{dx} - 3xy = xy^2$ 的通解.

解 令 $z = y^{-1}$，则原方程化为 $\dfrac{dz}{dx} + 3xz = -x$. 由一阶线性微分方程的求解公式得

$$z = e^{-\int 3x dx}\left[\int(-x)e^{\int 3x dx}dx + C\right]$$

$$= e^{-\frac{3}{2}x^2}\left[\int(-x)e^{\frac{3}{2}x^2}dx + C\right] = -\frac{1}{3} + Ce^{-\frac{3}{2}x^2}.$$

所以原方程的通解为

$$y = z^{-1} = \frac{1}{-\dfrac{1}{3} + Ce^{-\frac{3}{2}x^2}},$$

或

$$y = \frac{C'e^{\frac{3}{2}x^2}}{1 - \dfrac{1}{3}C'e^{\frac{3}{2}x^2}}.$$

(写为此式的好处是，当取 $C' = 0$ 时，我们能得到特解 $y = 0$)

12.9.4　欧拉方程

欧拉方程的标准形式为

$$x^n y^{(n)} + p_1 x^{n-1} y^{(n-1)} + \cdots + p_{n-1} xy' + p_n y = f(x) , \tag{11}$$

其中 p_1 , p_2 , $\cdots$, p_n 为常数. 我们可以通过自变量的代换将其化为常系数线性微分方程，从而求得其通解.

作自变量的代换 $x = \mathrm{e}^t$ 或 $t = \ln x$ ③，我们有

$$\frac{\mathrm{d}y}{\mathrm{d}x} = \frac{\mathrm{d}y}{\mathrm{d}t}\frac{\mathrm{d}t}{\mathrm{d}x} = \frac{1}{x}\frac{\mathrm{d}y}{\mathrm{d}t} ;$$

$$\frac{\mathrm{d}^2 y}{\mathrm{d}x^2} = \frac{1}{x^2}\left(\frac{\mathrm{d}^2 y}{\mathrm{d}t^2} - \frac{\mathrm{d}y}{\mathrm{d}t}\right) ;$$

$$\frac{\mathrm{d}^3 y}{\mathrm{d}x^3} = \frac{1}{x^3}\left(\frac{\mathrm{d}^3 y}{\mathrm{d}t^3} - 3\frac{\mathrm{d}^2 y}{\mathrm{d}t^2} + 2\frac{\mathrm{d}y}{\mathrm{d}t}\right) ;$$

$$\cdots\cdots$$

如果采用记号 D 表示对 t 求导的运算，

$$DD\cdots D \triangleq D^k ④, \qquad D^k y \triangleq \frac{\mathrm{d}^k y}{\mathrm{d}t^k}(k=1,2,3,\cdots),$$

则上述结果可以表示为

$$\begin{cases} xy' = Dy, \\ x^2 y'' = (D^2 - D)y = D(D-1)y, \\ x^3 y''' = (D^3 - 3D^2 + 2D)y = D(D-1)(D-2)y, \\ \qquad\qquad \cdots\cdots \\ x^k y^{(k)} = D(D-1)\cdots(D-k+1)y. \end{cases} \tag{12}$$

将(12)式代入欧拉方程(11)，就得到一个以 t 为自变量的常系数线性微分方程. 在求出这个方程的解后，把 t 换成 $\ln x$ 即得原方程的解.

例 5　求欧拉方程 $x^3 y''' - x^2 y'' + xy' = x^2$ 的通解.

解　令 $x = \mathrm{e}^t$，则由(12)式，原方程可化为

$$D(D-1)(D-2)y - D(D-1)y + Dy = \mathrm{e}^{2t} ,$$

整理得

$$D^3 y - 4D^2 y + 4Dy = \mathrm{e}^{2t} ,$$

---

③这里仅在 $x > 0$ 的范围内求解. 若要在 $x < 0$ 的范围内求解，可作变换 $x = -\mathrm{e}^t$ 或 $t = \ln(-x)$.

④这里的乘法为形式上的乘法.

即

$$\frac{\mathrm{d}^3 y}{\mathrm{d}t^3} - 4\frac{\mathrm{d}^2 y}{\mathrm{d}t^2} + 4\frac{\mathrm{d}y}{\mathrm{d}t} = \mathrm{e}^{2t}. \tag{13}$$

方程(13)对应的齐次方程为 $\dfrac{\mathrm{d}^3 y}{\mathrm{d}t^3} - 4\dfrac{\mathrm{d}^2 y}{\mathrm{d}t^2} + 4\dfrac{\mathrm{d}y}{\mathrm{d}t} = 0$. 这是一个三阶常系数线性微分

方程, 它的特征方程为 $\lambda^3 - 4\lambda^2 + 4\lambda = 0$, 特征根为 $\lambda_1 = 0$, $\lambda_2 = \lambda_2 = 2$, 通解为

$y = C_1 + (C_2 + C_3 t)\mathrm{e}^{2t}$. (13)式的一个特解形式可写为

$$y^* = a t^2 \mathrm{e}^{2t},$$

将上式代入(13)式可求出 $a = \dfrac{1}{4}$, 故(13)式的通解为 $y = C_1 + (C_2 + C_3 t)\mathrm{e}^{2t} + \dfrac{1}{4}t^2\mathrm{e}^{2t}$,

从而原方程的通解为

$$y = C_1 + (C_2 + C_3 \ln x)x^2 + \frac{1}{4}(\ln x)^2 x^2.$$

习 题 12.9

1. 用适当的方法求下列微分方程的通解.

(1) $y' = \dfrac{2x + y}{3x + 2y}$;

(2) $xy' + x\tan\dfrac{y}{x} = y$;

(3) $y' = \dfrac{y}{x}\ln\dfrac{y}{x}$;

(4) $\dfrac{\mathrm{d}y}{\mathrm{d}x} = -\dfrac{x - y - 1}{x + 4y - 1}$;

(5) $y' = \dfrac{x + y}{2x + 2y - 1}$;

(6) $y' - y = xy^4$;

(7) $y' + \dfrac{xy}{1 - x^2} = x\sqrt{y}$;

(8) $x^2 y'' + 3xy' + y = 0$;

(9) $x^3 y''' + 3x^2 y'' - 2xy' + 2y = 0$;

(10) $x^2 y'' - xy' + y = x$

2. 设 $y(x)$ 是区间 $\left(0, \dfrac{3}{2}\right)$ 内的可导函数, 且 $y(1) = 0$, 点 M 是曲线 $C: y = y(x)$ 上的任意一点, C 在点 M 处的切线与 y 轴相交于点 $(0, Y_M)$, 法线与 x 轴相交于点 $(X_M, 0)$, 若 $X_M = Y_M$, 求 C 上点的坐标 (x, y) 满足的方程.

*12.10　微分方程的幂级数解法

通过前面介绍的一些方法，我们可以将某些常微分方程的通解用初等函数或其积分表达式表出. 但在实际问题中，我们往往不能求出微分方程的通解的表达式. 在这种情况下，我们必须使用其他的一些方法去求微分方程的解. 常用的有幂级数解法和数值解法. 本节我们介绍幂级数解法.

对于初值问题

$$\begin{cases} \dfrac{\mathrm{d}y}{\mathrm{d}x} = f(x, y), \\ y\big|_{x=x_0} = y_0, \end{cases} \tag{1}$$

如果 $f(x, y)$ 是 $(x-x_0)$，$(y-y_0)$ 的多项式，这时我们可以设所求的特解可展开为 $(x-x_0)$ 的幂级数

$$y = \sum_{k=0}^{\infty} a_k (x-x_0)^k , \tag{2}$$

其中 a_k 是待定的常数. 把(2)式代入(1)式中，便得到一个恒等式，比较恒等式两端 $(x-x_0)$ 的同幂次的系数，就可定出常数 a_k，以这些常数为系数的级数(2)在其收敛区间内就是初值问题的解.

例 1　试求解初值问题 $\begin{cases} y' = x + y^2, \\ y(0) = 0. \end{cases}$

解　设有幂级数解 $y = a_0 + a_1 x + a_2 x^2 + a_3 x^3 + a_4 x^4 + a_5 x^5 + \cdots$，由初始条件知 $a_0 = 0$，将 y 及 y' 的表达式代入原方程，得

$$a_1 + 2a_2 x + 3a_3 x^2 + \cdots + na_n x^{n-1} + \cdots$$
$$= x + (a_1 x + a_2 x^2 + a_3 x^3 + \cdots + a_n x^n + \cdots)^2$$
$$= x + a_1^2 x^2 + 2a_1 a_2 x^3 + (a_2^2 + 2a_1 a_3) x^4 + \cdots.$$

比较等式两端同幂次的系数得

$$\begin{cases} a_1 = 0, \\ 2a_2 = 1, \\ 3a_3 = a_1^2, \\ 4a_4 = 2a_1 a_2, \\ 5a_5 = a_2^2 + 2a_1 a_3, \\ \cdots\cdots \end{cases}$$

由此解得 $a_1 = 0$ ，$a_2 = \dfrac{1}{2}$ ，$a_3 = 0$ ，$a_4 = 0$ ，$a_5 = \dfrac{1}{20}$ ，$\cdots$. 于是，初值问题的幂级数解为

$$y = \frac{1}{2}x^2 + \frac{1}{20}x^5 + \cdots .$$

对于二阶齐次线性微分方程

$$y'' + P(x)y' + Q(x)y = 0 , \tag{3}$$

当 $P(x)$ 和 $G(x)$ 在某个区间 $-R < x < R$ 内能展开为 x 的幂级数时，那么在区间 $-R < x < R$ 内，(3)式必存在形如

$$y = \sum_{k=0}^{\infty} a_k x^k$$

的解.

例 2 求解勒让德(Legendre)方程

$$(1 - x^2)y'' - 2xy' + n(n+1)y = 0 , \tag{4}$$

其中 n 为常数.

解 设方程有幂级数解 $y = \sum\limits_{k=0}^{\infty} a_k x^k$ ，其一阶、二阶导数分别为

$$y' = \sum_{k=1}^{\infty} ka_k x^{k-1} ,$$

$$y'' = \sum_{k=2}^{\infty} k(k-1)a_k x^{k-2} .$$

将它们代入(4)式并整理得

$$\sum_{k=0}^{\infty} \{(k+2)(k+1)a_{k+2} + [n(n+1) - 2k - k(k-1)]a_k\}x^k = 0 ,$$

即

$$\sum_{k=0}^{\infty} \{(k+2)(k+1)a_{k+2} + (n-k)(n+k+1)a_k\}x^k = 0 .$$

因此我们得到 a_k 应满足的关系式

$$(k+2)(k+1)a_{k+2} + (n-k)(n+k+1)a_k = 0 ,$$

$$a_{k+2} = -\frac{(n-k)(n+k+1)}{(k+2)(k+1)}a_k \quad (k = 0,1,2,\cdots) .$$

由上述递推公式可得

$$\begin{cases} a_{2m} = (-1)^m \{[(n-2m+2)\cdots(n-2)n(n+1)(n+3)\cdots(n+2m-1)] / (2m)!\}a_0, \\ a_{2m+1} = (-1)^m \{[(n-2m+1)\cdots(n-3(n-1)(n+2)(n+4)\cdots(n+2m)] / (2m+1)!\}a_1. \end{cases} \tag{5}$$

于是勒让德方程的通解为

$$y = \sum_{k=0}^{\infty} a_{2m} x^{2m} + \sum_{k=0}^{\infty} a_{2m+1} x^{2m+1} ,$$

其中 a_{2m} ， a_{2m+1} 由(5)式给出.

例 3　求零阶贝塞尔(Bessel)方程 $xy'' + y' + xy = 0$ 的一个特解.

解　设方程有幂级数解 $y = \sum_{k=0}^{\infty} a_k x^k$ ，将其代入贝塞尔方程后整理得到

$$a_1 + \sum_{k=2}^{\infty} (a_{k-2} + k^2 a_k) x^{k-1} = 0 .$$

于是

$$a_1 = 0 , \qquad a_k = -\frac{a_{k-2}}{k^2} \qquad (k = 2,3,4,\cdots) ,$$

从而

$$\begin{cases} a_{2k-1} = 0, \\ a_{2k} = (-1)^k \dfrac{a_0}{4^k (k!)^2}. \end{cases}$$

取 $a_0 = 1$ ，便得方程的一个特解，

$$y = \sum_{k=0}^{\infty} (-1)^k \frac{a_0}{4^k (k!)^2} x^{2k} .$$

上式右端的幂级数在区间 $(-\infty, +\infty)$ 内定义了一个特殊函数，称为零阶贝塞尔函数.

*习　题　12.10

*使用幂级数求下列方程的解.

(1)　$y' + xy = x + 1$ ；

(2)　$xy' - y = x^2$ ；

(3)　$y'' + xy' + y = 0$ ；

(4)　$4xy'' + 2y' + y = 0$.

12.11　数 学 实 验

实验一　常微分方程的解析解

微分方程的解析解的 MATLAB 指令

dsolve('S', 's1', 's2', ⋯, 'x')

其中 S 为方程，$s1$，$s2$，$s3$，⋯为初始条件，x 为自变量. 方程 S 中用 D 表示求导数，$D2$，$D3$，⋯表示二阶、三阶等高阶导数；初始条件缺省时，给出带任意常数 $C1$，$C2$，⋯的通解；自变量缺省值为 t，也可求解微分方程组.

例 1 求解下列微分方程(组):

(1) $\dfrac{\mathrm{d}y}{\mathrm{d}x} = 1 + y^2$;

(2) $\begin{cases} \dfrac{\mathrm{d}y}{\mathrm{d}x} = 1 + y^2, \\ y(0) = 1; \end{cases}$

(3) $\begin{cases} \dfrac{\mathrm{d}^2 x}{\mathrm{d}t^2} + 2\dfrac{\mathrm{d}x}{\mathrm{d}t} + 2x = \mathrm{e}^t, \\ x(0) = 1, x'(0) = 0; \end{cases}$

(4) $\begin{cases} \dfrac{\mathrm{d}f}{\mathrm{d}t} = 3f + 4\dfrac{\mathrm{d}g}{\mathrm{d}t}, \\ \dfrac{\mathrm{d}g}{\mathrm{d}t} = -4f + 3\dfrac{\mathrm{d}g}{\mathrm{d}t}. \end{cases}$

```
(1)dsolve('Dy=1+y^2')
ans=tan(t+C1)
(2)y=dsolve('Dy=1+y^2', 'y(0)=1', 'x')
y=tan(x+1/4*pi)
(3)x=dsolve('D2x+2*D1x+2*x=exp(t)', 'x(0)=1', 'Dx(0)=0')
x=1/5*exp(t)+3/5*exp(-t)*sin(t)+4/5*exp(-t)*cos(t)

(4)S=dsolve('Df=3*f+4*g', 'Dg=-4*f+3*g')        %解微分方程组
S=
    f: [1x1 sym]
    g: [1x1 sym]
```

计算结果返回在一个结构 S 中，为了看到其中 f，g 的值，有如下指令:

```
f=S. f
g=S. g
f=exp(3*t)*(cos(4*t)*C1+sin(4*t)*C2)
g=-exp(3*t)*(sin(4*t)*C1-cos(4*t)*C2)
```

例 2 求微分方程组 $\dfrac{\mathrm{d}x}{\mathrm{d}t} = y$, $\dfrac{\mathrm{d}y}{\mathrm{d}t} = -x$ 的解.

```
S=dsolve('Dx=y, Dy=-x');
disp([blanks(12),'x',blanks(21),'y']), disp([S. x, S. y])
          x                     y
[cos(t)*C1+sin(t)*C2, -sin(t)*C1+cos(t)*C2]
```

例 3　图示微分方程 $y = xy' - (y')^2$ 的通解和奇解的关系.

```
y=dsolve('y=x*Dy-(Dy)^2', 'x')
clf, hold on, ezplot(y(2), [-6, 6, -4, 8], 1)
cc=get(gca, 'Children');
set(cc, 'Color', 'r', 'LineWidth', 5)
for k=-2: 0. 5: 2; ezplot(subs(y(1), 'C1', k), [-6, 6, -4,
8], 1); end
hold off, title('\fontname{隶书}\fontsize{16}通解和奇解')
y=
[x*C1-C1^2]
[1/4*x^2]
```

显示结果如图 12.6 所示.

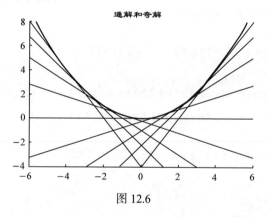

图 12.6

例 4　求解两点边值问题: $xy'' - 3y' = x^2, y(1) = 0, y(5) = 0$ (注意: 相应的数值解法比较复杂).

```
y=dsolve('x*D2y-3*Dy=x^2', 'y(1)=0, y(5)=0', 'x')
y=
-1/3*x^3+125/468+31/468*x^4
```

实验二　常微分方程的数值解

MATLAB 软件求解常微分方程的数值解函数指令:

[t, x]=ode23('xprime', to, tf, x0, tol, trace)

[t, x]=ode45('xprime', to, tf, x0, tol, trace)

或

[t, x]=ode23('xprime', [t0, tf], x0, tol, trace)

[t, x]=ode45('xprime', [t0, tf], x0, tol, trace)

说明 (1) 两个指令的调用格式完全相同, 均为用 Runge-Kutta 法.

(2) 该指令是针对一阶常微分设计的. 因此, 假如待解的是高阶微分方程, 那么它必须先演化为形如 $\dot{x} = f(x,t)$ 的一阶微分方程组, 即 "状态方程".

(3) 'xprime'是定义 $f(x,t)$ 的函数文件名. 该函数文件必须以 $\dot{x}$ 为一个列向量输出, 以 t, x 为输入参量(注意变量的次序不可颠倒, 一定先 "时间变量", 后 "状态变量").

(4) 输入参量 t0 和 tf 分别是积分的起始值和终止值.

(5) 输入参量 x0 为初始状态列向量.

(6) 输出参量 t 和 x 分别给出 "时间" 向量和相应的状态向量.

(7) tol 控制解的精度, 可缺省. 缺省时, ode23 默认 tol=1. e-3; ode45 默认 tol=1. e-6.

(8) 输入参量 trace 控制求解的中间结果是否显示, 可缺省. 缺省时, 默认 tol=0, 不显示中间结果.

(9) 一般地, 两者分别采用自适应变步长(即当解的变化较慢时采用较大的步长, 从而使得计算速度快; 当解的变化速度较快时步长会自动地变小, 从而使得计算精度高)的二、三阶 Runge-Kutta 算法和四、五阶 Runge_Kutta 算法, ode45 比 ode23 的积分分段少, 而运算速度快.

例 5 求初值问题 $\begin{cases} y' = \dfrac{y^2 - t - 2}{4(t+1)}, & 0 \leqslant t \leqslant 10, \\ y(0) = 2 \end{cases}$ 的数值解, 并与解析解 $y(t) = \sqrt{t+1} + 1$ 相比较.

解 (1) 建立函数文件 funt.m.

```
function yp=funt(t, y)
yp=(y^2-t-2)/4/(t+1);
```

(2) 求解微分方程.

```
t0=0; tf=10; y0=2;
[t, y]=ode23('funt', [t0, tf], y0);
y1=sqrt(t+1)+1;
t', y', y1'
plot(t, y, '-r', t, y1, ': b')
legend('数值解 ', '解析解 ')
ans=
Columns 1 through 7
```

```
0    0.3200   0.9380   1.8105   2.8105   3.8105   4. 8105
Columns 8 through 13
5.8105    6.8105    7.8105    8.8105    9.8105  10.0000
ans=
Columns 1 through 7
2.0000  2.1490  2.3929  2.6786  2.9558  3.1988  3. 4181
Columns 8 through 13
3.6198  3.8079  3.9849  4.1529  4.3133  4.3430
ans=
Columns 1 through 7
2.0000  2.1489  2.3921  2.6765  2.9521  3.1933  3. 4105
Columns 8 through 13
3.6097  3.7947  3.9683  4.1322  4.2879  4.3166
```

显示图像如图 12.7 所示.

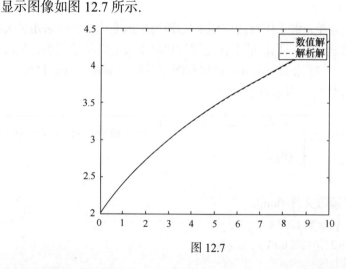

图 12.7

例 6　求著名的 van der Pol 方程 $\ddot{x}+(x^2-1)\dot{x}+x=0$ 的数值解，并绘制其时间响应曲线和状态轨迹图.

(1) 演化为状态方程.

令 $x_1=\dot{x}, x_2=x$，把 $\ddot{x}+(x^2-1)\dot{x}+x=0$ 写成状态方程 $\begin{cases}\dot{x}_1=(1-x_2^2)x_1-x_2, \\ \dot{x}_2=x_1.\end{cases}$

(2) 建立函数文件 vdp.m.

```
function  xdot=vdp(t, x)
xdot=zeros(2, 1);        % 使 xdot 成为二元零向量(采用列向量, 以便
```

被 MATLAB 其他指令调用)

```
xdot(1)=(1-x(2)^2)*x(1)-x(2);
xdot(2)=x(1);
```

或者

```
function  xdot=vdp(t, x)
xdot(1)=(1-x(2)^2)*x(1)-x(2);
xdot(2)=x(1);
xdot=xdot'            %采用列向量，以便被 MATLAB 其他指令调用
```

或者

```
function  xdot=vdp(t, x)
xdot=[(1-x(2)^2)*x(1)-x(2); x(1)];
```

或者

```
function  xdot=vdp(t, x)
xdot=[(1-x(2)^2), -1; 1, 0]*x;
```

(3) 求解微分方程.

```
t0=0; tf=20; x0=[0, 0. 25]';
[t, x]=ode23('vdp', t0, tf, x0);
subplot(1, 2, 1)
plot(t, x(:, 1), ': b', t, x(:, 2), '-r')
legend('速度', '位移')
subplot(1, 2, 2)
plot(x(:, 1), x(:, 2))
```

van der Pol 方程的时间响应曲线和状态轨迹见图 12.8.

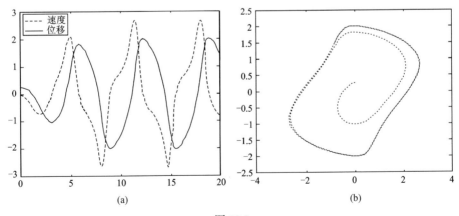

图 12.8

实验三　狗追咬人的数学模型

1. 问题的提出

一个人在平面上沿椭圆以恒定的速率 $v=1$ 慢跑，设椭圆方程为

$$x=10+20\cos(t), \quad y=20+5\sin(t)$$

突然有一条狗攻击他，这条狗从原点出发，以恒定速率 w 跑向这个人，狗的运动方向始终指向这个人，分别求出 $w=20, w=5$ 时的狗的运动轨迹. 问狗是否能够追咬到此人.

2. 问题的求解

1) 模型建立

设时刻 t 慢跑者的坐标为 $(X(t), Y(t))$，狗的坐标为 $(x(t), y(t))$. 则 $X=10+20\cos t$，$Y=20+15\sin t$，狗从 $(0, 0)$ 出发，由于狗头始终对准慢跑者，依据狗的轨迹曲线的切线，建立狗的运动轨迹的参数方程：

$$\begin{cases} \dfrac{dx}{dt} = \dfrac{w}{\sqrt{(10+20\cos t - x)^2 + (20+15\sin t - y)^2}}(10+20\cos t - x), \\[3mm] \dfrac{dy}{dt} = \dfrac{w}{\sqrt{(10+20\cos t - x)^2 + (20+15\sin t - y)^2}}(20+15\sin t - y), \\[3mm] x(0)=0, \ y(0)=0. \end{cases}$$

2) 模型求解

(1) $w=20$ 时，建立 m-文件 fun1.m 如下：

```
function dy=fun1(t, y)
dy=zeros(2, 1);
dy(1)=20*(10+20*cos(t)-y(1))/sqrt
((10+20*cos(t)-y(1))^2+(20+15*sin(t)-y(2))^2);
dy(2)=20*(20+15*sin(t)-y(2))/sqrt
((10+20*cos(t)-y(1))^2+(20+15*sin(t)-y(2))^2);
```

取 t0=0，tf=10，建立主程序 zhui1.m 如下：

```
t0=0; tf=10;
[t, y]=ode45('fun1', [t0 tf], [0 0]);
T=0: 0. 1: 2*pi;
X=10+20*cos(T);
```

```
Y=20+15*sin(T);
plot(X, Y, '-')
hold on
plot(y(:, 1), y(:, 2), '*')
```

在 zhui1.m 中, 不断修改 tf 的值, 分别取 tf=5, 2.5, 3.5, 直至 3.15 时, 狗刚好追上慢跑者(图 12.9).

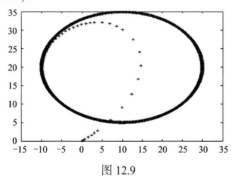

图 12.9

(2) $w=5$ 时, 建立 m-文件 fun2.m 如下:

```
function dy=fun2(t, y)
dy=zeros(2, 1);
dy(1)=5*(10+20*cos(t)-y(1))/sqrt
((10+20*cos(t)-y(1))^2+(20+15*sin(t)-y(2))^2);
dy(2)=5*(20+15*sin(t)-y(2))/sqrt
((10+20*cos(t)-  y(1))^2+(20+15*sin(t)-y(2))^2);
```

取 t0=0, tf=10, 建立主程序 zhui2.m 如下:

```
t0=0; tf=10;
[t, y]=ode45('fun2', [t0 tf], [0 0]);
T=0: 0. 1: 2*pi;
X=10+20*cos(T);
Y=20+15*sin(T);
plot(X, Y, '-')
hold on
plot(y(:, 1), y(:, 2), '*')
```

在 zhui2.m 中, 不断修改 tf 的值, 分别取 tf=20, 40, 80, ···, 可以看出, 狗永远追不上慢跑者(图 12.10).

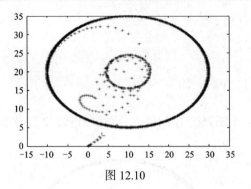

图 12.10

总 习 题 12

1. 选择题.

(1) 一曲线 $y = y(x)$ 在其上任一点 (x, y) 的切线斜率为 $-\dfrac{2x}{y}$ ，则此曲线是( ).

(A) 直线   (B) 抛物线   (C) 圆   (D) 椭圆

(2) 设函数 $\varphi(x)$ 具有二阶连续导数， $\varphi(0) = 0$ ， $\varphi(x)y\mathrm{d}x + [\sin x - \varphi(x)]\mathrm{d}y = 0$ 是一个全微分方程，则 $\varphi(x) = ($).

(A) $-\dfrac{1}{2}\mathrm{e}^{-x} + \dfrac{1}{2}\cos x + \dfrac{1}{2}\sin x$ (B) $x^3 - \dfrac{1}{2}x^2 + 1$

(C) $x^2\mathrm{e}^x - 2$ (D) $C_1\cos x + C_2\sin x + \dfrac{x}{2}\cos x$

(3) 微分方程 $y'' - 4y' + 4y = \sin x + 8\mathrm{e}^{2x}$ 的一个特解应具有的形式是( ).

(A) $a\sin x + b\mathrm{e}^{2x}$ (B) $a\sin x + b\cos x + c\mathrm{e}^{2x}$

(C) $a\sin x + b\cos x + cx^2\mathrm{e}^{2x}$ (D) $a\sin x + b\cos x + cx\mathrm{e}^{2x}$

2. 求解下列微分方程.

(1) $y'' - 2y' + 2y = \mathrm{e}^x + 25x\cos x$.   (2) $y'' + 2y = x^2 + 2x$.

(3) $(2x + y)\mathrm{d}x - (x + 2y)\mathrm{d}y = 0$.   (4) $(x^2 + y^2 + x)\mathrm{d}x + y\mathrm{d}y = 0$.

(5) $x^2y'' = (y')^2 + 2xy'$.   (6) $y'' + y = \cos x\sin 2x$.

(7) $y'' - y = x\cos x$.   (8) $(y^2 - 6x)y' + 2y = 0$.

(9) $\dfrac{\mathrm{d}y}{\mathrm{d}x} = \dfrac{y}{2(\ln y - x)}$.

3. 试写出以 $y = C_1\mathrm{e}^{5x} + C_2\mathrm{e}^{2x}$ 为通解的二阶线性微分方程.

4. 已知某曲线经过点 $(1,1)$ ，它的切线在纵轴上的截距等于切点的横坐标，求该曲线的方程.

5. 设 $y = f(x)$ 为可微函数，且满足 $\displaystyle\int_0^x f(x)\mathrm{d}x = x + \int_0^x tf(x - t)\mathrm{d}t$ ，求 $f(x)$.

6. 镭的衰变速度与镭的现存量成正比. 由经验得知，镭经过 1600 年后，只余原始量 M_0 的一半. 试求镭在任意时刻 t 的含量 $M(t)$ 与时间 t 的函数关系.

7. 设曲线 L 的极坐标方程为 $r = r(\theta)$，$M(r, \theta)$ 为 L 上任一点，$M_0(2, 0)$ 为 L 上一定点，若极径 OM_0，OM 与曲线 L 所围成的曲边扇形面积值等于 L 上 M_0，M 两点间弧长值的一半，求曲线 L 的方程.

8. 设 $f(x)$ 具有二阶连续导数，$f(0) = 0$，$f'(0) = 1$，曲线积分

$$\int_L \left[xy(x+y) - f(x)y \right] \mathrm{d}x + \left[f'(x) + x^2 y \right] \mathrm{d}y$$

与路径无关. 求函数 $f(x)$，并求积分 $\int_{(0,0)}^{(a,b)} \left[xy(x+y) - f(x)y \right] \mathrm{d}x + \left[f'(x) + x^2 y \right] \mathrm{d}y$.

9. 设函数 $f(x)$ 在 $(-\infty, +\infty)$ 内有定义，对任意 x，$y \in (-\infty, +\infty)$，满足 $f(x+y) = f(x)\mathrm{e}^y + f(y)\mathrm{e}^x$，且 $f'(0) = 1$，证明：$f(x)$ 在 $(-\infty, +\infty)$ 内处处可导，并求出函数 $f(x)$.

10. 若 y_1 和 y_2 是微分方程 $y'' + P(x)y' + Q(x)y = 0$ 的两个解，$W = \begin{vmatrix} y_1 & y_2 \\ y_1' & y_2' \end{vmatrix} = y_1 y_2' - y_1' y_2$.

试证：

(1) y_1 和 y_2 线性无关的充分必要条件为 $W \neq 0$.

(2) 当 y_1 和 y_2 线性无关时，$P(x) = -\dfrac{W'}{W}$，$Q(x) = \dfrac{y_1' y_2'' - y_1'' y_2'}{W}$.

自 测 题 12

1. 判断下列命题是否正确.

(1) 微分方程的通解就是微分方程的全部解；

(2) 方程 $\dfrac{\mathrm{d}y}{\mathrm{d}x} = xy$ 与方程 $\dfrac{\mathrm{d}y}{y} = x\mathrm{d}x$ 是同解方程；

(3) 若方程 $f(y)\mathrm{d}x + g(x)\mathrm{d}y = 0$ 是全微分方程，其中 f，g 为可微函数，则 $f(y) = ay + b$，$g(x) = ax + d$；

(4) 若 y_1 和 y_2 是微分方程 $y'' + P(x)y' + Q(x)y = 0$ 的两个解，则 $y = C_1 y_1 + C_2 y_2$ 是方程 $y'' + P(x)y' + Q(x)y = 0$ 的通解；

(5) 若 y_1 和 y_2 是微分方程 $y'' + P(x)y' + Q(x)y = f(x)$ 的两个解，则 $y = y_1 - y_2$ 是微分方程 $y'' + P(x)y' + Q(x)y = 0$ 的一个解；

(6) 微分方程 $(y')^2 + y' = 2$ 为高阶微分方程.

2. 填空题.

(1) 一阶线性微分方程 $y' + P(x)y = f(x)$ 的一个积分因子是_____；

(2) 方程 $y'' - 6y' + 5y = 0$ 的通解是_____；

(3) 方程 $y'' - 6y' + 5y = x\mathrm{e}^x$ 的一个特解的形式是_____；

(4) 方程 $y'' - 3y' - 4y = (x+1)\mathrm{e}^{\frac{3}{2}x} \sin\dfrac{5}{2}x$ 的一个特解的形式是_____；

(5) 已知 $y_1 = x$，$y_2 = x + \mathrm{e}^x$，$y_3 = 1 + x + \mathrm{e}^x$ 是微分方程 $y'' + a(x)y' + b(x)y = d(x)$ 的三个解，则方程 $y'' + a(x)y' + b(x)y = 0$ 满足 $y(0) = 0, y'(0) = 1$ 的解 $y(x) =$_____.

3．用适当的方法求下列微分方程的通解.

(1)　$y - xy' = y^2 + y'$ ；

(2)　$\cos^2 xy' + y = \tan x$ ；

(3)　$xy' - x\sin\dfrac{y}{x} - y = 0$ ；

(4)　$x\mathrm{d}y - [y + xy^3(1 + \ln x)]\mathrm{d}x = 0$ ；

(5)　$yy'' + 2(y')^2 = 0$ ；

(6)　$y'' + 4y = \mathrm{e}^x \sin 2x$.

4．求微分方程 $y'' + \lambda^2 y = \sin x \ (\lambda > 0)$ 的通解.

5．求微分方程 $x\mathrm{d}y + (x - 2y)\mathrm{d}x$ 的一个解 $y = y(x)$ ，使得由曲线 $y = y(x)$ 与直线 $x = 1$ ，$x = 2$ 以及 x 轴围成的平面图形绕 x 轴旋转一周的旋转体体积最小.

6．设 $r = \sqrt{x^2 + y^2 + z^2}$ ，求函数 $f(r)$ 的表达式，满足 $\mathrm{div}\big(\mathbf{grad}(f(r))\big) = 0$.

习题答案与提示

第 8 章

习　题　8.1

1. (1) 开区域；　　　(2) 非区域；　　　　(3) 非开非闭区域；　　　　(4) 开区域.

2. $f\left(\dfrac{1}{x},\dfrac{1}{y}\right)=\dfrac{1}{xy}+\dfrac{y}{x}$，　$f\left(xy,\dfrac{x}{y}\right)=x^2+y^2$.

3. (1) $D=\left\{(x,y)\big|\,|x|\leqslant 1,|y|>1\right\}$；　　　(2) $D=\left\{(x,y)\Big|\,0\leqslant\dfrac{y}{x}\leqslant 2\text{且}x\neq 0\right\}$；

   (3) $D=\left\{(x,y)\big|\,0\leqslant y\leqslant x^4\right\}$；　　　(4) $D=\left\{(x,y)\big|\,x^2+y^2>1\right\}$；

   (5) $D=\left\{(x,y,z)\big|\,x\geqslant 0,y\geqslant 0,z\geqslant 0,x^2+y^2+z^2<1\right\}$；

   (6) $D=\left\{(x,y,z)\big|\,x^2+y^2-z^2\geqslant 0,x^2+y^2\neq 0\right\}$.

4. (1) 1；　　(2) 1；　　　(3) 0；　　　(4) 2；　　　(5) e；　　　(6) 1.

6. (1) $\left\{(x,y)\big|\,x+y=0\right\}$；　　　　(2) $\left\{(x,y)\big|\,y^2=2x\right\}$；

   (3) $\left\{(x,y)\Big|\,y=0\text{或}xy=k\pi+\dfrac{\pi}{2},k\in\mathbf{Z}\right\}$；　(4) $\left\{(x,y)\big|\,3x+y=0\right\}$.

习　题　8.2

1. (1) $\dfrac{\partial z}{\partial x}=-\dfrac{y}{x^2+y^2}$，　$\dfrac{\partial z}{\partial y}=\dfrac{x}{x^2+y^2}$；　　　(2) $\dfrac{\partial z}{\partial x}=\dfrac{1}{x+\ln y}$，　$\dfrac{\partial z}{\partial y}=\dfrac{1}{y(x+\ln y)}$；

   (3) $\dfrac{\partial z}{\partial x}=\mathrm{e}^{xy}[y(\sin x+\cos y)+\cos x]$，　$\dfrac{\partial z}{\partial y}=\mathrm{e}^{xy}[x(\sin x+\cos y)-\sin y]$；

   (4) $\dfrac{\partial z}{\partial x}=\dfrac{1}{y}-\dfrac{y}{x^2}$，　$\dfrac{\partial z}{\partial y}=\dfrac{1}{x}-\dfrac{x}{y^2}$；　　　(5) $\dfrac{\partial z}{\partial x}=\dfrac{1}{2x\sqrt{\ln(xy)}}$，　$\dfrac{\partial z}{\partial y}=\dfrac{1}{2y\sqrt{\ln(xy)}}$；

   (6) $\dfrac{\partial z}{\partial x}=\dfrac{1}{\sqrt{x^2-y^2}}$，　$\dfrac{\partial z}{\partial y}=-\dfrac{y}{x\sqrt{x^2-y^2}+(x^2-y^2)}$；

   (7) $\dfrac{\partial u}{\partial x}=\tan(yz)$，　$\dfrac{\partial u}{\partial y}=xz\sec^2(yz)$，　$\dfrac{\partial u}{\partial z}=xy\sec^2(yz)$；

   (8) $\dfrac{\partial u}{\partial x}=2xy^2\cdot 2^{xz}+(xy)^2\cdot z\cdot 2^{xz}\cdot\ln 2$，　$\dfrac{\partial u}{\partial y}=2x^2y\cdot 2^{xz}$，　$\dfrac{\partial u}{\partial z}=(xy)^2\cdot x\cdot 2^{xz}\cdot\ln 2$.

2. (1) $z_x(0,1) = e$, $z_y(1,0) = 0$;　　　　　　　(2) $z_x(0,0) = 1$, $z_y(0,0) = -1$;

   (3) $u_x(1,2,3) = 54$, $u_y(1,2,3) = 27$, $u_z(1,2,3) = 27\ln 3$.

3. 0.

4. (1) $z_{xx} = \dfrac{2}{x^3 y}$, $z_{yy} = \dfrac{2}{xy^3}$, $z_{xy} = z_{yx} = \dfrac{1}{x^2 y^2}$;

   (2) $z_{xx} = (\ln y) \cdot (\ln y - 1) x^{\ln y - 2}$, $z_{yy} = x^{\ln y} \ln x \cdot \dfrac{\ln x - 1}{y^2}$, $z_{xy} = z_{yx} = x^{\ln y - 1} \cdot \dfrac{1 + \ln y \ln x}{y}$;

   (3) $z_{xx} = \dfrac{2x(x^2 - 3y^2)}{(x^2 + y^2)^3}$, $z_{yy} = \dfrac{-2x(x^2 - 3y^2)}{(x^2 + y^2)^3}$, $z_{xy} = z_{yx} = \dfrac{2y(3x^2 - y^2)}{(x^2 + y^2)^3}$;

   (4) $z_{xx} = e^{x^2 + xy + y^2}(2 + 4x^2 + 4xy + y^2)$, $z_{yy} = e^{x^2 + xy + y^2}(2 + x^2 + 4xy + 4y^2)$,

   $z_{xy} = e^{x^2 + xy + y^2}[1 + (2x + y)(x + 2y)]$.

5. $\dfrac{\partial^2 z}{\partial x^2} = 6xy^2$, $\dfrac{\partial^3 z}{\partial x^3} = 6y^2$, $\dfrac{\partial^3 z}{\partial x^2 \partial y} = 12xy$, $\dfrac{\partial^3 z}{\partial y^2 \partial x} = 12xy$.

6. $\dfrac{\pi}{4}$.

习　题　8.3

1. (1) $dz = \dfrac{y}{\sqrt{1 - (xy)^2}} dx + \dfrac{x}{\sqrt{1 - (xy)^2}} dy$;　　　　(2) $dz = \dfrac{2}{x^2 + y^2}(xdx + ydy)$;

   (3) $du = \dfrac{1}{\sqrt{x^2 + y^2 + z^2}}(xdx + ydy + zdz)$;　　(4) $du = \left(\dfrac{x}{y}\right)^z \left(\dfrac{z}{x} dx - \dfrac{z}{y} dy + \ln\dfrac{x}{y} dz\right)$.

2. (1) $dz = \dfrac{1}{5} dx + \dfrac{1}{5} dy$;　　　　　(2) $du = dz + \dfrac{1}{2}(dx - dy)$;　(3) $dz = -2(dx + dy)$.

3. (1) $dz = -\dfrac{x}{(x^2 + y^2)^{\frac{3}{2}}}(ydx - xdy)$;　(2) $dz\big|_{\substack{x=1 \\ y=0}} = dy$;　　　　(3) 0.1.

习　题　8.4

1. (1) $\dfrac{dz}{dt} = e^{\sin t - 2t^3}(\cos t - 6t^2)$;　　　　(2) $\dfrac{dz}{dt} = \dfrac{2x}{x^2 + y^2}\left(1 - \dfrac{1}{t^2}\right) + \dfrac{2y}{x^2 + y^2}(2t - 1)$;

   (3) $\dfrac{dz}{dt} = e^{4t}(2\sin t + 9\cos t)$;　　　　(4) $\dfrac{du}{dx} = \dfrac{1}{2}\sqrt{\dfrac{yz}{x}} + \dfrac{1}{4}\sqrt{\dfrac{z}{y}} - \dfrac{1}{2}\sqrt{\dfrac{xy}{z}} \cdot \sin x$.

2. (1) $\dfrac{\partial z}{\partial x} = \dfrac{\cos y}{y \cos^2 x}(\cos x + x\sin x)$, $\dfrac{\partial z}{\partial y} = -\dfrac{x}{y^2 \cos x}(\cos y + y\sin y)$;

   (2) $\dfrac{\partial z}{\partial x} = -\dfrac{y}{x^2 + y^2}$, $\dfrac{\partial z}{\partial y} = \dfrac{x}{x^2 + y^2}$;

   (3) $\dfrac{\partial z}{\partial x} = (e^v - ve^{-u})e^x + (ue^v + e^{-u}) \cdot 2xy$, $\dfrac{\partial z}{\partial y} = (ue^v + e^{-u})x^2$.

3. (1) $\dfrac{\partial u}{\partial x} = f_1' \cdot y + f_2' \cdot \left(-\dfrac{y}{x^2}\right)$, $\dfrac{\partial u}{\partial y} = x \cdot f_1' + \dfrac{f_2'}{x}$;

(2) $\dfrac{\partial u}{\partial x} = f_1' \cdot \mathrm{e}^y + f_2'$, $\dfrac{\partial u}{\partial y} = f_1' \cdot x \mathrm{e}^y + f_3'$;

(3) $\dfrac{\partial u}{\partial x} = f_1' \cdot 2x + f_2' \cdot y$, $\dfrac{\partial u}{\partial y} = f_1' \cdot 2y + f_2' \cdot x$, $\dfrac{\partial u}{\partial z} = 3z^2 f_3'$.

4. $\varphi'(x) = f_1' + f_2' \cdot (f_1' + f_2')$, $\varphi'(1) = 17$.

5. 0.

6. (1) $\dfrac{\partial^2 z}{\partial x^2} = (\ln x + 1)^2 f_{11}'' + 4(\ln x + 1)f_{12}'' + 4f_{22}'' + \dfrac{1}{x}f_1'$, $\dfrac{\partial^2 z}{\partial x \partial y} = -(\ln x + 1)f_{12}'' - 2f_{22}''$.

(2) $\dfrac{\partial^2 z}{\partial x^2} = -\sin x \cdot f_2' + f_{11}'' + 2\cos x \cdot f_{12}'' + \cos^2 x \cdot f_{22}''$, $\dfrac{\partial^2 z}{\partial x \partial y} = -\sin y \cdot (f_{13}'' + \cos x \cdot f_{23}'')$.

习　题　8.5

1. (1) $\dfrac{\mathrm{d}y}{\mathrm{d}x} = \dfrac{x+y}{x-y}$; $\qquad\qquad\qquad$ (2) $\dfrac{\mathrm{d}y}{\mathrm{d}x} = \dfrac{y^2 - xy\ln y}{x^2 - xy\ln x}$.

2. (1) $\dfrac{\partial z}{\partial x} = \dfrac{yz - \sqrt{xyz}}{\sqrt{xyz} - xy}$, $\dfrac{\partial z}{\partial y} = \dfrac{xz - 2\sqrt{xyz}}{\sqrt{xyz} - xy}$; (2) $\dfrac{\partial z}{\partial x} = \dfrac{y\mathrm{e}^{-xy}}{\mathrm{e}^z - 2}$, $\dfrac{\partial z}{\partial y} = \dfrac{x\mathrm{e}^{-xy}}{\mathrm{e}^z - 2}$ $(\mathrm{e}^z - 2 \neq 0)$.

4. $\dfrac{\partial z}{\partial x} = \dfrac{yz}{\mathrm{e}^z - xy}$, $\dfrac{\partial z}{\partial y} = \dfrac{xz}{\mathrm{e}^z - xy}$. $\dfrac{\partial^2 z}{\partial x^2} = \dfrac{2y^2 z(\mathrm{e}^z - xy) - y^2 z^2 \mathrm{e}^z}{(\mathrm{e}^z - xy)^3}$, $\dfrac{\partial^2 z}{\partial x \partial y} = \dfrac{z\mathrm{e}^{2z} - x^2 y^2 z - xyz^2 \mathrm{e}^z}{(\mathrm{e}^z - xy)^3}$.

5. $\dfrac{\partial z}{\partial y} = \dfrac{y\varphi\left(\dfrac{z}{y}\right) - z\varphi'\left(\dfrac{z}{y}\right)}{2yz - y\varphi'\left(\dfrac{z}{y}\right)}$.

6. (1) $\dfrac{\mathrm{d}y}{\mathrm{d}x} = -\dfrac{4x}{5y}$, $\dfrac{\mathrm{d}z}{\mathrm{d}x} = \dfrac{x}{5z}$;

(2) $\dfrac{\partial u}{\partial x} = -\dfrac{xu + yv}{x^2 + y^2}$, $\dfrac{\partial v}{\partial x} = \dfrac{yu - xv}{x^2 + y^2}$, $\dfrac{\partial u}{\partial y} = \dfrac{xv - yu}{x^2 + y^2}$, $\dfrac{\partial v}{\partial y} = -\dfrac{xu + yv}{x^2 + y^2}$;

(3) $\dfrac{\partial v}{\partial x} = \dfrac{-\sin v}{u + \sin^2 v}$, $\dfrac{\partial u}{\partial x} = \dfrac{u\cos v}{u + \sin^2 v}$.

7. $\dfrac{\mathrm{d}z}{\mathrm{d}x} = \dfrac{f_x g_y - f_y g_x}{g_y}$.

8. $\mathrm{d}u = \left(f_x + f_z \dfrac{\mathrm{e}^x(1+x)}{\mathrm{e}^z(1+z)}\right)\mathrm{d}x + \left(f_y - f_z \dfrac{\mathrm{e}^y(1+y)}{\mathrm{e}^z(1+z)}\right)\mathrm{d}y$.

习　题　8.6

1. $\sqrt{2}\left(\dfrac{1}{2} + \ln 2\right)$.

2. $\dfrac{48}{13}$.

3. 5.

4. (1) $\left.\left(\dfrac{\partial f}{\partial x},\dfrac{\partial f}{\partial y}\right)\right|_p=(-1,0)$，方向导数为 1；

 (2) $\left.\left(\dfrac{\partial f}{\partial x},\dfrac{\partial f}{\partial y}\right)\right|_p=(3e^2,e^2)$，方向导数为 $\sqrt{10}e^2$；

 (3) $\left.\left(\dfrac{\partial f}{\partial x},\dfrac{\partial f}{\partial y},\dfrac{\partial f}{\partial z}\right)\right|_p=\left(\dfrac{1}{2},0,-2\right)$，方向导数为 $\dfrac{\sqrt{17}}{2}$.

5. $\dfrac{1}{2}$.

6. $\dfrac{\partial f}{\partial l}=\cos\alpha+\sin\alpha$；　(1) $\alpha=\dfrac{\pi}{4}$；　(2) $\alpha=\dfrac{5\pi}{4}$；　(3) $\alpha=\dfrac{3\pi}{4}$ 或 $\alpha=\dfrac{7\pi}{4}$.

7. (1) 梯度方向与指向球心的方向一致；　(2) $-\dfrac{40\sqrt{3}}{9}$.

习　题　8.7

1. (1) $\dfrac{x-\dfrac{1}{2}}{1}=\dfrac{y-2}{-4}=\dfrac{z-1}{8},2x-8y+16z-1=0$；

 (2) $\dfrac{x-\dfrac{1}{2}}{1}=\dfrac{y-1}{0}=\dfrac{z-\dfrac{3}{2}}{-3},x+3z+4=0$；　(3) $\dfrac{x-1}{4}=\dfrac{y-2}{-5}=\dfrac{z-2}{3},4x-5y+3z=0$.

2. (1) $2x+y-4=0,\dfrac{x-1}{2}=\dfrac{y-2}{1}=\dfrac{z}{0}$；　(2) $3x+2y-12z=-30,\dfrac{x-4}{3}=\dfrac{y-9}{2}=\dfrac{5-z}{-12}$.

3. $2x+2y+z-4=0$ 和 $2x+2y+z+4=0$.

5. $\cos\alpha=\dfrac{4}{\sqrt{21}}$，$\cos\beta=\dfrac{2}{\sqrt{21}}$，$\cos\gamma=-\dfrac{1}{\sqrt{21}}$.

*7. (1) 55.083；　　(2) 1.08；　　(3) 0.4977.

*8. -94.25cm^3.

*9. 绝对误差 0.319cm；相对误差 0.0354.

*10. $f(x,y)=5+2(x-1)^2-(x-1)(y+2)-(y+2)^2$.

*11. $f(x,y)=\sqrt{2}+\dfrac{\sqrt{2}}{2}(y-1)-\dfrac{\sqrt{2}}{2}x^2+\dfrac{\sqrt{2}}{8}(y-1)^2+o(x^2+(y-1)^2)$.

*12. $e^{x+y}=1+(x+y)+\dfrac{1}{2!}(x^2+2xy+y^2)+\cdots+\dfrac{1}{n!}(x^n+C_n^1x^{n-1}y+\cdots+y^n)+R_n$，其中

$$R_n=\dfrac{e^{\theta(x+y)}}{(n+1)!}(x^{n+1}+C_{n+1}^1x^ny+\cdots+y^{n+1}),\quad 0<\theta<1.$$

习 题 8.8

1. (1) 极小值 $f(1,1) = f(-1,-1) = -2$; (2) 极小值 $f(1,0) = 5$ ，极大值 $f(-3,2) = 31$;

    (3) 极小值 $f(5,2) = 30$;   (4) 极小值 $f\left(\dfrac{1}{2}, -1\right) = -\dfrac{e}{2}$.

2. (1) 最大值 7，最小值 -4;   (2) 最大值 $f(0,1) = f(1,0) = 3$ ，最小值 $f\left(\dfrac{1}{3}, \dfrac{1}{3}\right) = \dfrac{4}{3}$.

3. 点 $(\sqrt{3}, \sqrt{3})$ ，$(-\sqrt{3}, -\sqrt{3})$ ，最短距离 $\sqrt{6}$.

4. $\dfrac{\sqrt{3}}{3}$.

5. 长 $\dfrac{2p}{3}$ ，宽 $\dfrac{p}{3}$ ，矩形绕短边旋转.

6. 点 $P_1\left(\dfrac{2}{\sqrt{7}}, \dfrac{1}{\sqrt{7}}, \dfrac{1}{2\sqrt{7}}\right)$ ，最短距离 $d(P_1) = \dfrac{\sqrt{21}}{6}$ ；点 $P_2\left(-\dfrac{2}{\sqrt{7}}, -\dfrac{1}{\sqrt{7}}, -\dfrac{1}{2\sqrt{7}}\right)$ ，最长距离

$d(P_2) = \dfrac{\sqrt{21}}{2}$.

7. 极小值 $z(9,3) = 3$ ，极大值 $z(-9,-3) = -3$.

8. 令 $F(a,b,c,\lambda) = a + b + c + \lambda(abc - 1)$ ，驻点 $(1,1,1)$.

总 习 题 8

1. (1) (D);   (2) (C).

3. (1) $\dfrac{\partial z}{\partial x} = \dfrac{2xy}{1 + x^4 y^2}$ ，$\dfrac{\partial z}{\partial y} = \dfrac{x^2}{1 + x^4 y^2}$ ，$\dfrac{\partial^2 z}{\partial x^2} = \dfrac{2y - 6x^4 y^3}{(1 + x^4 y^2)^2}$ ，$\dfrac{\partial^2 z}{\partial y^2} = \dfrac{-2x^6 y}{(1 + x^4 y^2)^2}$ ，

      $\dfrac{\partial^2 z}{\partial x \partial y} = \dfrac{\partial^2 z}{\partial y \partial x} = \dfrac{2x(1 - x^4 y^2)}{(1 + x^4 y^2)^2}$;

    (2) $\dfrac{\partial z}{\partial x} = 2yx^{2y-1}$ ，$\dfrac{\partial z}{\partial y} = 2x^{2y} \ln x$ ，$\dfrac{\partial^2 z}{\partial x^2} = 2y(2y-1)x^{2y-2}$ ，$\dfrac{\partial^2 z}{\partial y^2} = 4x^{2y}(\ln x)^2$ ，

      $\dfrac{\partial^2 z}{\partial x \partial y} = \dfrac{\partial^2 z}{\partial y \partial x} = 2x^{2y-1}(1 + 2y \ln x)$;

    (3) $\dfrac{\partial z}{\partial x} = \varphi(x+y) - \varphi(x-y)$ ，$\dfrac{\partial z}{\partial y} = \varphi(x+y) + \varphi(x-y)$ ，$\dfrac{\partial^2 z}{\partial x^2} = \varphi'(x+y) - \varphi'(x-y)$ ，

      $\dfrac{\partial^2 z}{\partial y^2} = \varphi'(x+y) - \varphi'(x-y)$ ，$\dfrac{\partial^2 z}{\partial x \partial y} = \dfrac{\partial^2 z}{\partial y \partial x} = \varphi'(x+y) + \varphi'(x-y)$.

4. $f_x(x,y) = \begin{cases} \dfrac{y(y^2 - x^2)}{(x^2 + y^2)^2}, & x^2 + y^2 \neq 0, \\ 0, & x^2 + y^2 = 0; \end{cases}$ $f_y(x,y) = \begin{cases} \dfrac{x(x^2 - y^2)}{(x^2 + y^2)^2}, & x^2 + y^2 \neq 0, \\ 0, & x^2 + y^2 = 0. \end{cases}$

因为 $f(x,y)$ 在点 $(0,0)$ 处不连续，所以不可微.

5. $\dfrac{\partial z}{\partial x} = 2f_1' + \dfrac{1}{y} f_2'$ ；$\dfrac{\partial^2 z}{\partial x \partial y} = -2f_{11}'' - \left(\dfrac{2x}{y^2} + \dfrac{1}{y}\right) f_{12}'' - \dfrac{x}{y^3} f_{22}'' - \dfrac{1}{y^2} f_2'$.

6. $a = 3$ 或 $a = -2$.

7. $\dfrac{\partial^2 u}{\partial r^2} + \dfrac{1}{r^2}\dfrac{\partial^2 u}{\partial \theta^2} + \dfrac{1}{r}\dfrac{\partial u}{\partial r} = 0$.

8. $\dfrac{\partial z}{\partial x} = \dfrac{z}{x(1+z)}$, $\dfrac{\partial^2 z}{\partial x \partial y} = -\dfrac{z}{x(1+z)^3}$.

9. $\mathrm{d}z = \mathrm{d}x - \sqrt{2}\,\mathrm{d}y$.

10. $\dfrac{\mathrm{d}z}{\mathrm{d}x} = \dfrac{(f + xf')F_y - xf'F_x}{F_y + xf' \cdot F_z}$.

11. $\boldsymbol{n}^0 = \left(0, \sqrt{\dfrac{2}{5}}, \sqrt{\dfrac{3}{5}}\right)$; $\dfrac{\partial u}{\partial n} = \dfrac{\sqrt{2} + \sqrt{3}}{\sqrt{5}}$.

12. (1) $\mathbf{grad}\,u\big|_{(1,1,1)} = (1,2,3)$; 　　(2) 最大值 $\sqrt{14}$; 　　(3) 与梯度方向垂直的方向 .

13. 切平面方程 $x - 4y + 6z = 21$; 法线方程 $\dfrac{x-1}{1} = \dfrac{y+2}{-4} = \dfrac{z-2}{6}$.

14. $\dfrac{x-1}{1} = \dfrac{y+1}{-2} = \dfrac{z-1}{3}$, $\dfrac{x-\frac{1}{3}}{1} = \dfrac{y+\frac{1}{9}}{-\frac{2}{3}} = \dfrac{z-\frac{1}{27}}{\frac{1}{3}}$.

15. $\dfrac{9}{2}a^3$.

16. $a = \dfrac{1}{3}$, 切平面方程 $\sqrt{3}x + \sqrt{3}y + z - 3 = 0$.

17. 函数 $u = f(x,y,z)$ 在点 $P(x,y,z)$ 处的梯度方向与过点 P 的等值面 $P(x,y,z) = C$ 在该点的法线的一个方向相同, 且从数值较低的等值面指向数值较高的等值面, 而梯度的模等于 $z = f(x,y)$ 在这个法线方向的方向导数, 这个法线方向就是方向导数取得最大值的方向 .

18. 最大值 $f(1,0) = f(-1,0) = 3$, 最小值 $f(0,-2) = f(0,2) = -2$.

19. 最小值 $f(1.1) = \dfrac{1}{a} + \dfrac{1}{b} = 1$; 取 $x = \dfrac{u}{(uv)^{\frac{1}{a}}}$, $y = \dfrac{v}{(uv)^{\frac{1}{b}}}$, 则有 $x > 0, y > 0, xy = 1$, 而

$$\dfrac{1}{a}x^a + \dfrac{1}{b}y^b \geqslant 1 , \quad 所以 \dfrac{1}{a}u^a + \dfrac{1}{b}v^b \geqslant uv .$$

自 测 题 8

1. (1) $1 + \mathrm{e}$; 　　　　　　(2) $\dfrac{1}{2}(\mathrm{d}x - \mathrm{d}y) + \mathrm{d}z$; 　　　　　　(3) $\dfrac{\pi}{3}$;

(4) $\left(\dfrac{1}{3}, -\dfrac{1}{3}, \dfrac{2}{3}\right)$; 　　　　(5) $\dfrac{x-\sqrt{2}}{-\sqrt{2}} = \dfrac{y-\sqrt{2}}{\sqrt{2}} = \dfrac{z-\frac{\pi}{4}}{1}$.

2. (1) (C); 　　　　　　(2) (B).

3. $\dfrac{\partial z}{\partial x} = 2f' + g_u + yg_v$; $\dfrac{\partial^2 z}{\partial x \partial y} = -2f'' + xg_{uv} + g_v + xyg_{vv}$.

4. $\dfrac{\partial u}{\partial x} = -\dfrac{\sec^2(y+z)(2xz^2 \mathrm{e}^{x^2z} + y^2z\ln z)}{x^2z\mathrm{e}^{x^2z} + xy^2}$.

5. 切平面方程 $2x + 2y + z = 4$；法线方程 $\dfrac{x}{2} = \dfrac{y-1}{2} = \dfrac{z-2}{1}$.

6. (1) 沿梯度 $(-4x, -2y)$ 方向的增长率最大；$g(x, y) = 2\sqrt{4x^2 + y^2}$；

(2) 所求点为 $(10\sqrt{5}, 0)$ 或 $(-10\sqrt{5}, 0)$.

第 9 章

习　题　9.1

1. (1) $\displaystyle\iint\limits_{D}(x+y)^2\mathrm{d}\sigma \geqslant \iint\limits_{D}(x+y)^3\mathrm{d}\sigma$ ；　　　　(2) $\displaystyle\iint\limits_{D}\ln(x+y)\mathrm{d}\sigma \leqslant \iint\limits_{D}[\ln(x+y)]^2\mathrm{d}\sigma$.

2. (1) $8 \leqslant I \leqslant 8\sqrt{2}$ ；　　　　　　　　　　(2) $36\pi \leqslant I \leqslant 100\pi$.

习　题　9.2

1. (1) $\displaystyle\int_0^{\ln 2}\mathrm{d}y\int_{\mathrm{e}^y}^2 f(x, y)\mathrm{d}x$, $\displaystyle\int_1^2\mathrm{d}x\int_0^{\ln x} f(x, y)\mathrm{d}y$ ；

(2) $\displaystyle\int_1^2\mathrm{d}y\int_{\frac{1}{y}}^y f(x, y)\mathrm{d}x$, $\displaystyle\int_{\frac{1}{2}}^1\mathrm{d}x\int_{\frac{1}{x}}^2 f(x, y)\mathrm{d}y + \int_1^2\mathrm{d}x\int_x^2 f(x, y)\mathrm{d}y$ ；

(3) $\displaystyle\int_0^1\mathrm{d}y\int_{-\sqrt{y}}^{\sqrt{y}} f(x, y)\mathrm{d}x + \int_1^4\mathrm{d}y\int_{y-2}^{\sqrt{y}} f(x, y)\mathrm{d}x$, $\displaystyle\int_{-1}^2\mathrm{d}x\int_{x^2}^{x+2} f(x, y)\mathrm{d}y$ ；

(4) $\displaystyle\int_{-2}^2\mathrm{d}y\int_0^{\sqrt{4-y^2}} f(x, y)\mathrm{d}x$, $\displaystyle\int_0^2\mathrm{d}x\int_{-\sqrt{4-x^2}}^{\sqrt{4-x^2}} f(x, y)\mathrm{d}y$.

2. (1) $\dfrac{9}{8}$ ；　　　(2) 9 ；　　　(3) $\dfrac{1-\cos 1}{2}$ ；　　　(4) $\dfrac{1}{2}$ ；　　　(5) $\dfrac{2}{3}$.

3. (1) $\dfrac{1-\sin 1}{2}$ ；　　(2) $\dfrac{\sqrt{2}-1}{3}$ ；　　(3) 2 ；　　　　(4) 4 .

4. (1) $\dfrac{17}{6}$ ；　　　(2) 6π .

5. $\dfrac{4}{3}$.

6. (1) $\displaystyle\int_0^{2\pi}\mathrm{d}\theta\int_0^a f(r\cos\theta, r\sin\theta)r\mathrm{d}r$ ；　　(2) $\displaystyle\int_0^\pi\mathrm{d}\theta\int_0^{2\sin\theta} f(r\cos\theta, r\sin\theta)r\mathrm{d}r$ ；

(3) $\displaystyle\int_0^{\frac{\pi}{4}}\mathrm{d}\theta\int_0^{\frac{1}{\cos\theta}} f(r\cos\theta, r\sin\theta)r\mathrm{d}r$ ；　　(4) $\displaystyle\int_0^{\frac{\pi}{4}}\mathrm{d}\theta\int_{\frac{\sin\theta}{\cos^2\theta}}^{\frac{1}{\cos\theta}} f(r\cos\theta, r\sin\theta)r\mathrm{d}r$.

7. (1) $\dfrac{3}{4}\pi a^4$ ；　　(2) $\dfrac{2}{3}\pi R^3$ ；　　(3) $-6\pi^2$ ；　　　(4) 5π .

8. (1) $\dfrac{8}{15}$ ；　　　(2) $\dfrac{8}{3}$ ；　　　(3) $\sqrt{2}-1$ ；　　(4) $\dfrac{\pi}{4}(2\ln 2 - 1)$.

*9. (1) $\dfrac{4\sqrt{2}}{5}$;　　　 (2) $\dfrac{1}{2}\pi ab$.

*10. (1) $\dfrac{1}{2}$;　　　 (2) $\dfrac{3}{16}$;　　　　 (3) π ，$\sqrt{\pi}$.

11. $\dfrac{49}{20}$.

习　题　9.3

1. (1) $\displaystyle\int_0^1 \mathrm{d}x \int_0^{2(1-x)} \mathrm{d}y \int_0^{3\left(1-x-\frac{y}{2}\right)} f(x,y,z)\mathrm{d}z$;

  (2) $\displaystyle\int_{-1}^1 \mathrm{d}x \int_{-\sqrt{1-x^2}}^{\sqrt{1-x^2}} \mathrm{d}y \int_{x^2+2y^2}^{2-x^2} f(x,y,z)\mathrm{d}z$;

  (3) $\displaystyle\int_0^2 \mathrm{d}x \int_{-\sqrt{2x-x^2}}^{\sqrt{2x-x^2}} \mathrm{d}y \int_0^{\sqrt{4-x^2-y^2}} f(x,y,z)\mathrm{d}z$.

2. (1) 1 ;　　　　 (2) $\dfrac{3}{4}-\ln 2$;　　 (3) $\dfrac{11}{12}\pi$.

3. (1) 16 ;　　　 (2) $\dfrac{13}{4}\pi$;　　　 (3) $\dfrac{3\pi}{2}\ln 3$.

4. (1) $\dfrac{1}{48}$;　　　 (2) $\dfrac{4}{7}\pi$;　　　　 (3) $\dfrac{7}{6}\pi$.

5. (1) $\dfrac{1}{8}$;　　　 (2) $\pi\left(\ln 2-2+\dfrac{\pi}{2}\right)$; (3) $\dfrac{4}{15}\pi(b^5-a^5)$;　 (4) $\dfrac{4}{15}\pi ab^3c$.

习　题　9.4

1. $\dfrac{2\pi}{3}(2\sqrt{2}-1)$.

2. $\sqrt{2}\,\pi$.

3. $\dfrac{7}{2}$.

4. (1) $\left(0,\dfrac{4b}{3\pi}\right)$;　　 (2) $\left(\dfrac{64}{35},\dfrac{5}{7}\right)$;　　 (3) $\left(\dfrac{5}{6},0\right)$.

5. (1) $\left(0,0,\dfrac{1}{3}\right)$;　 (2) $\left(\dfrac{1}{4},\dfrac{1}{8},\dfrac{1}{4}\right)$;　 (3) $\left(0,0,\dfrac{15}{7}\right)$.

6. (1) $\dfrac{5}{4}\pi a^4$;　　 (2) $\dfrac{72}{5},\dfrac{96}{7}$.

7. $\dfrac{2}{3}a^5$.

8. (1) $\dfrac{\pi}{3}$;　　　 (2) $\left(0,0,\dfrac{9}{16}\right)$;　 (3) $\dfrac{1}{12}\pi\rho$.

9. $-2\pi\rho G\left(1-\dfrac{a}{\sqrt{R^2+a^2}}\right)\vec{k}$.

10. $2\pi\rho G(h-\sqrt{a^2+(h-c)^2}+\sqrt{a^2+c^2})\vec{k}$.

总 习 题 9

1. (1) $\dfrac{1}{4}$;   (2) $\displaystyle\int_0^a \mathrm{d}y\int_{a-\sqrt{a^2-y^2}}^y f(x,y)\mathrm{d}x$;   (3) 2π ;   (4) $\dfrac{8}{9}a^2$;

  (5) $\displaystyle\int_0^{2\pi}\mathrm{d}\theta\int_0^{\frac{\pi}{2}}\mathrm{d}\varphi\int_0^{\cos\varphi} f(r\sin\varphi\cos\theta,r\sin\varphi\sin\theta,r\cos\varphi)\,r^2\sin\varphi\,\mathrm{d}r$; (6) $2\pi a^2(2-\sqrt{2})$.

2. $\dfrac{1}{4}\left(\dfrac{1}{e}-1\right)$.

4. $\dfrac{\pi}{2}\ln 2$.

5. 336π .

6. $\dfrac{4}{15}\pi a^5(l+m+n)$.

7. $\dfrac{8}{5}\rho a^4$.

8. $\dfrac{\pi}{2}$.

9. $\left(0,0,\dfrac{5}{8}\right)$.

自 测 题 9

1. (1) (B);   (2) (A);   (3) (C).

2. (1) $\dfrac{11}{30}$;   (2) $e-1$;   (3) $2-\dfrac{\pi}{2}$.

3. $\dfrac{1}{6}(1-\cos 1)$.

4. $\dfrac{\pi}{2}a^2$.

5. $\dfrac{5\pi}{6}$.

6. (1) $\dfrac{\pi}{6}$;   (2) $\dfrac{28}{45}$;   (3) $\dfrac{32}{15}\pi$.

7. $\dfrac{11}{30}\pi a^5$.

8. $4\pi t^2 f(t^2)$.

*9. $e^{-2}+\dfrac{1}{3}$.

*10. $\dfrac{\pi^2}{2}$.

第 10 章

习　题　10.1

1. (1) $\dfrac{5\sqrt{5}}{24}+\dfrac{61}{120}$;　　　(2) $2a^2$;　　　(3) $2\pi^2 a^3(1+2\pi^2)$;　　　(4) $36\sqrt{14}$;

(5) $\dfrac{\sqrt{a^2+b^2}}{ab}\arctan\dfrac{2\pi b}{a}$;　　(6) 18π ;　　　*(7) $\dfrac{4}{3}\pi a^3$.

2. $2b^2+\dfrac{2a^2 b}{\sqrt{a^2-b^2}}\arcsin\dfrac{\sqrt{a^2-b^2}}{a}$.

3. $R^3(\alpha-\sin\alpha\cos\alpha)$; $\bar{x}=\dfrac{R\sin\alpha}{\alpha},\bar{y}=0$.

4. $\bar{x}=0,\quad \bar{y}=\dfrac{a}{3}\cdot\dfrac{3\pi+4a}{\pi a+4}$.

习　题　10.2

2. (1) $4\sqrt{61}$;　　　(2) $2\pi R^4$;　　　(3) $\dfrac{\pi}{2}(\sqrt{2}+1)$;　　　(4) $\dfrac{3-\sqrt{3}}{2}+(\sqrt{3}-1)\ln 2$.

3. (1) $\dfrac{13}{3}\pi$;　　　(2) $\dfrac{\sqrt{2}}{4}\pi a^2$.

4. 13π .

5. $\left(\dfrac{a}{2},0,\dfrac{16a}{9\pi}\right)$.

6. $\dfrac{1}{6}\pi R^4(8-5\sqrt{2})$.

7. $\dfrac{3\pi}{2}$.

习　题　10.3

1. (1) πa^2 ;　　(2) $2\ln 2-\dfrac{41}{30}$;　　(3) -2π ;　　(4) 0 ;　　(5) $\dfrac{1}{2}$;　　(6) $-\dfrac{\pi}{4}a^3$.

2. $\boldsymbol{F}=(0,0,mg),\quad W=mg(z_2-z_1)$.

3. $-3k\ln 2$.

4. $\displaystyle\int_L[\sqrt{2x-x^2}P(x,y)+(1-x)Q(x,y)]\mathrm{d}s$.

5. (1) $2\pi^2 b^2$;   (2) $2\pi b(a+b\pi)$.

6. $y=\sin x$, $0 \leqslant x \leqslant \pi$.

习 题 10.4

1. (1) $4\pi ab$;   (2) $\dfrac{1}{30}$;   (3) $\dfrac{1}{4}\sin 2 - \dfrac{7}{6}$;   (4) $\dfrac{6}{5}(e^\pi - 1)$;

     (5) $2+\dfrac{5\pi}{4}$;   (6) π ;   (7) -2π ;   (8) $\sqrt{2}\pi$.

2. $3\pi a^2$.

3. $6(\cos 1 - \sin 1)$.

4. 236.

5. $y - y^2 \sin x + x^2 y^3$, $27\pi^2 + 2$.

7. $a=3, b=8$; $u(x,y) = x^3 y + 4x^2 y^2 + 12(y e^y - e^y)$.

8. $g(x) = x^2$; $\dfrac{1}{2}$.

10. 0.

习 题 10.5

4. (1) 0 ;   (2) $\dfrac{\pi}{12}$;   (3) $\dfrac{\pi}{2}$.

5. (1) -12 ;   (2) $\dfrac{3\pi}{2}$;   (3) $2\pi e^2$;   (4) -4.

6. (1) $\dfrac{8\pi}{3} a^4$;   (2) $\dfrac{1}{2}$.

7. $4\pi kq$.

8. 36π .

习 题 10.6

1. (1) $-\dfrac{9\pi}{2}$;   (2) $\dfrac{\pi}{2}$;   (3) $-\dfrac{2}{3}\pi h^3$;   (4) $-\dfrac{\pi}{2}$;

     (5) $-\dfrac{\pi}{2} a^3$;   (6) 4π .

3. π .

4. 0 .

5. $\dfrac{1}{x^2 + y^2 + z^2}$.

习 题 10.7

1. (1) 2 ;   (2) π ;   (3) $-\sqrt{3}\pi$;   (4) $-\dfrac{3}{8}\pi a^3$.

2. 9π .

3. 20π .

4. (1) div$\boldsymbol{F}=2z$, rot$\boldsymbol{F}=(0，0，1)$;　　　　　　　(2) div$\boldsymbol{F}=-x\sin y$, rot$\boldsymbol{F}=(1，1，0)$;

　　(3) div$\boldsymbol{F}=2x\sin y+2y\sin z+2z\sin x$, rot$\boldsymbol{F}=-(y^2\cos z，z^2\cos x，x^2\cos y)$;

　　(4) div$\boldsymbol{F}\big|_{(1,1,0)}=2$, rot$\boldsymbol{F}\big|_{(1,1,0)}=(-ye^z，-\ln(1+z^2)，-2xy)\big|_{(1,1,0)}=(-1,0,-2)$.

*7. (1) $-\dfrac{643}{12}$; (2) 0 .

*8. (1) $u=xy+zx+yz+c$;　　　　　　　(2) $u=xyz(x+y+z)+c$.

总 习 题 10

1. (1) $20l$;　　　　　　(2) $\dfrac{8}{3}\pi$;　　　(3) $\dfrac{2}{3}$;　　　(4) $4\pi R^2$.

2. (1) (C);　　　　　　(2) (A);　　　(3) (D).

3. (1) $2\pi a(a^2+3)$;　　　(2) $\dfrac{5a^3}{4}\pi$;　　　(3) $\sqrt{2}+\dfrac{1}{\sqrt{6}}\ln(2+\sqrt{3})$;

　　(4) $\dfrac{\pi}{3}$;　　　　　　(5) $\dfrac{\sqrt{3}}{2}\pi$.

4. (1) $4\pi abc\left(\dfrac{1}{a^2}+\dfrac{1}{b^2}+\dfrac{1}{c^2}\right)$;　　(2) 34π ;　　　(3) 32π ;　　　(4) $\dfrac{3}{5}(2-\sqrt{2})\pi$.

5. $(\xi,\eta,\zeta)=\left(\dfrac{a}{\sqrt{3}},\dfrac{b}{\sqrt{3}},\dfrac{c}{\sqrt{3}}\right)$, $w_{\max}=\dfrac{\sqrt{3}}{9}abc$.

6. $(\xi,\eta,\zeta)=\left(\dfrac{a}{\sqrt{3}},\dfrac{b}{\sqrt{3}},\dfrac{c}{\sqrt{3}}\right)$, $I_{\min}=\dfrac{3\sqrt{3}}{2}abc$.

7. $\dfrac{\pi}{3}$.

8. -24 .

9. $f(x,y)=3x^2y+y^3$.

10. $k=-1$, $-\arctan\dfrac{y}{x^2}$.

自 测 题 10

1. (1) $3(x^2-yz,y^2-xz,z^2-xy)$, $6(x+y+z)$, $(0,0,0)$;

　　(2) 0 , 36π ;　　　　(3) 3 ;　　　　(4) 2π .

2. (1) (D);　　　　　(2) (D);　　　(3) (C).

3. $-\dfrac{\pi^2}{4}$.

4. $f(x) = (1-x)e^{-x}$.

5. $\left(1 - \dfrac{1}{\sqrt{5}}\right)k$.

6. -21π .

7. $\dfrac{32}{15}\pi$; 0 .

第 11 章

习 题 11.1

3. (1) 发散；　(2) 发散.

4. (1) 收敛；　(2) 发散；　(3) 发散；　(4) 发散；　(5) 收敛；　(6) 收敛.

习 题 11.2

1. (1) 收敛；　(2) 发散；　(3) $a>1$ 收敛，$a \leqslant 1$ 发散；　(4) 收敛.

2. (1) 收敛；　(2) 收敛；　(3) 收敛；　(4) 收敛.

3. (1) 收敛；　(2) 收敛；　(3) 发散；

  (4) $a>b$ 收敛，$a<b$ 发散；$a=b$ 无法判定.

4. (1) 收敛；　(2) 收敛；　(3) 发散；　(4) 收敛.

5. (1) 绝对收敛；(2) 条件收敛；　(3) 条件收敛；　(4) 绝对收敛；

  (5) 条件收敛.

习 题 11.3

1. (1) $(-1,1)$ ； (2) $(-1,1]$ ；　(3) $\mathbf{R}$ ；　(4) $\mathbf{R}$ ；　(5) $\left[-\dfrac{1}{3}, \dfrac{1}{3}\right)$ ；　(6) $2 \leqslant x \leqslant 4$.

2. (1) $\dfrac{1}{2}\ln\left|\dfrac{x+1}{x-1}\right|, -1<x<1$ ；　(2) $\dfrac{\ln(x+1)}{x}, -1<x \leqslant 1$ 且 $x \neq 0$ ；　(3) e^x ；

  (4) $\dfrac{\sqrt{2}}{2}\ln\left|\dfrac{\sqrt{2}+x}{\sqrt{2}-x}\right|, -\sqrt{2}<x<\sqrt{2}$.

习 题 11.4

1. $x - \dfrac{x^3}{3} + \dfrac{x^5}{5} - \cdots + (-1)^{n-1}\dfrac{x^{2n-1}}{2n-1} + \cdots, -1 \leqslant x \leqslant 1$.

2. (1) $\sin a \sum\limits_{n=0}^{\infty}(-1)^n \dfrac{x^{2n}}{(2n)!} + \cos a \sum\limits_{n=0}^{\infty}(-1)^n \dfrac{x^{2n+1}}{(2n+1)!}, x \in \mathbf{R}$ ；

  (2) $\dfrac{1}{2}\sum\limits_{n=0}^{\infty}(-1)^n \dfrac{(2x)^{2n+1}}{(2n+1)!}, x \in \mathbf{R}$ ；　　(3) $\ln a + \sum\limits_{n=1}^{\infty}(-1)^{n-1}\dfrac{x^n}{na^n}, -a<x \leqslant a$ ；

(4) $1+x-\dfrac{x^2}{2}-\dfrac{x^3}{2}+\dfrac{3x^4}{8}+\dfrac{3x^5}{8}+\cdots,-1\leqslant x\leqslant 1$；　(5) $\displaystyle\sum_{n=0}^{\infty}\dfrac{(x\ln a)^n}{n!},x\in\mathbf{R}$；

(6) 提示：先求导再求积，$x-\dfrac{x^3}{6}+\dfrac{x^5}{40}+\cdots,-1\leqslant x\leqslant 1$．

3. $\mathrm{e}\displaystyle\sum_{n=0}^{\infty}\dfrac{(x-1)^n}{n!}$，$x\in\mathbf{R}$．

4. $\dfrac{1}{2}\displaystyle\sum_{n=0}^{\infty}(-1)^n\left(\dfrac{x-2}{2}\right)^n$，$0<x<4$．

5. 提示 $f(x)=-\dfrac{1}{3}\dfrac{1}{x+1}+\dfrac{4}{3}\dfrac{1}{x+4}=\dfrac{1}{3}\displaystyle\sum_{n=1}^{\infty}(-1)^{n-1}\left(\dfrac{4}{5^n}-\dfrac{1}{2^n}\right)(x-1)^n$，$-1<x<3$．

6. $f(x)=\ln 2+\displaystyle\sum_{n=1}^{\infty}\left((-1)^{n-1}-\dfrac{1}{2^n}\right)\dfrac{1}{n}(x-1)^n,x\in(0,2]$；　$f^{(100)}(1)=-99!\left(1+\dfrac{1}{2^{100}}\right)$．

习　题　11.5

1. (1) $\sqrt{2}\ln(\sqrt{2}+1)$；　　　(2) 4．

2. (1) 0.693；　　　　　(2) 1.395；　　　(3) 0.017；　　　(4) 0.946．

习　题　11.6

1. $\dfrac{\pi^2}{2}$．

2. (1) $\dfrac{a+b}{2}-\dfrac{2(a-b)}{\pi}\displaystyle\sum_{n=1}^{\infty}\dfrac{\sin(2n-1)x}{2n-1}=\begin{cases}f(x),&x\neq k\pi,\\ \dfrac{a+b}{2},&x=k\pi,\end{cases}$　$(k=0,\ \pm1,\ \pm2,\ \cdots)$；

(2) $x^2=\dfrac{\pi^2}{3}+4\displaystyle\sum_{n=1}^{\infty}\dfrac{(-1)^n}{n^2}\cos nx$，$-\infty<x<\infty$．

3. $2\sin\dfrac{x}{3}=\dfrac{18\sqrt{3}}{\pi}\displaystyle\sum_{n=1}^{\infty}\dfrac{(-1)^{n-1}n}{9n^2-1}\sin nx$，$-\pi<x<\pi$．

4. $-\dfrac{2}{\pi}|x|+1=\dfrac{8}{\pi^2}\displaystyle\sum_{k=1}^{\infty}\dfrac{1}{(2k-1)^2}\cos(2k-1)x$，$-\pi\leqslant x\leqslant\pi$．

6. $\dfrac{\pi}{4}=\displaystyle\sum_{n=1}^{\infty}\dfrac{1}{2n-1}\sin(2n-1)x,0<x<\pi.$，取特殊值可以证明后面的等式．

习　题　11.7

1. $x^2=\dfrac{1}{3}+\dfrac{4}{\pi^2}\displaystyle\sum_{n=1}^{\infty}\dfrac{(-1)^n}{n^2}\cos(n\pi x)$，$-1\leqslant x\leqslant 1$．

2. $|x|=\dfrac{1}{4}-\dfrac{2}{\pi^2}\displaystyle\sum_{k=1}^{\infty}\dfrac{1}{(2k-1)^2}\cos 2\pi(2k-1)x$，$-\dfrac{1}{2}\leqslant x\leqslant\dfrac{1}{2}$；　$\displaystyle\sum_{k=1}^{\infty}\dfrac{1}{(2k-1)^2}=\dfrac{\pi^2}{8}$．

3. $f(x)=\dfrac{8}{\pi^2}\displaystyle\sum_{k=1}^{\infty}\dfrac{(-1)^{k-1}}{(2k-1)^2}\sin\dfrac{(2k-1)\pi x}{2}$，$x\in[0,\ 2]$；

$$f(x) = \frac{1}{2} - \frac{4}{\pi^2} \sum_{k=1}^{\infty} \frac{1}{(2k-1)^2} \cos(2k-1)\pi x, \quad x \in [0, \ 2].$$

4. $f(x) = \sum\limits_{n=1}^{\infty} (-1)^n \dfrac{10}{n\pi} \sin\dfrac{n\pi x}{5} = \begin{cases} f(x), & x \neq 5k, \\ 0, & x = 5k \end{cases}$ $(k=0, \ \pm 1, \ \pm 2, \ \cdots).$

5. $-\dfrac{1}{4}$; $0.$

总 习 题 11

1. (1) $p > 1$ 绝对收敛，$0 < p \leqslant 1$ 条件收敛，$p \leqslant 0$ 发散；　　(2) 2；

　 (3) $\sum\limits_{n=0}^{\infty} (-1)^n \dfrac{(x-1)^n}{3^{n+1}}$, $x \in (-2, \ 4)$；　　　　　　(4) $(-4, 2)$.

2. (1) (B)；　　　　(2) (C)；　　　　(3) (A)；　　　　(4) (B).

3. (1) 发散；　　　(2) 收敛；　　　(3) 收敛；　　　(4) 收敛.

4. (1) 条件收敛；　　(2) 发散；　　　(3) 绝对收敛；

　 (4) 当 $0 < a < 1$ 时，绝对收敛；当 $a > 1$ 时，发散；当 $a = 1$ 时，条件收敛.

5. $\mathrm{e}^{\frac{x}{2}} \left(1 + \dfrac{x}{2} + \dfrac{x^2}{4} \right) - 1.$

6. $f(x) = \pi - 2 \sum\limits_{n=1}^{\infty} \dfrac{\sin nx}{n}$, $x \neq 2k\pi.$

7. $\sum\limits_{n=1}^{\infty} \dfrac{1}{2^n(n^2-1)} = \dfrac{5}{8} - \dfrac{3}{4}\ln 2.$

9. $\sum\limits_{n=1}^{\infty} \dfrac{1}{n}(a_n + a_{n+2}) = 1.$

自 测 题 11

1. (1) 发散；　　　(2) 收敛；　　　(3) 收敛；　　　(4) 收敛.

2. (1) $\left[-\dfrac{1}{2}, \dfrac{1}{2} \right]$；　　(2) $(-1, 1)$.

3. (1) $\begin{cases} \dfrac{1}{x} \ln \dfrac{5}{5-x}, & x \in [-5, 5) \setminus \{0\}, \\ \dfrac{1}{5}, & x = 0; \end{cases}$　　(2) $\dfrac{1+x}{(1-x)^2}$, $x \in (-1, 1)$.

4. $f(x) = \dfrac{\pi}{4} + \sum\limits_{n=0}^{\infty} (-1)^n \dfrac{x^{2n+1}}{2n+1}$, $|x| \leqslant 1.$

5. $S_1 = \dfrac{1}{2}$; $S_2 = 1 - \ln 2.$

6. $\sin x = \dfrac{2}{\pi} - \dfrac{4}{\pi} \sum\limits_{n=1}^{\infty} \dfrac{1}{4n^2-1} \cos 2nx,\ 0 \leqslant x \leqslant \pi$.

7. $f(x) = 1 + \sum\limits_{n=1}^{\infty} (-1)^n \dfrac{2}{1-4n^2} x^{2n},\ x \in [-1,1]$,　$\sum\limits_{n=1}^{\infty} \dfrac{(-1)^n}{1-4n^2} = \dfrac{1}{2}[f(1)-1] = \dfrac{\pi}{4} - \dfrac{1}{2}$.

8. 提示：$\left|x_{n+1}-x_n\right| \leqslant k\left|x_n-x_{n-1}\right| \leqslant k^2\left|x_{n-1}-x_{n-2}\right| \leqslant \cdots \leqslant k^{n-1}\left|x_2-x_1\right|$ ；　$x_n = \sum\limits_{i=2}^{n}(x_i - x_{i-1}) + x_1$.

第 12 章

习 题 12.1

1. (1) 三阶；　　(2) 二阶；(3) 一阶；(4) 二阶；(5) 二阶；(6) 一阶.

2. (1) 不是；　　(2) 不是；(3) 是；　(4) 不是.

4. (1) $x^2 + y^2 = 10$ ；　　(2) $y = -\sin t$ ；　　(3) $y = x\mathrm{e}^{2x}$.

5. (1) $(x^2 - y^2)y' = 2xy$ ；　(2) $x^2 y'' - 2xy' + 2y = 0$.

6. (1) $y' = 3y$ ；　　　　(2) $2xyy' + x^2 - y^2 = 0$.

7. $\dfrac{\mathrm{d}P}{\mathrm{d}T} = k\dfrac{P}{T^2}$.

习 题 12.2

1. (1) $-\dfrac{1}{2}\mathrm{e}^{-2y} = \mathrm{e}^x + C$ ；　(2) $\cos y = C\cos x$ ；　(3) $\arcsin y = \arcsin x + C$ ；

(4) $1 + y^2 = C(1+x^2)$ ；　(5) $(2^x+1)(2^y-1) = C$.

2. (1) $y = \dfrac{1}{x^2}$ ；　　　　(2) $\dfrac{1}{2}y^2 = \ln(1+\mathrm{e}^x) - \ln 2 + \dfrac{1}{2}$ ；

(3) $\ln x - \ln(x-1) = t + \ln 3 - \ln 2$.

3. $P(t) = P_0 \mathrm{e}^{k(t-t_0)}$.

4. $\dfrac{\mathrm{d}^2 y}{\mathrm{d}x^2} = (1+t^2)[\ln(1+t^2)+1]$.

习 题 12.3

1. (1) $y = \dfrac{1}{2}x - \dfrac{1}{4} + C\mathrm{e}^{-2x}$ ；　　　　(2) $y = x(\ln|\ln x| + C)$ ；

(3) $y = \dfrac{1}{x}(-\cos x + C)$ ；　　　　(4) $y = \dfrac{1}{\cos x}(2x + C)$.

2. (1) $y = x + \sqrt{1-x^2}$ ；　　　　(2) $y = \dfrac{1}{x}\left(\dfrac{1}{2}\mathrm{e}^{2x} + \dfrac{1}{2}\mathrm{e}\right)$.

3. (1) $x = y^2 + Cy^3$ ；　　　　(2) $x = \dfrac{1}{2}y^2 - \dfrac{1}{2} + C\mathrm{e}^{-y^2}$ ；

(3) $x = \arctan y - 1 + C\mathrm{e}^{-\arctan y}$.

4. $y = x^2 - 2x + 2 - 2e^{-x}$.

5. $v = \dfrac{mg}{k} + \left(v_0 - \dfrac{mg}{k} \right) e^{\frac{k}{m}t}$.

6. $f(x) = (4\pi x^2 + 1)e^{4\pi x^2}$.

习 题 12.4

1. (1) $xy - \dfrac{x^2}{2}\ln x + \dfrac{x^2}{4} = C$;
   (2) $x^2 y + \dfrac{1}{3}y^3 = C$;

   (3) $x\sin y + y\cos x = C$;
   (4) $\dfrac{2}{3}x^3 + xy + \dfrac{2}{3}y^3 = C$.

2. (1) $\mu = \dfrac{1}{x+y}$, $x - y - \ln|x+y| = C$;
   (2) $\mu = \dfrac{1}{x^2+y^2}$, $x^2 + y^2 = Ce^{2y}$;

   (3) $\mu = \dfrac{1}{x^2 y^2}$, $x + \dfrac{1}{x} + \dfrac{1}{y} = C$;
   (4) $\mu = \dfrac{x}{y^2}$, $\dfrac{x^2}{y} - \dfrac{1}{3}x^3 = C$.

5. $f(x) = \dfrac{1}{x}(-\cos x + \pi - 1)$.

习 题 12.5

1. (1) $y = \dfrac{1}{60}x^5 - \dfrac{x^3}{12} + \dfrac{1}{16}\sin 2x + \dfrac{C_1}{2}x^2 + C_2 x + C_3$;
   (2) $y = x\ln|x| - x + \dfrac{1}{6}x^3 + C_1 x + C_2$;

   (3) $y = C_1 e^x - \dfrac{1}{2}x^2 - x + C_2$;
   (4) $y = -\ln|\cos(x + C_1)| + C_2$;

   (5) $C_1 y^2 - 1 = (C_1 x + C_2)^2$;
   (6) $y = C_1 e^x + C_2 x + C_3$.

2. (1) $y = \ln\cosh x$;
   (2) $y = x - \ln x$.

4. $s = v_0 t + \dfrac{1}{2}(\sin\alpha - k\cos\alpha)gt^2$.

5. $y = \ln\cos\left(\dfrac{\pi}{4} - x \right) + 1 + \dfrac{1}{2}\ln 2$; $y = 1 + \dfrac{1}{2}\ln 2$.

习 题 12.6

1. (1) 线性无关; (2) 线性相关; (3) 线性无关; (4) 线性无关.

2. $y = C_1 \cos kx + C_2 \sin kx$.

3. $y' - y = 2x - x^2$; $y = ce^x + x^2$.

*4. $y = C_1 e^x + C_2(2x + 1)$.

*5. $y = C_1 x + C_2 x^2 + x^3$.

习 题 12.7

1. (1) $y = C_1 e^x + C_2 e^{2x}$;
   (2) $y = C_1 e^x + C_2 e^{\frac{2}{3}x}$;

(5) $y = e^{\frac{1}{2}x}\left(C_1\cos\dfrac{\sqrt{3}}{2}x + C_2\sin\dfrac{\sqrt{3}}{2}x\right)$;　　(6) $y = (C_1 + C_2 x)e^{-3x}$;

(7) $y = C_1 e^x + e^{-\frac{1}{2}x}\left(C_2\cos\dfrac{\sqrt{3}}{2}x + C_3\sin\dfrac{\sqrt{3}}{2}x\right)$;

(8) $y = C_1 e^{-x} + e^{\frac{1}{2}x}\left(C_2\cos\dfrac{\sqrt{3}}{2}x + C_3\sin\dfrac{\sqrt{3}}{2}x\right)$;

(9) $y = (C_1 + C_2 x + C_3 x^2)e^{-x}$.

2. (1) $y = (1 + 3x)e^{-2x}$;　　　　　　　　　(2) $y = \cos\dfrac{2}{3}x + 3\sin\dfrac{2}{3}x$.

3. $y = 2e^x + e^{-2x}$.

4. $x = Ae^{\alpha t}\sin(\beta t + \varphi_0)$,其中$\alpha = -\dfrac{r}{2m}$, $\beta = \dfrac{\sqrt{4mk - r^2}}{2m}(r < 4mk)$, $\varphi_0 = \arctan\dfrac{\beta}{\alpha}$, $A = x_0\sqrt{1 + \dfrac{\alpha^2}{\beta^2}}$.

5. $t = \dfrac{3}{\sqrt{10g}}\ln(9 + \sqrt{80})$.

6. $y = \begin{cases} \sqrt{\pi^2 - x^2}, & -\pi < x < 0, \\ \pi\cos x + \sin x - x, & 0 \leqslant x < \pi. \end{cases}$

习　题　12.8

1. (1) $y = C_1 e^{-x} + C_2 e^{3x} - \dfrac{1}{3}$;　　　　　(2) $y = C_1\cos x + C_2\sin x + \dfrac{1}{2}e^x$;

(3) $y = C_1 + C_2 e^{-4x} + \dfrac{1}{3}x^3 - \dfrac{1}{4}x^2 + \dfrac{3}{8}x$;　　(4) $y = C_1 e^x + C_2 e^{2x} + \left(-\dfrac{1}{2}x^2 - x\right)e^x$;

(5) $y = (C_1 + C_2 x)e^x - \dfrac{1}{4}e^x\sin 2x$;

(6) $y = C_1\cos 3x + C_2\sin 3x + \dfrac{1}{8}x\sin x - \dfrac{1}{32}\cos x$;

(7) $y = C_1\cos x + C_2\sin x + \dfrac{3}{2}e^x - \dfrac{1}{2}x\cos x$;

(8) $y = e^{-x}(C_1\cos 2x + C_2\sin 2x) + e^x\left(\dfrac{3}{65}\cos x + \dfrac{11}{65}\sin x\right)$.

2. (1) $y = \dfrac{3}{16}e^{2x} + \dfrac{1}{16}e^{-2x} - \dfrac{1}{4}$;　　　　(2) $y = \cos x + \dfrac{1}{3}\sin x + \dfrac{2}{3}\sin 2x$.

3. $f(u) = \dfrac{1}{4}e^{2u} - \dfrac{1}{4}e^{-2u} - u$.

习　题　12.9

1. (1) $x^2 + y^2 + xy = C$;　　　　　　　(2) $\sin\dfrac{y}{x} = \dfrac{C}{x}$;

(3) $\ln\dfrac{y}{x} = Cx + 1$;　　　　　　　(4) $\ln[4y^2 + (x-1)^2] + \arctan\dfrac{2y}{x-1} = C$;

(5) $\dfrac{2}{3}(x+y)-\dfrac{1}{9}\ln|3x+3y-1|=x+C$;   (6) $\dfrac{1}{y^3}=Ce^{-3x}-x+\dfrac{1}{3}$;

(7) $y=\left[-\dfrac{1}{3}(1-x^2)+C_2(1-x^2)^{\frac{1}{4}}\right]^2$ (8) $y=\dfrac{1}{x}(C_1+C_2\ln x)$;

(9) $y=C_1x^{-2}+C_2x+C_3x\ln x$;   (10) $y=C_1x+C_2x\ln x+\dfrac{1}{2}x(\ln x)^2$.

2. $\ln(x^2+y^2)+2\arctan\dfrac{y}{x}=0,\quad x\in\left(0,\dfrac{3}{2}\right)$.

*习　题　12.10

*1. (1) $y=a_0+(1-a_0)\displaystyle\sum_{k=1}^{\infty}(-1)^k\dfrac{1}{(2k)!!}x^{2k}+\sum_{k=1}^{\infty}(-1)^k\dfrac{1}{(2k+1)!!}x^{2k+1}$;

(2) $y=x^2+Cx$;

(3) $y=a_0\displaystyle\sum_{k=0}^{\infty}(-1)^k\dfrac{1}{(2k)!!}x^{2k}+a_1\sum_{k=0}^{\infty}(-1)^k\dfrac{1}{(2k+1)!!}x^{2k+1}$;

(4) $y=a_0\displaystyle\sum_{n=0}^{\infty}\dfrac{(-1)^{n+1}x^{n+1}}{(n+1)(2n+1)!!}+a_0$.

总　习　题　12

1. (1) (D);   (2) (A);   (3) (C).

2. (1) $y=e^x(C_1\cos x+C_2\sin x)+e^x+(5x+2)\cos x-(10x+14)\sin x$;

(2) $y=C_1\cos\sqrt{2}x+C_2\sin\sqrt{2}x+\dfrac{1}{2}x^2+x-\dfrac{1}{2}$;   (3) $(y-x)^3(y+x)+C$;

(4) $x+\dfrac{1}{2}\ln(x^2+y^2)+C$;   (5) $y=-\dfrac{1}{2}x^2-C_1x-C_1^2\ln|x+C_1|+C_2$;

(6) $y=C_1\cos x+C_2\sin x-\dfrac{1}{16}\sin 3x-\dfrac{1}{4}x\cos 3x$;

(7) $y=C_1e^{-x}+C_2e^x-\dfrac{1}{2}x\cos x+\dfrac{1}{2}\sin x$;   (8) $x=Cy^3+\dfrac{1}{2}y^2$;

(9) $x=Cy^{-2}+\ln y-\dfrac{1}{2}$.

3. $y''-7y'+10y=0$.

4. $y=x(\ln x+1)$.

5. $f(x)=e^x$.

6. $M(t)=M_0e^{\frac{\ln 2}{1600}t}$.

7. $r\sin\left(\dfrac{\pi}{6}\pm\theta\right)=1$ 或 $x\mp\sqrt{3}y=2$.

8. $f(x) = 2\cos x + \sin x + x^2 - 2$; $\quad -2b\sin a + b\cos a + 2ab + \dfrac{1}{2}a^2b^2$.

9. xe^x.

自 测 题 12

1. (1) 错; (2) 错; (3) 对; (4) 错; (5) 对; (6) 错.

2. (1) $\mu = e^{\int P(x)dx}$; (2) $y = C_1e^x + C_2e^{5x}$;

   (3) $y = x(Ax + B)e^x$; (4) $y = e^{\frac{3}{2}x}\left[(Ax+B)\cos\dfrac{5}{2}x + (Cx+D)\sin\dfrac{5}{2}x\right]$;

   (5) $e^x - 1$.

3. (1) $\dfrac{y}{y-1} = C(x+1)$; (2) $y = Ce^{-\tan x} + \tan x - 1$;

   (3) $\csc\dfrac{y}{x} - \cot\dfrac{y}{x} = Cx$; (4) $\dfrac{1}{y^2} = -\dfrac{4}{9}x - \dfrac{2}{3}x\ln x + Cx^{-2}$;

   (5) $y^3 = C_1x + C_2$; (6) $y = C_1\cos 2x + C_2\sin 2x + e^x\left(-\dfrac{4}{17}\cos 2x + \dfrac{1}{17}\sin 2x\right)$.

4. $y = C_1\cos ax + C_2\sin ax + \dfrac{\sin x}{a^2-1}$ ($a \neq 1$); $\quad y = C_1\cos ax + C_2\sin ax - \dfrac{1}{2}x\cos x$ ($a = 1$).

5. $y = x - \dfrac{75}{124}x^2$.

6. $f(r) = \dfrac{C_1}{r} + C_2$.